제 2 판

위상수학 기본

노영순

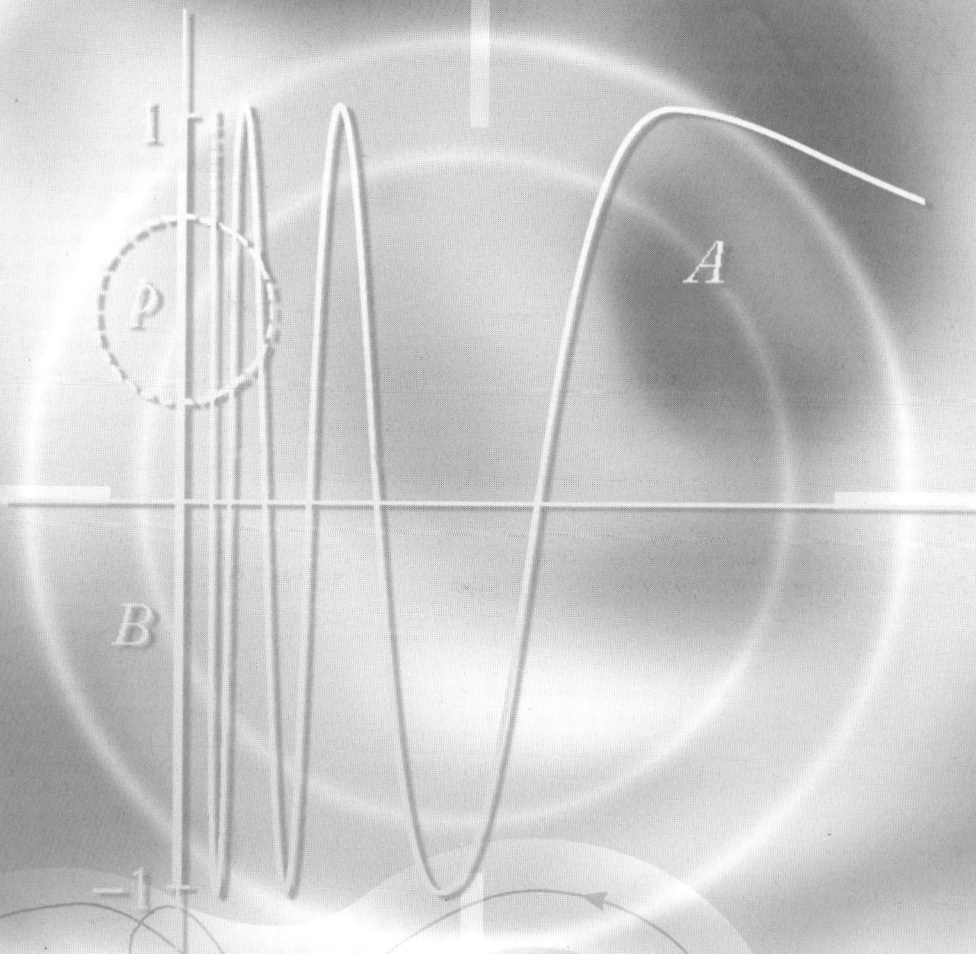

KYOWOOSA 敎友社

• 머리말 •

위상수학은 오늘날 현대수학의 전반에 걸쳐 폭 넓은 바탕을 이루고 있으며 수학 이외의 자연계는 물론 인문사회계열의 학문에 종사하는 사람에게도 중요한 연구 수단이 되고 있다. 그러나 위상수학은 아주 추상화된 학문이기 때문에 학습의 어려움이 많고 교재가 대부분 외국어로 되어 있어 개념의 이해와 습득이 쉽지 않다.

이에 다년간 위상수학의 강의를 통해 얻은 여러 가지 자료를 모아 1992년 3월에 위상수학을 저술하여 교재로 사용하여 왔다. 이 책에서는 대수적 위상 영역을 제외한 학부에서 다루어야 할 위상의 개념을 빠짐없이 수록하고 이를 알기 쉽게 설명하기 위하여 가능한 한 많은 예를 추가하였다(더 많은 "예"와 "보기문제"가 필요하면 저자의 "중등교원임용시험 대비 문제중심 위상수학" 책을 참고한다). 그리고 위상에 대한 독자의 관심을 높이기 위하여 위상 이론이 정립되기 이전의 단편적인 위상적 성질들을 모아 2장에서 위상의 기원으로 소개하였으며 위상수학의 많은 중요한 정리들의 결과를 한 눈으로 볼 수 있도록 부록에 요약하였다. 또한 독자들이 이 책을 학습하는데 도움을 주고자 연습문제 풀이를 첨부하였다.

부족한 이 책이 위상수학을 공부하는 독자들에게 조금이나마 도움이 되길 바라며 앞으로 큰 성과 있길 기대한다.

끝으로 이 책을 출판하여 주신 도서출판 교우사의 오판근 사장님과 직원 분들에게 깊은 감사를 드린다.

2011년 2월

저자 씀

• 차 례 •

제5장 거리공간 / 171

제6장 연결공간 / 217

제7장 가산공리와 분리공리 / 259

제8장 콤펙트 공간 / 323

제9장 함수공간 / 365

Chapter 01

집합, 수열, 함수

이 장에서는 위상수학의 내용을 학습하는 데 필요한 명제와 집합에 관한 기초개념을 소개한다.

1. 명제

정의 1.1

명제 p, q에 대하여 모든 논리적 가능성에 대한 각각의 경우 진리값이 같으면 p와 q는 서로 **논리적 동치**(logically eqivalent) 또는, 간단히 **동치**(equivalent)라고 하고 기호로는 $p \equiv q$로 표시한다.

[예 1] 명제 p, q에 대하여 $(p \to q) \equiv (\sim p \vee q)$이다.

두 명제에 대하여 논리적 동치라고 하는 것은 간단히 두 명제의 진리표가 같은 것이다. 한편 $p \to q$는 $\sim(p \wedge \sim q)$와 역시 동치임을 알 수 있다.

어떤 사실을 논리적으로 사고하고 판단하는 것은 매우 중요한 일이다. 수학을 학습하기 위해서 내용을 정의하고 정리를 증명하는데 가장 기본이 되는 한정기호에 대해서 알아보자.

대상영역 U를 우리학교 1학년 전체 학생들의 집합이라 하자. 그러면 명제 "우리학교 1학년 전체 학생들은 수학을 잘한다."를 대상영역을 염두에 두고 바꾸어 말하면 "모든 학생은 수학을 잘 한다"로 고쳐 쓸 수 있다. 여기서 학생 개개인을 x라고 하면 이것은 또 다음과 같이 바꾸어 말할 수 있다.

"모든 x에 대하여 x는 수학을 잘 한다"

이 때 "모든 x에 대하여"를 기호 "$(\forall x)$" 또는 "$\forall x$"로 나타낸다. "x는 수학을 잘한다"를 $\mathrm{P}(x)$라 하면 위 명제를 기호화하여 간단히

$$(\forall x)\ \mathrm{P}(x) \text{ 또는 } \forall x\ \mathrm{P}(x)$$

로 나타낸다.

[예 2] 대상영역 U를 곰들의 집합이라 하자. 그러면

"모든 곰은 북극 지방에만 산다"

를 다음과 같이 기호화 할 수 있다.

"$(\forall x \in U)$ (x는 북극 지방에만 산다)"

"$\forall x \quad P(x)$"

한편, "어떤 국가는 바다가 없다."라는 명제를 생각해 보자.

여기서 국가를 x라고 하면 이는 다음과 같이 바꾸어 말할 수 있다.

"어떤 x에 대하여 x는 바다가 없다."

"적어도 하나의 x가 존재해서 x는 바다가 없다."

이 때 "적어도 하나의 x가 존재해서"를 기호 "$(\exists x)$" 또는 "$\exists x$"로 나타낸다. "x는 바다가 없다"를 $\mathrm{P}(x)$라 하면 위 명제는

$$(\exists x)\mathrm{P}(x) \text{ 또는 } \exists x\ \mathrm{P}(x)$$

로 기호화 할 수 있다.

[예 3] "어떤 나무는 꽃이 피지 않는다." 라는 명제는 다음과 같이 바꾸어 쓸 수 있다.

"꽃이 피지 않는 나무가 적어도 하나 존재한다."

를 다음과 같이 기호화 할 수 있다.

$(\exists x)$ (x는 꽃이 피지 않는다.)

$$\exists x \ \mathrm{P}(x)$$

정의 1.2

대상영역에 속하는 변수 x에 관한 명제함수 $\mathrm{P}(x)$에 대하여 다음이 성립한다.

$$\sim[(\forall x)\ \mathrm{P}(x)] \equiv (\exists x)(\sim \mathrm{P}(x))$$
$$\sim[(\exists x)\ \mathrm{P}(x)] \equiv (\forall x)(\sim \mathrm{P}(x))$$

[예 4] "모든 짐승은 네 발을 가지고 있다."의 부정은 "어떤 짐승은 네 발을 가지고 있지 않다."이다. 그리고 명제 "어떤 강은 동해 바다로 흐른다."의 부정은 "모든 강은 동해 바다로 흐르지 않는다."이다.

2. 집합과 연산

정의 2.1

두 집합 A, B가 같다(equal)는 것은 $A=B$로 나타내고 두 집합이 같은 수의 원소들을 갖는 것을 의미한다. 즉

$$(A=B) \Leftrightarrow (A \subseteq B \text{이고 } B \subseteq A) \Leftrightarrow (\forall x,\ x \in A \Leftrightarrow x \in B)$$

정의 2.2

집합 A와 B의 **차집합**(difference of A and B)은 A에는 속하나 B에는 속하지 않는 원소들의 집합이다. 기호로는

$$A-B=\{x \mid x \in A \text{그리고 } x \notin B\}$$

로 나타낸다.

합집합과 교집합의 개념을 임의의 개수의 집합들로 확장할 수 있다.

집합족 $\{A_\alpha \mid \alpha \in I\}$에 대하여 A_α들의 합집합은

$$\cup\{A_\alpha \mid \alpha \in I\} = \bigcup_{\alpha \in I} A_\alpha = \{x \mid \text{어떤 } \alpha\text{에 대하여 } x \in A_\alpha\}$$

로 정의하고 또한 A_α들의 교집합은

$$\cap\{A_\alpha \mid \alpha \in I\} = \bigcap_{\alpha \in I} A_\alpha = \{x \mid \text{모든 } \alpha\text{에 대하여 } x \in A_\alpha\}$$

로 정의한다.

다음은 필요한 집합의 성질들을 정리한 것이다.

정의 2.3

집합 A, B에 대하여 다음이 성립한다.

1) 드모르간(De Morhan)의 법칙:

$(A\cup B)^c = A^c \cap B^c$, $(A\cap B)^c = A^c \cup B^c$

2) $A - B = A\cap B^c$

3) $A\cap B = \emptyset \Leftrightarrow A\subset B^c \Leftrightarrow B\subset A^c$

4) $A\cup B = U \Leftrightarrow B^c\subset A \Leftrightarrow A^c\subset B$

5) $A\cap B = \emptyset \Leftrightarrow B\subset A^c \Leftrightarrow A\subset B^c$

6) $A\subset B \Leftrightarrow B^c\subset A^c \Leftrightarrow A\cap B^c = \emptyset \Leftrightarrow A\cup B = B$

$\Leftrightarrow A\cap B = A$

정의 2.4

집합 A, B, C에 대하여 다음이 성립한다.

1) $A-(B\cup C) = (A-B)\cup(A-C)$

2) $A-(B\cap C) = (A-B)\cap(A-C)$

3) $A\cap(B-C) = (A\cap B)-(A\cap C)$

4) $A\cup(B-C) = (A\cup B)-(A\cup C)$

5) $A-(A-B) = A\cap B$

6) $B\cup(\bigcap_i A_i) = \bigcap_i(B\cup A_i)$, $B\cap(\bigcup_i A_i) = \bigcup_i(B\cap A_i)$

3. 관계와 함수

1) 관계

정의 3.1

$\{A_1, A_2, \cdots, A_n\}$을 집합들의 모임이라 할 때 $\prod_{i=1}^{n} A_i$는

$$\prod_{i=1}^{n} A_i = A_1 \times A_2 \times \cdots \times A_n$$
$$= \{(x_1, x_2, \cdots, x_n) \mid \text{임의의 } i\text{에 대하여 } x_i \in A_i\}$$

로 정의하며 이것을 A_i들의 **카테션적**(cartesian product)이라 한다.

정리 3.2 $A \times B \neq \varnothing$일 때 $A \times B \subset C \times D \Leftrightarrow (A \subset C$이고 $B \subset D)$이다.

정리 3.3 A, B, C가 집합일 때 $A \times (B \cup C) = (A \times B) \cup (A \times C)$이다.

정의 3.4

집합 X 위에서의 관계 R은 카테션적 $X \times X$의 부분집합을 말하며 R이 X에서의 **관계**(relation)라 하면 $(x, y) \in R$은 xRy로 쓴다. 그리고 "x는 y와의 관계 R에 있다."라고 말한다.

[예 1] $X = \{1, 2, 3\}$이라 하자. $x, y \in X$에 대하여 xRy를 "x는 y의 약수이다." 라는 X상의 한 관계 R로 정의하면

$$R = \{(1,1), (1,2), (1,3), (2,2), (3,3)\} \subset X \times X$$

이다. 이 때 R의 정의역 $X = \{1, 2, 3\}$이고 치역은 $X = \{1, 2, 3\}$이다. 또 R의 **역관계**(inverse relation) R^{-1}는

$$R^{-1}=\{(1,1),(2,1),(3,1),(2,2),(3,3)\}\subset X\times X$$

이다.

정의 3.5

집합 X에서의 **동치관계**(equivalence relation)는 다음 3가지 성질을 갖는 X 위에서의 관계 R을 말한다.

(1) **반사율**(reflexive) : 임의의 $x\in X$에 대하여 xRx일 때 R이 X에서의 반사적이라 한다.

(2) **대칭율**(symmetric) : xRy이면 yRx일 때 R이 대칭적이라 한다.

(3) **추이율**(transitive) : xRy이고 yRz이면 xRz일 때 R이 추이적이라고 한다.

[예 2] $\mathcal{F}$를 임의의 집합들의 모임이라 하자. 집합의 포함관계 " $\subset$"는 동치관계가 아니다. 왜냐하면 임의의 집합 $A, B, C\in\mathcal{F}$에 대하여 $A\subset B$이고 $B\subset C$이면 $A\subset C$가 되고 $A\subset A$이지만 $A\subset B$라 하여 $B\subset A$라고 할 수는 없다. 따라서 대칭율을 만족하지 않기 때문이다.

특히 R이 X위에서의 동치관계라 할 때 $x\in X$에 관하여 정의되는 **동치류**(equivalence class)는 X의 어떤 부분집합 E_x를 말하며

$$E_x=\{y\in X \mid xRy\}$$

로 정의한다. 동치관계를 나타내는데 R대신에 기호 " $\sim$"을 사용하기도 한다. 동치관계 R에 관한 동치류들의 모임

$$X/R=\{E_x \mid x\in X\}$$

를 R에 의한 X의 **상집합**(quotient set)이라 한다. 또한 관계 R이 집합 X 위에서의 동치관계일 때 상집합 $X/R=\{E_x \mid x\in X\}$에 대하여 다음이 성립된다.

(1) 임의의 $x \in X$에 대하여 $x \in E_x \in X/R$이다.

(2) $E_x = E_y \Leftrightarrow (x, y) \in R$ 이다.

(3) $E_x \neq E_y$이면 $E_x \cap E_y = \varnothing$ 이다.

정의 3.6

집합 X의 **분할**(partition) P는 X의 부분집합들의 모임으로 임의의 $A_i, A_j \in P$에 대하여

$$A_i \cap A_j = \varnothing \text{ 이고 } \bigcup_{A_i \in P} A_i = X$$

를 만족하는 것이다.

[예 3] $X = \{a, b, c, d, e\}$ 일 때 $P = \{\{a, b\}, \{c\}, \{d, e\}\}$는 X의 한 분할이 된다.

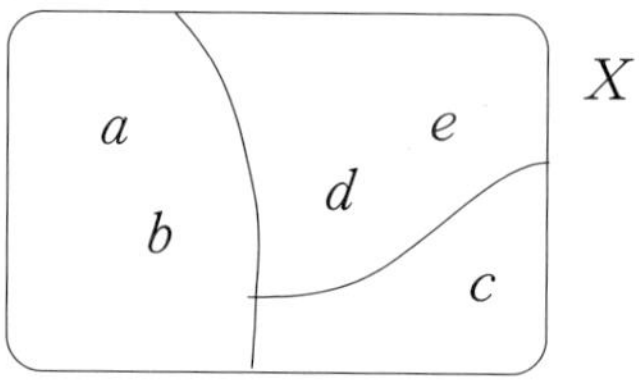

2) 함수

정의 3.7

$f:X\to Y$가 함수이고 $A\subset X$일 때 함수 f의 정의역 X를 A로 **축소한 함수**(restricted function) $f|_A$는

$$f|_A=\{(x,y)\in f\mid x\in A\}$$

로 정의하며 $f|_A:A\to Y$로 표시한다. 또한 함수 $g:A\to Y$와 $A\subset X$에 대하여 함수 $f:X\to Y$가 A상에서 함수 g와 일치하면, 즉 $f|_A=g$이면 함수 f를 g의 X에서의 **확대함수**(extension)라 한다.

정의 3.8

$f:X\to Y$가 함수이고 $A\subset X$이며 $B\subset Y$일 때 $f(A)$와 $f^{-1}(B)$는 다음과 같다.

$$f(A)=\{y\mid \text{모든 } x\in A\text{에 대하여 } y=f(x)\}$$

$$f^{-1}(B)=\{x\in X\mid f(x)\in B\}\subset X$$

합성함수 $g\circ f$는 f의 치역과 g의 정의역이 같을 때에만 정의된다는 것에 주의하여야 한다. 그리고

$$g\circ f=\{(x,z)\mid \text{어떤 } y\in Y\text{에 대하여 } f(x)=y\text{이고 } g(y)=z\}$$

임을 알 수 있다.

$A\subset X$이고 $B\subset Y$일 때 함수 $f:X\to Y$에 대하여 일반적으로 $f^{-1}(f(A))=A$와 $f(f^{-1}(B))=B$는 성립하지 않는다.

정리 3.9 함수 $f:X\to Y$에 대하여 $A\subset X$이고 $B\subset Y$이면 $A\subset f^{-1}(f(A))$이고 $f(f^{-1}(B))\subset B$이다.

증명 $x \in A$ 이면 $x \in f^{-1}(f(x)) \subset f^{-1}(f(A))$ 이므로 $A \subset f^{-1}(f(A))$이다. 또 임의의 $y \in B$ 에 대하여 $f^{-1}(y) \neq \varnothing$ 이면 $f(f^{-1}(y)) = y$이고 $f^{-1}(y) = \varnothing$ 이면 $f(f^{-1}(y)) = \varnothing$ 이므로 $f(f^{-1}(y)) \subset B$이다. 따라서 $f(f^{-1}(B)) \subset B$이다.

정리 3.10 함수 $f : X \to Y$와 $g : Y \to Z$에 대하여 $C \subset Z$일 때 $(g \circ f)^{-1}(C) = f^{-1}(g^{-1}(C))$이다.

증명 $x \in (g \circ f)^{-1}(C) \Leftrightarrow (g \circ f)(x) \in C \Leftrightarrow g(f(x)) \in C$

$$\Leftrightarrow f(x) \in g^{-1}(C) \Leftrightarrow x \in f^{-1}(g^{-1}(C))$$

정리 3.11 두 함수 $f : X \to Y$와 $g : Y \to X$에 대하여 $g \circ f = I_X$ 이면 f는 단사이고 g는 전사함수이다. 특히 $g \circ f = I_X$ 이고 $f \circ g = I_Y$가 동시에 성립하면 f와 g는 모두 전단사 함수이다.

정의 3.12

$A \subset X$이고 실수치함수 $\chi_A : X \to \{0, 1\}$가

$$\chi_A(x) = \begin{cases} 1, & x \in A \\ 0, & x \notin A \end{cases}$$

로 정의되었다면 χ_A를 집합 A의 **특성함수**(characteristic function)라 한다.

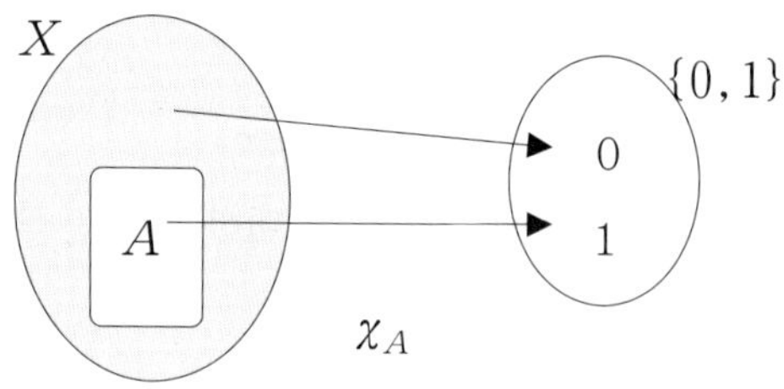

정의 3.13

함수 $f:X\to Y$ 에서 $y\in Y$ 의 원상 $f^{-1}(y)$ 는

$$f^{-1}(y)=\{x\in X \mid f(x)=y\}$$

라고 정의한다.

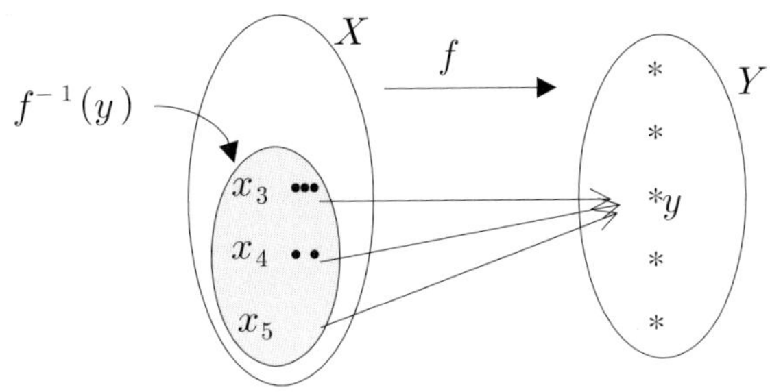

정의 3.14

$A\subset X$ 일 때 임의의 $x\in A$ 에 대하여 사상 $i:A\to X$ 가

$$i(x)=x\in A\subset X$$

로 정의되면 i 를 **포함사상**(inclusion map) (**포함함수**)라 한다.

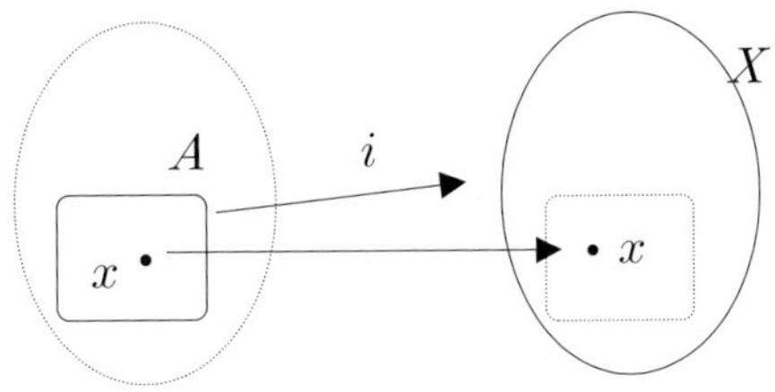

정리 3.15 다음이 성립한다.

1. $A \subset X$이고 $B \subset Y$일 때 함수 $f: X \to Y$에 대하여
   (1) f가 단사이면 $f^{-1}(f(A)) = A$이다.
   (2) f가 전사이면 $f(f^{-1}(B)) = B$이다.

2. $A, B \subset X$이고 함수 $f: X \to Y$에 대하여
   (1) $f(A \cup B) = f(A) \cup f(B)$
   (2) $f(A \cap B) \subset f(A) \cap f(B)$
   (3) $A \subset B$이면 $f(A) \subset f(B)$이다.
   (4) $f(A - B) \supset f(A) - f(B)$

3. $B \subset Y$이고 함수 $f: X \to Y$에 대하여
   (1) $f^{-1}(A \cup B) = f^{-1}(A) \cup f^{-1}(B)$
   (2) $f^{-1}(A \cap B) = f^{-1}(A) \cap f^{-1}(B)$
   (3) $f^{-1}(A - B) = f^{-1}(A) - f^{-1}(B)$
   (4) $A \subset B$ 이면 $f^{-1}(A) \subset f^{-1}(B)$이다.
   (5) $f^{-1}(A^c) = (f^{-1}(A))^c$

4. 함수 $f: X \to Y$와 $g: Y \to Z$에 대하여
   (1) f, g가 단사이면 $g \circ f$도 단사이다.
   (2) f, g가 전사이면 $g \circ f$도 전사이다.

5. $A \subset X$이고 함수 $f: X \to Y$에 대하여 $i: A \to X$가 포함함수이면 $f|_A = f \circ i$이다.

4. 가산집합과 순서집합

1) 가산집합

두 집합 X, Y에 대하여 전단사함수 $f: X \to Y$가 존재하면 X와 Y는 **동등**(equipotent)이라 하고 $X \sim Y$로 나타낸다. 집합 X가 유한집합이기 위한 필요충분조건은 X가 $\varnothing$ 이거나 어떤 자연수 $n \in \mathbb{N}$ 에 대하여 $X \sim \{1, 2, \cdots, n\}$ 인 경우이다. 그리고 두 유한집합은 같은 수의 원소를 갖고 있을 때 또 그때에 만 동등이다.

정의 4.1

집합 X가 **무한집합**(infinite set)이기 위한 필요충분조건은 $Y \subset X$ 이고 $Y \sim X$인 부분집합 Y가 존재할 때이다. 즉 $f(X) \subset X$ 를 만족하는 단사함수 $f: X \to X$가 존재할 때이다.

[예 1] 자연수 전체의 집합 $\mathbb{N}$과 짝수전체의 집합을 $\mathbb{N}_e$라 하면 함수 $f: \mathbb{N} \to \mathbb{N}_e$를 $f(x) = 2x$ 로 정의할 때 f는 전단사이다. 즉 $\mathbb{N} \sim \mathbb{N}_e$이다. 그리고 $\mathbb{N}_e \subset \mathbb{N}$ 이므로 $\mathbb{N}$은 무한집합이다.

정리 4.2 다음이 성립한다.

(1) $A \subset X$ 이고 A가 무한집합이면 X도 무한집합이다.

(2) $A \subset X$ 이고 X가 유한집합이면 A도 유한집합이다.

(3) 함수 $g: X \to Y$가 전단사일 때 X가 유한집합이면 Y도 유한집합이다.

(4) 실수 전체의 집합 R은 무한집합이다.

(5) A와 B가 무한집합이면 $A \cup B$도 무한집합이다.

정리 4.3 함수 $f: X \to Y$가 전단사일 때 X가 무한집합이면 Y도 무한집합이다.

[예 2] 다음 집합들은 동등이다.

(1) $(0,1) \sim (-1,1)$ (2) $(-1.1) \sim R$, $(0,1) \sim R$

(3) $\mathbb{N} \sim \mathbb{N}_e$

정의 4.4

집합 X가 자연수집합 $\mathbb{N}$과 동등이면 X를 **가부번집합**(denumerable set)이라 한다. 또 X가 유한집합이거나 가부번집합일 때 X를 **가산집합**(countable set)이라 한다.

정리 4.5 다음이 성립한다.

(1) 가부번집합의 모든 무한부분집합은 가부번집합이다.

(2) 가산집합의 모든 부분집합은 가산이다.

(3) 가산집합들의 가산개의 합집합은 가산집합이다.

(4) 집합 A, B에 대하여 $A \sim B$일 때 A가 비가산집합이면 B도 비가산집합이다.

[예 3] A와 B가 가산집합이면 $A \times B$도 가산집합이다. 왜냐하면

$$A = \{a_1, a_2, a_3, \cdots\}, \quad B = \{b_1, b_2, b_3, \cdots\}$$

일 때 각 $n \in \mathbb{N}$에 대하여

$$A_n = \{(a_{n,} b) \mid b \in B\} = \{(a_n, b_1), (a_n, b_2), \cdots\}$$

라 하자. 이 때 각 n에 대하여 $A_n \sim B$이므로 A_n은 가산집합이다. 그런데 $A \times B = \bigcup_1^n A_n$이고 위 정리에서 $\bigcup_1^n A_n$이 가산집합이므로 $A \times B$도 가산집합이다.

[예 4] X, Y가 가산집합이면 $X \cup Y$도 가산이다.

[예 5] $\mathbb{N} \times \mathbb{N}$은 가산집합이다. 왜냐하면 $\mathbb{N}$이 가산집합으로 (예 3)에 의하여 자명하다.

[예 6] 모든 무한집합은 가산인 무한부분집합을 포함한다.

가산집합이 아닌 무한집합을 **비가산집합**(uncountable set)이라 한다. 비가산집합은 유한집합도 아니고 가부번집합도 아니다.

[예 7] 유리수 전체의 집합 Q는 가산이고 무리수 전체의 집합 Q^c는 비가산집합이다.

[예 8] 실수집합 R과 개구간 $(0, 1)$은 비가산집합이다.

2) 순서집합

정의 4.6

집합 X 위에서의 관계 R은 아래의 3가지 성질을 만족할 때 **순서관계**(order relation)라고 한다.

(1) 비교성 : 임의의 $x, y \in X\,(x \neq y)$에 대하여 xRy이거나 yRx이다.

(2) 비반사율 : 임의의 $x \in X$에 대하여 xRx이 아니다.

(3) 추이율 : xRy이고 yRz이면 xRz이다.

위에서 정의한 순서관계를 **단순순서**(simple order) 또는 **선형순서**(linear ordor)라고도 한다.

정의 4.7

집합 X 위에서 " $<$ "를 순서관계라 할 때

$$(a, b) \equiv \{x \mid a < x < b\}$$

라고 하면 이것을 X에서의 개구간이라 한다. 만일

$\{x \mid a < x < b\} = \varnothing$이면 a를 b의 **직전자**(immediate predecessor)라 하고 b를 a의 **직후자**(immediate successor)라 한다.

정의 4.8

X와 Y가 각각 순서관계 $<_X$와 $<_Y$를 갖는 집합이라 하자. $X\times Y$에서의 순서관계 "<"은 만일 $x_1 <_X x_2$이거나 $x_1 = x_2$이고 일 때 $x_1 \times y_1 < x_2 \times y_2$이다. 이를 **사전식 순서관계**(dictionary order relation)라고 말한다.

정의 4.9

X를 **순서집합**(ordered set)이라 하자. 이 때 위로 유계인 모든 부분집합 $A(\neq\varnothing)\subset X$가 최소 상계를 가지면 X는 **최소상계성질**(least upper bound property)을 갖는다고 말한다.

[예 9] 유리수의 집합 Q에서는 상계를 갖지만 최소상계를 갖지 않는 부분집합이 있다. 예를 들면 $A=\{r \mid \sqrt{2}<r<\sqrt{3}\}\subset R$와 같은 경우이다.

정의 4.10

X가 순서관계 "〈"를 갖는 집합이라고 하자. 만일 X의 모든 부분집합 $A(\neq\varnothing)$가 최소원소를 가질 때 X를 **정렬집합**(well-ordered set)이라고 한다.

[예 10] (1) $\mathbb{N}=\{1,2,3,\cdots\}$은 실수의 대소관계에 의하여 정렬집합이다.

(2) $\{1,2\}\times Z_+ \equiv\{a_1, a_2, a_3, \cdots b_1, b_2, b_3 \cdots\}$는 사전식순서관계에 의하여 정렬집합이다.

정의 4.11

X가 순서집합이고 $\alpha\in X$일 때 집합

$$S_\alpha=\{x \mid x\in X \text{ 그리고 } x<\alpha\}$$

를 α에 의한 X의 **절편**(segment, section)이라 한다.

[예 11] 만일 $X=\{1,2,3,\cdots,n\}$일 때

$$S_1=\varnothing,\quad S_2=\{1\},\ \cdots,\ S_n=\{1,2,3,\cdots,(n-1)\}$$

임을 알 수 있다. 그러나 $\varnothing$는 절편이지만 X자신은 절편이 아닌 것이다.

[예 12] S_α가 비가산 집합이 되도록 하는 최소의 수를 Ω라 할 때 S_Ω는 비가산인 정렬집합이고 S_Ω의 각 절편은 가산집합이다. 또한

$$\overline{S_\Omega}=S_\Omega\cup\{\Omega\}$$

도 정렬집합이다.

[예 13] A가 S_Ω의 가산부분집합이면 A는 S_Ω내에 상계를 갖는다.

정의 4.12

집합 X의 관계 $\leq$를 X에서의 **준순서**(partial order) 또는 **반순서**라고 하는 것은 임의의 원소 $x, y, z\in X$에 대하여 다음 3가지 성질을 만족할 때를 말한다.

(1) 모든 $x\in X$에 대하여 $x\leq x$이다.

(2) $x\leq y$이고 $y\leq x$이면 $x=y$이다.

(3) $x\leq y$이고 $y\leq z$이면 $x\leq z$이다.

집합 X의 모든 원소가 서로 비교가능(comparable)하고 X가 준순서를 갖는 집합일 때 특히 X를 **전순서집합**(total ordered set)이라고 한다. 정렬집합은 전순서집합의 한 예가 된다.

[예 14] $X=\{a,b,c,d,e\}$라 하고 X의 두 원소 a와 b에 대하여 $a<b$라는 관계를 아래 그림에서 $a\rightarrow b$인 관계와 동치라고 정의하면 관계 "$<$"은 X상의 준순서가 된다. 이 때 a는 최대원소이지

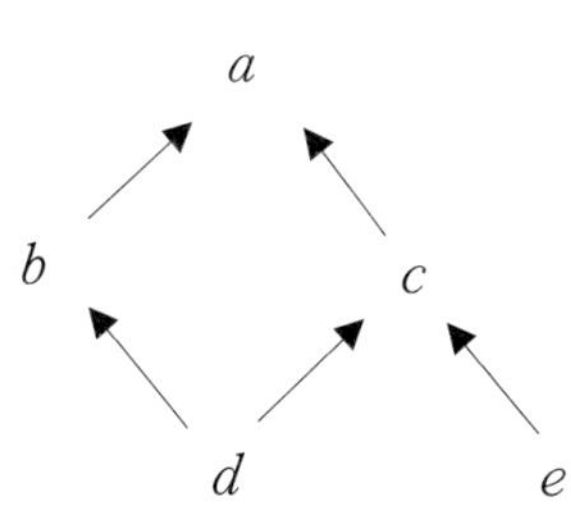

만 최소원소는 없다.

[예 15] 집합 X의 멱집합 $P(X)$ 내의 모든 부분집합들의 포함관계 " $<$ "는 $P(X)$의 준순서이다.

[예 16] 두 실수 x와 y사이의 대소관계 $x<y$는 실수 전체의 집합 R상의 준순서 관계이고 따라서
$(R, \leq)$은 준순서 집합이다.

[예 17] $X=\{a, b, c, d, e\}$라 하고 준순서를 오른쪽 그림 같이 정의하면 부분집합 $\{a, c, d\}$나 $\{b, c, d\}$는 전순서집합이 된다. 그러나 X자신은 전순서집합이 아니다.

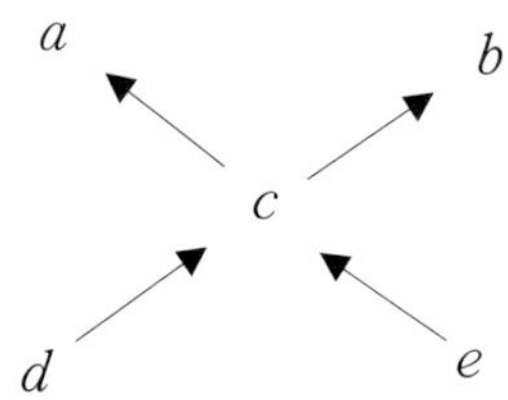

[예 18] $X=\{a, b, c, d, e, f, g\}$가 아래 그림과 같은 준순서를 가질 때 $A=\{c, d, e\}$ 라 하면 a, b, c는 A의 상계이고 하계는 f뿐이다. 또 $\sup A=c$이고 $\inf A=f$이다.

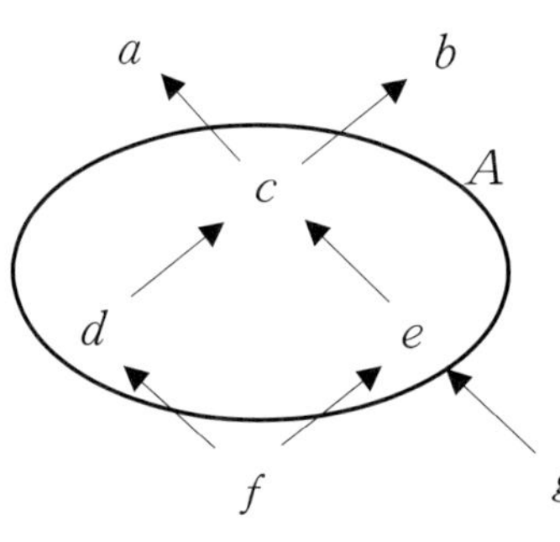

준순서집합 X에서 위로 유계인 임의의 공($\varnothing$)이 아닌 부분집합이 반드시 상한을 가지면 X는 **완비**(compiete)라고 한다. 이것은 아래로 유계인 임의의 공집합이 하한을 갖는다는 것과 동치가 된다. 실수 전체의 집합 R상에 대소관계 "$\leq$"가 주어진 순서집합 $(R, \leq)$은 완비이다.

정의 4.13

두 순서집합 $(A, <)$와 $(B, <')$에 대하여 전단사함수 $f: A \to B$가 존재해서

$$a < b \Rightarrow f(a) <' f(b) \quad (a, b \in A)$$

일 때 $(A, <)$, $(B, <')$는 **순서동형**이라 하며 $(A, <) \simeq (B, <')$. 또는 $A \simeq B$로 나타낸다. 이 때 f를 **순서동형사상**이라 한다.

[예 19] 자연수의 집합 $\mathbb{N}$과 짝수인 자연수의 집합 $\mathbb{N}_e$는 단순순서를 갖는다. 이 때 함수 $f: \mathbb{N} \to \mathbb{N}_e$가 $f(n) = 2n$으로 정의되면 f는 순서동형사상이 되고 따라서 $\mathbb{N} \simeq \mathbb{N}_e$이다.

5. 수 열

어떤 일정한 규칙에 따라서 차례로 얻어지는 수를 순서대로 나열한 것 즉,

$$a_1,\ a_2,\ a_3, \cdots$$

를 **수열**(sequence) 또는 **점열**이라 하고

$$\langle a_1, a_2, a_3, \cdots \rangle,\ \langle a_n \mid n \in \mathbb{N} \rangle \text{ 또는 } \langle a_n \rangle$$

으로 표시한다.

정의 5.1

임의의 $\varepsilon > 0$ 에 대하여 $n_0 \in \mathbb{N}$ 가 존재하여

$$n > n_0 \text{ 이면 } |a_n - b| < \varepsilon$$

을 만족할 때 수열 $\langle a_n \rangle$은 $b \in R$에 **수렴**(converge)한다고 하고 간단히

$$a_n \to b$$

로 나타낸다.

위 정의를 살펴보면 $|a_n - b| < \varepsilon$은 $b - \varepsilon < a_n < b + \varepsilon$ 으로 고쳐 쓸 수 있고 이는

$$a_n \in (b - \varepsilon,\ b + \varepsilon)$$

을 의미한다. 더구나 n_0번째 이후의 각 항 a_n은 $(b-\varepsilon,\ b+\varepsilon)$에 속하므로 $(b-\varepsilon,\ b+\varepsilon)$에 속하지 않는 것은 첫 항부터 n_0번째 항까지의 유한 개 뿐이다. 따라서 (정의 5.1)은 다음과 같이 다시 나타낼 수 있다.

정의 5.2

수열 $\langle a_n \mid n \in \mathbb{N} \rangle$이 b에 수렴한다는 것은 임의의 개집합 $U_{(b)}$가 $\langle a_n \rangle$의 유한개의 항을 제외한 나머지 모두를 포함하는 것이다.

[예 1] 수열 $\langle 1, 1, 1, \cdots \rangle$ 과 같이 모든 항이 같은 수열 $\langle a, a, a, \cdots \rangle$는 a에 수렴한다. 왜냐하면 a를 포함하는 각 개집합이 그 수열의 모든 항을 포함하기 때문이다.

[예 2] 수열 $\langle 1, \frac{1}{2}, \frac{1}{3}, \frac{1}{4}, \cdots \rangle$, $\langle 1, 0, \frac{1}{2}, 0, \frac{1}{3}, 0, \cdots \rangle$, 및 $\langle 1, -\frac{1}{2}, \frac{1}{3}, -\frac{1}{4}, \cdots \rangle$은 어느 것이나 0에 수렴한다. 왜냐하면 0을 포함하는 어느 개구간도 각 수열의 항들 가운데 유한개를 제외한 모든 항을 포함하기 때문이다.

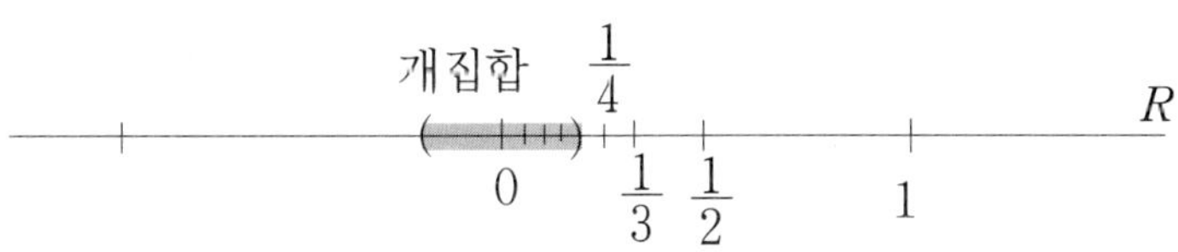

자연수 집합 N 상에서의 한 수열 $\langle k_1, k_2, \cdots \rangle$이 $k_1 < k_2 < \cdots$ 의 조건을 만족할 때 X상의 한 점열 $\langle a_1, a_2, a_3, \cdots \rangle$에 대하여 $\langle a_{k_1}, a_{k_2}, \cdots \rangle$을 점열 $\langle a_n \rangle$의 **부분점열**(subsequence) 또는 **부분수열**이라 한다.

[예 3] 수열 $\langle 1, 2, 3, \cdots \rangle$에 대하여 $\langle 2, 4, 6, \cdots \rangle$은 부분수열이다.

[예 4] 1) 원 수열이 수렴하면 모든 부분수열은 수렴한다.
2) 수렴하는 부분수열이 존재해도 원 수열이 일의적으로 수렴하는 것은 아니다. 예를 들면 $\langle 1, 0, 1, 0, 1, \cdots \rangle$은 수렴하지 않지만 부분수열 $\langle 1, 1, 1, \cdots \rangle$ 은 수렴한다.

정리 5.3 R의 모든 유계수열은 수렴하는 부분수열을 갖는다.

[예 5] 1) 수열 $\langle 1, 0, 1, 0, 1, \cdots \rangle$은 수렴하지 않는 유계수열이지만 부분수열 $\langle 1, 1, 1, \cdots \rangle$은 수렴한다.

2) $\langle 1, 2, 3, \cdots \rangle$은 유계수열이 아니며 이 수열의 어떤 부분수열도 수렴하지 않는다.

정의 5.4

R상의 한 수열 $\langle a_n \rangle$이 임의의 $\varepsilon > 0$에 대하여

$$m,\ n > n_0 \text{이면 } |a_m - a_n| < \varepsilon$$

을 만족하는 $n_0 \in \mathbb{N}$가 존재하면 수열 $\langle a_n \rangle$을 **코오시수열**(Cauchy sequence)이라 한다.

[예 6] 수열 $\langle a_1, a_2, \cdots, a_{n_0}, b, b, b, \cdots \rangle$은 코오시수열이다. 왜냐하면 임의의 $\varepsilon > 0$에 대하여 $n_0 \in \mathbb{N}$가 존재해서

$$m,\ n > n_0 \text{이면 } |b - b| = 0 < \varepsilon$$

이기 때문이다.

[예 7] 수렴하는 수열은 모두 코오시 수열이다. 왜냐하면 수열 $\langle a_n \rangle$이 b에 수렴한다고 하면 임의의 $\varepsilon > 0$에 대하여 $n_0 \in \mathbb{N}$가 존재해서

$$n > n_0 \text{이면 } |a_n - b| < \frac{1}{2}\varepsilon$$

이 성립하고 또 임의의 $\varepsilon > 0$에 대하여 $n_0 \in \mathbb{N}$가 존재해서

$$m > n_0 \text{이면 } |a_m - b| < \frac{1}{2}\varepsilon$$

을 만족하게 되므로 $n,\ m > n_0$이면

$$|a_n - a_m| = |a_n - b + b - a_m| \le |a_n - b| + |b - a_m|$$
$$< \frac{1}{2}\varepsilon + \frac{1}{2}\varepsilon = \varepsilon$$

이다. 따라서 수열 $\langle a_n \rangle$은 코오시 수열이다.

[예 8] R의 부분집합에서 모든 코오시수열이 반드시 수렴하는 것은 아니다. 예를 들면 유리수 집합 Q에서 수열

$$\langle 1,\ 1.4,\ 1.41,\ 1.414,\ \cdots \rangle$$

는 코오시수열이지만 Q의 어떤 점으로도 수렴하지 않는다.

정의 5.5

A가 실수들의 집합이라 하자. A에서의 점들의 모든 코오시 수열 $\langle a_n \in A \rangle$이 A의 한 점으로 수렴하면 A를 **완비**(complete)라 한다.

[예 9] 정수 전체의 집합 $\mathbb{Z}$는 완비이다. 왜냐하면 $\mathbb{Z}$에서의 코오시수열 $\langle a_n \mid n \in \mathbb{N} \rangle$은

$$\langle a_1, a_2, \cdots, a_n, b, b, b, \cdots \rangle$$

와 같은 형태로 $b \in \mathbb{Z}$에 수렴하기 때문이다. 또한 자연수 전체의 집합 $\mathbb{N}$은 완비이다.

[예 10] 유리수 전체의 집합 Q는 완비가 아니다. 왜냐하면 Q에서의 수열

$$\langle 1,\ 1.4,\ 1.41,\ 1.414,\ \cdots \rangle$$

은 $\sqrt{2}$로 수렴하므로 코오시수열이지만 $\sqrt{2} \notin Q$이므로 완비는 아니다. 또한 무리수 전체의 집합 Q^c는 완비가 아니다.

Chapter 02

위상의 기원

1. 서론

Topology(위상기하학)라는 용어는 그리스어의 topos(위치)와 logos(학문)를 결합시킨 것으로 J. B Listing(1808~1882)이 1847년에 출간한 「Vorstudien Zur Topologie(토폴로지의 기초 연구)」라는 저서에서 처음으로 사용되었다. 이 때는 위상을 기하학적 입장에서 나루었고 19세기 말과 20세기 초에는 해석적 측면에서 다루었다. 위상기하학은 위치와 형상에 관한 기하학이라고 풀이할 수 있는데, 그 중 오일러의 정리는 형상에 관한 것이며, 곡선의 위치관계와 곡면의 구조 등을 다룬 가우스의 연구 결과는 위치에 관한 것이라 할 수 있다. 오늘날 위상기하학은 기하학뿐 아니라 대수학, 해석학 등과도 깊은 연관이 있어 이들 분야의 연구에 위상기하학은 필수적이다. 이런 이유에서 위상기하학을 위상수학이라고 고쳐 사용한다.

위상(topology)은 길이나 크기의 개념이 아닌 형상의 성분들의 상호 위치에 의해서 기하적 성질을 다룬다. 또한 자르거나 찢거나 구멍을 내는 것과 같은 불연속변환을 다루는 것이 아니고 묶거나 줄이거나 늘리거나 꼬는(비트는)것과 같은 연속변환을 다룬다.

19세기 중엽 전에는 위상이 독립된 단편지식들의 모임이었는데 이들 중 다면체에 관한 연구는 대수적 위상을 연구하는데 좋은 서론이 될 수 있다. 뫼비우스에 의하여 위상동형의 개념이 생각되어지기 시작하였는데, 1863년 뫼비우스는 이웃한 점을 이웃한 점으로 옮기는 전단사함수가 존재할 때 두 도형 사이의 관계를 기술한 저서를 발표하였지만 점 사이의 인접관계를 보존하는 개념(함수의 연속)은 1870년대까지는 연속의 엄밀한 정의로 공식화 되지 못했다. 19세기 후반에 해석학과 집합론이 크게 발달하였고 이들은 R^n에서 점집합위상에 대한 관심을 유도하였다. Cantor는 집합론을 만들었고 점집합의 성질들을 극한과 폐포로 생각하게 되었으며 몇 년 후인 1914년에 F.Hausdorff(1868~1942)가 쓴 저서에서 점집합위상이 정의되었다.

위상수학의 분야는 현재 대단히 광범위하다. 위상수학 또는 적어도 그 일부는 현대수학 대부분의 분야에 퍼져있으며 현대 물리학과도 깊은 관계를 맺고 있다. 그런데 위상수학의 일부 개념은 Euler와 Gauss까지 거슬러 올라가기도 하지만, 실제 발전 역사는 19세기 후반에 H. Poincare(1854~1912) 등의 연구로부터 시작되어 이제 겨우 1세기 밖에 되지 않는다. Poincare는 위상수학에 대한 초기의 공헌자 중 업적이 가장 지대하다. 1895년 〈위치해석, Analysis situs〉이라는 제목의 논문에서 'n차원 호몰로지 이론'을 소개했으며, 베티(Betti)군을 위상수학에 소개하였다.

우리는 지금까지 주로 일반위상의 입장에서 위상공간의 여러 성질을 알아보았다. 그러나 위상공간은 연구영역을 다음과 같이 몇 가지로 구분한다.

(1) 일반위상수학(general topology)

이 분야는 1870년대에 Cantor가 일반집합론을 창시함과 동시에 유크리트 공간 내의 점집합을 고찰하여 극한개념을 도입하면서 시작되었다. 유크리트 공간내의 점집합에는 거리에 의하여 위상이 주어진다. 이로써 해석학의 기본이 되는 집적점, 개집합, 폐집합, 근방 등의 개념을 얻고 20세기 초 M. Frechet와 F.Hausdorff에 의하여 위 개념들이 추상화되면서 추상적인 일반위상공간이 정의되었다. 다시 말하면 가장 일반적인 위상공간의 성질을 그 공간에 주어진 위상에 의하여 규명하는 학문이라 할 수 있다. 이것을 집합론적 위상수학(point set topology)이라고도 한다.

(2) 조립적 위상수학(combinatorial topology)

포엥카르는 오일러공식의 증명에 있어서 대상을 다면체로 하고 그것을 단체분할에 의하여 얻은 단체복체를 사용하여 위상적 성질을 구하였으며 여기서 조립적 위상수학은 시작되었다. 조립적 위상수학의 가장 큰 성과는 다음과 같다.

- 포엥카르의 쌍대정리
- 호프의 사상도 이론과 불변량

- 리피슈쯔의 부동점 정리
- 알렉산더의 쌍대정리

위 이론들은 모두 호모로지 이론을 사용하고 있으며 이렇게 해서 기하도형에 대수계를 대응시켜 도형의 성질규명을 대수적 방법에 의하여 처리하는 수학적 기교가 시작되었다. 또 여기서 탄생한 수학이론에는 **카테고리**(category)와 **횡터**(functor)이론이 있다.

1930년대에 와서 조립적 위상수학은 2가지 방향으로 발전하게 되었다. 그 하나가 다면체의 조립적 구조의 선형사상에 의한 연구이며 이 방향을 오늘날 우리는 조립적 위상수학이라 부른다. 다른 하나는 호모로지론에 의하여 영향을 받은 코호모로지 링이다.

(3) 대수적 위상수학(Algebraic topology)

프랑스의 수학자 H. poincare(1854~1912)가 1895년부터 1901년 사이에 발표한 일련의 논문들에서 발표 주창되었다. 대수적 위상수학은 점집합론적 위상수학의 한 가지로서 개발된 것이 아니다. 포엥카르의 주장은 다른 수학자들의 연구와는 무관한 것으로 독창적인 것이다. 더구나 집합론적 위상수학은 연속함수를 폭넓고 다양하게 다루려는 일반적이고 추상적인 이론으로서 개발되었는데, 대수적 위상수학은 유크리트 공간에서의 기하학, path, 표면 등을 포함하는 특수한 기하학적 문제들을 해결하려는 것에서부터 동기가 유발되었다. 점집합론적 위상수학과는 달리 대수적 위상수학은 Cantor의 일반집합론의 부산물이 아니다.

대수적 위상수학을 다루기 위하여 대수계를 대응시키는 방법으로 호모로지론, 코호모로지론, 호모토피론, K-이론 등이 있으나 대표적인 것이 호모로지론과 호모토피론이다.

(4) 미분위상수학(differential topology)

대수적 위상수학의 발달에 따라 미적분학 등의 해석적 방법으로 위상을 연구하는 분야이다. C^r다양체의 C^r동위상사상에 의하여 불변인 성질을 위상수학의 방법으로 추구하는 학문이라고도 할 수 있는 미분위상수학은 Whitney에 의해 C^r다양체가 1936년에 정의되고 Chern, Potrjagin 등에 의하여 연구되었으며 특히 Thom은 특성류의 연구를 깊이하면서 Cobordism군을 정의하였다. 1956년 Milnor는 "7차원 구면과 위상동형이나 C^r 위상동형이 아닌 C^r다양체가 존재한다."는 것을 증명하였고 그 이후 미분위상수학의 존재 의의가 높이 인정되었으며 많은 연구가 진행되고 있다.

2. 초기 위상

위상수학의 역사에서 초기의 관심사항에 대하여 알아보자.

1) 다면체

위상수학의 초기 관심은 다면체의 면, 변, 꼭짓점의 수 사이의 관계를 규명하는데 있었다. 우리가 알고 있고 있는 Euler의 공식 $v-e+f=2$는 1620년경 이미 R.Descartes(1596~1650)에 의하여 발견되었다. 그러나 그의 제자인 Leibniz는 데카르트의 논문 원본을 가지고 있었지만 출판하지 못했고 그 뒤 1860년이 되어서 이 논문이 세상에 공개되었다. 그 사이 L.Euler (1707~1783)는 독자적으로 이 공식을 알아냈고 1752년 이 공식을 증명하였다. 이것이 이 공식을 Euler의 정리로 보통 언급하는 이유이다. Leibniz의 논문 제2권에 의하면 Archimedes(~217BC)가 Euler의 공식을 알고 있었을지도 모른다는 것을 추측케 한다.

Euler공식의 증명은 여러 가지 방법이 있다. Descartes 자신은 다면체의 면들의 이웃한 변 사이의 각들의 합을 생각해서 공식을 찾아냈다. 이는 평면에서 다각형의 경우에 대하여 유사한 공식을 일반화하기 위하여 노력했던 것 같다. sphere를 직선이나 planar로 나누지 않고 임의로 나누어도 Euler공식은 성립한다. 이것은 구와 도우넛의 표면을 구분하는 구체적 방법을 제시한 것이다. 실제로 Descartes나 Euler이후 100여년 뒤에야 이 공식의 위상적 중요성이 인식되었다.

Euler는 1752년경에 다면체의 자세한 연구를 시작했고 그들의 분류를 시작하였다. 그러나 바로 다른 수학자들의 관심을 얻지는 못했고 수 년 뒤부터 여러 수학자들이 주목을 하게 되었다.

정의 2.1

R^3상의 임의의 compact이고 편편한 면에 의하여 생기는 유계인 3차원 부분공간을 **다면체**(polyhedron)라 하며 속이 꽉 찬 구로 변형될 수 있는 다면체를 **단순 다면체**(simple polyhedron)라 한다.

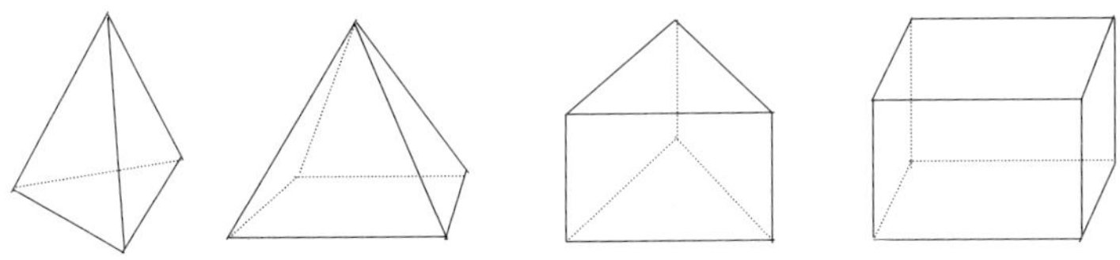

볼록다면체에서 꼭짓점의 수를 v, 모서리의 수를 e, 면의 수를 f라 할 때 v, e, f의 관계를 귀납적으로 조사해 보자.

각 뿔	v	e	f	각기둥	v	e	f
3각뿔	4	6	4	3각기둥	6	9	5
4각뿔	5	8	5	4각기둥	8	12	6
5각뿔	6	10	6	5각기둥	10	15	7
⋮	⋮	⋮	⋮	⋮	⋮	⋮	⋮
n각뿔	$n+1$	$2n$	$n+1$	n각기둥	$2n$	$3n$	$n+2$

위 표에서 확인한 대로 각 뿔의 경우 $v=f$이고, v, f가 1씩 증가할 때 e는 2씩 증가한다. 일반적으로 n각 뿔의 경우 $v=f=n+1$, $e=2n$이므로

$$v-e+f=(n+1)-2n+(n+1)=2$$

이다. 또 각 기둥의 경우 f가 1씩 증가하면 v가 2, e가 3씩 증가한다. 따라서 일반적으로 $v=2n$, $e=3n$, $f=n+2$이므로

$$v-e+f=2n-3n+(n+2)=2$$

임을 알 수 있다.

정리 2.2 평면 위의 볼록다각형 Γ를 f개의 볼록다각형으로 분할해서 얻어진 도형 K의 꼭짓점의 수를 v, 변의 수를 e라 하면 $v-e+f=1$이다.

공식 $v-e+f=1$이 성립하는 것을 보이기 위해 먼저 2가지 방법을 생각할 수 있다. 그것은 첫째 변과 면을 동시에 없애는 방법, 둘째는 꼭짓점과 변을 동시에 없애는 방법이다. 모두 결국 점 1개만 남게 된다.

평면에서 볼록다각형이나 이 다각형을 꼭짓점을 선분으로 이어서 더 분할한 도형은 점과 선분으로 구성된 그래프이다. 이 때 각 점을 연결하는 선이 꼭 선분일 필요는 없다. 세계지도에서 국경과 국경이 만나는 점을 꼭짓점, 국경을 모서리, 나라를 면이라 하면 역시 오일러 공식 $v-e+f=1$이 성립한다.

정리 2.3 (테카르트-오일러 정리) 볼록다면체에서 꼭짓점의 수를 v, 변의 수를 e, 면의 수를 f라 하면 $v-e+f=2$이다.

$v-e+f$의 값을 **오일러표수**(Euler characteristic)라고 하며 이는 곡면에 따라 값이 변하며 이 값은 그 곡면의 **위상적 불변량**(topological invariant)이다. 원환체, 클라인 병의 경우 $v-e+f=0$이며 이중원환체는 $v-e+f=-2$이고 삼중원환체는 $v-e+f=-4$이다. 그러나 원환체와 클라인병이 같은 오일러 표수를 갖지만 이들은 위상적으로 동치가 아님을 유의해야 한다. 즉,

> '두 곡면이 위상적으로 동치이면 오일러 표수가 같다. 그러나 그 역은 성립하지 않는다.'

는 것을 알 수 있다.

정의 2.4

정다면체는 각 면이 모두 합동인 정n각형 $(n \geq 3)$이고 각 꼭짓점에서의 변의 수가 같은 다면체라고도 정의한다.

[예 1] 각 면이 합동인 정다각형인데도 정다면체가 아닌 다면체의 예를 들어보자.

정리 2.5 정다면체는 정4, 정6, 정8, 정12, 정20면체의 5종류만 존재한다.

설명 우선 정다면체를 한 꼭짓점에 모이는 정다각형의 수를 생각해 본다. 한 꼭짓점에 모이는 정삼각형의 면은 3개, 4개, 5개 모일 수 있고 6개 이상은 모일 수 없다. 왜냐하면 $60^\circ \times 6 = 360^\circ$이므로 면이 6개 모이면 평면이 되기 때문이다. 이때 정4면체, 정8면체, 정20면체가 각각 된다. 또한 한 꼭짓점에 모이는 정사각형의 면은 3개가 모일 수 있고 4개 이상은 모일 수 없다. 왜냐하면 마찬

가지로 $90^\circ \times 4 = 360^\circ$가 되어 평면이 되기 때문이다. 이때 정6면체가 된다. 그리고 정5각형의 경우 한 내각의 크기가 108°이므로 3개까지는 모여서 입체를 이루는데 4개 이상의 정5각형이 모이면 360°가 넘어 입체를 이룰 수 없다. 이때 정 12면체가 된다. 정6각형은 한 내각의 크기가 120°이므로 3개만 모여도 360°가 되어 입체를 만들 수 없다. 따라서 정다면체는 5종류뿐이다.

증명1 정 x면체의 한 면을 정 n각형 이라 할 때 정 x면체의 한 꼭짓점에 모이는 모서리의 개수를 k라 하고 꼭짓점, 모서리, 면의 개수를 각각 v, e, f라 하면

$$v = \frac{nx}{k}, \quad e = \frac{nx}{2}, \quad f = x \qquad (*)$$

이다. 따라서 오일러 정리에 의하여

$$\frac{nx}{k} - \frac{nx}{2} + x = 2$$

의 식이 성립한다. 여기서 $k=3$($k \leq 2$인 경우는 없다.)이라고 하면

$$\frac{nx}{3} - \frac{nx}{2} + x = 2$$

이고 위 식을 정리하면

$$x(6-n) = 12 \cdot 1 = 6 \cdot 2 = 4 \cdot 3$$

이다. 따라서 x와 n의 값은

$$\begin{cases} x=2 \\ n=5, \end{cases} \quad \begin{cases} x=6 \\ n=4, \end{cases} \quad \begin{cases} x=4 \\ n=3 \end{cases} \qquad (**)$$

중의 어느 것이 된다. 또 $k=4$라고 하면

$$x(4-n) = 8 \cdot 1$$

이다. 이 때 $n \geq 3$이므로 $x=8$, $n=3$이 된다. $k=5$라고 하면

$$x(10-3n) = 20 \cdot 1$$

이 되어 $x=20$, $n=3$을 얻는다.

$k\geq 6$일 때에는 안된다. 왜냐하면 $k\geq 6$이라 하면 $n\geq 3$이므로

$$2=\frac{nx}{k}-\frac{nx}{2}+x \leq \frac{nx}{6}-\frac{nx}{2}+x=\frac{x}{3}(3-n)\leq 0$$

이 되어 모순이다. 따라서 x가 취할 수 있는 값은

$$x=4,\ 6,\ 8,\ 12,\ 20$$

중의 하나이다.

	v	e	f
정4면체	4	6	4
정6면체	8	12	6
정8면체	6	12	8
정12면체	20	30	12
정20면체	12	30	20

예를 들면 위 (**)에서 $x=f=4$일 때 $n=3$이므로 위 (*)의 $e=\frac{nx}{2}$로부터 $e=6$이고 오일러의 공식 $v-e+f=2$로부터 $v=4$이다. 즉 정4면체는 $v=f=4$, $e=6$이다. 같은 방법으로 나머지 다면체의 v, e, f를 구할 수 있다.

증명 2 정다면체의 꼭짓점의 수를 v, 모서리의 수를 e, 면의 수를 f라 하자. 또 각 꼭짓점에 모이는 모서리의 수를 m이라 하면 전체 꼭짓점에 모이는 변의 수의 합은 mv이다. 이것은 각 모서리를 2번씩 더한 수와 같다. 즉

$$mv=2e \qquad ①$$

각 면이 정 n각형이므로 각 면마다 n개의 모서리를 갖는다. 그러면 전체 면마다 갖는 모서리의 수의 합은 nf이다. 이것도 각 모서리를 2번씩 더한 수와 같다. 즉

$$nf=2e \qquad ②$$

이제 오일러공식에 식 ①, ②를 대입하면

$$2e/m + 2e/n = e + 2$$
$$1/m + 1/n = 1/2 + 1/e \qquad ③$$

여기서 $m \geq 3$, $n \geq 3$이다. 만일 $m > 3$, $n > 3$이라고 가정하면

$$1/e = 1/m + 1/n - 1/2 \leq 1/4 + 1/4 - 1/2 = 0$$

가 되어 모순이다. 따라서 $m = 3$이거나 $n = 3$이다. $m = 3$인 경우

$$1/e = 1/3 + 1/n - 1/2 = 1/n - 1/6$$

이고 $1/e > 0$ 이므로 $1/n - 1/6 > 0$ 이다. 그러므로 $1/n > 1/6$ 이며 $n < 6$ 이어서 $3 \leq n < 6$ 이다. 따라서 $n = 3, 4, 5$ 이어야 한다. $n = 3$인 경우

$$1/e = 1/m + 1/3 - 1/2 = 1/m - 1/6 > 0$$

이다. 같은 방법으로 $3 \leq m < 6$ 이다. 따라서 $m = 3, 4, 5$ 이어야 한다.

이제 $1/m + 1/n = 1/2 + 1/e$과 $n = 3, 4, 5$ 와 $m = 3, 4, 5$ 를 이용해서 v, e, f를 구하자. 먼저 $m = 3$, $n = 3$인 경우

$$1/m + 1/n = 1/2 + 1/e \quad \Rightarrow \quad 1/3 + 1/3 = 1/2 + 1/e$$

이고 따라서 $e = 6$ 이다.

$$mv = 2e \rightarrow 3v = 2 \cdot 6 = 12 \rightarrow v = 4$$
$$mf = 2e \rightarrow 3f = 2 \cdot 6 = 12 \rightarrow f = 4$$

따라서 4면체이다. 같은 방법으로 조사하면 다음과 같다.

	m	n	v	e	f
정4면체	3	3	4	6	4
정6면체	3	4	8	12	6
정8면체	4	3	6	12	8
정12면체	3	5	20	20	12
정20면체	5	3	12	30	20

이 정다면체들은 이미 유크리드가 알고 있었고 더 이상의 정다면체는 없다는 것까지 주장했다. 그러나 유크리트의 정다면체 정의가 좀 부적당하고 그의 주장이 그가 그것을 진술한 일반성에 있어 아주 정확하지 않다는 것이 지적되어야 한다.

철학자이며 수학자였던 플라톤은 이 세상을 이루고 있는 근본 물질을 4가지로 보고 있었는데 불, 흙, 공기, 물이 그것이다. 플라톤은 이 원소들을 각각 정사면체, 정육면체, 정팔면체, 정이십면체에 대응시켜서 생각하였고 이 모든 원소들은 정십이면체인 우주 공간 속에 들어 있다고 생각했다.

볼록다면체에서 Euler의 공식 $v-e+f=2$를 만족하는 다면체는 모두 위상적 동치이다(구 다면체, …).

2) 지도 색칠하기

"구 S^2 상의 모든 지도(map)에서 길이가 0이 아닌 경계를 공유하며 서로 접하는 어떤 두 나라도 같은 색으로 칠하지 않는 방법으로 모든 나라를 4가지 색으로만 칠할 수 있는가?" (또는 이와 같은 방법으로 채색하기 위해 필요한 가장 적은 색의 수) 하는 문제가 일찌기 제기되었다. 젊은 수학자 거스리(Francis Guthrie)는 1852년 10월 각 지방의 경계를 나타내는 경계선이 있는 영국의 지도를 색칠하였다. 이때 그는 공동 경계선을 갖는 어떤 두 영역도 같은 색으로 칠하지 않는 방법으로 모든 지도를 채색하는데 필요한 서로 다른 색의 최대 수는 4일 것이라고 예측했다. 그는 유니버시티 대학의 물리학과 학생이던 그의 형제인 프레드릭(Frederick)에게 이 문제를 알려주었고 프레드릭은 그의 수학 교수인 영국의 위대한 수학자 드 모르간(Augustus de Morgan)에게 다시 이 문제를 알려주었다. 프랜시스 거스리와 같이, 드 모른간도 4가지 색이 적어도 필요하다는 것을 증명하는 데는 어려움이 없었다. 또한, 5개의 나라가 각각 4개의 나라와 동시에 접하면서 위치하는 것은 불가능함을 증명하였으며 지도를 색칠하는데 경계를 접하는 나라(영역)의 수 만큼 다른 색이 필요한 것도 아님을 밝혀내었다.

케일리가 4색 문제를 제시한 지 1년도 채 안된 1879년에 변호사이며 런던 수학회 회원인 켐프(A. B. Kempe)는 이 문제를 증명했다고 발표했지만 11년 뒤인 1890년 히

우드(P. J. Heawood :1861~1955)는 켐프의 증명이 잘못 되었음을 발견했고 히우드는 5가지 색이면 구 S^2상의 어떠한 지도도 충분히 칠할 수 있다는 것을 증명했다. 하지만 5개의 색을 필요로 하는 어떤 지도도 적어도 36개의 나라들이 필요하다는 것이다.

1969년, 헤슈(Heesch)는 켐프의 증명에 사용되었던 네 개의 지도를 대신할 약 8900개의 지도를 만들고, 이들을 4색으로 색칠하면 충분하다는 것을 보였다. 하지만, 지도가 너무 많아서 사람이 모두 칠해볼 수는 없었다.

일리노이대학의 두 수학자 K. Appel과 W. Haken은 1972년부터 본격적 연구를 시작하여 수 차의 시행착오 끝에 8900개의 지도를 약 2000개로 줄이는데 성공하였고 코흐(koch)의 도움으로 제작된 프로그램을 가지고 여러 대의 컴퓨터를 사용하여 총 1200시간이나 일일이 검사한 끝에 1976년 6월에 비로소 '4색 문제'를 증명하였다. 이들의 증명은 Kempe의 '축소 가능성'에 의한 '4색 문제'의 증명에서 문제가 된 4가지 지도 배치 중 성립되지 않는 하나의 경우를 상세히 분석함으로써 성공하였다. 이 문제는 경험적인 해결은 가능하지만 문제 제기 후 100여 년 만에 증명된 것이다. 그러나 증명 과정에 단지 오일러공식과 조르단의 곡선정리와 계산기만이 사용되어 위상의 이론체계에는 영향을 미치지 않는 단편적인 위상적 문제로 남는다. 특히 증명 과정에서 컴퓨터의 사용은 절대적이었으며 이 증명을 받아들이기 위해서는 사용된 컴퓨터 프로그램이 그 제작자가 요구한 대로 실행되었다고 믿어야만 한다. 이 연구 결과의 발표 시 독립적으로 만들어진 프로그램을 다른 컴퓨터에서 실행시킴으로써 증명에서 컴퓨터가 사용된 부분을 점검토록 했다. 그래서 증명의 결정적인 부분은 사람의 눈으로부터 감춰진 상태로 남아 있다. 수학 문제의 전통적인 증명이 되지 못하고 사람의 손으로 점검해 볼 수 없는 결과에 대하여 수학적 증명으로 인정할지의 논란의 문제가 대상이다. 비록 지도 색칠하기 문제의 증명 과정에서 위상수학의 심오한 기법 중 어떠한 기법도 사용하지 않았지만 지도 색칠하기 문제는 그 자체로 위상수학의 문제이다. 그 이유는 지도를 구성하는 나라들의 크기와 모양은 중요하지 않으며 단지 배치 상태(위상적 본질)만이 중요하기 때문이다.

최근 Robertson, Sanders, Seymour, Thomas 등의 수학자는 단순화를 통해 Appel과 Haken의 원래 증명의 방법은 이용하면서도, 기본꼴의 개수를 상당히 줄임으로써 이 문제에 대하여 상당한 진전을 이루었다.

아래 그림에서 A, B, C, D의 4나라는 2가지 색이면 칠해진다. 또, B, C, D, E 경우는 3가지 색이 필요하다. 그러나 C, D, E, F의 경우는 4가지 색이 필요한 것을 알 수 있다.

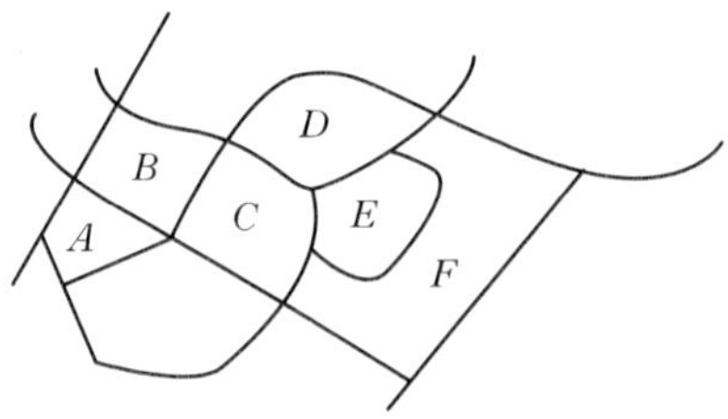

지도 색칠하기 문제는 대개 그래프 이론을 거쳐서 접근된다. 나라를 점으로 인접 국경을 선으로 바꾸면 다음 그림과 같이 나타낼 수 있다.

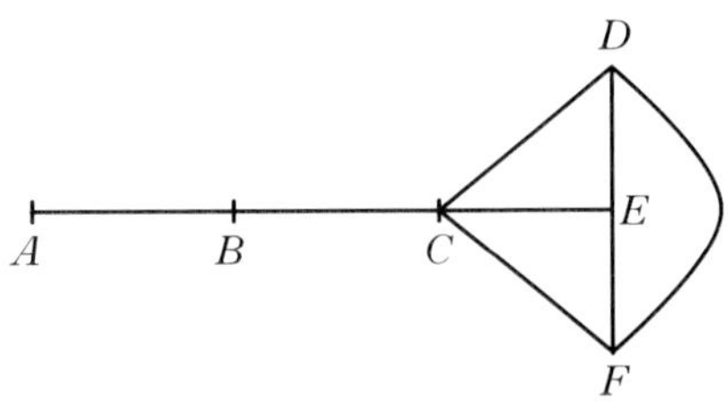

연속적으로 같은 수가 되지 않도록 하는 최소의 수를 찾으면 위의 그림은 4가 된다. 이 수를 **chromatic number**라고도 한다.

지도 색칠하기 문제에서 지도는 자연적인 지도와 이 문제를 위한 인위적으로 그린 지도를 포함한다. 또한 지도 색칠하기 문제에서 지도에 있는 각 영역의 크기와 모양은 중요하지 않으며 그들의 상대적 위치가 문제인 것이다. 따라서 4색 문제의 풀이는 위상 수학의 깊은 이론이 적용되는 것은 아니지만 4색 문제 그 자체로 위상수학의 문제이다. 다음 그림은 서로 위상적으로 동치이며 같은 수의 색으로 칠할 수 있다.

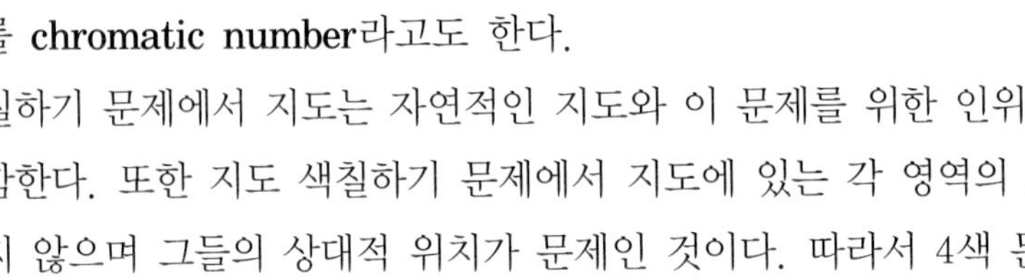

지도의 각 영역에 점을 하나 씩 표시하고 공동 경계를 갖는 영역의 점을 서로 연결하면 지도 위에 그물망(network)이 생긴다. 이때, 각 영역에 표시한 점을 집합점

(node)이라고 한다. 그물망은 지도가 나타내는 위상적 구조를 쉽게 알아 볼 수 있게 한다. 그물망의 연결된 두 집합점을 서로 다른 색으로 칠하면 지도 색칠하기 문제는 이 그물망의 색칠하기 문제로 바꾸어 형식화할 수 있다.

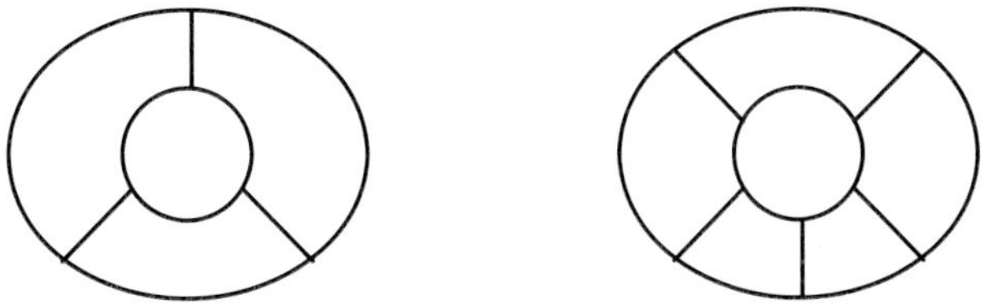

이와 같이 지도 색칠하기 문제로부터 그래프(graph)이론의 동기가 제공되었으며 오늘날 그래프에 대한 연구는 넓고 활발하게 이루어지고 있다.

3) 뫼비우스 띠

1858년에 독일의 수학자 A. F. Mobius(1790~1868)와 Listing이 독자적으로 **뫼비우스 띠**(one-sided surface)를 발견하였다. 이것은 위상적 불변성인 **방향성**(orientability)을 제시하게 했다. 1876년 F. Klein(1849~1925)에 의하여 방향성이 곡면의 고유성질이라는 것이 처음 자세히 조사되었다. 즉, 방향성에 의해 아래 그림에서처럼 원통의 경우는 통의 중앙에서 걸어갈 때 제자리로 돌아올 수 있다. 그러나 뫼비우스 띠의 경우는 한바퀴 돌면 제자리에 오지 않고 반대쪽에 오게 된다. 이때 원통은 방향이 유지되지만 뫼비우스 띠는 방향이 유지되지 않는다. 이것을 달리 설명하면 한 면에서 이면으로 모서리를 넘지 않고 갈 수 없는 경우와 갈 수 있는 경우를 의미하기도 한다.

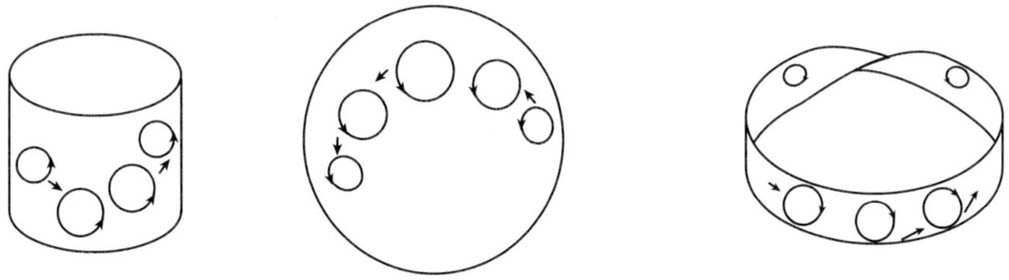

방향이 유지된다.　　　　방향이 유지되지 않는다.

방향성은 역시 위상적 성질이다. 뫼비우스 띠와 같은 곡면을 단측곡면, 원통과 같은 곡면을 양측곡면이라고도 한다(원통 : 2개의 모서리, 뫼비우스 띠 : 1개의 모서리).

방향성과 비방향성은 곡면을 포함하고 있는 공간과는 관계가 없는 곡면 자체의 성질이다.

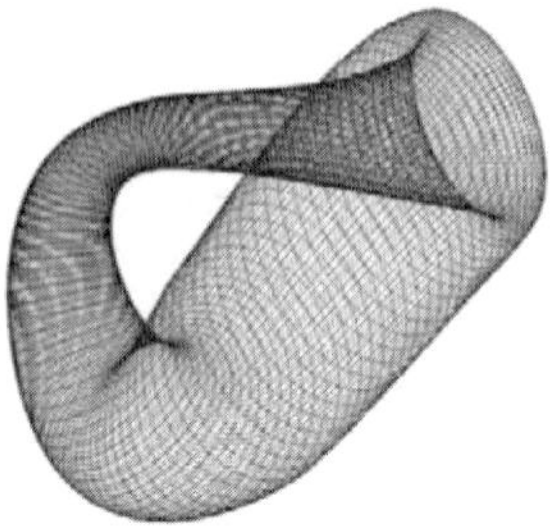

겉과 속의 구분이 없는 병을 **클라인병**(Klein bottle)이라고 하는데 이는 4차원공간에서 있을 수 있는 것으로 이 병을 가운데로 자르면 두 개의 뫼비우스 띠가 생기게 된다. 즉 두 개의 뫼비우스 띠를 모서리를 따라 붙이면 클라인병이 된다. 그러나 3차원 공간에서 이 작업은 불가능하고 곡면이 서로 교차하는 것을 허용해야 이것을 묘사할 수 있다. 클라인병에는 경계가 없고 비방향성이다. 또한 내부와 외부의 언어도 의미가 없다.

둥그런 띠를 가운데를 따라 자르면 띠는 2개로 나뉘어진다. 그러면 뫼비우스 띠를 가운데를 따라 자르면 어떻게 될까? 2개의 띠로 나누어지지 않고 하나의 띠가 되는 것을 확인할 수 있다. 이 띠는 앞, 뒷면이 있다. 또, 4번 꼬여있다. 이 띠를 또 한번 가운데를 따라 자르는 실험을 해보자. 그러면 잘라진 두 띠는 서로 얽혀서 분리되지 않고 하나의 띠는 역시 4번 꼬여있다.

뫼비우스 띠를 그 삼등분선을 따라 자르면, 1개의 뫼비우스 띠와 네 번 꼬인 띠가 얽혀 있는 상태가 된다.

뫼비우스 띠처럼 만들어진 2차원 공간에 개미가 산다면 개미는 한 바퀴를 돌아 처음 자리에 온 후 처음 모습과는 좌우가 바뀐 것을 발견하게 될 것이다. 즉, 이런 공간에서는 좌우의 방향은 아무 의미가 없게 되는 것이다. 이것을 확인해보려면 비닐과 같은 투명한 뫼비우스 띠에 그림을 그려나가 보면 된다. 왼손을 그려나갔다면 한 바퀴 돌아왔을 때는 오른손처럼 방향이 바뀌어 있을 것이다.

방앗간이나 공장의 기계를 돌리는 벨트를 뫼비우스 띠처럼 만들어서 쓰기도 한다. 두 개의 바퀴에 둥그런 띠 모양의 벨트를 그대로 걸면 기계에 닿는 한 쪽 면만 닳게 되는데, 뫼비우스의 띠처럼 한 번 꼬아서 걸게 되면 벨트의 양 쪽 면이 골고루 닳아 벨트의 수명이 훨씬 길어진다. 또 그대로 걸면 쉽게 빠지던 띠도 이렇게 꼬아 걸면 잘 빠지지 않는다.

원통형의 띠와 같은 벨트는 한 쪽 면만 바퀴가 닿고 두 바퀴의 도는 방향은 같다. 이 원통형의 벨트를 한번 꼬아 두 바퀴에 걸면 역시 한 쪽 면만 바퀴가 닿고 두 바퀴의도는 방향은 서로 반대이다. 뫼비우스 띠를 가운데로 잘라 나눈 것과 같은 4번 꼬인 띠의 벨트는 한 쪽 면만 바퀴가 닿고 벨트에 걸리는 두 바퀴는 도는 방향이 서로 반대이다. 그러나 현실적으로 뫼비우스 띠를 직접 벨트로 사용하기는 어렵다.

4) 조르단곡선

평면에서 보는 단일폐곡선이 평면을 두 영역으로 나눈다는 유명한 **조르단곡선정리**는 그 첫 증명이 1893년에 **C. Jordan**(1838~1922)에 의해서 이루어졌다. 그러나 완전한 증명은 되지 못했고, 직관적으로 명백한 사실임에도 불구하고 이를 확실히 증명하는 것은 아직도 쉬운 일이 아니다.

정리 2.6 (조르단의 곡선 정리) C가 R^2상의 단일폐곡선이라 하면 R^2은 C에 의하여 두 영역 A, B로 나누어진다(즉, $R^2-C=A\cup B$이고 $A\cap B=\varnothing$이며, A, B중 하나는 유계이다). 그리고 C는 A와 B의 공동의 경계이다.

증명 직관적으로는 분명한 것 같으나 증명은 간단하지 않다.

토러스 위에서 모든 단일폐곡선이 토러스를 두 부분으로 나누지는 않는다. 따라서 위 정리는 토러스 위에서는 성립하지 않는다. 그러나 구 S^2에서는 단일폐곡선이 항시 구 S^2를 두 영역으로 나눈다. 위 정리는 위상적 성질이며 그래서 토러스와 구 S^2는 동형이 아니다.

위 정리에 의하여 평면 R^2은 세 부분으로 나누어지는데 그것은 내부, 외부 그리고 경계이다. 한편 내부와 외부는 서로 상대적인 것이고 한쪽이 외부이면 다른 쪽이 내부이다. 그러나 통상 시계방향으로 돌아 오른쪽을 내부라고 정의한다.

※ 내부와 외부의 성질

아래 그림에서 ①과 ②는 C와 만나지 않고 ③은 C와 꼭 만난다.

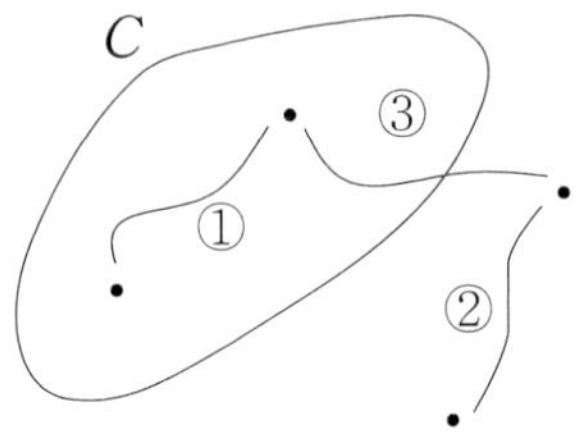

두 점 x, y가 같은 쪽에 있을 때 두 점을 연결해야될 경우 C와 짝수번 (0번 포함)만난다. 또 각각 다른 쪽에 있을 때는 C와 홀수번 만나게 된다.

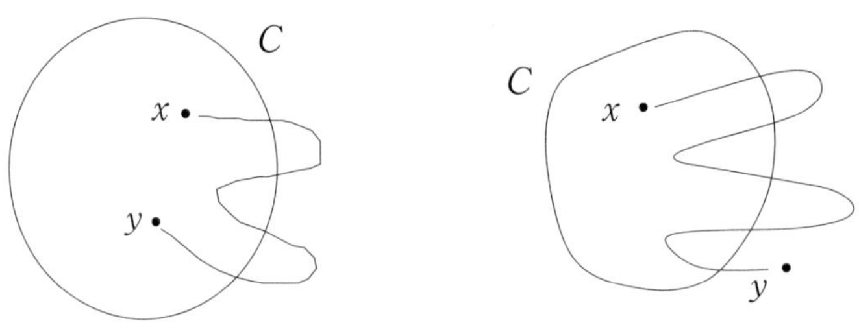

5) 한붓 그리기

18세기에 독일의 Königsberg시에는 7개의 다리가 있는 프레겔강(Pregel River)이 있었는데 이 다리를 한 번씩만 지나서 중복하지 않고 모든 다리를 건널 수 있는가 하는 문제가 제기되었다. 1735년에 Euler는 이 문제를 그래프(선형도형)로 바꾸어 불가능함을 보였다. 이 그래프를 오일러 그래프라고 하는데 더 나아가 오일러는 각 변을 꼭 한번 지나는 방법에 의하여 통과할 수 있는 그래프를 완전히 규정하였다. 즉 한붓그리기의 정의를 규정한 것이다.

문제 해결에 다리의 길이, 모양 그리고 지역의 크기 등은 무관하고 다리의 수, 지역의 수, 다리와 지역 간의 연결 관계만이 문제가 되므로 다리 건너기 문제는 바로 위상적 문제인 것이다.

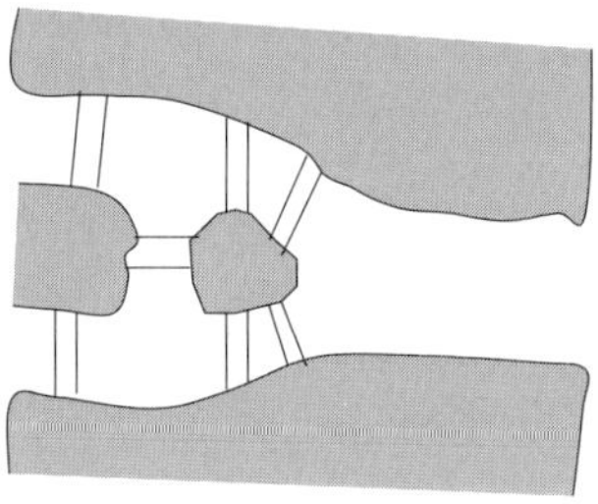

$\Rightarrow$

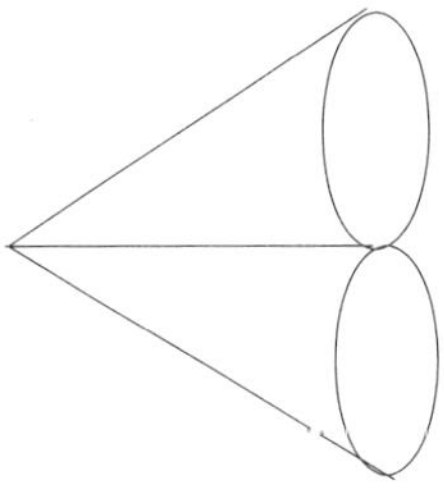

정의 2.7

유한개의 점과 이들을 선분으로 이어서 만든 도형을 **그래프**(graph)라고 한다(선형도형).

정의 2.8

한 꼭짓점에 이어진 변의 수를 그 꼭짓점의 **위수**라고 한다.

정의 2.9

임의의 두 꼭짓점을 택했을 때 두 꼭짓점이 연결된 변으로 이어진 그래프를 **연결그래프**라 한다(A).

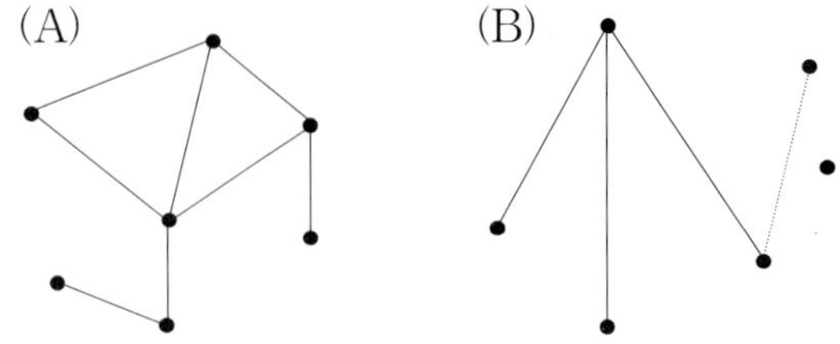

정리 2.10 연결그래프를 한번에 그리기를 할 수 있다면 이 그래프는 위수가 홀수인 꼭짓점이 없거나 있어도 2개만 있다.

증명 연결 그래프를 한 번에 그렸다고 하자. 그러면 출발점에서 그리는 순서에 따라 끝점에 왔다고 하면 모든 변을 한번씩만 지난다. 그 리고 출발점과 종점이 아닌 점에서 들어갈 때와 나올 때의 두 변만을 사용한다. 그러므로 중간점에서의 변의 수는 짝수개가 되어야 한다. 출발점과 종점이 일치할 때는 도중의 꼭짓점과 사정이 같아, 이 때도 위수가 짝수이다. 그러나 출발점과 종점이 다를 때에는 두 꼭짓점에 이어져 있는 변의 수는 홀수가 되므로 결국 이 그래프는 위수가 홀수인 꼭짓점이 없거나, 있어도 2개만 존재한다.

정리 2.11 **(위 정리의 역)** 연결그래프가 홀수인 위수를 갖는 꼭짓점이 없거나 있어도 2개만 있다면 이 그래프는 한번에 그리기를 할 수 있다.

증명 연결 그래프를 G라고 하자. 그리고 증명하기 전에 보조정리를 우선 살펴보자.

보조정리 그래프 G에 대하여 각 꼭짓점의 위수가 짝수이면 G는 G의 임의의 꼭짓점을 출발해서 이 꼭짓점에 되돌아오는 단일폐곡선을 포함한다.

모든 그래프가 평면에 그려질 수는 없다. 평면에 그릴 수 있는 그래프를 **planar**라 한다. 1930년에 K. Kuratowski는 nonplanar 그래프를 정의하였다. 이는 흔히 퀴즈 문제로 우리가 접하기도 한다.

[예 2] 아래 그래프는 **nonplanar**이다. 어느 두 선도 만나지 않고 이을 수 있을까? 이을 수 없음을 밝혀보자.

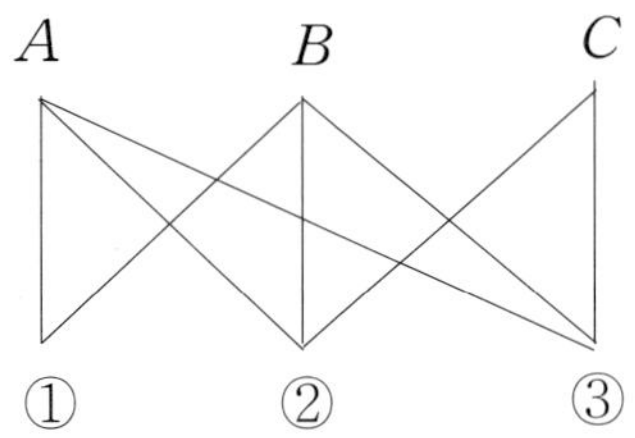

어느 두 선도 만나지 않고 이을 수 있다고 가정하자. 그러면 a에서 f까지의 선은 한 폐곡선(K라고 하자.)을 만든다. Ⓐ~②, Ⓑ~③, Ⓒ~①중 하나는 K내부에 있고 하나는 외부에 있게 된다. 이 때 단일 폐곡선 $g\sim c\sim h\sim f$의 내부에 ①이 있고 외부에 Ⓒ가 있게 되어 Ⓒ~①은 단일폐곡선의 내부와 외부의 성질에 의하여 폐곡선 $g\sim c\sim h\sim f$와 만나게 된다. 즉 Ⓒ와 ①은 폐곡선 $g\sim c\sim h\sim f$와 만나지 않고 이을 수 없다.

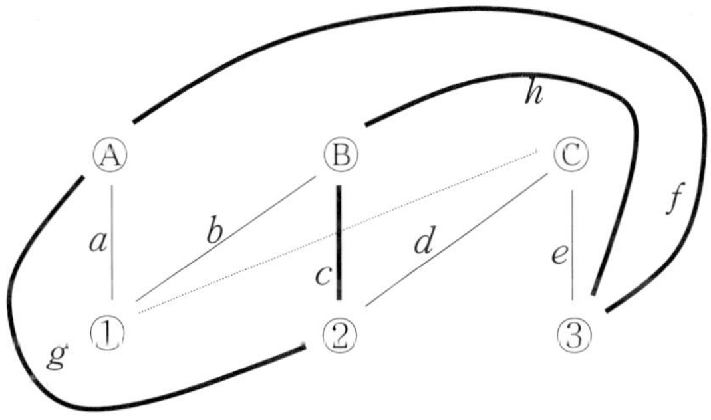

6) 매듭

매듭 이론은 위상수학의 한 분야로 매듭에 관한 수학적 연구이다. 특별한 분야로서 수학의 많은 분야에서 중요한 현상으로 인식되고 있으며 더 나아가 분자 생물학의 경우 DNA의 기하학적 비밀을 해결하기 위하여 매듭이론을 사용하고 있다. 매듭은 3차원 대상이며 2차원에서 매듭을 형성하는 것은 불가능하다. 반면에 4차원 이상의 공간에서는 너무 큰 공간이기 때문에 어떠한 매듭도 즉시 풀리게 될 것이다. 매듭 이론의 주 목표는 동치가 아닌 임의의 두 매듭을 구분하는 데 충분한 매듭불변량들의 모임을 찾아내는 것이다. 다시 말하면 매듭 이론의 한가지 주된 목적은 하나의 매듭이 다른 매듭으로 변형될 수 있는지를 정하는 것이다.

죠르단곡선정리는 평면 R^2에서 생각한 것이다. 그러면 R^3에서 모든 구(sphere)는 R^3을 내부와 외부로 나누는가? 하는 의문이 생긴다.

R^3내에 포함되는 원(circle)을 **매듭**(knot)이라고 한다. 최초로 매듭 이론을 연구한 가우스(Gauss)는 1823년부터 1840년에 걸쳐 여러 번 매듭이론에 대하여 간단한 설명을 했다. 그는 1883년에 2개의 매듭들의 연결수를 선적분에 의하여 정의하는 공식을 발견했다. 그것은 직관적으로 두 매듭의 얽혀진 수이다. 그러나 매듭의 실질적 연구를 한 최초의 수학자는 가우스의 제자인 Listing이고 1847년부터 제자인 Listing이고 그의 저서인 "위상수학 입문"(Vorstudien zur Topologie, 1847년)의 일부분에 이 내용이 포함되어 있다. 그 뒤 여러 학자들이 이를 연구하고 발전시켰다.

특히 1895년 W. Von Dyck(1856~1934)이 더 고차원의 연결수들을 설명하기 위하여 Gauss integral을 일반화했다. 연결수 "mod2"는 1911년에 M. H. Lebesgue (1875~1941)가 쓴 논문에서 처음 나타난다. 연결수들의 처음 실제 이론은 1912년 L. E. J. Brower(1881~1967)에 의해서이다. 효과적으로 발견할 수 있는 매듭들의 첫 불변성(량)이 1920년경에 J. W. Alexander(1888~1971)와 K. Reideneisoter에 의하여 발견되었다. 이들 불변량들은 R^3에서 매듭들의 여집합과 1910년 M. Dehn (1878~1952)에 의하여 정의되었던 "knot group"의 연구에 의하여 얻어졌다.

기본 매듭은 그것의 교차 수(crossing number)에 따라 분류되었다. 교차 수는 매듭을 평평한 면 위에 펼쳐 놓을 때 끈이 스스로 겹치는 점의 개수를 말하며 매듭의 불변량이다. 교차 수는 매듭 불변량이기 때문에 매듭들의 동치성을 구별하는 데 사용될 수 있지만 그리 유용하지는 않다. 왜냐하면 서로 다른 많은 매듭들이 같은 교차 수를 갖기 때문이다. 19세기 말까지 불완전 하지만 교차 수 10까지의 기본 매듭 목록이 만들어 졌다. 1927년에 Alexander와 Briggs는 불완전한 목록을 조사하고 교차 수 8까지는 중복이 없음을 증명했다. 최근 1974년에야 Perko에 의해 목록에 기재된 교차 수 10을 갖는 모든 매듭을 구별하는 작업이 이루어 졌다. 1960년 케임브리지 대학의 Conway는 매듭에 대한 새롭고 더욱 효과적인 표기법을 발견했다. 그는 19세기의 옛 목록에 빠진 새로운 기본 매듭을 일부 찾았으며 교차 수 11을 갖는 기본 매듭을 포함하도록 목록을 확장하였다.

교차 수에 의한 매듭의 수를 표로 나타내면 아래와 같다.

교차 수	3	4	5	6	7	8	9	10	11	계
매듭의 종류수	1	1	2	3	7	21	49	165	552	801

교차 수 11까지의 이 표를 확실하다고 믿지만 여전히 정확성이 보장된 것은 아니다. 지금까지 매듭 이론에서 가장 주목할 만한 진보는 모든 매듭은 바로 그 매듭에 대한 매듭군(Knot group)이라는 어떤 군과 연관시킬 수 있다는 사실의 인식이었다(군론이 매듭 이론에 적용될 수 있다는 사실). 영국에서 시작된 매듭이론의 연구는 미국과 서유럽을 중심으로 지난 30년간 괄목할 만한 성과를 거두어 다수의 연구자가 필즈상을 받기도 하였다. 그러나 매듭 이론은 매우 어렵고 해결되지 않은 의문들이 많이 남아있다. 그렇지만 우리가 생각할 것은 R^3에서 두 매듭이 언제 서로 동치인가 하는 문제이다. 위에서 말한 대로 연결수를 이용하여 두 매듭이 동치임을 규명하지만 어려운 내용이므로 매듭의 몇 가지 예를 들면서 마무리한다.

[예 1] 다음 두 매듭은 서로 동치가 아니다.

(1) trefol knot (2) four knot

[예 2] 여러 가지 매듭들에 대하여 그 모양을 알아보고 매듭의 교차점의 수에 의하여 매듭을 분류해 보자(숫자는 매듭의 수이다).

(1) 3

(2) 4

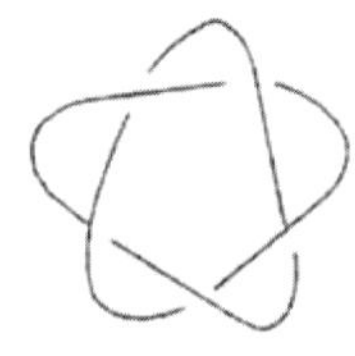
(3) 5

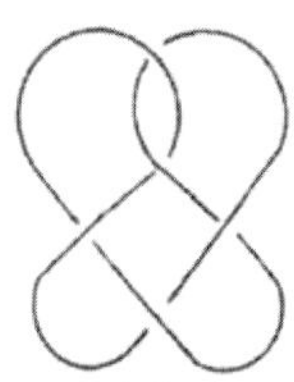
(4) 5

(5) 6

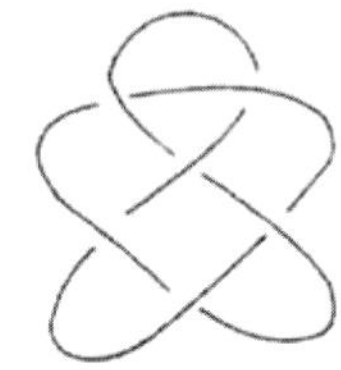
(6) 6

(7) 6

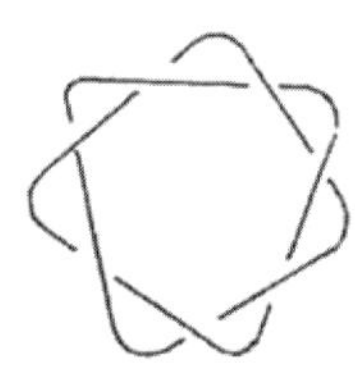
(8) 7

(9) 7

(10) 7

(11) 7

(12) 7

(13)

(14) 7

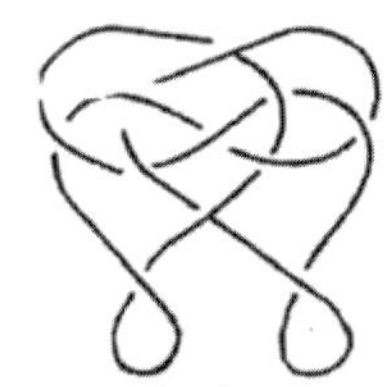
(15) 11

위 그림 중 (1), (3), (8)은 토러스를 겹치지 않고 감을 수 있다. 또 (2)는 구멍이 2개인 토러스를 겹치지 않고 감을 수 있다.

Chapter 03

R에서의 위상적 구조

위상공간의 개념은 실수와 유크리트 공간의 연구로부터 시작되었으며 이 개념은 일반 거리공간으로 확장하여 연구하게 되었다. 즉 위상공간은 실수(수직선)공간의 위상적 구조를 일반화한 것이다.

1. 수직선상의 개집합

실수공간의 위상적 구조를 나타내는 기본적인 개념이 **개집합**이며 그밖의 중요한 여러 개념들은 모두 개집합에 의하여 정의된다. 그러므로 실수공간에서의 위상적 기본개념을 알아보고 병행해서 평면 R^2, 공간 R^3에서의 위상적 개념도 알아보자.

정의 1.1

$A \subset R$ (수직선)이라 하자. $x \in A$ 가 A의 **내점**(interior point)이기 위한 필요충분조건은 개구간(open interval) $U_{(x)}(\ni x)$ 가 존재하여 $U_{(x)} \subset A$ 인 것이다(즉 $x \in U_x \subset A$).
[여기서 $U_{(x)}$는 $D = B(x:\delta) = \{q \in R \mid d(x, q) < \delta\} = (x-\delta, x+\delta)$를 의미한다.]

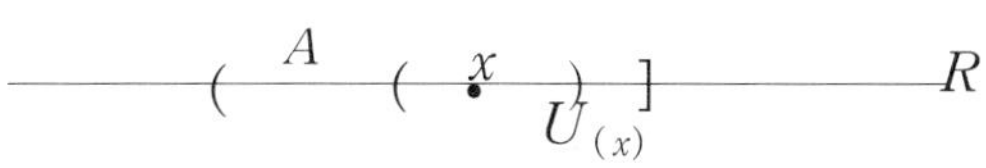

평면 R^2에서 부분집합 $A \subset R^2$에 대하여 $p \in A$가 A의 **내점**(interior point)이기 위한 필요충분조건은 개원판(open disc) $D = B(p : \delta) = \{q \in R^2 \mid d(p, q) < \delta\}$가 존재하여 $p \in D \subset A$인 것이다.

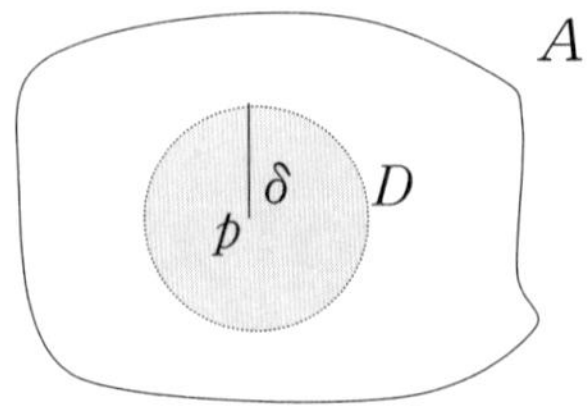

정의 1.2

A가 **개집합**(open set)이기 위한 필요충분조건은 A에 속하는 모든 점 $x \in A$가 A의 내점이 되는 것이다.

[예 1] 개구간 $A = (a, b) \subset R$는 개집합이다. 왜냐하면 모든 점 $x \in A$가 A의 내점이기 때문이다. 다시 말하면 임의의 점 $x \in A$에 대하여 적어도 x를 포함하는 개구간 $U_{(x)}$가 존재하여 $U_{(x)} \subset A$이기 때문이다. 특히 자신인 A가 존재하여 $x \in A \subset A$이기 때문이기도 하다.

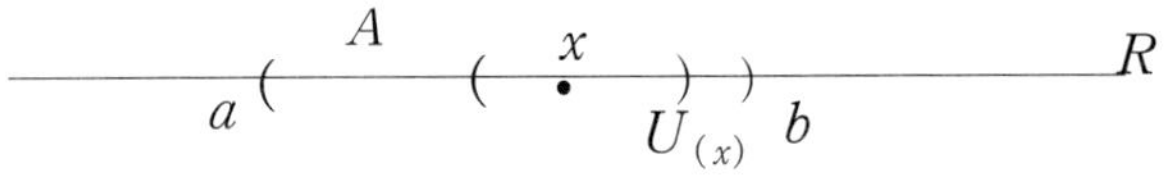

아래 그림에서 평면 R^2의 부분집합 A는 개집합이다. 왜냐하면 A내의 모든 점은 A의 내점이 되기 때문이다.

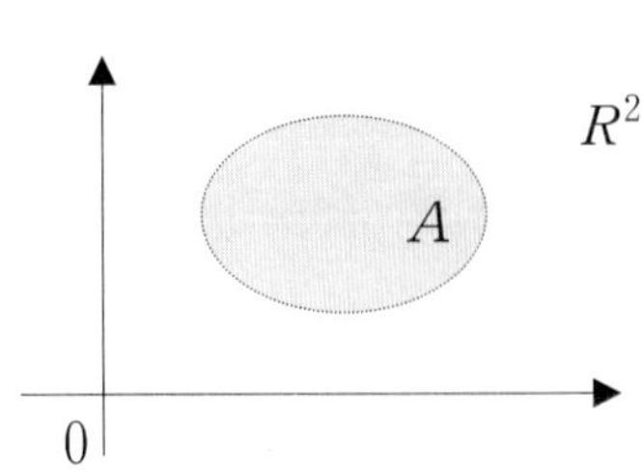

[예 2] R 자신은 개집합이다. 왜냐하면 모든 점 $x \in R$에 대하여

$$x \in U_{(x)} \subset R$$

인 개구간 $U_{(x)}$가 존재하기 때문이다. 즉 모든 $x \in R$에 대하여 x는 R의 내점이 되기 때문이다.

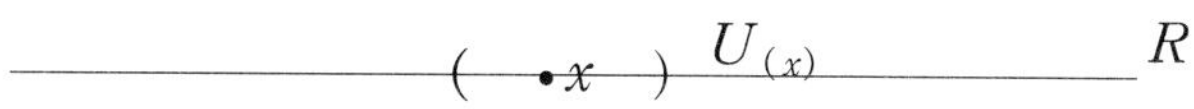

마찬가지로 R^2 자신도 개집합이다. 왜냐하면 R^2 내의 모든 점이 R^2의 내점이 되기 때문이다.

(정의 1.2)를 대우를 이용하여 고치면 " A가 개집합이 아니기 위한 필요충분조건은 A내에 A의 내점이 아닌 점이 적어도 하나 존재한다."이다. 바꾸어 말하면 집합 A에 내점이 아닌 점이 하나라도 있으면 집합 A는 개집합이 아니다.

[예 3] $\varnothing$는 개집합이다. 왜냐하면 $\varnothing$는 아무 원소도 갖지 않으므로 내점이 아닌 점이 없기 때문이다.

[예 4] 1) R 상의 난집합 $\{x\}$는 개집합이 아니다. 왜냐하면 x가 $\{x\}$의 내점이 아니기 때문이다.

2) R의 공집합이 아닌 유한집합 A는 개집합이 아니다. 왜냐하면 A의 어떠한 점도 내점이 아니기 때문이다.

3) R의 무한집합은 개집합이거나 개집합이 아니다. 왜냐하면 자연수 집합 $\mathbb{N}$은 개집합이 아니다. 하지만 개구간 $(1, 3)$은 무한집합으로 개집합이기 때문이다.

[예 5] 폐구간 $B = [a, b] \subset R$는 개집합이 아니다. 왜냐하면 B의 점 a, b는 B의 내점이 아니기 때문이다. 즉

$$a \in U_{(a)} \subset B, \quad b \in U_{(b)} \subset B$$

를 만족하는 개구간 $U_{(a)}$, $U_{(b)}$가 존재할 수 없기 때문이다.

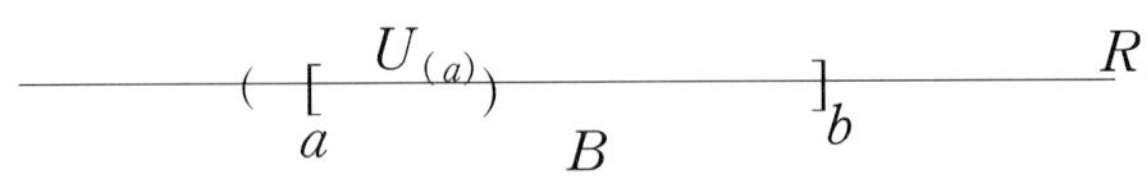

아래 그림에서 집합 B는 R^2에서 개집합이 아니다. 왜냐하면 B의 실선 위의 점 x들은 B에 속하는 점이지만 B의 내점이 아니기 때문이다. 즉, $x \in D \subset B$를 만족하는 개원판 D가 존재하지 않기 때문이다.

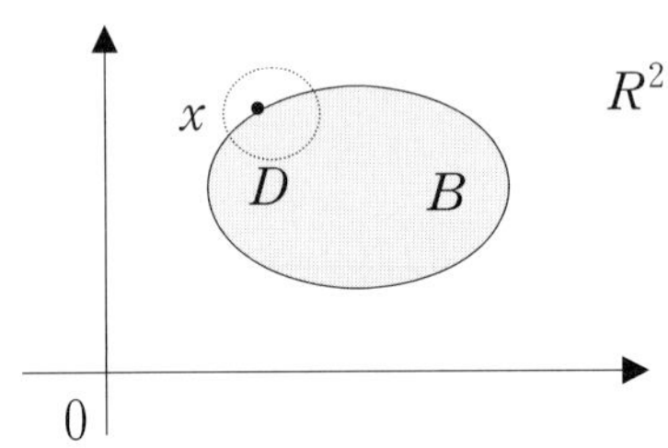

[예 6] 1) 수직선 R에서의 부분집합 $(a,\ \infty)$와 $(-\infty,\ a)$는 개집합들이다. 그러나 $[a,\ \infty)$와 $(-\infty,\ a]$는 개집합이 아니다. 왜냐하면 점 a가 각각 내점이 아니기 때문이다.

2) 마찬가지로 아래 그림의 평면 R^2에서 $B=[a,\ \infty)\times R$, $(a \in R)$는 개집합이 아니다. 왜냐하면 집합 B의 실선 위의 점 x는 B에 속하는 점이지만 B의 내점이 아니기 때문이다.

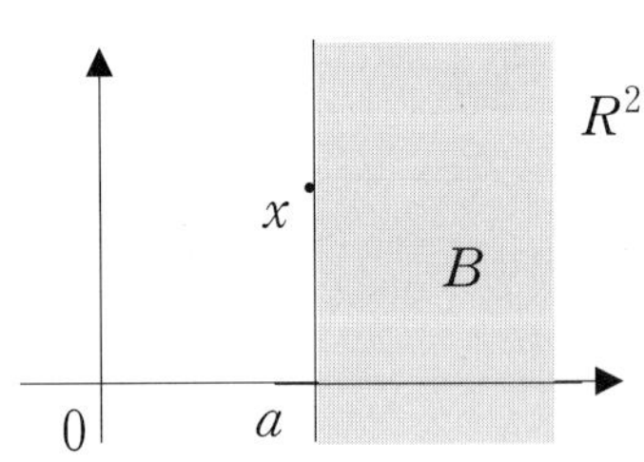

정리 1.3 수직선 R에서 임의의 개의 개집합들의 합집합은 개집합이다.

증명 $\{G_i \mid i \in I\}$를 개집합들의 모임이라고 하자. 이때 $\bigcup_i G_i$가 개집합이 되는

것을 보이면 된다. 만일 $x \in \bigcup_i G_i$ 이면 어떤 i_0 에 대하여 $x \in G_{i_0}$ 이다. 그러면 G_{i_0} 가 개집합이므로 x 를 포함하는 개구간 $U_{(x)}$ 가 존재하여

$$x \in U_{(x)} \subset G_{i_0}$$

가 된다. 그런데 $G_{i_0} \subset \bigcup_i G_i$ 이므로

$$x \in U_{(x)} \subset \bigcup_i G_i$$

이다. 즉, 모든 $x \in \bigcup_i G_i$ 에 대하여 $x \in U_{(x)} \subset \bigcup_i G_i$를 만족하는 개구간 $U_{(x)}$ 가 존재한다. 따라서 $\bigcup_i G_i$는 개집합이다.

위 (정리 1.3)의 증명에서 개집합 G_i 는 개구간 $(a_i,\ b_i)$이거나 $(a_i,\ \infty)$, $(-\infty,\ b_i)$ 등을 의미한다. 또한 이 정리는 평면 R^2 에서도 똑같이 성립한다. 이때 개집합 G_i 는 개원판 D_i이거나,

① $(a_i,\ b_i)\times R$ ② $R\times(a_i,\ b_i)$ ③ $(a_i,\ \infty)\times R$ ④ $R\times(a_i,\ \infty)$
⑤ $(-\infty,\ b_i)\times R$ ⑥ $R\times(-\infty,\ b_i)$ 등을 의미한다.

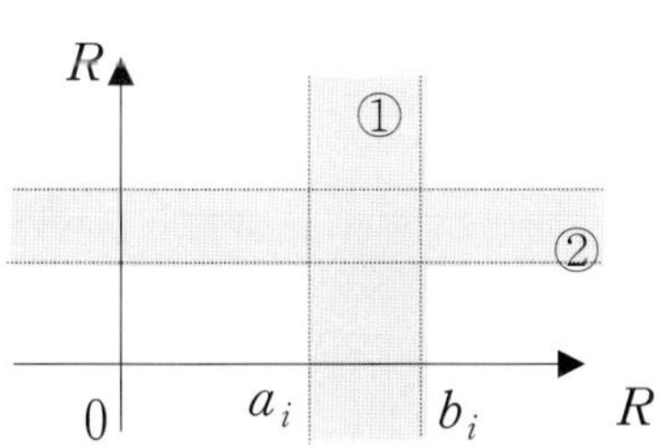

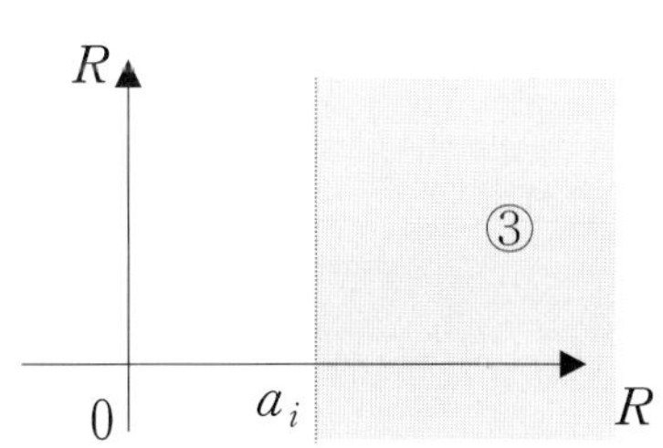

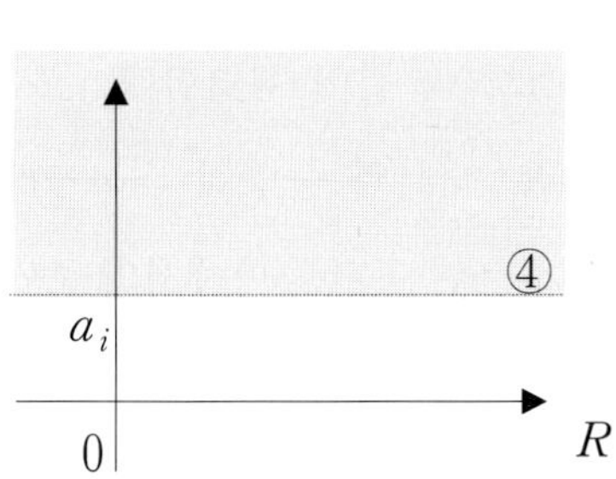

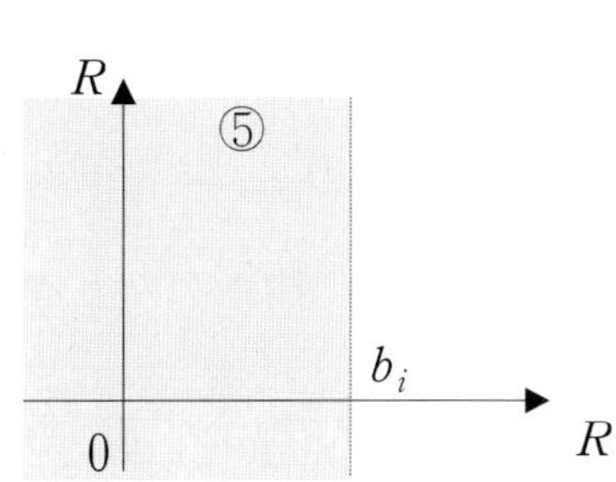

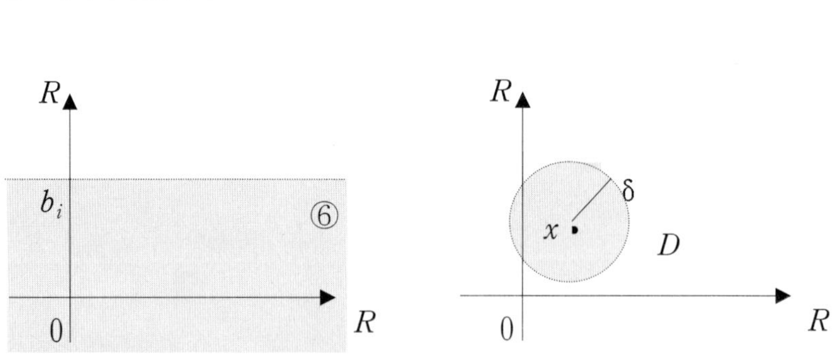

정리 1.4 수직선 R에서 임의의 유한개의 개집합들의 공통집합은 개집합이다.

증명 $\{G_i \mid i=1, 2, \cdots, n\}$를 R에서의 유한개의 개집합들의 모임이라 하자. $\bigcap_i^n G_i$가 개집합이 됨을 보이자. 만일 $x\in\bigcap_i^n G_i$이면 모든 i에 대하여 $x\in G_i$이다. 그러면 각 G_i가 개집합이므로 x를 포함하는 개구간 U_i들이 각각 존재하여

$$x\in U_i\subset G_i$$

가 된다. 이 때

$$x\in\bigcap_1^n U_i\subset\bigcap_1^n G_i$$

이 성립하고 $\bigcap_1^n U_i$는 하나의 개구간이 되어 모든 $x\in\bigcap_i^n G_i$에 대하여 $x\in\bigcap_i^n U_i\subset\bigcap_1^n G_i$를 만족하는 개구간 $\bigcap_1^n U_i$가 존재한다. 따라서 $\bigcap_i^n G_i$는 개집합이다.

위 (정리 3.4)는 역시 평면 R^2과 공간 R^3에서도 똑 같이 성립한다. 위 증명에서 개구간 U_i를 개원판 D_i로 바꾸어 쓰면 평면 R^2에서의 증명이 되고 개구체 D_i $(D=B(p:\delta)=\{q\in R^3 \mid d(p, q)<\delta\})$로 바꾸어 쓰면 공간 R^3에서의 증명이 된다.

[예 7] R에서 개구간 $(0, 2)$와 $(1, 3)$은 개집합이다. 또 $(0, 2)\cup(1, 3)=(0, 3)$과 같이 두 개집합의 합집합은 역시 개집합이다. 한편 개구간 $(0, 1)$과 $(2, 3)$

은 개집합이고 $(0,\ 1)\cup(2,\ 3)$ 도 개구간은 아니지만 자체가 하나의 개집합이다. 아래 그림과 같이 R^2 에서 개집합인 개원판 D_1과 D_2의 합집합은 역시 개집합이다.

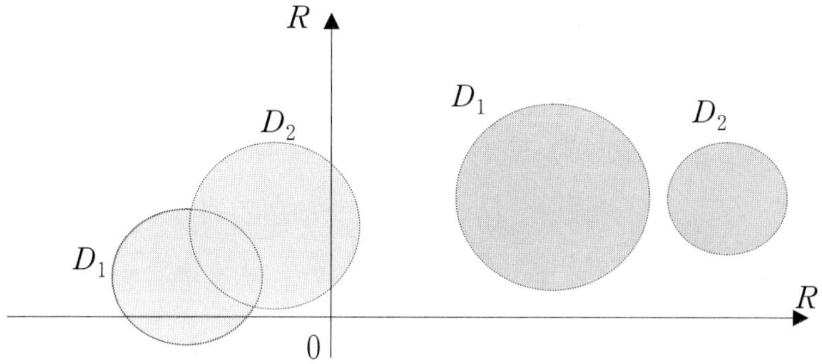

개구간들의 모임

$$\left\{(-1,\ 1),(-\frac{1}{2},\ \frac{1}{2}),\ \cdots\right\}=\left\{A_n=(-\frac{1}{n},\ \frac{1}{n})\mid n\in\mathbb{N}\right\}$$

은 개집합들의 모임이다. 이 때 $\bigcap_{1}^{\infty}A_n=\{0\}$이므로 개집합들의 임의의 교집합은 닫집합 $\{0\}$기 되어 개집합이 아니다. 바꾸어 말하면 개집합들의 교집합은 개집합이 아닐 수 있다는 것이다($\{0\}$이 개집합이 아니라는 것은 뒤에 폐집합에서 설명된다).

정의 1.5

$A\subset R$ 일때 한 점 $x\in R$에 대하여 x를 포함하는 모든 개집합 $U_{(x)}$가 x이외의 다른 A의 점을 포함할 때(즉, $U_{(x)}\cap(A-\{x\})\neq\varnothing$) x를 A의 **극점**(limit point) 또는 **집적점**(cluster point)이라 한다.

점 x가 A의 극점일 때 위의 정의는 x를 포함하는 아무리 작은 개집합(개구간) $U_{(x)}$를 취하여도 그 안에는 x가 아닌 A의 점이 포함되게 마련이므로 x점 가까이에 A의 점들이 집적되어 있음을 의미한다.

$$x \in R\text{가 } A\text{의 극점} \Leftrightarrow \forall\, U_{(x)},\ U_{(x)} \cap (A - \{x\}) \neq \emptyset$$

위 (정의 1.5)는 평면 R^2에서도 똑 같이 정의된다. $A \subset R$를 $B \subset R^2$로 할 때 개구간(개집합) $U_{(x)}$ 대신 개원판 $D_i(\ni x)$를 사용하면 된다.

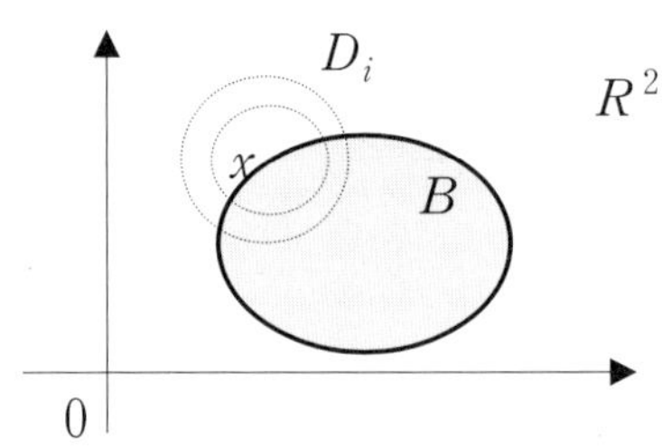

$$x \in R^2\text{가 } B\text{의 극점} \Leftrightarrow \forall\, D_{(x)},\ D_{(x)} \cap (B - \{x\}) \neq \emptyset$$

집합 A의 극점들을 모두 모아 놓은 집합을 A의 **도집합**(derived set)이라 하고 A'로 표시한다.

[예 8] $A = \left\{1,\ \frac{1}{2},\ \frac{1}{3}, \cdots\right\} \subset R$이라 하자.

점 $0 \in R$를 포함하는 임의의 개집합 $U_{(0)}$는 점 0을 제외하고도 A의 점들과 무수히 만난다(즉 $U_{(0)} \cap (A - \{0\}) \neq \emptyset$). 따라서 0은 A의 한 극점이므로 $0 \in A'$이다. 그러나 $0 \notin A$이므로 어떤 집합의 극점은 그 집합에 속할 수도 있고 속하지 않을 수도 있음을 알 수 있다. 또 A가 0이외의 다른 극점을 갖고 있지 않으므로 $A' = \{0\}$이 된다.

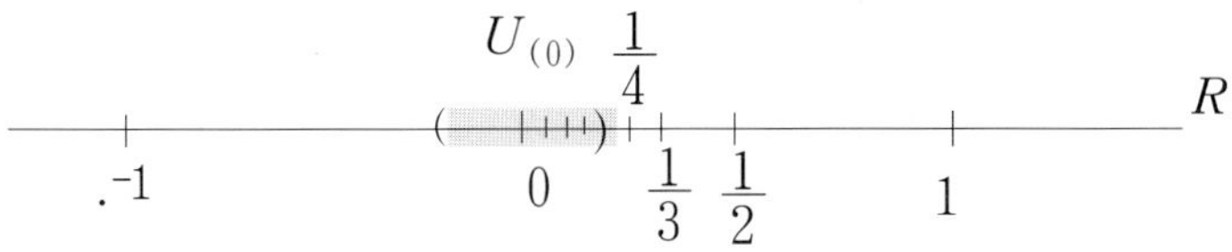

[예 9] 유리수 전체의 집합을 Q라 하자. 그러면 모든 실수 $x \in R$는 Q의 극점이다. 왜냐하면 x를 포함하는 모든 개집합 $U_{(x)}$는 Q의 점(유리수)들을 포함하기 때문이다. 즉 임의의 $U_{(x)}$에 대하여

$$U_{(x)} \cap (Q - \{x\}) \neq \varnothing$$

이다. 그러므로 $x \in Q'$이고 따라서 $Q' = R$이다.

[예 10] 정수들의 집합 $\mathbb{Z} = \{\cdots, -3, -2, -1, 0, 1, 2, 3, \cdots\}$는 극점이 없다. 왜냐하면 각 점 $x \in R$에 대하여,

$$U_{(x)} \cap (\mathbb{Z} - \{x\}) = \varnothing$$

을 만족하는 $U_{(x)}$가 존재하기 때문이다.

예를 들면 $0 \in \mathbb{Z}$에 대하여 $U_{(0)} = (-\frac{1}{2}, \frac{1}{2})$이라 하면

$$U_{(0)} \cap (\mathbb{Z} - \{0\}) = \varnothing$$

가 되어 0은 $\mathbb{Z}$의 극점이 아닌 것이다. 또 정수가 아닌 실수 $y \in R - \mathbb{Z}$에 대해서도

$$U_{(y)} \cap (\mathbb{Z} - \{y\}) = U_{(y)} \cap \mathbb{Z} = \varnothing$$

를 만족하는 $U_{(y)}$가 존재하므로 $R - \mathbb{Z}$의 모든 점도 $\mathbb{Z}$의 극점이 될 수 없다. 따라서 $\mathbb{Z}' = \varnothing$이다.

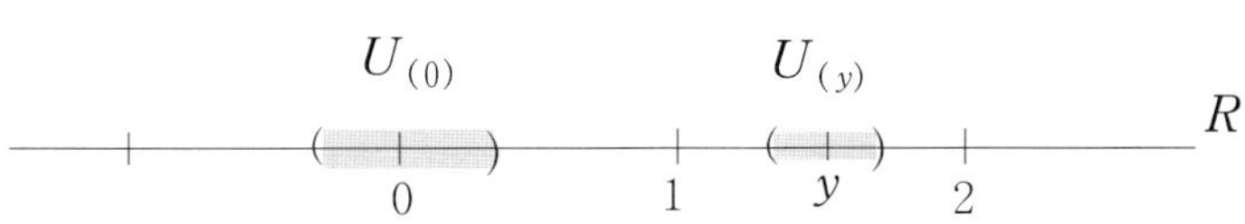

[예 11] x가 A의 극점이 아니기 위한 필요충분조건은 점 x를 포함하는 어떤 개집합 U가 존재하여 $U\cap(A-\{x\})=\varnothing$ 이다.

[예 12] 정수 집합이나 자연수 집합은 무한집합이지만 극점이 없다. 그리고 모든 유한집합은 극점을 갖지 않는다.

정의 1.6

(Bolzano-Weierstrass theorem) R상의 유계인 무한집합은 적어도 한 개의 극점을 갖는다.

[예 13] 집합 $A=\left\{1, \frac{1}{2}, \frac{1}{3}, \cdots\right\}$는 R상의 유계인 무한집합으로 A의 극점은 0이며 다른 극점이 없으므로 $A'=\{0\}$이다. 또한 구간 $B=(a, b)$, $C=[a, b]$도 유계인 무한집합으로 적어도 하나의 극점을 갖는다. 실제로 $B'=C'=[a, b]$이다.

집합의 극점과 수열의 극한은 같을 수도 있고 다를 수도 있어 일반적으로 일치하지 않는다.

[예 14] 집합 $A=\left\{1, \frac{1}{2}, \frac{1}{3}, \cdots\right\}\subset R$의 극점은 0이고 수열 $\langle \frac{1}{n} \mid n\in\mathbb{N}\rangle$의 극한도 0이다. 그러나 $B=\left\{1, \frac{1}{2}, 1, \frac{1}{3}, 1, \cdots\right\}$의 극점은 0이지만 수열 $\langle 1, \frac{1}{2}, 1, \frac{1}{3}, 1, \cdots\rangle$은 수렴하지 않으므로 극한이 없다.

정의 1.7

R의 부분집합 A가 **폐집합**(closed set)이 되기 위한 필요충분조건은 A의 여집합 A^c가 개집합일 때이다.

[예 15] R에서 폐구간 $[a, b]$는 폐집합이다. 왜냐하면

$$[a,\ b]^c = (-\infty,\ a) \cup (a,\ \infty)$$

은 개집합 $(-\infty,\ a)$와 $(a,\ \infty)$의 합집합으로 개집합이 되기 때문이다.

[예 16] $\varnothing$(공집합), R(전체집합)은 폐집합이다. 왜냐하면 $\varnothing^c = R$ 이고 $R^c = \varnothing$ 인데 R과 $\varnothing$가 개집합이므로 $\varnothing^c$과 R^c은 각각 개집합이 된다. 따라서 $\varnothing$와 R은 폐집합이다.

폐집합은 또한 극점의 개념으로 정의될 수 있다.

정리 1.8 R의 부분집합 A가 폐집합이 되기 위한 필요충분조건은 집합 A가 A의 모든 극점을 포함하는 것이다. 즉 $A' \subset A$이다.

증명 다음 장에서 참고한다.

[예 17] $A = \left\{1,\ \frac{1}{2},\ \frac{1}{3},\ \cdots\right\} \subset R$는 폐집합이 아니다. 왜냐하면 (예 7)에서 0은 A의 유일한 극점으로 $A' = \{0\}$이지만 $0 \notin A$이므로 $A' \not\subset A$이기 때문이다.

[예 18] 반개구간 $A = (a,\ b]$는 개집합도 폐집합도 아니다. 왜냐하면 A가 개집합이기 위해서는 A내의 모든 점이 A의 내점이어야 하는데 $b \in A$는 A의 내점이 아니다. 따라서 A는 개집합이 아니다. 또 A가 폐집합이 되기 위해서는 A의 극점이 모두 A에 속해야 하는데 점 a는 A의 극점이지만 A에 속하지 않는다. 따라서 A는 폐집합이 아니다.

연습문제 3.1

1. 수직선 R에서의 개집합들은 무엇인가 구체적으로 설명하여라.

2. 평면 R^2에서의 개집합들은 무엇인가 구체적으로 설명하여라.

3. 반개구간 $A=(A,\ b]\subset R$에서 $A\subset A$임을 알아보아라.

4. 임의의 부분집합 $A\subseteq R$의 도집합 A가 폐집합인 것을 보여라.

5. 유계인 실수들의 무한집합은 적어도 한 극점을 갖는다.

Chapter 04

위상공간

실수공간의 위상적 구조를 일반집합에 일반화한 것이 위상공간이며 그 기본적인 개념이 개집합이다. 실수공간에서의 중요한 개념 즉 폐집합, 극점, 점열의 수렴, 연속함수 등은 모두 개집합으로 표시되는 것임을 우리는 알았다. 따라서 위상공간을 정의하는데 개집합이라는 개념을 사용한다.

1. 위 상

정의 1.1

$X(\neq\varnothing)$를 임의의 집합이라 하자. X의 부분집합들의 모임(집합족) $\mathfrak{T}$가 아래 3가지 조건을 만족할 때 $\mathfrak{T}$를 X상의 하나의 **위상**(topology)이라 한다.

(1) X와 $\varnothing$가 $\mathfrak{T}$에 속한다.

(2) $\mathfrak{T}$의 임의의 원소의 합집합이 $\mathfrak{T}$에 속한다.

(3) $\mathfrak{T}$의 임의의 유한개의 원소의 교집합이 $\mathfrak{T}$에 속한다.

이 때 $\mathfrak{T}$의 원소를 **구성원**(member), $\mathfrak{T}$-**개집합** 또는 간단히 **개집합**(open set)이라 하며 위상 $\mathfrak{T}$를 갖는 집합 X를 $(X, \mathfrak{T})$로 표시하고 **위상공간**(topological space)이라 한다. 또한 혼란의 염려가 없을 때 위상공간 $(X, \mathfrak{T})$를 간단히 X로 표시하기도 한다.

[예 1] 집합 X의 한 부분집합 U가 X의 개집합이기 위한 필요충분조건은 U가 X상의 위상 $\mathfrak{T}$에 속할 경우이다.

[예 2] 집합 $X=\{a, b, c, d, e\}$의 부분집합들의 모임 몇 가지를 조사해 보자.

$$\mathfrak{T}_1=\{X, \varnothing\}, \quad \mathfrak{T}_2=\{X, \varnothing, \{a\}\}, \quad \mathfrak{T}_3=\{X, \varnothing, \{b\}\}$$
$$\mathfrak{T}_4=\{X, \varnothing, \{a\}, \{b\}, \{a, b\}\}$$
$$\mathfrak{T}_5=\{X, \varnothing, \{a\}, \{b, c\}, \{a, b, c\}\}$$
$$\mathfrak{T}_6=\{X, \varnothing, \{a\}, \{b\}, \{a, b\}, \{b, c\}, \{a, b, c\}, \{a, b, c, d\}\}$$
$$\mathfrak{T}_7=\{X, \varnothing, \{b\}, \{d\}, \{b, d\}, \{b, d, e\}\}$$
$$\mathfrak{T}_8=P(X) \text{ (멱집합)}$$
$$\mathfrak{T}_9=\{X, \varnothing, \{a\}, \{b\}, \{a, b\}, \{c\}\}, \quad \mathfrak{T}_{10}=\{X, \varnothing, \{a\}, \{b\}\}$$

위에 열거한 집합 X의 부분집합들의 모임 중에서 $\mathfrak{T}_1 \sim \mathfrak{T}_8$은 모두 X의 한 위상이 되지만 $\mathfrak{T}_9$, $\mathfrak{T}_{10}$은 X의 위상이 되지 못한다. 이 때 $\mathfrak{T}_1 \sim \mathfrak{T}_8$의 구성원들은 모두 개집합이 되지만 $\mathfrak{T}_9$와 $\mathfrak{T}_{10}$의 원소들은 개집합이라 말할 수 없다. 왜냐하면 $\mathfrak{T}_9$와 $\mathfrak{T}_{10}$은 집합 X의 위상이 아니기 때문이다.

정의 1.2

임의의 집합 X에 대하여 X의 모든 부분집합들의 모임 $P(X)$는 X의 한 위상이 되는데 이 위상을 특히 **이산위상**(discrete topology)이라 하고 $\boldsymbol{D}$로 표시하며 $(X, \boldsymbol{D})$를 **이산위상공간**(discrete topological space) 또는 **이산공간**이라 한다. 그리고 X자신과 $\varnothing$만으로 구성된 위상을 **비이산위상**(indiscrete topology)이라 하고 $\boldsymbol{I}$로 표시하며 $(X, \boldsymbol{I})$를 **비이산위상공간**(indiscrete topological space) 또는 **비이산공간**이라 한다.

[예 3] 위의 (예 2)에서 $\mathfrak{T}_1$은 집합 X의 비이산위상이고 $\mathfrak{T}_8$은 이상위상이다.

집합 X의 위상들은 집합의 포함관계에 의하여 준순서(partial order)를 가지며 이산위상 $\boldsymbol{D}$가 제일 큰 위상이고 비이산위상 $\boldsymbol{I}$가 제일 작은 위상이다.

[예 4] 위 (예 2)에서 집합 X의 위상은 여러 가지가 더 있다. 그러나 (예 2)에 열거한 위상들을 집합의 포함관계에 의하여 "⊂"를 "→"로 나타내면 아래 그림과 같이 준순서 관계를 갖는다.

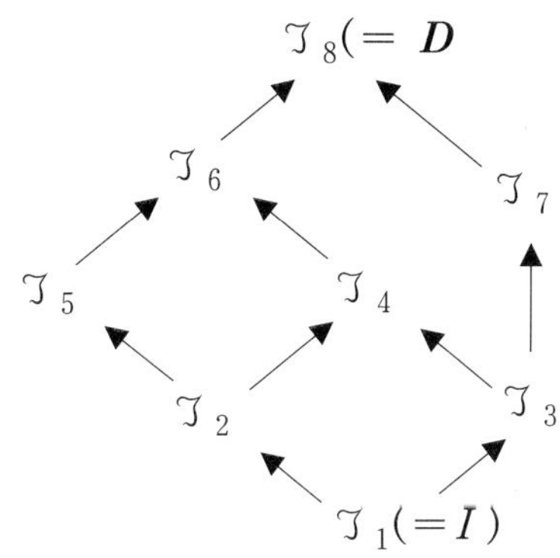

[예제 1] 집합 $X=\{x\}$상에서 생각할 수 있는 위상을 알아보자.

풀이 $\mathfrak{T}=\{X, \varnothing\}=\boldsymbol{I}=\boldsymbol{D}$이다.

참고 집합 X상의 이산위상 $\boldsymbol{D}$는 다음과 같은 성질을 갖는다.

1) 집합 X의 모든 부분집합으로 이루어 졌다.

2) $\boldsymbol{D}$가 X상의 이산위상이기 위한 필요충분조건은 집합 X의 모든 원소 x에 대하여 단집합 $\{x\}$가 $\boldsymbol{D}$에 속하는 것이다.

3) $\boldsymbol{D}$는 집합 X상에서 가장 큰 위상이다.

정의 1.3

$\mathfrak{T}$와 $\mathfrak{T}'$가 집합 X상의 두 위상이라 할 때 $\mathfrak{T}\subset\mathfrak{T}'$이면 "$\mathfrak{T}'$가 $\mathfrak{T}$보다 **크다**(larger, finer)"라 하고 "$\mathfrak{T}$가 $\mathfrak{T}'$보다 **작다**(smaller, coarser)"라고 한다.

위상의 정의 (3)에서 유한개의 개집합들을 교집합하지 않고 무한개의 개집합들을 교집합하면 개집합이 아닐 수도 있음을 다음 (예)에서 알 수 있다. (즉 $\mathfrak{T}$에 속하지 않을 수 있다.)

[예 5] $\left\{A_n=(-\frac{1}{n},\ \frac{1}{n}) \mid n\in\mathbb{N}\right\}$을 R에서의 개구간들의 모임이라 하면 각 A_n들은 개집합이다. 그러나 이 A_n들의 무한개의 교집합은

$$\bigcap_{1}^{\infty} A_n=(-1,\ 1)\cap(-\frac{1}{2},\ \frac{1}{2})\cap(-\frac{1}{3},\ \frac{1}{3})\cap\cdots=\{0\}$$

이다. 이때 $\{0\}$은 R에서 개집합이 아니다.

정리 1.4 $\{\mathfrak{T}_i \mid i\in I\}$가 집합 X상의 위상들의 임의의 모임일 때 $\bigcap_i \mathfrak{T}_i$는 역시 X 상의 한 위상이다.

증명 집합 $\bigcap_i \mathfrak{T}_i$가 위상이 되기 위한 3가지 조건을 만족하는 지를 알아보자.

① $\mathfrak{T}_i$들이 X상의 위상이므로 임의의 $i\in I$에 대하여 $X\in\mathfrak{T}_i$이고 $\varnothing\in\mathfrak{T}_i$이다. 그러므로 $X\in\bigcap_i \mathfrak{T}_i$이고 $\varnothing\in\bigcap_i \mathfrak{T}_i$이다.

② $\{U_j \mid j\in J\}$를 $\bigcap_i \mathfrak{T}_i$에서의 적당한 개집합 U_j들의 모임이라 하자. 그러면 임의의 $i\in I$에 대하여 $\{U_j \mid j\in J\}$은 $\mathfrak{T}_i$에서의 개집합들의 모임이다. 각 $\mathfrak{T}_i$가 X상의 한 위상이므로 $\bigcup_{j\in J} U_j\in\mathfrak{T}_i$이고 따라서 $\bigcup_{j\in J} U_j\in\bigcap_i \mathfrak{T}_i$이다.

③ 개집합 $U_1,\ U_2,\ \cdots,\ U_n$이 $\bigcap_i \mathfrak{T}_i$에서의 개집합들이라 하자. 그러면 임의의 $i\in I$에 대하여 개집합 $U_1,\ U_2,\ \cdots,\ U_n$는 $\mathfrak{T}_i$에 속한다. 각 $\mathfrak{T}_i$가 X상의 한 위상이므로 $\bigcap_{j=1}^{n} U_j\in\mathfrak{T}_i$이고 $\bigcap_{j=1}^{n} U_j\in\bigcap_i \mathfrak{T}_i$이다.

[예 6] $\mathfrak{T}_1=\{X,\ \varnothing,\ \{a\}\}$, $\mathfrak{T}_2=\{X,\ \varnothing,\ \{b\}\}$는 집합 $X=\{a,\ b,\ c\}$상의 위상들이다. 그러나 $\mathfrak{T}_1\cup\mathfrak{T}_2=\{X,\ \varnothing,\ \{a\},\ \{b\}\}$는 집합 X상이 위상이 아니다. 왜냐하면 $\{a\},\ \{b\}\in\mathfrak{T}_1\cup\mathfrak{T}_2$이지만 $\{a\}\cup\{b\}\notin\mathfrak{T}_1\cup\mathfrak{T}_2$이기 때문이다.

[예 7] 집합 X상의 모든 위상 $\mathfrak{T}_i$들은 각각 X와 $\varnothing$를 포함하고 있다. 그런데 $\cap \mathfrak{T}_i = \{X, \varnothing\}$이므로 적어도 $\cap \mathfrak{T}_i$는 X상의 한 위상이 된다.

이산위상과 비이산위상은 모든 집합에서 주어질 수 있는 위상이다. 그러나 이들이 아닌 위상들이 더 중요하다.

정의 1.5

X를 임의의 집합이라 하자. X의 부분집합들의 모임을

$$\mathfrak{T}_f = \{U \subset X \mid U^c : \text{유한집합이거나 } X\text{자신}\}$$

이라고 하면 $\mathfrak{T}_f$는 X의 한 위상이 되며 이 위상을 **여유한위상**(cofinite topology, or finite complement topology)이라 한다.

여기서 위 (정의 1.5)의 $\mathfrak{T}_f$가 실제로 X상의 한 위상이 되는 것을 알아보자.

① $\varnothing^c = X$이므로 $\varnothing \in \mathfrak{T}_f$이고, $X^c = \varnothing$이고 $\varnothing$가 유한집합이므로 $X \in \mathfrak{T}_f$이다.

② 만일 $\{U_\alpha\}$가 $\mathfrak{T}_f$의 원소들의 모임이라 하면 $\cup U_\alpha \in \mathfrak{T}_f$임을 보이자.
$U_\alpha \in \mathfrak{T}_f$이므로 $U_\alpha{}^c$는 유한집합이거나 X이고 $\cap(U_\alpha{}^c)$도 유한집합이거나 X이다. "드모르간"의 법칙에 의하여

$$(\cup U_\alpha)^c = \cap(U_\alpha{}^c)$$

이므로 $(\cup U_\alpha)^c$가 유한집합이거나 X이다. 따라서 $\cup U_\alpha \in \mathfrak{T}_f$이다.

③ $U_1, U_2, \cdots, U_n$이 $\mathfrak{T}_f$의 원소라 하면 $\bigcap_1^n U_i \in \mathfrak{T}_f$임을 보이자.
임의의 $U_i \in \mathfrak{T}_f$에 대하여 $U_i{}^c$은 유한집합이거나 X이고 $\bigcup_{i=1}^n (U_i{}^c)$도 유한집합이거나 X이다.
"드모르간"의 법칙에 의하여

$$(\bigcap_{i=1}^{n} U_i)^c = \bigcup_{i=1}^{n} (U_i{}^c)$$

이므로 $(\bigcap_{i=1}^{n} U_i)^c$가 유한집합이거나 X가 되어 $\bigcap_{1}^{n} U_i \in \mathfrak{T}_f$이다.

따라서 위 (1), (2), (3)에 의하여 $\mathfrak{T}_f$는 X상의 한 위상이다.

정리 1.6 여유한위상공간 $(X, \mathfrak{T}_f)$가 이산위상공간이기 위한 필요충분조건은 X가 유한집합이다.

증명 $(X, \mathfrak{T}_f)$가 이산공간이면 각 $x \in X$에 대하여 $\{x\} \in \mathfrak{T}_f$이다. 그러면 $\{x\}^c = X - \{x\}$은 유한집합이며 X 또한 유한집합이 된다. 역으로 X가 유한집합이면 각 $x \in X$에 대하여 $\{x\}^c = X - \{x\}$도 유한집합이다. 그러면 $\{x\} \in \mathfrak{T}_f$가 되어 $(X, \mathfrak{T}_f)$는 이산공간이다.

[예제 2] 집합 $X = \{1, 2, 3, 4, 5\}$상의 여유한위상을 구하여라.

풀이 $A = X - \{1\}$라 하면 $A^c = \{1\}$이 유한집합이므로 $A \in \mathfrak{T}_f$이다.
또 $A = X - \{1, 2, 3, 4\}$이면 $A^c = \{1, 2, 3, 4\}$가 유한집합이므로
$A = \{5\} \in \mathfrak{T}_f$이다. 같은 방법으로 계속하면 X의 모든 부분집합의 여집합이 유한집이 되므로 여유한위상 $\mathfrak{T}_f$는 이산위상이 됨을 알 수 있다.

정의 1.7

위상공간 X의 한 점 x에 대하여 $U \subset X$가 x의 **근방**(neighborhood)이라 함은 U가 x를 포함하는 개집합일 때를 말한다.

위 정의와 달리 아래와 같이 근방을 정의하기도 하지만 우리는 (정의 1.7)의 내용을 택하기로 한다.

"$N \subset X$이 $x \in X$의 근방이라 함은 $x \in G \subset N$를 만족하는 개집합 G가 존재할 때를 말한다."

이것은 "x가 N의 내점이다."라는 관계의 역에 해당한다.

위상의 (정의 1.1)에서 조건 ①, ②, ③은 다음의 두 조건과 동치이다.

(a) $\mathfrak{T}$의 임의의 원소의 합집합이 $\mathfrak{T}$에 속한다.

(b) $\mathfrak{T}$의 임의의 유한개의 원소의 교집합이 $\mathfrak{T}$에 속한다.

왜냐하면 $\bigcup\{U_i \in \mathfrak{T} \mid i \in \varnothing\} = \varnothing$이므로 $\varnothing \in \mathfrak{T}$이고 $\bigcap\{U_i \in \mathfrak{T} \mid i \in \varnothing\} = X$이므로 $X \in \mathfrak{T}$이기 때문이다.

여기서 위 등식의 증명은 집합론에 있으므로 생략한다.

$$\bigcup\{U_i \in \mathfrak{T} \mid i \in \varnothing\} = \varnothing, \quad \bigcap\{U_i \in \mathfrak{T} \mid i \in \varnothing\} = X$$

[예 8] R상의 한 점 x에 대하여 x의 근방은 x를 포함하는 개구간들 모두를 의미한다. 왜냐하면 개구간들은 R상의 개집합들이기 때문이다.

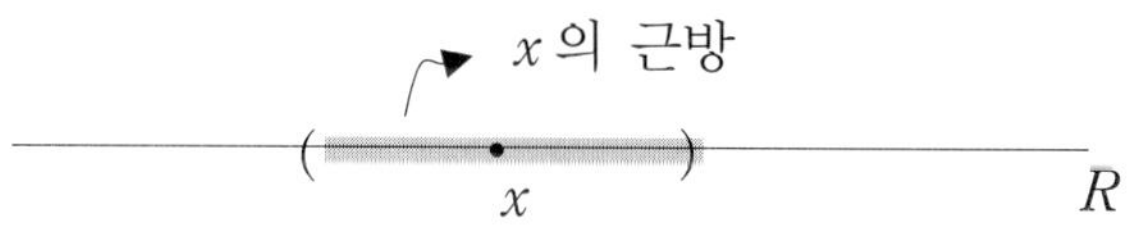

[예 9] $(X, \mathfrak{T})$가 위상공간으로 $X = \{1, 2, 3\}$이고

$$\mathfrak{T} = \{X, \varnothing, \{1\}, \{2\}, \{1, 2\}\}$$

일 때 점 $2 \in X$의 근방은 $\{2\}$, $\{1, 2\}$, X이다.

[예 10] R^2상의 한 점 x에 대하여 x의 근방은 x를 포함하는 개구체(open ball) 모두를 말한다. 왜냐하면 개구체들은 R^2상의 개집합들이기 때문이다.

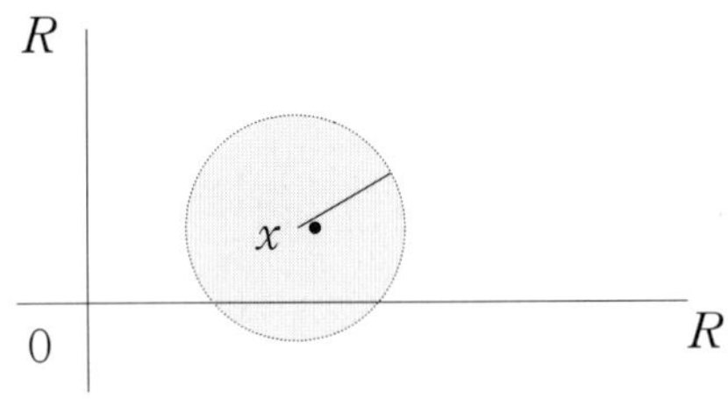

위상공간들 중에서 특별한 공간을 소개한다. 이들은 위상에 관한 어떤 문제를 해결하는 데 반례로서 많이 사용된다.

정의 1.8

집합 $X=\{0, 1\}$일 때 이산위상 $D=\{X, \varnothing, \{0\}, \{1\}\}$을 갖는 위상공간을 **2-공간**(2-space)이라 한다.

정의 1.9

집합 $X=\{0, 1\}$일 때 위상 $S=\{X, \varnothing, \{0\}\}$를 갖는 위상공간을 **Sierpinski 공간** S라고 한다.

연습문제 4.1

1. $X=\{a, b, c\}$일 때 X상의 위상을 모두 찾아라.

2. X가 이산위상공간이기 위한 필요충분조건은 X의 각 원소 x에 대하여 단집합 $\{x\}$가 개집합이다.

3. 여유한 위상공간 $(X, \mathfrak{T}_f)$가 이산위상 공간이기 위한 필요충분조건은 X가 유한 집합임을 본문과 달리 증명해보자.

4. 집합 $X(\neq\varnothing)$와 위상공간 $(Y, \mathfrak{T})$에 대하여 함수 $f: X\to Y$가 주어졌을 때 $\mathfrak{T}'=\{f^{-1}(U)|U\in\mathfrak{T}\}$가 X상의 위상이 된다.**[문제중심 위상수학 참고]**

5. 위상공간 $(X, \mathfrak{T})$와 집합 $Y(\neq\varnothing)$에 대하여 함수 $f: X\to Y$가 전단사일 때 $\mathfrak{T}'=\{f(U)|U\in\mathfrak{T}\}$가 Y상의 위상이 된다.**[문제중심 위상수학 참고]**

6. 자연수 집합 $\mathbb{N}$상에서 $\mathfrak{T}=\{U\subset\mathbb{N} \mid n\in U$일 때 $m|n$이면 $m\in U\}$가 위상이 된다.**[문제중심 위상수학 참고]**

7. R이 실수의 집합이고 $k\notin R$일 때 $R'=R\cup\{k\}$이라면 $\mathfrak{T}=2^R\cup\{R'-F\mid F$는 R의 유한부분집합$\}$는 R'상의 위상이다.

8. $X=[-1, 1]$일 때 $\mathfrak{T}=\{U\subset X\mid 0\notin U\}\cup\{U\subset X\mid(-1, 1)\subset U\}$는 X상의 위상이다.**[문제중심 위상수학 참고]**

9. R이 실수의 집합이고 $\mathfrak{T}=\{R, \varnothing\}\cup\{(x, \infty)|x\in R\}$이면 $\mathfrak{T}$는 R상의 한 위상이다.**[문제중심 위상수학 참고]**

2. 기저와 부분기저

앞절의 경우에서 위상을 정의하고 상술하기 위해서는 집합 X의 개집합들의 모임 $\mathfrak{T}$를 설명해야 했다. 그러나 이는 너무 번거롭고 어떤 집합의 경우에는 그 집합의 위상 $\mathfrak{T}$를 나타내는 것이 너무 복잡하여 불가능하기도 하다. 따라서 위상 $\mathfrak{T}$를 언급하는 대신에 X의 부분집합들의 적은 모임으로 이루어지는 기저와 부분기저에 의하여 이 위상을 정의한다.

정의 2.1

X의 개집합들의 모임 $\beta(\subset \mathfrak{T})$가 위상 $\mathfrak{T}$의 **기저**(basis)가 되기 위한 필요충분 조건은 임의의 개집합 $U \in \mathfrak{T}$에 대하여

$$U = \bigcup \{B \mid B \in \beta\}$$

이다.

기저 $\beta = \{B \mid B \subset X\}$의 원소 B를 위상 $\mathfrak{T}$의 **기저원소**(basis element) 또는 **기개집합**(basic open set)이라 한다.

위상 $\mathfrak{T}$ 대신에 X를 사용하여 기저 β를 위상 $\mathfrak{T}$의 기저라고 하는 대신에 X에 대한 기저라고 하기도 한다.

정의 2.2

(정의 2.1에 대한 설명) 만일 β가 X상의 한 위상에 대한 기저라 하면 β에 의하여 생성되는 위상 $\mathfrak{T}$는 다음과 같이 정의된다.

$U \subset X$가 X에서 개집합 (즉 $U \in \mathfrak{T}$)이라 함은 임의의 $x \in U$에 대하여

$$x \in B \subset U$$

가 되는 기저원소 $B \in \beta$가 존재할 때를 말한다.

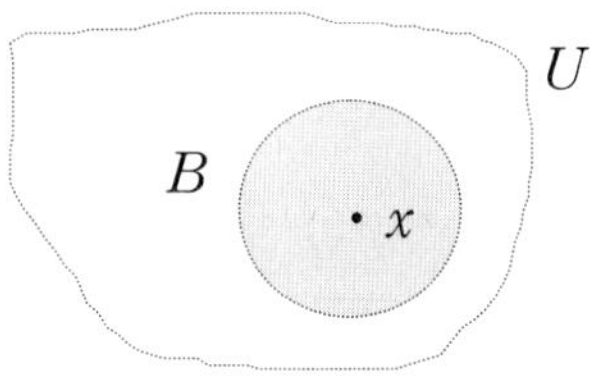

$U \subset X$가 X에서 개집합일 때 임의의 $x \in U$에 대하여 기저원소 $B \in \beta$가 존재해서 $x \in B \subset U$가 성립하는 것과 $U = \bigcup\{B \mid B \in \beta\}$인 것은 같은 의미를 갖는다.

[예 1] 기저 β의 모든 원소는 개집합이다. 즉 $\beta \subset \mathfrak{T}$이다. 왜냐하면 위 (정의 2.2)에 의하여 임의의 $B \in \beta$에 대하여 $x \in B$일 때 $x \in B \subset B$가 되는 자기자신 B가 존재하여 B가 개집합이기 때문이다.

또한 $\mathfrak{T}$자신이 자기의 기저가 됨을 알 수 있다. 그러므로 $\mathfrak{T}$를 생성하는 기저 β는 여러 가지 일 수 있으나 하나의 기저 β가 생성할 수 있는 위상은 오직 하나뿐이다.

[예 2] $X = \{a, b, c, d\}$상의 한 위상을

$$\mathfrak{T} = \{X, \varnothing, \{b\}, \{d\}, \{b, d\}, \{a, b\}, \{b, c\}, \{a, b, c\}, \{a, b, d\}, \{b, c, d\}\}$$

라 하자. 이 때 위상 $\mathfrak{T}$에 대한 기저 β는 $\mathfrak{T}$자신을 포함해

$$\beta_1 = \{\{b\}, \{d\}, \{a, b\}, \{b, c\}\}$$

$$\beta_2 = \{\{b\}, \{d\}, \{a, b\}, \{b, c\}, \{b, d\}\}$$

$$\beta_3 = \{\{b\}, \{d\}, \{a, b\}, \{b, c\}, \{b, d\}, \{a, b, c\}\}$$

- -

등이다. 여기서 위상 $\mathfrak{T}$에 대한 기저는 여러 가지가 있음을 알 수 있고 각 기저 β_i들은 모두 위상 $\mathfrak{T}$만을 생성한다.

X의 부분집합들의 모든 모임이 위상에 대한 기저가 되는 것은 아니다. 다음 정리

는 부분집합들의 모임이 하나의 위상을 생성하기 위한 필요충분조건을 제시한다.

정리 2.3 집합 X의 부분집합들의 적당한 모임을 $\beta(\neq\varnothing)$라 하자. β가 X상의 한 위상 $\mathfrak{T}$의 기저가 되기 위한 필요충분조건은

(1) $X=\bigcup\{B \mid B\in\beta\}$

(2) 임의의 $B_1,\ B_2\in\beta$와 $x\in B_1\cap B_2$에 대하여 $B_3\in\beta$가 존재해서 $x\in B_3\subset B_1\cap B_2$를 만족한다.

증명 ($\Rightarrow$) β가 X상의 한 위상 $\mathfrak{T}$의 기저라고 하자. 그러면

(1) X가 개집합이므로 X는 기저의 정의에 의해 기저 β의 기저원소들의 합집합으로 표시되어야한다. 그리고

(2) $B_1,\ B_2\in\beta$이고 $x\in B_1\cap B_2$라고 하자. 그러면 기저원소들이 개집합이므로 $B_1\cap B_2$는 개집합이다. 그러므로 $B_1\cap B_2$에 대하여 기저원소 $B_3\in\beta$가 존재해서

$$x\in B_3\subset B_1\cap B_2$$

이다.

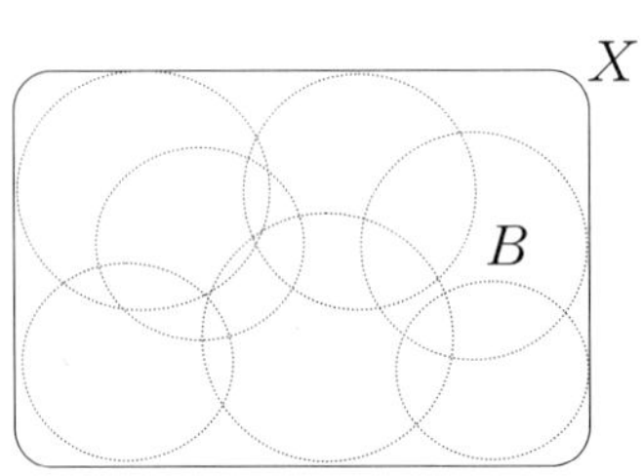

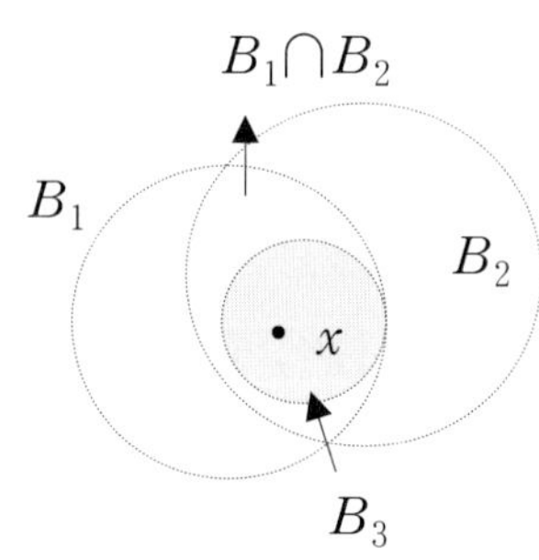

($\Leftarrow$) 이제 β가 (1), (2)를 만족한다고 하자. β의 구성원들의 모든 합집합들의 모임을 $\mathfrak{T}$라 하고 $\mathfrak{T}$가 X상의 한 위상이 됨을 보이자. 그러면 β는 기저가 되는 것이다.

① (1)에 의해 $X\in\mathfrak{T}$이고 β의 구성원들의 공집합 모임 만큼의 합집합을 하면 $\varnothing$이므로 $\varnothing\in\mathfrak{T}$이다. 즉, $\bigcup_{i\in\varnothing}\{B_i \mid B_i\in\beta\}=\varnothing$

② $\mathfrak{T}$ 가 β의 구성원들의 임의의 합집합으로 이루어져 있다. 임의의 $U_\alpha \in \mathfrak{T}$ 에 대하여 $x \in \bigcup_\alpha U_\alpha$ 라 하자. 그러면 U_{α_0} 가 존재하여 $x \in U_{\alpha_0}$ 이고 $U_{\alpha_0} \in \mathfrak{T}$ 이다. 그러면 β의 원소 B가 존재해서 $x \in B \subset U_{\alpha_0}$ 이다. 따라서 $x \in B \subset \bigcup_\alpha U_{\alpha_0}$ 이므로 $\bigcup_\alpha U_\alpha \in \mathfrak{T}$ 이다.

③ U_1, $U_2 \in \mathfrak{T}$ 일 때 우선 $U_1 \cap U_2 \in \mathfrak{T}$ 임을 보이자. 만일 $x \in U_1 \cap U_2$ 이면 $x \in U_1$ 이고 $x \in U_2$ 이다. 그러면 기저원소 B_1, B_2가 존재하여

$$x \in B_1 \subset U_1 \text{ 이고 } x \in B_2 \subset U_2$$

를 만족한다. 그러면

$$x \in B_1 \cap B_2 \subset U_1 \cap U_2$$

가 성립하며 가정 (2)에 의하여 기저원소 $B_3 \in \beta$가 존재하여

$$x \in B_3 \subset B_1 \cap B_2 \subset U_1 \cap U_2$$

이다. 따라서 $U_1 \cap U_2 \in \mathfrak{T}$ 이다.

결국 귀납법에 의하여 $U_1 \cap U_2 \cap U_3 \cap \cdots \cap U_n \in \mathfrak{T}$ 가 되어 $\mathfrak{T}$ 가 위상이 되므로 β는 기저이다.

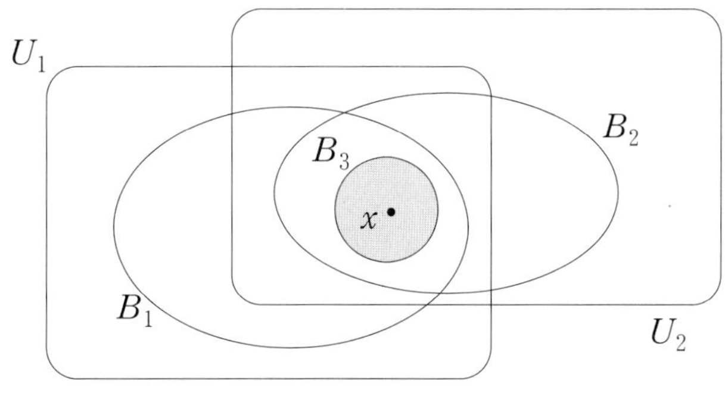

※ (정리 2.3)의 별해

β에 의하여 생성되는 개집합들의 모임 $\mathfrak{T}$는

$$\mathfrak{T} = \{U \mid U = \cup B_i,\ B_i \in \beta\}$$

이며 정의에 의하여

$$U \in \mathfrak{T} \Leftrightarrow U = \cup B_i \quad \Leftrightarrow \forall x \in U,\ \ \exists B_i \in \beta\ , x \in B_i \subset U$$

임을 이용하여 증명한다.

① $\{B_i \mid i \in \varnothing\} \subset \beta$이므로 $x \in \varnothing$ 에 대하여

$$x \in B_i \subset \varnothing \quad (i \in \varnothing)$$

인 $B_i \in \beta$가 존재하므로 $\varnothing \in \mathfrak{T}$ 이다. 같은 방법으로 임의의 $x \in X$에 대하여

$$x \in B \subset X$$

를 만족하는 $B \in \beta$가 존재하므로 $X \in \mathfrak{T}$ 이다.

② $\{U_\alpha \mid \alpha \in I\}$가 $\mathfrak{T}$의 원소들의 모임일 때 $U = \bigcup_{\alpha \in I} U_\alpha \in \mathfrak{T}$ 가 되는 것을 보이자. 만일 $x \in U$ 라 하면 어떤 α에 대하여 $x \in U_\alpha$이다. U_α가 개집합이므로 기저원소 B가 존재해서

$$x \in B \subset U_\alpha$$

가 된다. 그러면 $U_\alpha \subset U$이기 때문에

$$x \in B \subset U$$

이다. 따라서 $U = \bigcup_{\alpha \in I} U_\alpha \in \mathfrak{T}$ 이다.

위 정리의 (1)과 (2)는 다음과 같이 바꾸어 쓸 수 있다.

(a) 임의의 $x \in X$에 대하여 x를 포함하는 원소 $B \in \beta$가 적어도 하나 존재한다.

(b) 임의의 $B_1, B_2 \in \beta$에 대하여 $B_1 \cap B_2$는 β의 원소들의 합집합으로 표시된다.

또한 $x \in B_1 \cap B_2 \subset B_1 \cap B_2$가 성립하므로 적어도 $B_1 \cap B_2$를 B_3라 하면 $B_1 \cap B_2$가 기저 β에 속한다는 것으로 대체할 수 있다. 즉, (2)는 $B_1 \cap B_2 \in \beta$이다.

그리고 위 (정의 2.1), (정의 2.2), (정리 2.3)은 동치이다.

[예 3] 집합 X에 대하여

$$\beta = \{\{x\} \mid x \in X\}$$

는 X상의 이산위상 $\boldsymbol{D}$에 대한 최소의 기저가 된다. 왜냐하면 모든 개집합 U는 β의 원소들의 적당한 합집합으로 나타내지기 때문에 β는 기저이다. 그리고 이산위상이 생성되는 또 다른 기저 β'가 있다면 $\beta \subset \beta'$이다. 왜냐하면 임의의 $\{x\} \in \beta$에 대하여 $\{x\} \in \boldsymbol{D}$이고 β'가 $\boldsymbol{D}$에 대한 기저이므로 적당한 $B_i \in \beta'$가 존재하여

$$\{x\} = \bigcup_i B_i$$

이다. 그러므로 $x \in B_i \subset \{x\}$인 $B_i \in \beta'$가 존재하여 $\{x\} = B_i \in \beta'$이다. 따라서 $\beta \subset \beta'$이며 β는 최소의 기저이다.

[예 4] 비이산공간 X에서 $\{X\}$는 X의 기저이다.
왜냐하면 $\cup\{X\} = X$이고 $\bigcup_{i \in \varnothing}\{X_i\} = \varnothing$이기 때문이다.

[예 5] 집합 $X = \{a, b, c\}$에 대하여 $\Gamma = \{\{a, b\}, \{b, c\}\}$는 X상의 한 위상에 대한 기저가 되지 않는다. 왜냐하면 $\{a, b\} \cap \{b, c\} = \{b\}$가 Γ의 원소들에 의한 합집합으로 표시되지 않기 때문이다. 바꾸어 말하면 $\{b\}$가 Γ의 원소가 아니기 때문이기도 하다. 또한 $\Gamma' = \{\{a\}, \{b\}\}$도 기저가 아니다. 그러나 $\Gamma'' = \{\{a\}, \{a, b\}, \{a, c\}\}$는 기저이다.

[예 6] $X=\{a, b, c\}$ 의 이산위상 $\boldsymbol{D}$의 기저는 여러 가지가 있다. (예 3)에서 처럼

$$\beta_1=\{\{a\}, \{b\}, \{c\}\}$$

가 기저이고 그 외에

$$\beta_2=\{\{a\}, \{b\}, \{c\}, \{a, b\}\}$$
$$\beta_3=\{\{a\}, \{b\}, \{c\}, \{a, b\}, \{b, c\}\}$$
$$- - - - - - - - - - - - - - - -$$

등등과 $\boldsymbol{D}$ 자신이 $\boldsymbol{D}$ 의 기저이다. 그러나 이들은 모두 이산위상 $\boldsymbol{D}$ 만을 생성한다.

정의 2.4

위상 $\mathfrak{T}$와 $\mathfrak{T}'$에 대한 기저를 β와 β'라 할 때 $\mathfrak{T}=\mathfrak{T}'$이면 β와 β'를 **동치 기저**(equivalent bases)라 한다.

두 위상에 대한 각각의 기저가 주어질 때 위상의 대소관계를 규정하기 위하여 다음 정리를 이용한다.

정리 2.5 β와 β'를 집합 X상의 위상 $\mathfrak{T}$와 $\mathfrak{T}'$의 기저라 하면 다음 (1), (2)는 서로 동치이다.

(1) 위상 $\mathfrak{T}'$가 위상 $\mathfrak{T}$보다 크다. ($\mathfrak{T}\subset\mathfrak{T}'$)

(2) 임의의 $x\in X$와 x를 포함하는 각 $B\in\beta$에 대하여 $x\in B'\subset B$를 만족하는 $B'\in\beta'$가 존재한다.

증명 (2)⇒(1) : 임의의 원소 $U\in\mathfrak{T}$에 대하여 $U\in\mathfrak{T}'$임을 보이자. $x\in U$라 하면 β가 $\mathfrak{T}$의 기저이므로

$$x\in B\subset U$$

를 만족하는 $B\in\beta$가 존재한다. 그러면 조건 (2)에 의하여

$$x\in B'\subset B$$

를 만족하는 $B' \in \beta'$가 존재하므로 $x \in B' \subset U$이다. 따라서 $U \in \mathfrak{I}'$이다.

(1)⇒(2) : $x \in X$이고 $x \in B\,(B \in \beta)$라 하자. 그러면 조건 (1)에 의하여

$$x \in B \in \mathfrak{I} \subset \mathfrak{I}'$$

이고 결국 $x \in B \in \mathfrak{I}'$이다. β'가 $\mathfrak{I}'$의 기저이므로

$$x \in B' \subset B$$

를 만족하는 $B' \in \beta'$가 존재한다.

실수 R과 평면 R^2에서의 보통위상들은 구체적으로 개집합을 모두 열거하여 나타내기는 어렵다. 그러므로 기저를 이용하여 보통위상을 정의하는 것이다.

다음은 실수 R과 평면 R^2에서 기저에 의하여 정의되는 위상에 대하여 알아보자.

[예 7] R상의 개구간들의 모임 $\beta = \{(a,\ b) \mid a,\ b \in R\}$는 R상의 한 위상에 대한 기저이다. 왜냐하면 만일 $U \subset R$가 R에서 개집합이고 $x \in U$이면 언제든지

$$x \in (a, b) \subset U$$

를 만족하는 개구간(개집합) $(a,\ b)$가 기저 β내에 존재하기 때문이다.

[예 8] 평면 R^2상의 개구체 B들 모두의 모임 $\beta = \{B(x,\ \varepsilon) \mid x \in R^2\}$은 R^2에서 의 한 위상에 대한 기저가 된다. 왜냐하면 임의의 개집합 $U \subset R^2$에 대하여 $x \in U$일 때 언제든지

$$x \in B \subset U$$

를 만족하는 개구체 B가 존재하기 때문이다. 즉 R^2상의 각 점에 대한 개구체 B들의 모임 β는 R^2상의 한 위상에 대한 기저이다.

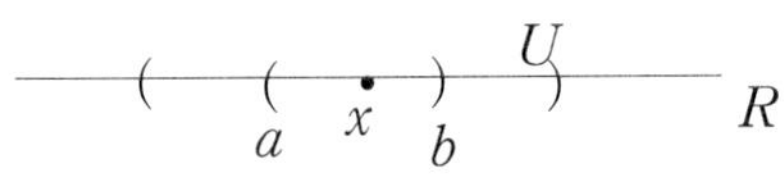

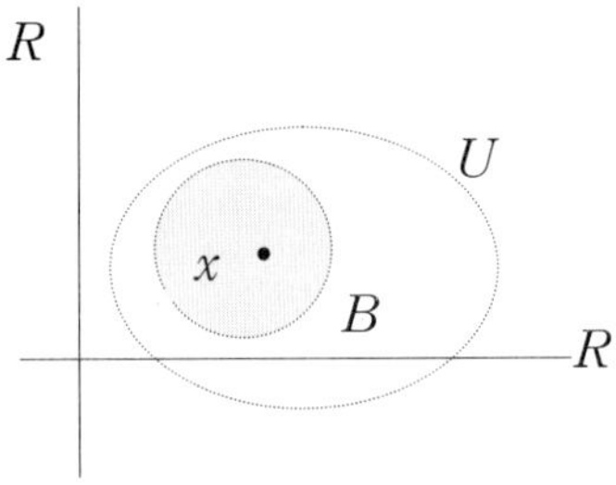

위 (예 8)에서 개구체(open ball) B는

$$B(x, \varepsilon) = \{y \in R^2 \mid |x - y| < \varepsilon\}$$

를 말한다.

정의 2.6

실수 R 상에서 모든 개구간들의 모임을 β라고 하자. 즉

$$\beta = \{(a, b) \mid a, b \in R\}$$

이 때 β에 의하여 생성되는 위상을 R 에서의 **보통위상**(usual topology, standard topology)이라 하며 μ로 표시하고 (R, μ)를 **보통위상공간**(usual (or standard) topological space)이라 한다.

[예 9] R상에서 보통위상을 생성하는 기저 $\beta = \{(a, b) \mid a, b \in R\}$는 R상의 위상이 되지 않는다.

풀이 β가 R상의 위상이라 하자. 그러면 임의의 $(a, b), (c, d) \in \beta$ (a〈b〈c〈d)에 대하여 $(a, b) \cup (c, d) \in \beta$ 이어야 한다. 그러나 $(a, b) \cup (c, d)$ 모양은 β에 포함되지 않으므로 위상이 되지 않는다.

정의 2.7

실수 R상에서 모든 반개구간 $[a, b)=\{x \mid a \leq x < b\}$들의 모임을 β'라고 하자. 즉

$$\beta'=\{[a, b) \mid a, b \in R\}$$

라 하면 이 때 β'에 의하여 생성되는 위상을 R에서의 **하한위상**(lower limit topology) 또는 **반개구간위상**(half-open interval topology)이라 하며 하한위상이 주어진 실수 R을 R_l로 표기하고 **하한위상공간**(lower limit topological space) 또는 **Sorgenfrey line**이라 한다.

참고 위의 (정의 2.6, 2.7)의 β와 β'는 모두 R상의 기저이다.

풀이 임의의 $x \in R$에 대하여 $x \in B$인 $B \in \beta$가 존재하므로 $R=\cup\{B_i \mid B_i \in \beta\}$ 이다. 그리고 임의의 $B_1, B_2 \in \beta$에 대하여 $B_1 \cap B_2$는 $\varnothing$이든지 다른 개구간이 되므로 역시 $B_1 \cap B_2 \in \beta$가 되어 β는 기저이다. β'도 같은 방법으로 기저가 됨을 알 수 있다.

특별한 언급이 없으면 실수 R에서의 위상은 보통위상을 갖는 것으로 한다. 한편 하한위상공간은 문제 해결에서 반례로 많이 사용된다.

[예 10] R상에서 $\beta=\{(a, b] \mid a, b \in R, a<b\}$이라 하자. 그러면 β는 R상의 한 위상에 대한 기저이다. 왜냐하면 모든 실수 $x \in R$에 대하여 어떤 $(a, b] \in \beta$가 존재해서 $x \in (a, b]$이기 때문이다. 즉 R은 β의 원소들의 합집합으로 나타낼 수 있다.

$$R=\cup\{(a, b] \mid a, b \in R\}$$

그리고 β의 임의의 두 원소 $(a, b], (c, d]$에 대하여 $(a, b] \cap (c, d]=\varnothing$이거나 아래 그림과 같이 반개구간 $(c, b]$가 되는 경우를 생각 할 수 있다. 그러면 역시 $(c, b] \in \beta$이므로 β는 기저이다. 이 β에 의하여 생성되는 위상 $\mathfrak{T}$

$\mathfrak{T}$를 R상의 **상한위상**(upper limit topology)이라 한다.

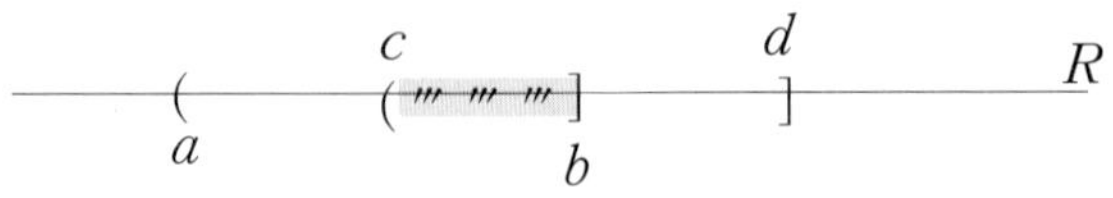

다음 정리에서 보통위상과 하한위상과의 관계를 알아보자.

정리 2.8 실수 R상에서 하한위상은 보통위상보다 크다.

증명 μ와 $\mathfrak{T}'$를 각가 R상에서의 보통위상과 하한위상이라하자. (a, b)를 보통위상 μ에 대한 임의의 기저원소(기개집합)라 하자. 일반적으로 임의의 점 $x \in (a, b)$에 대하여 하한위상 $\mathfrak{T}'$에 대한 기저원소 $[c, d)$가 존재해서 $x \in [c, d) \subset (a, b)$가 성립한다($a < c < d < b$). 그리고 임의의 점 $x \in (a, b)$에 대하여 특히 기저원소 $[x, b)$는

$$x \in [x, b) \subset (a, b)$$

를 만족한다. 왜냐하면

$$y \in [x, b) \Rightarrow x \leq y < b \Rightarrow a < x \leq y < b \Rightarrow a < y < b$$

이므로 $y \in (a, b)$이고 $[x, b) \subset (a, b)$가 된다. 그러므로 (정리 2.5)에 의하여 하한위상은 보통위상보다 크다.

한편 하한위상의 기저원소 $[c, d)$에 대하여 $x \in [c, d)$이고 $x \neq c$일 때 일반적으로 보통위상 μ의 기저원소 (a, b)가 존재해서 $x \in (c, d) \subset [c, d)$가 성립하는 것은 당연하다. 그러나 특히 하한위상의 기저원소 $[x, d)$에 대하여

$$x \in (a, b) \subset [x, d)$$

인 (a, b)는 존재하지 않는다. 왜냐하면, 만일 보통위상에 대한 기저원소 (a, b)가 존재해서 $x \in (a, b) \subset [x, d)$이 성립한다고 하자. 그러면 $a < x < b$이고 또 $a < \dfrac{a+x}{2} < x$이다. 이 때 $\dfrac{a+x}{2}$를 y라 하면 $a < y < x$이고 그러면 $a < y < b$이므로

$$y \in (a,\ b) \subset [x,\ d)$$

가 되고 결국 $y \in [x,\ d)$가 된다. 그러므로 $x \leq y$가 되어 $y < x$에 모순이다. 따라서 하한위상과 보통위상은 같지 않다.

다른증명 μ와 $\mathfrak{T}$를 각각 R상에서의 보통위상과 하한위상이라 하자. 임의의 $a, b \in R$에 대하여 $(a,\ b)$를 보통위상 μ에 대한 임의의 기저원소(기개집합)라 하자. 그러면 $x \in (a, b)$에 대하여 R상의 하한위상에 대한 기저원소 $[c, d)$가 존재해서 일반적으로

$$x \in [c, d) \subset (a, b)$$

가 성립한다. 또한 $x \in (a, b)$에 대하여 특히 $[x, b)$가 존재해서

$$x \in [x, b) \subset (a, b)$$

가 성립하므로 어느 경우나 하한위상은 보통위상보다 크다.

한편 하한위상의 기저원소 $[c, d)$에 대하여 $x \in [c, d)$이고 $x \neq c$일 때 보통위상의 기저원소 $(a,\ b)$가 존재해서

$$x \in (a, b) \subset [c, d)$$

가 성립한다. 하지만 $x \in [c, d)$이고 $x = c$인 경우

$$x \in (a, b) \subset [c, d)$$

를 만족하는 보통위상의 기저원소 $(a,\ b)$는 존재하지 않는다. 즉, 보통 위상이 하한위상보다 크다고 할 수 없다. 따라서 하한위상은 보통위상보다 크다.

간단히 R상의 하한위상의 기저 $[a,\ b)$는 하한위상의 원소이지만 보통위상의 원소는 아니므로 하한위상과 보통위상은 같지 않음을 알 수 있다.

다음 (예 11)에서 하한위상의 기저원소들의 무한 합집합으로 모든 개구간이 생성됨을 알 수 있다.

[예 11] $(a,\ b)=\bigcup_{1}^{\infty}\left\{[a+\frac{1}{n},\ b) \mid n\in\mathbb{N}\right\}$

즉, 실수 집합 R상에서 보통위상의 구성원인 개집합 $(a,\ b)$는 하한위상의 기저 원소인 $[a+\frac{1}{n},\ b)$들의 합집합으로 나타내지므로 $(a,\ b)$는 또한 하한위상의 구성원이 된다. 즉 보통위상의 구성원은 모두 하한위상의 구성원이 되므로 하한위상은 보통위상을 포함한다.

우리는 여기서 하나의 의문이 제기된다. 그것은 기저 β에 의하여 생성되는 위상 $\mathfrak{T}$는 β의 원소들의 임의의 합집합들의 모임으로 설명할 수 있지만 만일 집합들의 모임이 주어질 때 임의의 합집합을 한 경우와 같이 이 집합들의 유한 교집합을 취할 경우 어떻게 될까? 이 의문은 위상에 대한 부분기저의 개념을 유도하게 된다.

정의 2.9

$(X,\ \mathfrak{T})$가 위상공간이라 하자. $\boldsymbol{S}$가 $\mathfrak{T}$의 부분집합으로 임의의 $S_i\in \boldsymbol{S}$에 대하여 유한교집합 $\bigcap_{1}^{n}S_i$들이 $\mathfrak{T}$의 기저 β를 형성하면 $\boldsymbol{S}\left(\boldsymbol{S}=\left\{S_i \mid \bigcap_{i=1}^{n}S_i=B_j\in\beta\right\}\right)$를 $\mathfrak{T}$의 **부분기저**(subbasis)라고 한다. 즉

$$\beta=\left\{B \mid B=\bigcap_{1}^{n}S_i,\ S_i\in \boldsymbol{S}\right\}$$

가 $\mathfrak{T}$의 기저가 되면 $\boldsymbol{S}$를 $\mathfrak{T}$의 부분기저라 하고 $S_i\in \boldsymbol{S}$를 **부분기저원소**(subbasis element) 또는 **부분기저개집합**(subbasic open set)이라 한다.

한편 위 정의에서 부분기저 $\boldsymbol{S}$의 원소들의 합집합이 X가 될 필요는 없다. 다시 말해, $U\{S_i \mid S_i\in \boldsymbol{S}\}=X$일 필요는 없다. 왜냐하면

$$\bigcap\{S_i\in \boldsymbol{S} \mid i\in\varnothing\}=X$$

가 되므로 X는 당연히 $\mathfrak{T}$의 기저원소가 되기 때문이다. 또한 부분기저 $\boldsymbol{S}$의 원소들의 적당한 교집합이 기저 β의 원소가 되므로 $\boldsymbol{S}$의 각 원소 자신만의 교집합도 기

저 β의 원소가 된다. 따라서 $S \subset \beta \subset \mathfrak{T}$ 이다.

[예 12] 보통위상 μ를 갖는 실수 R에서 반직선들의 모임

$$S = \{(a, \infty), (-\infty, b) \mid a, b \in R\}$$

는 R에서의 보통위상 μ에 대한 부분기저가 된다. 왜냐하면 S의 임의의 유한 개의 원소를 취하여 교집합 하면 개구간이 되거나 공집합이 된다. 이는 보통위상의 기저원소가 되기 때문이다.

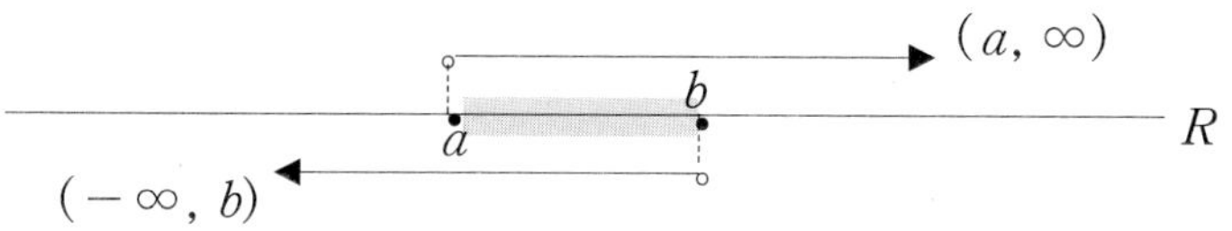

[예 13] R^2에서 보통위상은

$$S = \{(a, b) \times R, R \times (c, d) \mid a, b, c, d \in R\}$$

가 부분기저이다. 왜냐하면 S내의 원소들의 임의의 유한교집합은 각형(rectangle)이 되어 보통위상의 기저가 되기 때문이다.

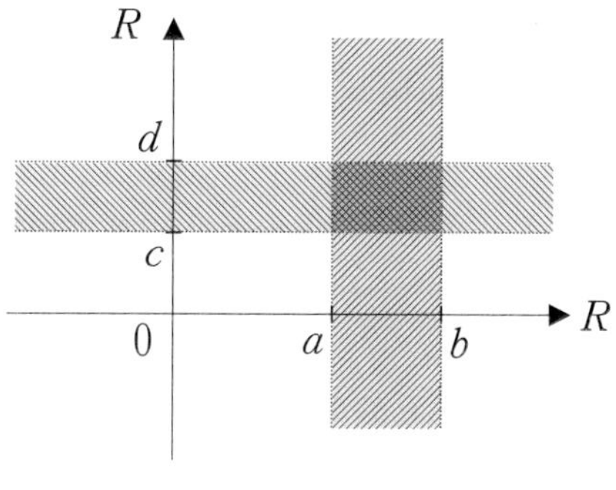

일반적으로 집합 X의 멱집합 $P(X)$의 부분집합은 X상의 위상을 생성하는 기저가 되지 않는다. 그러나 멱집합 $P(X)$의 부분집합은 X상의 한 위상에 대한 부분기저가 될 수 있음을 알 수 있다.

정리 2.10 $S(\neq \varnothing)$가 집합 X의 부분집합들의 모임이면 S는 X상의 어떤 위상

$\mathfrak{T}$를 생성하는 부분기저가 된다.

증명 S의 임의의 유한개의 원소들의 교집합으로 이루어진 모임 $\beta=\left\{\bigcap_i S_i \mid i=1, 2, \cdots, n,\ S_i\in \mathbf{S}\right\}$가 X상의 위상을 생성하는 기저가 됨을 보이자.

① $X=\bigcap_{i\in\varnothing} S_i$이므로 $X\in\beta$이다. 따라서 X는 β에 들어있는 X 하나의 합집합으로 나타내진다. 즉 $X=\bigcup_1^1\{X \mid X\in\beta\}$이다.

② B_1, $B_2\in\beta$이고 $x\in B_1\cap B_2$라고 하면 B_1과 B_2는 $\mathbf{S}$의 유한개의 원소들의 교집합이므로 $B_1\cap B_2$ 또한 $\mathbf{S}$의 유한개의 원소들의 교집합이다. 따라서 $B_3=B_1\cap B_2$라 하면 $B_3\in\beta$이다.

[예 14] $X=\{a, b, c, d\}$에 대하여 $\mathbf{S}=\{\{a, b\}, \{b, c\}, \{d\}\}$를 X의 한 부분집합들의 모임이라 하자. 이 때 $\mathbf{S}$의 원소들의 유한교집합들의 모임은

$$\beta=\{\{a, b\}, \{b, c\}, \{b\}, \{d\}, \varnothing, X\}$$

이다. 또 β의 원소들의 임의의 합집합들의 모임은

$$\mathfrak{T}=\{\{a, b\}, \{b, c\}, \{b\}, \{d\}, \varnothing, X, \{a, b, d\}, \{b, c, d\}, \{b, d\}, \{a, b, c\}\}$$

가 된다. 그러면 $\mathfrak{T}$는 X상의 하나의 위상이 되고 이 때 β를 $\mathfrak{T}$의 기저라 하며 $\mathbf{S}$를 $\mathfrak{T}$의 부분기저라 한다. 한편, 기저 β와는 달리 $\mathbf{S}$의 원소들의 합집합이 X가 될 필요는 없다.

정리 2.11 X상에서 기저 β에 의하여 생성된 위상 $\mathfrak{T}$는 β를 포함하는 X의 모든 위상들의 교집합이다.

증명 β를 포함하는 X상의 위상들의 모임을 $\boldsymbol{F}=\{\mathfrak{T}_i \mid i\in I\}$라 하고 $\bigcap\{\mathfrak{T}_i \mid i\in I\}=\mathfrak{T}'$라 하자. 그러면 $\mathfrak{T}$는 β를 포함하는 위상이므로 $\mathfrak{T}\in\boldsymbol{F}$이며 $\mathfrak{T}'$또한 β를 포함하는 위상들의 교집합으로 $\mathfrak{T}'=\bigcap\boldsymbol{F}$이므로 $\mathfrak{T}'\subseteq\mathfrak{T}$이다.

역으로 $U \in \mathfrak{I}$ 라고 하자. 그러면 $\mathfrak{I}$ 가 기저 β에 의하여 생성되므로 $U = \bigcup \{B_i \mid B_i \in \beta,\ i \in I\}$ 이다. 그런데 $\beta \subseteq \mathfrak{I}'$ 이므로 임의의 $B_i \in \beta$에 대하여 $B_i \in \mathfrak{I}'$ 이다. $\mathfrak{I}'$ 는 β를 포함하는 위상들의 교집합이므로 $\beta \subseteq \mathfrak{I}'$ 이고 임의의 $B_i \in \beta$에 대하여 $B_i \in \mathfrak{I}'$ 이다. 그러므로

$$U = \bigcup \{B_i \mid B_i \in \beta,\ i \in I\} \in \mathfrak{I}'$$

이다. 따라서 $\mathfrak{I} \subseteq \mathfrak{I}'$ 가 되어 $\mathfrak{I} = \mathfrak{I}'$ 이다.

정리 2.12 집합 $X(\neq \varnothing)$의 부분집합들의 모임을 $\boldsymbol{S}$라 하자. 그러면 $\boldsymbol{S}$에 의하여 생성되는 X상에서의 위상 $\mathfrak{I}$는 $\boldsymbol{S}$를 포함하는 X상의 모든 위상들의 교집합에 해당한다.

증명 $T = \{\mathfrak{I}' \mid \boldsymbol{S} \subset \mathfrak{I}', \mathfrak{I}$는 X상의 위상$\}$이라 하고 $\mathfrak{I}_0 = \bigcap T$이라 하자. 그러면 (정리 1.4)에 의하여 $\mathfrak{I}_0$는 X상의 한 위상이 된다. $\mathfrak{I}$가 $\boldsymbol{S}$를 부분기저로 하는 X상의 위상이라 할 때 $\mathfrak{I}_0 = \mathfrak{I}$ 임을 보이자. $\mathfrak{I}$는 $\boldsymbol{S} \subset \mathfrak{I}$ 인 X상의 위상이므로 $\mathfrak{I} \in T$이고 $\mathfrak{I}_0 = \bigcap T \subset \mathfrak{I}$ 가 된다. 또한 $U \in \mathfrak{I}$ 라 하면 $\mathfrak{I}$가 $\boldsymbol{S}$를 부분기저로 가지므로

$$U = \bigcup \left(\bigcap_1^n S_i\right), \qquad S_i \in \boldsymbol{S}$$

이다. $\boldsymbol{S} \subset \mathfrak{I}_0$이므로 $S_i \in \mathfrak{I}_0$이고 $\mathfrak{I}_0$가 X상의 한 위상이므로 $\bigcap_1^n S_i \in \mathfrak{I}_0$가 된다. 또

$$\bigcup \left(\bigcap_1^n S_i\right) \in \mathfrak{I}_0$$

이므로 $U \in \mathfrak{I}_0$이다. 즉 $\mathfrak{I} \subset \mathfrak{I}_0$이다. 따라서 $\mathfrak{I}_0 = \mathfrak{I}$ 이다.

정의 2.13

위상공간 X 내의 점 x에 대하여 x를 포함하는 개집합들의 모임을 β_x라 하자. 이 때 x를 포함하는 임의의 개집합 U에 대하여

$$x \in B_x \subset U$$

를 만족하는 B_x가 β_x에 존재하면 β_x를 점 x 에서의 **국소기저**(local basis)라고 한다.

[예 15] R에서 중심이 a 이고 $\delta > 0$인 모든 개구간 $(a-\delta, a+\delta)$들의 모임은 a 에서 의 국소기저이다. 왜냐하면

$$\beta_a = \{(a-\delta_i, a+\delta_i) \mid i \in I\}$$

를 R에서 a를 포함하는 모든 개구간들의 모임이라 할 때 a를 포함하는 임의의 개구간 $(a-\varepsilon, a+\varepsilon)$에 대하여 $\delta_i = \frac{1}{2}\varepsilon$이 존재하여

$$a \in (a-\frac{1}{2}\varepsilon, a+\frac{1}{2}\varepsilon) \subset (a-\varepsilon, a+\varepsilon)$$

을 만족하는 $(a-\frac{1}{2}\varepsilon, a+\frac{1}{2}\varepsilon)$이 β_a에 존재하기 때문이다.

[예 16] 이산공간 (X, D)에서 $x \in X$일 때 $\beta_x = \{\{x\}\}$는 x에서의 한 국소기저이며 x에서의 가장 작은 국소기저이다.

정리 2.14 β를 X상에서의 위상 $\mathfrak{T}$에 대한 기저라 하자. $x \in X$일 때 x를 포함하는 β에서의 기저원소들은 점 x에서 국소기저 β_x를 형성한다.

증명 $x \in X$일 때 임의의 개집합 U에 대하여 $x \in U$라 하면 적당한 $B_i \in \beta$들이 존재하여

$$x \in B_i \subset U$$

가 된다. 그러므로 $B_i \in \beta_x$이다. 따라서 β_x는 x에서 국소기저이다.

위 (정리 2.14)의 역을 설명하면 다음과 같다.

만일 각 $x \in X$에 대하여 β_x가 x에서 국소기저이면 $\bigcup_{x \in X} \beta_x$는 X상의 위상 $\mathfrak{T}$에 대한 기저 β이다.

정리 2.15 위상공간 X에서 β_x가 x에서의 국소기저라 하자. 그러면 수열 $\langle a_n \mid n \in \mathbb{N} \rangle$이 x로 수렴하기 위한 필요충분조건은 임의의 $B_x \in \beta_x$에 대하여 자연수 n_0가 존재해서 $n \geq n_0$일 때 $a_n \in B_x$이다.

증명 $\langle a_n \rangle \to x$라 하면 임의의 $B_x \in \beta_x$는 개집합이므로 자연수 n_0가 존재해서 $n \geq n_0$일 때 $a_n \in B_x$이다. 역으로 $U_{(x)}$를 x를 포함하는 임의의 개집합이라 하면 적당한 $B_x \in \beta_x$가 존재해서 $x \in B_x \subset U_{(x)}$이다. 그런데 가정에서 위의의 $B_x \in \beta_x$에 대하여 자연수 n_0가 존재해서 $n \geq n_0$일 때 $a_n \in B_x$라고 했으므로 $U_{(x)}$에 대해서도 자연수 n_0가 존재해서 $n \geq n_0$일 때 $a_n \in U_{(x)}$이다. 따라서 $\langle a_n \rangle \to x$이다.

연습문제 4.2

1. $X=\{a, b, c, d, e\}$이고 $S=\{\{a, b, c\}, \{c, d\}, \{d, e\}\}$일 때 S에 의하여 생성되는 X상의 위상을 구하여라.

2. D를 $X=\{a, b, c, d, e\}$의 이산위상이라 하자. D에 대하여 한 원소만을 갖는 집합을 전혀 포함하지 않는 부분기저 S를 찾아라.**【문제중심 위상수학 참고】**

3. 만일 S가 X상에서의 두 위상 $\mathfrak{T}$와 $\mathfrak{T}'$에 대한 부분기저이면 $\mathfrak{T}=\mathfrak{T}'$임을 보여라.**【문제중심 위상수학 참고】**

4. 이산위상공간 X에서 모든 점 p는 유한국소기저를 갖는다.**【문제중심 위상수학 참고】**

5. $a, b\in Q$이고 $a<b$일 때 폐구간 $[a, b]$들의 모임은 실수 R에서의 위상에 대한 기저가 아님을 보여라.**【문제중심 위상수학 참고】**

6. X상에서의 위상 $\mathfrak{T}$가 유한이기 위한 필요충분조건은 $\mathfrak{T}$가 유한기저를 갖는 것이다.**【문제중심 위상수학 참고】**

7. 집합 $X(\neq\varnothing)$상의 이산위상 D에 대하여 가장 작은 부분기저를 결정하여라.**【문제중심 위상수학 참고】**

8. 집합 X의 멱집합 $P(X)$에서 $\mathbf{S}\subset P(X)$라 하자. 이때 $\cup\{S \mid S\in\mathbf{S}\}=X$이면 $\mathbf{S}$는 X상의 한 위상의 부분기저이다.**【문제중심 위상수학 참고】**

9. X상의 위상 $\mathfrak{T}$에 대하여 S가 부분기저이면 $S-\{X, \varnothing\}$는 또한 $\mathfrak{T}$에 대한부분기저임을 보여라.**【문제중심 위상수학 참고】**

10. 만일 점 x가 유한국소기저 β_x를 갖으면 x는 또한 정확히 하나의 집합을 포함하는 국소기저를 갖는다.**【문제중심 위상수학 참고】**

11. X가 위상공간이고 $A \subset X$이다. 임의의 $x \in A$에 대하여 $x \in U \subset A$를 만족하는 개집합 U가 존재한다고 가정하자. 그러면 A는 X에서 개집합임을 밝혀라.

12. $\mathfrak{T}_c$를 U^c가 가산(counable)이거나 X자신인 X의 모든 부분집합들의 모임이라면 $\mathfrak{T}_c$는 X상에서의 한 위상이 됨을 보여라($\mathfrak{T}_c = \{U \mid U^c$:가산이거나 $X\}$).

13. $X = \{a, b, c\}$이고 $\mathfrak{T}_1 = \{X, \varnothing, \{a\}, \{a, b\}\}$와 $\mathfrak{T}_2 = \{X, \varnothing, \{a\}, \{b, c\}\}$가 X상의 위상이라 하자. 이 때 $\mathfrak{T}_1$과 $\mathfrak{T}_2$를 모두 포함하는 가장 작은 위상을 찾아라. 또 $\mathfrak{T}_1$과 $\mathfrak{T}_2$ 각각에 포함되는 가장 큰 위상을 찾아라.**【문제중심 위상수학 참고】**

14. 위상공간 $(X, \mathfrak{T})$에서 인이이 $x \in X$에 대하여 β_x가 $x \in X$에서의 국소기저이면 $\bigcup_{x \in X} \beta_x$는 $\mathfrak{T}$의 기저이다(정리 2.12의 역).

15. R에서 보통위상을 구체적으로 열거하여 설명하여라.**【문제중심 위상수학 참고】**

16. R에서 $S = \{R - \{p\} \mid p \in R\}$를 부분기저로 하는 R 상의 위상 $\mathfrak{T}$를 찾아라.

【문제중심 위상수학 참고】

17. 집합 $X = \{a, b, c, d, e\}$의 한 위상이 $\mathfrak{T} = \{X, \varnothing, \{a\}, \{c, d\}, \{a, c, d\}, \{b, c, d, e\}\}$일 때 이 위상 $\mathfrak{T}$를 생성하는 기저 중에서 원소의 수가 가장 작은 기저를 구하라.**【문제중심 위상수학 참고】**

3. 순서위상

만일 X가 단순순서(simple order)집합이라면 순서관계로 정의되는 X에 대한 보통위상이 존재한다. 이 위상을 우리는 **순서위상**(order topology)이라고 한다.

이 절에서는 이 위상을 정의하고 이들에 대한 성질들을 알아보자. 우선 X가 **단순순서관계**(simple order relation) " $<$ "를 갖는다고 하자. 만일 X의 임의의 두 원소 a, b가 $a<b$를 만족할 때 a, b에 의하여 정해지는 X의 4가지 부분집합이 존재한다. 우리는 이 부분집합들을 **구간**(interval)이라고 하며 다음과 같이 나타낸다.

$$(a,\ b)=\{x \mid a<x<b\} \qquad [a,\ b)=\{x \mid a\le x<b\}$$

$$(a,\ b]=\{x \mid a<x\le b\} \qquad [a,\ b]=\{x \mid a\le x\le b\}$$

위의 4가지 구간들은 X가 실수집합인 경우 우리가 이미 잘 알고 익숙해 있는 표기들이다. 그러나 이들은 임의의 순서집합에서의 구간들을 나타낸다. 첫 번째 형태의 집합을 **개구간**(open interval)이라 하고 두 번째 형태의 집합을 **폐구간**(closed inerval)이라 하며 마지막 두 형태의 집합들을 **반개구간**(half-open interval)이라 한다. 이 경우 X에서의 개구간이라 하는 **개**(open)의 의미는 X상에 위상이 주어졌을 때의 개집합의 의미로 돌려져야 한다. 즉 실수에서의 개구간은 실수에 위상이 주어졌을 때의 개집합과 의미가 같아지는 것이다.

정의 3.1

X가 단순순서관계를 갖는 집합이라 하자. 다음 3가지 형태들의 모든 집합들의 모임을 β라 하면 모임 β는 X상에서의 한 위상에 대한 기저가 된다. 이 때 이 기저에 의하여 생성되는 위상을 **순서위상**(order topology)이라 한다.

(1) X내에서 모든 개구간들 $(a,\ b)$

(2) X내에 최소원소 a_0가 있을 경우 $[a_0,\ b)$인 모양의 모든 구간들

(3) X내에 최대원소 b_0가 있을 경우 $(a,\ b_0]$인 모양의 모든 구간들

위 정의에서 X 내에 최소원소가 없으면 (2)의 형태의 구간들은 β에 속하지 않고 X 내에 최대원소가 없으면 (3)의 형태의 구간들은 β에 속하지 않게 된다.

여기서 위 (정의 3.1)의 집합들의 모임 β가 기저에 대한 2가지 조건을 만족해서 기저가 되는가를 알아보자.

첫 번째로 X에 속하는 모든 원소 x는 β의 적어도 한 원소에 속하게 된다. 즉

$$X = \bigcup\{ B \mid B \in \beta \}$$

이다. X 내에 최소원소가 있어서 x가 최소원소일 경우는 (2)의 형태의 모든 집합(구간)에 속하게 된다. 또 X 내에 최대원소가 있어서 x가 최대원소일 경우는 (3)의 형태의 모든 집합(구간)에 속하게 된다. 두번째로 (1), (2), (3)의 어느 형태의 두 집합의 교집합은 다시 (1), (2), (3)중 어느 하나의 형태의 집합이 되거나 공집합이 된다. 여러 경우를 조사해 볼 필요가 있는데 독자에게 남긴다.

[예 1] R상의 보통위상은 바로 R상의 보통순서에 의한 순서위상이다.

[예 2] 사전식 순서를 갖는 집합 $R \times R$에서 순서쌍 $x \times y$를 $R \times R$의원소라 하자. 집합 $R \times R$은 최대 또는 최소원소를 갖지 않는다. 그러므로 $R \times R$ 위에서의 순서위상은 $(a \times b,\ c \times d)$ 모양의 모든 개구간들의 모임을 기저로 갖는다. 여기에서 $a < c$이거나, $a = c$이면 $b < d$이다. 이러한 구간들의 두 가지 형태는 아래 그림과 같다.

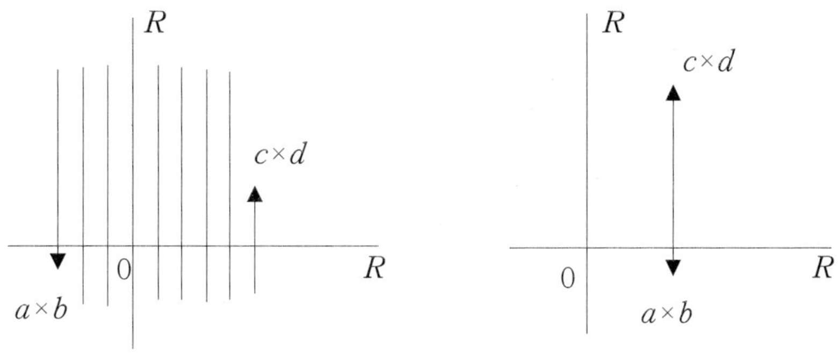

[예 3] 양의 정수 $\mathbb{Z}_+$는 최소원소를 갖는 순서집합을 이룬다. $\mathbb{Z}_+$에서의 순서위상은 이산위상이다. 왜냐하면 이 경우 모든 한 점집합은 개집합이기 때문이다. 즉 $n>1$이면 한 점집합 $\{n\}=(n-1,\ n+1)$은 기저원소(basis element)이고 $n=1$이면 한 점집합 $\{1\}=[1,\ 2)$은 또한 기저원소이다.

[예 4] 사전식 순서를 갖는 집합 $X=\{1,\ 2\}\times\mathbb{Z}_+$는 최소 원소를 갖는 순서집합의 다른 하나의 예이다. $1\times n$을 a_n으로 $2\times n$을 b_n으로 표시하면 X는 아래와 같이 다시 나타낼 수 있다.

$$a_1,\ a_2,\ a_3,\ \cdots;b_1,\ b_2,\ b_3,\ \cdots$$

그러면 X상에서의 순서위상은 이산위상이 아니다. X의 대부분의 한 점집합

$$\{a_i\}=(a_{i-1},\ a_{i+1}),\qquad \{b_i\}=(b_{i-1},\ b_{i+1})$$

들은 모두 개집합이지만 특히 한 점집합 $\{b_1\}$만은 기저원소가 되지 않는다. 왜냐하면 X에서 최소 원소는 a_1이므로 반개구간인 기저원소는 $[a_1,\ a_i)$또는 $[a_1,\ b_i)$의 경우 뿐으로 b_1만을 포함하는 반개구간인 기저원소는 없다. 또 b_1만을 포함하는 개구간은 b_1의 직후자로 b_2를 취할 수 있으나 직전자는 취할 수 없기 때문에 한 점집합 $\{b_1\}$을 나타내는 개구간은 없다. 즉 $\{b_1\}=(?,\ b_2)$. 그러므로 $\{b_1\}$은 개집합이 아니다. 따라서 이산위상이 아니다.

4. 극점과 폐포

이 절에서는 위상공간에 관계되는 기본적인 개념인 개집합, 폐집합, 극점, 폐포, 내부, 외부, 경계 등을 소개한다. 특히 R과 R^2그리고 임의 원소를 갖는 집합 등에 위상을 도입하여 여러 가지 방법으로 개념 들을 자세히 설명하고자 한다. 또한 R과 R^2에 보통위상이 주어진 경우 개구간들과 개구체들은 바로 각 위상의 개집합인 것이다. R과 R^2에 위상이 주어지지 않은 경우에도 실수의 성질에 의하여 이 절에서 말하려는 정의들은 그대로 성립된다.

정의 4.1

집합 A가 개집합(open set)이 되기 위한 필요충분조건은 A내의 모든 점이 A의 내점이 되는 것이다. 또한 집합 X의 부분집합 A가 **개집합**이 되기 위해서는 집합 X상의 위상 $\mathfrak{T}$에 A가 속하는 것이다 ($A \in \mathfrak{T}$).

정의 4.2

위상공간 X의 부분집합 A가 **폐집합**(closed set)이 되기 위한 필요충분조건은 A의 여집합 A^c가 개집합이 되는 것이다.

[예 1] $X=\{a,\ b,\ c\}$이고 X의 위상 $\mathfrak{T}$가

$$\mathfrak{T}=\{X,\ \varnothing,\ \{a\},\ \{b\},\ \{a,\ b\},\ \{b,\ c\}\}$$

일 때 $\mathfrak{T}$내의 모든 원소는 위상공간 $(X,\ \mathfrak{T})$의 개집합들이다.

[예 2] (예 1)에서 $\mathfrak{T}$ 내의 모든 원소들의 여집합은 폐집합이다. 즉

$$\varnothing,\ X,\ \{b,\ c\},\ \{a,\ c\},\ \{c\},\ \{a\}$$

는 모두 폐집합이다. 이 때 $X,\ \varnothing$는 물론이고 $\{a\}$는 위상공간에서 개집합이

기도 하고 폐집합이기도 하다.

[예 3] $X=\{a, b, c, d\}$이고 X의 위상 $\mathfrak{T}$가

$$\mathfrak{T}=\{X, \varnothing, \{a\}, \{c, d\}, \{a, c, d\}, \{b, c, d\}\}$$

일 때 집합 $\{c\}$와 $\{b, c\}$등은 위상공간 $(X, \mathfrak{T})$에서 개집합도 아니고 폐집합도 아니다.

[예 4] 이산위상공간 X의 모든 부분집합은 개집합이다. 또한 모든 부분집합은 폐집합이기도 하다. 왜냐하면 폐집합의 여집합이 언제나 개집합이기 때문이다. 한편 여유한위상공간 $(X, \mathfrak{T}_f)$에서의 폐집합은 유한집합 A와 X자신 그리고 $\varnothing$이다. 왜냐하면 A가 유한집합이면 $(X-A)^c=A$이므로 $X-A$가 개집합이 되며 이의 여집합인 A가 폐집합이 되기 때문이다.

[예 5] 평면 R^2에서 집합 $K=\{x\times y \mid x\geq 0,\ y\geq 0\}$는 폐집합이다.

왜냐하면 $K^c=(-\infty, 0)\times R\cup R\times(-\infty, 0)$가 개집합이기 때문이다.

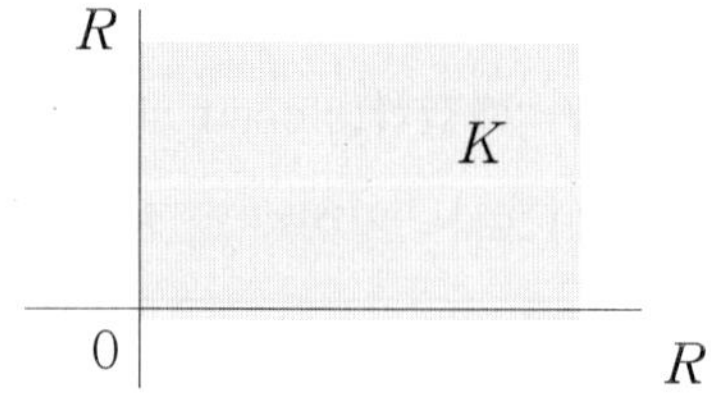

정리 4.3 X가 위상공간이라 하자. 그러면 다음의 조건들이 성립한다.

(1) $\varnothing$, X는 폐집합이다.

(2) 임의의 개의 폐집합 A_i에 대하여 $\bigcap A_i$는 폐집합이다.

(3) 유한개의 폐집합 A_i에 대하여 $\bigcup_1^n A_i$는 폐집합이다.

증명 (1) X가 위상공간이므로 X, $\varnothing$는 개집합이다. 이 때 $X=\varnothing^c$이고 $\varnothing=X^c$이므로 $\varnothing^c$, X^c은 개집합이다. 따라서 $\varnothing$, X는 폐집합이다.

(2) $\{A_i \mid i \in I\}$가 폐집합들의 모임이라 하자. 그러면 임의의 $(A_i)^c$들이 개집합이므로 위상의 정의에 의하여 $\bigcup_i (A_i)^c$은 개집합이다. 드모르간의 법칙에 의하여

$$(\bigcap_i A_i)^c = \bigcup_i (A_i)^c$$

이므로 $(\bigcap_i A_i)^c$도 개집합이다. 따라서 $\bigcap_i A_i$는 폐집합이다.

(3) 마찬가지로 A_i $(i=1, 2, \cdots, n)$가 폐집합이면 $(A_i)^c$들이 개집합이고 위상의 정의에 의해 $\bigcap_1^n (A_i)^c$도 개집합이다. 드로르간의 법칙에 의하여

$$(\bigcup_1^n A_i)^c = \bigcap_1^n (A_i)^c$$

이므로 $(\bigcup_1^n A_i)^c$이 개집합이다. 따라서 $\bigcup_1^n A_i$는 폐집합이다.

[예 6] 보통위상공간 R에서 임의의 $n \in \mathbb{N}$에 대하여 $A_n = [0, 1-\frac{1}{n}]$은 폐집합이다. 그러나 $\bigcup_{n=1}^{\infty} A_n = [0, 1)$은 R에서 폐집합이 아니다. 따라서 무한개의 폐집합들의 합집합은 꼭 폐집합이 되는 것은 아니다.

성의 4.4

집합 A를 위상공간 X의 부분집합이라 하자. $x \in X$가 집합 A의 **집적점**(cluster point, limit point, point of accumulation)이라 함은 모든 x의 근방 $U_{(x)}$에 대하여 $U_{(x)}$가 점 x를 제외한 A의 원소와 공통원을 가질 때이다. 즉

$$\forall U_{(x)}, \quad U_{(x)} \cap (A - \{x\}) \neq \varnothing$$

이다. 이 때 A의 극점들의 집합을 A의 **도집합**(derived set)이라 하고 A' 로 표기한다.

[예 7] 집합 $X = \{a, b, c, d, e\}$의 한 위상이

$$\mathfrak{T} = \{X, \varnothing, \{a\}, \{c, d\}, \{a, c, d\}, \{b, c, d, e\}\}$$

이고 $A=\{a,\ b,\ c\}$를 X의 부분집합이라 하면 이 때 $b\in X$는 A의 극점이다. 왜냐하면 b의 근방은 X와 $\{b,\ c,\ d,\ e\}$뿐이며

$$X\cap(A-\{b\})\neq\varnothing \text{ 이고 } \{b,\ c,\ d,\ e\}\cap(A-\{b\})\neq\varnothing$$

이기 때문이다. 한편 $a\in X$는 A의 극점이 아니다. 왜냐하면 a의 근방은 $\{a\}$, $\{a,\ c,\ d\}$ 그리고 X인데

$$\{a,\ c,\ d\}\cap(A-\{a\})\neq\varnothing \text{ 이고 } X\cap(A-\{a\})\neq\varnothing$$

이지만 $\{a\}\cap(A-\{a\})=\varnothing$ 이므로 a는 극점이 아니다. 같은 방법으로 d와 e도 A의 극점들이다. 그러므로 $A'=\{b,\ d,\ e\}$이다.

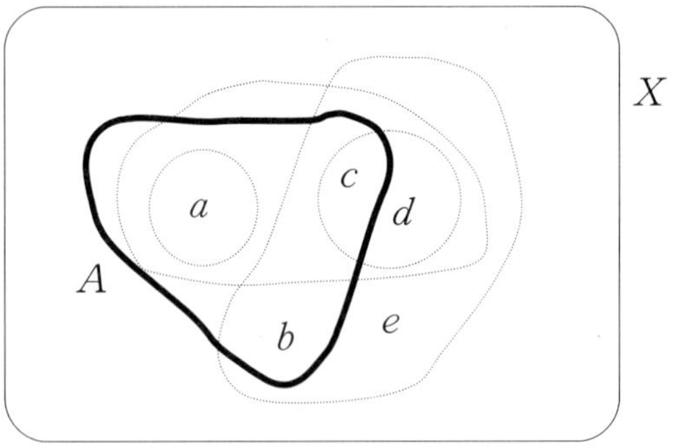

[예 8] $A=\left\{1,\ \frac{1}{2},\ \frac{1}{3},\ \cdots\right\}$가 실수 R의 부분집합일 때 $0\in R$는 A의 극점이다. 왜냐하면 0을 포함하는 모든 개구간들은 개집합으로 0의 근방들이다. 그러므로 임의의 근방 $U_{(0)}$에 대하여

$$U_{(0)}\cap(A-\{0\})\neq\varnothing$$

이기 때문에 0은 A의 극점이다. 또 0 이외의 A의 극점은 없다. 예를 들어 $\frac{1}{3}\in A$이 A의 극점인가 알아보자. $\frac{1}{3}$을 포함하는 근방(개구간)들은 많이 있지만 그 중에 $U_{(1/3)}=(\frac{3}{12},\ \frac{5}{12})$은 점 $\frac{1}{3}$을 포함하는 근방으로

$$U_{(1/3)}\cap(A-\frac{1}{3})=\varnothing$$

이 되어 1/3은 A의 극점이 되지 못한다. 마찬가지로 0 이외의 A의 극점은 없으므로 $A'=\{0\}$이다. 또한 $0 \notin A$ 임을 유의하자. 그러므로 A의 극점은 A안에 있을 수도 있고 A의 밖에 있을 수도 있다.

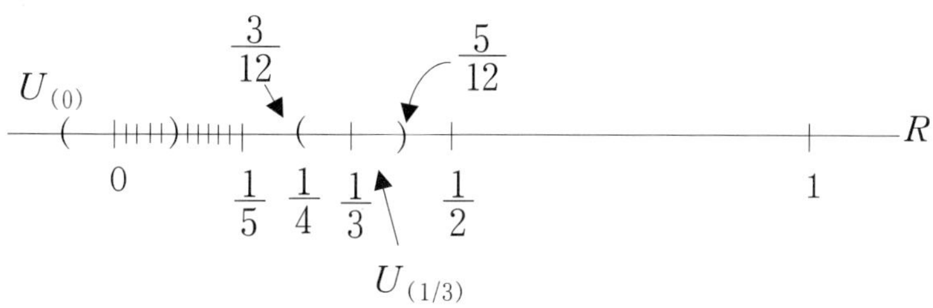

[예 9] 유리수의 집합 Q는 실수 R의 부분집합이다. 이 때 모든 $x \in R$는 Q의 극점이 된다. 왜냐하면 모든 $x \in R$에 대하여 x의 근방 $U_{(x)}$ 모두는 x이외의 유리수를 포함하기 때문이다. 즉

$$\forall U_{(x)},\ U_{(x)} \cap (Q - \{x\}) \neq \varnothing$$

이다. 그러므로 $Q' = R$이다.

[예 10] $\mathbb{Z} = \{\cdots,\ -2,\ -1,\ 0,\ 1,\ 2, \cdots\}$는 실수 R의 부분집합이다. 이때 $\mathbb{Z}$는 극점을 하나도 갖지 않는다. 왜냐하면 임의의 $x \in \mathbb{Z}$에 대하여 x의 근방 $(x - \frac{1}{2},\ x + \frac{1}{2})$을 택할 경우

$$(x - \frac{1}{2},\ x + \frac{1}{2}) \cap (\mathbb{Z} - \{x\}) = \varnothing$$

이기 때문이다. 그러므로 $\mathbb{Z}' = \varnothing$ 이다(점 $x \in R - \mathbb{Z}$ 에 대해서도 조사해보자).

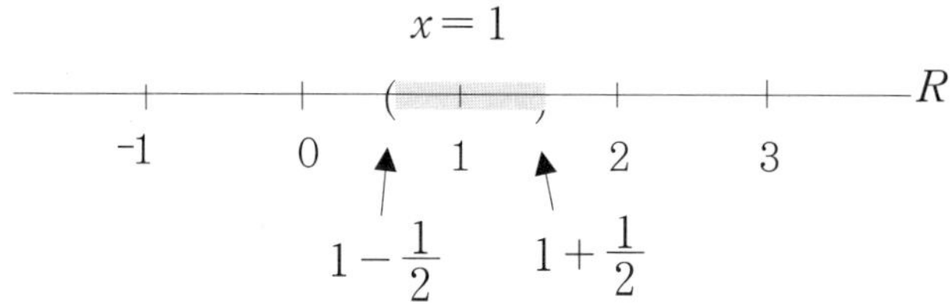

정리 4.5 위상공간 X의 부분집합 A가 폐집합이 되기 위한 필요충분조건은 A가 A의 모든 극점을 포함하는 것이다. 즉, 다음과 같다.

$$A \subset X \ : \text{폐집합} \Leftrightarrow A' \subset A$$

증명 A가 폐집합일 때 $A' \subset A$임을 보이기 위해 $x \notin A \Rightarrow x \notin A'$임을 보이자. $x \notin A$이라 하자. 그러면 A^c은 개집합이고 $x \in A^c$이다. 이때

$$A^c \cap A = \varnothing \qquad ①$$

이며 $x \notin A$이므로 $A = A - \{x\}$가 되어 식 ①은

$$A^c \cap (A - \{x\}) = \varnothing$$

로 바꾸어 쓸 수 있다. 따라서 x는 A의 극점이 아니다. 그러므로 $x \notin A'$ 이다. 즉 $A' \subset A$ 이다.

역으로 $A' \subset A$ 임을 가정하여 A^c이 개집합이 됨을 보이자. $x \in A^c$이 라 하자. 그러면 $x \notin A$이므로 가정에 의하여 $x \notin A'$ 이다. 정의에 의하여 x를 포함하는 한 개집합 $U_{(x)}$가 존재해서

$$U_{(x)} \cap (A - \{x\}) = \varnothing \qquad ②$$

이 성립한다. 그런데 $x \notin A$이므로 $A = A - \{x\}$이고 식 ②는

$$U_{(x)} \cap A = \varnothing$$

와 같다. 그러므로 $U_{(x)} \subset A^c$이고 각 점 $x \in A^c$에 대하여

$$x \in U_{(x)} \subset A^c$$

를 만족한다(이것은 $A^c = \cup \{ U_{(x)} \mid x \in A^c \}$를 의미하므로 A^c은 개집합 $U_{(x)}$들의 합집합과 같아서 개집합이 된다). 따라서 A는 폐집합이다.

정리 4.6 위상공간 X의 부분집합 A가 폐집합이 되기 위한 필요충분 조건은 A^c가 개집합이 되는 것이다.

증명 A가 폐집합이고 $x \in A^c$이라 하자. 그러면 $A' \subset A$이므로 x는 A의 극점이 아니다. 그러므로 적당한 x의 근방 $U_{(x)}$가 존재해서

$$U_{(x)} \cap (A - \{x\}) = \varnothing$$

가 된다. 그런데 $x \notin A$이므로 위 식은

$$U_{(x)} \cap A = \varnothing$$

로 바꾸어 쓸 수 있다. 따라서 $U_{(x)} \subset A^c$가 되어 A^c는 개집합이다.

역으로 A^c가 개집합이라 하자. x가 A에 속하지 않는 임의의 점이라면 $x \in A^c$이다. $A^c \cap A = \varnothing$이고 A^c가 x의 한 근방으로 $x \notin A$이기 때문에

$$A^c \cap (A - \{x\}) = \varnothing$$

가 된다. 그러므로 $x \notin A'$이고 따라서 $A' \subset A$가 되어 A는 폐집합이다.

위 정리에서 A를 A^c로 대치하면 다음과 같은 결과를 다시 얻는다. 즉

"위상공간 X의 부분집합 A가 개집합이 되기 위한 필요충분조건은 A^c가 폐십합이 되는 것이나."

정리 4.7 만일 $A \subset B$이면 $A' \subset B'$이다.

증명 $x \in A'$라 하자. 그러면 임의의 근방 $U_{(x)}$에 대하여

$$U_{(x)} \cap (A - \{x\}) \neq \varnothing$$

이다. 그런데 $A \subset B$이므로 임의의 근방 $U_{(x)}$에 대하여

$$U_{(x)} \cap (B - \{x\}) \neq \varnothing$$

이다. 이것은 x가 B의 극점인 것을 의미하므로 $x \in B'$이다. 따라서 $A' \subset B'$이다.

[예제 11] 이산공간 X의 모든 부분집합 A의 도집합은 $A' = \varnothing$ 이다.

풀이 X가 이산공간이므로 임의의 $x \in X$에 대하여 단집합 $\{x\}$가 개집합이다. 그러므로 단집합 $\{x\}$에 대하여 $\{x\} \cap (A - \{x\}) = \varnothing$ 이기 때문에 $x \notin A'$ 이다. 따라서 X의 모든 원소가 A의 도집합 A'에 포함되지 않으므로 $A' = \varnothing$ 이다.

[예제 12] 비이산공간 X의 임의의 부분집합 A에 대한 도집합을 구하여라.

풀이 (1) $X = \{x\}$: $X \cap (X - \{x\}) = X \cap \varnothing = \varnothing$ 이므로 $x \notin X'$ 이다. 즉 $X' = \varnothing$ 이다.

(2) X가 단집합이 아닐 때 :

1) $A = \varnothing$: $A' = \varnothing$ 임은 당연하다.

2) $A = \{x\} \subset X$: $x \neq y$ 인 임의의 $y \in X$에 대하여 y를 포함하는 개집합은 X 뿐 이고 $X \cap (A - \{y\}) = X \cap A = \{x\} \neq \varnothing$ 이므로 $y \in A'$ 이고 따라서 $A' = X - \{x\}$ 이다.

3) A가 2개 이상의 원소를 포함할 경우 : 임의의 $x \in X$에 대하여 x를 포함하는 개집합은 X 뿐이고 $X \cap (A - \{x\}) \neq \varnothing$ 이므로 $x \in A'$ 이다. 즉 $X \subset A'$ 이다. 따라서 $A' = X$ 이다.

[예제 13] 여유한위상공간 $(R, \mathfrak{T}_f)$에서 무한부분집합 $A \subset R$에 대하여 $A' = R$ 이며 유한부분집합 $B \subset R$에 대하여 $B' = \varnothing$ 이다.

풀이 임의의 점 $x \in R$와 개집합 $U_{(x)}$에 대하여 $R - U(x)$는 유한집합이므로 $U_{(x)}$는 A의 유한개를 제외한 모든 집합을 포함한다. 특히 $U_{(x)}$는 적어도 x가 아닌 A의 한 점을 포함한다. 즉 $U(x) \cap A - \{x\} \neq \varnothing$ 이다. 그러므로 $x \in A'$ 이다. 따라서 $A' = R$ 이다.

한편 유한부분집합 $B \subset R$에 대하여 $B' = \varnothing$ 이다. 왜냐하면 만일 $x \notin B$ 이면 B^c는 x를 포함하는 개집합이며 $B^c \cap B = \varnothing$ 이므로 $B^c \cap (B - \{x\}) = \varnothing$ 가 되어 $x \notin B'$ 이고 또한 만일 $x \in B$ 이면 $B^c \cup \{x\}$는

$$(B^c \cup \{x\})^c = B \cap \{x\}^c = B - \{x\}$$

가 유한집합이므로 x를 포함하는 개집합이 되며

$$\begin{aligned}[\{x\}\cup B^c]\cap(B-\{x\}) &= [\{x\}\cap(B-\{x\})]\cup[B^c\cap(B-\{x\}) \\ &= \varnothing\cup[B^c\cap(B-\{x\}) \\ &= (B^c\cap B)-(B^c\cap\{x\}) \\ &= \varnothing-\varnothing=\varnothing\end{aligned}$$

이므로 $x\notin B'$ 이기 때문이다.

정의 4.8

A가 위상공간 X의 부분집합이라 하자. A를 포함하는 모든 폐집합들의 교집합을 A의 **폐포**(closure)라 하며 $\overline{A}$로 나타낸다. 즉,

$$\overline{A}=\bigcap_i\{F_i \mid F_i: \text{폐집합},\ F_i\supset A\}$$

이다.

[예 14] (1) $\overline{A}$는 폐집합이다. 이는 정의에 의해 명백하다.

(2) $\overline{A}$는 A를 포함하는 폐집합들 중에서 가장 작은 것이다. 그러므로 A를 포함하는 임의의 폐집합 F에 대하여 $A\subset\overline{A}\subset F$가 성립한다.

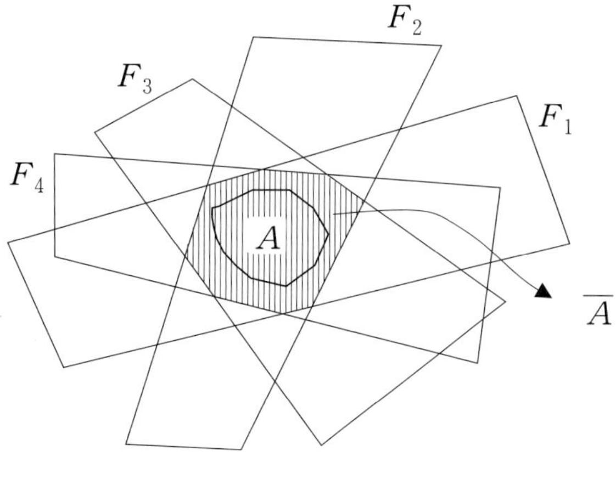

[예 15] $X=\{a, b, c, d, e\}$이고

$\mathfrak{J}=\{X, \varnothing, \{a\}, \{c, d\}, \{a, c, d\}, \{b, c, d, e\}\}$일 때 위상공간 $(X, \mathfrak{J})$에서 폐집합은

$$\varnothing, \quad X, \quad \{b, c, d, e\}, \quad \{a, b, e\}, \quad \{b, e\}, \quad \{a\}$$

이다. 따라서 $\overline{\{b\}}=\{b, e\}$, $\overline{\{a, c\}}=X$, $\overline{\{b, d\}}=\{b, c, d, e\}$이다.

정리 4.9 A가 위상공간 X의 부분집합이라 하자. $x\in\overline{A}$이기 위한 필요충분조건은 x를 포함하는 모든 근방 $U_{(x)}$가 A와 만나는 것이다. 즉

$$x\in\overline{A} \iff \text{임의의 } U_{(x)}\text{에 대하여, } U_{(x)}\cap A\neq\varnothing$$

이다.

증명 대우를 사용하여 증명하자. 즉

$$x\notin\overline{A} \iff U_{(x)}\text{가 존재하여, } U_{(x)}\cap A=\varnothing$$

임을 증명하면 된다. 만일 $x\notin\overline{A}$라 하면 $\overline{A}^c$는 x를 포함하며 개집합이 된다. 그러면 $\overline{A}^c$라 하는 x의 근방이 존재해서 $\overline{A}^c\cap A=\varnothing$이다.
역으로 $U_{(x)}\cap A=\varnothing$를 만족하는 근방 $U_{(x)}$가 존재한다고 하자. 그러면 $A\subset(U_{(x)})^c$ 이고 $(U_{(x)})^c$는 폐집합이다. $\overline{A}$의 정의에 의하여 $\overline{A}\subset(U_{(x)})^c \wedge x\notin(U_{(x)})^c$이고 따라서 $x\notin\overline{A}$이다.

정리 4.10 A를 위상공간 X의 부분집합이라 하자. 그러면

$$\overline{A}=A\cup A'$$

이다.

증명 $x\in\overline{A}$라 하면 $x\in A\cup A'$가 됨을 보이자. 만일 $x\in A$이면 $x\in A\cup A'$가 되는 것은 당연하다. 또 $x\notin A$이라 하면 $x\in\overline{A}$라는 가정에 의하여 x의 모든 근방 $U_{(x)}$에 대하여

$$U_{(x)} \cap A \neq \emptyset \qquad ①$$

이고 $x \notin A$이므로 ①은 x의 모든 근방 $U_{(x)}$에 대하여

$$U_{(x)} \cap (A - \{x\}) \neq \emptyset$$

로 바꾸어 쓸 수 있다. 그러므로 $x \in A'$이고 따라서 $x \in A \cup A'$이다. 즉 $\overline{A} \subset A \cup A'$이다.

역으로 $x \in A \cup A'$라 하자. 그러면 $x \in A$인 경우 $A \subset \overline{A}$이므로 $x \in \overline{A}$이다. 또 $x \in A'$인 경우 x의 모든 근방 $U_{(x)}$에 대하여

$$U_{(x)} \cap (A - \{x\}) \neq \emptyset \qquad ②$$

이다. 그런데 $A - \{x\} \subset A$이므로 ②는 x의 모든 근방 $U_{(x)}$에 대하여

$$U_{(x)} \cap A \neq \emptyset$$

로 고쳐 쓸 수 있다. 이는 (정리 4.9)에 의하여 $x \in \overline{A}$임을 알 수 있다. 그러므로 $A \cup A' \subset \overline{A}$이다.

정리 4.11 만일 $A \subset B$이면 $\overline{A} \subset \overline{B}$이다.

증명 (정리 4.7)에 의하여 $A \subset B$이면 $A' \subset B'$이고 $A \cup A' \subset B \cup B'$이다. 따라서 (정리 4.10)에 의하여 $\overline{A} \subset \overline{B}$이다.

[예 16] 유리수 집합 $Q \subset R$에 대해 (예 9)에 의하여 $Q' = R$이다. 또 (정리 4.10)에 의하여

$$\overline{Q} = Q \cup Q' = Q \cup R = R$$

이다. 또 $A = \left\{1, \frac{1}{2}, \frac{1}{3}, \cdots\right\} \subset R$에 대하여는 (예 9)에 의해 $A' = \{0\}$이다. 그런데 $\overline{A} = A \cup A'$ 이므로 $\overline{A} = \left\{0, 1, \frac{1}{2}, \frac{1}{3}, \cdots\right\}$이다. 그리고 $\mathbb{Z} \subset R$

의 경우는 (예 10)에 의해서 $\mathbb{Z}' = \varnothing$ 이다. 그러므로 $\overline{\mathbb{Z}} = \mathbb{Z} \cup \varnothing = \mathbb{Z}$ 이다. 또한 $\mathbb{N} \subset R$ 의 경우도 $\mathbb{N}' = \varnothing$ 이므로 $\overline{\mathbb{N}} = \mathbb{N} \cup \varnothing = \mathbb{N}$ 이다.

[예 17] $C = \{0\} \cup (1, 2)$가 R의 부분집합이면 $C' = [1, 2]$이고 $0 \notin C'$ 이다. 그리고 $\overline{C} = \{0\} \cup [1, 2]$이다.

정리 4.12 A와 B가 위상공간 X의 부분집합이라 하면

(1) A가 폐집합이기 위한 필요충분조건은 $A = \overline{A}$이다.

(2) $\overline{A \cup B} = \overline{A} \cup \overline{B}$

증명 (1) 만일 A가 폐집합이면 도집합의 성질에 의해 $A' \subset A$이고 집합의 성질과 폐포의 성질에 의해 $A = A \cup A' = \overline{A}$이다.

역으로 $A = \overline{A}$ 이면 $\overline{A} = A \cup A'$이므로 $A = A \cup A'$이다. 그러므로 $A' \subset A$이고 따라서 A는 폐집합이다.

(2) $A \subset \overline{A}$ 이고 $B \subset \overline{B}$이므로 $A \cup B \subset \overline{A} \cup \overline{B}$ 이다. 이때 $\overline{A} \cup \overline{B}$는 두 폐집합의 합집합이므로 폐집합이고 $A \cup B$를 포함하므로 폐포의 정의에 의하여 $\overline{A \cup B} \subset \overline{A} \cup \overline{B}$이다. 한편, $A \subset A \cup B \subset \overline{A \cup B}$이고 $B \subset A \cup B \subset \overline{A \cup B}$이므로 $A \subset \overline{A \cup B}$이고 $B \subset \overline{A \cup B}$이다. $\overline{A \cup B}$가 폐집합이므로 폐포의 정의에 의해 $\overline{A} \subset \overline{A \cup B}$이고 $\overline{B} \subset \overline{A \cup B}$이다. 따라서 $\overline{A} \cup \overline{B} \subset \overline{A \cup B}$이다.

※ 정리 4.12 (1)의 별해

만일 A가 폐집합이면 A는 자기자신을 포함하는 폐집합 중의 하나이므로 $\overline{A} \subset A$이고 폐포의 정의에 의하여 $A \subset \overline{A}$ 이므로 $A = \overline{A}$ 이다. 한편 $A = \overline{A}$ 이면 폐포의 정의에 의하여 $\overline{A}$가 폐집합이므로 A도 폐집합이다.

앞 (정리 4.5)는 (정리 4.12)를 이용하면 아주 간단히 증명된다. (즉, A : 폐집합 $\Leftrightarrow A' \subset A$). 왜냐하면

$$A : \text{폐집합} \Leftrightarrow A = \overline{A} = A \cup A' \Leftrightarrow A' \subset A$$

이기 때문이다.

[예 18] R^2 에서 단집합 $\{x_0\}$는 폐집합이다.

왜냐하면 임의의 $y(\neq x_0)$에 대하여 근방 $U_{(y)}$가 존재해서 $U_{(y)} \cap \{x_0\} = \varnothing$ 이다. 그러므로 $y \notin \overline{\{x_0\}}$이며 $\overline{\{x_0\}} = \{x_0\}$ 이다. 따라서 $\{x_0\}$는 폐집합이다. (특별한 경우: $U_{(y)} = \{x_0\}^c$)

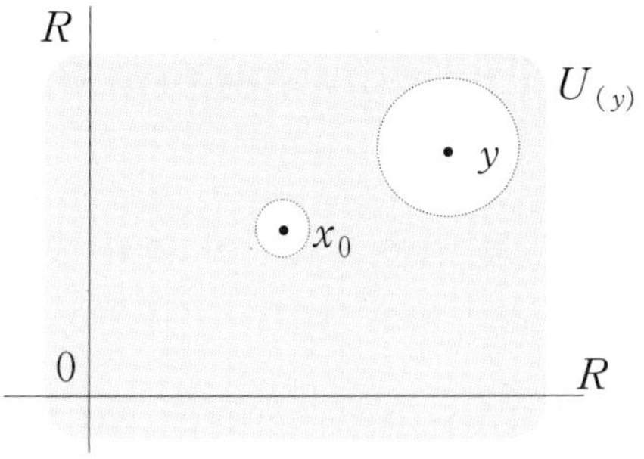

[예 19] $A = \left\{1, \frac{1}{2}, \frac{1}{3}, \cdots\right\} \subset R$에 대하여 A는 폐집합이 아니다.

왜냐하면 $A' = \{0\}$이지만 $A' \not\subset A$ 이기 때문이다.

한편 $B = \left\{0, 1, \frac{1}{2}, \frac{1}{3}, \cdots\right\} \subset R$는 R에서 폐집합이다. 왜냐하면, $B' = \{0\}$ 이고 $B' \subset B$이기 때문이다. 또한 $\overline{B} = B \cup B' = B$이므로 B는 폐집합이기도 하다.

[예 20] $A = (0, 1] \subset R$일 때 $0 \in A'$ 이고 A에 속하는 모든 원소는 또한 A의 극점이다. 그러나 이 때 집합 A와 $\{0\}$이외의 실수는 A의 극점이 아니므로

$$\overline{A} = A \cup A' = (0,\ 1] \cup [0,\ 1] = [0,\ 1]$$

이다.

(정의 4.4)와 (정리 4.9)에 의하여 x가 A의 극점 $(x \in A')$일 때 x는 $A - \{x\}$의 **폐포점**(closure point)이 된다. 즉

$$x \in A' \Leftrightarrow \text{임의의 } U_{(x)}\text{에 대하여, } U_{(x)} \cap (A - \{x\}) \neq \varnothing$$
$$\Leftrightarrow x \in \overline{A - \{x\}}$$

이다.

정의 4.13

위상공간 X의 부분집합 A가 $B \subset X$에서 조밀(dense)하다는 것은 $B \subset \overline{A}$ 일 때이다. 특히 A가 X 내에서 조밀하기 위한 필요충분조건은 $\overline{A} = X$ 이다. 이 때 A를 X의 **조밀부분집합**(dense subset)이라 한다.

A가 X의 조밀부분집합이라는 것은 공집합이 아닌 X의 모든 개집합이 반드시 A의 원소를 포함한다는 것이다.

[예 21] 앞의 (예 15)에서 X의 부분집합 $\{a, c\}$의 폐포는 $\overline{\{a, c\}} = X$가 되므로 $\{a, c\}$는 X의 조밀부분집합이다. 이때 $\varnothing$을 제외한 X의 각 개집합

$$X, \{a\}, \{c, d\}, \{a, c, d\}, \{b, c, d, e\}$$

에는 $\{a, c\}$의 원소가 꼭 들어있음을 알 수 있다. 또 (예 17)에서 유리수의 집합 Q는 $\overline{Q} = R$ 이므로 역시 Q는 R의 조밀한 부분집합이다.

[예 22] 비이산공간 $(X, \mathfrak{T})$에서 X의 진부분집합 A는 X의 조밀부분집합이다. 왜냐하면 비이산공간 X의 폐집합은 $X, \varnothing$ 뿐이므로 $\overline{A} = X$이기 때문이다.

정의 4.14

A를 위상공간 X의 부분집합이라 하자. A에 포함되는 모든 개집합들의 합집합을 A의 **내부**(interior)라 하고 Int(A)로 나타낸다. 즉

$$\text{Int}(A) = \bigcup \{U_i \mid U_i : \text{개집합}, \ U_i \subset A\}$$

이다.

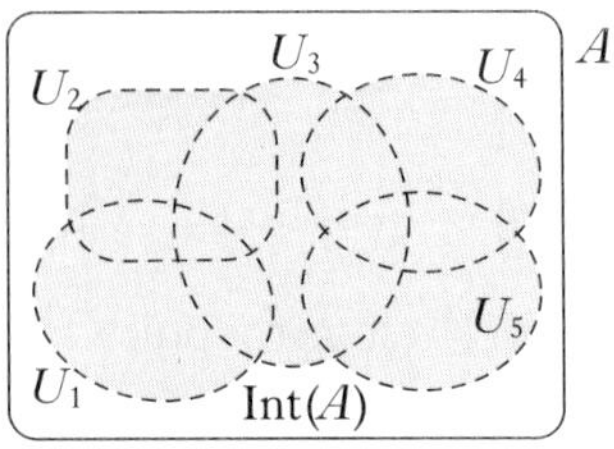

2장에서 정의한 수직선 R에서의 내점의 정의와 내부의 정의는 그대로 일반위상공간에 적용된다. 그래서 집합 A의 내부를 A의 내점들의 모임으로 정의하기도 한다. 즉

$$p \in A : A\text{의 내점} \Leftrightarrow p\text{를 포함하는 개집합 } U\text{가 존재해서},$$
$$p \in U \subset A$$
$$\mathrm{Int}(A) = \{p \in A \mid p\text{는 } A\text{의 내점}\}$$

이다.

[예 23] 집합 A가 위상공간 X의 부분집합일 때 $\mathrm{Int}(A)$는 개집합이다. 왜냐하면 A에 포함되는 개집합들의 합집합이기 때문이다. 또 정의에 의하여 $\mathrm{Int}(A)$는 집합 A에 포함되는 개집합들 중에서 가장 큰 개집합이다. 즉 A에 포함되는 임의의 개집합 U에 대하여 $U \subset \mathrm{Int}(A) \subset A$이다. 그리고 $\mathrm{Int}(\varnothing) = \varnothing$이고 $\mathrm{Int}(X) = X$이기도 하다.

[예 24] 위상공간 X의 부분집합 A가 개집합이기 위한 필요충분조건은 $A = \mathrm{Int}(A)$이다. 왜냐하면 $\mathrm{Int}(A)$가 개집합이므로 A는 개집합이 되고 만일 A가 개집합이면 내부의 정의에 의하여 A에 포함되는 가장 큰 개집합은 바로 A자신이기 때문이다.

[예 25] 집합 $X = \{a, b, c, d, e\}$에서의 위상이

$$\mathfrak{T} = \{X, \varnothing, \{a\}, \{a, b\}, \{c, d\}, \{a, c, d\}, \{a, b, c, d\}\}$$

일 때 부분집합 $A = \{a, b\}$의 내부는 $\mathrm{Int}(A) = \{a, b\}$이고 이 때 $\{a, b\}$가 개집합임을 알 수 있다. 또한 부분집합 $B = \{b, c, d\}$의 내부는 $\mathrm{Int}(B) = \{c, d\}$이다.

[예 26] R에서의 부분집합 $A = (0, 1]$의 내부는 $\mathrm{Int}(A) = (0, 1)$이다. 왜냐하면 $1 \in A$은 A의 내점이 아니기 때문이다. 한편 A내에 포함되는 가장 큰 개집합이 $(0, 1)$이기 때문이기도 하다.

정리 4.15 X의 부분집합 A와 B에 대하여 다음이 성립한다.

$$A \subset B \text{ 이면 } \mathrm{Int}(A) \subset \mathrm{Int}(B)$$

증명 $x \in \mathrm{Int}(A)$라 하면 x는 A의 내점이 되고 내점의 정의에 의하여

$$x \in U_{(x)} \subset A$$

를 만족하는 개집합 $U_{(x)}$가 존재한다. 그런데 $A \subset B$이므로 $x \in U_{(x)} \subset B$가 성립하여 x는 집합 B의 내점이 된다. 따라서 $x \in \mathrm{Int}(B)$이다.

[예제 27] A와 B가 공간 X의 부분집합일 때 다음이 성립한다.

① $\mathrm{Int}(A \cap B) = \mathrm{Int}(A) \cap \mathrm{Int}(B)$

② $\mathrm{Int}(A \cup B) \neq \mathrm{Int}(A) \cup \mathrm{Int}(B)$

풀이 ① $A \cap B \subset A$이고 $A \cap B \subset B$이므로 (정리 4.15)에 의해

$$\mathrm{Int}(A \cap B) \subset \mathrm{Int}(A) \text{이고 } \mathrm{Int}(A \cap B) \subset \mathrm{Int}(B)$$

이다. 그러면 $\mathrm{Int}(A \cap B) \subset \mathrm{Int}(A) \cap \mathrm{Int}(B)$이다. 또 역으로 $\mathrm{Int}(A) \subset A$이고 $\mathrm{Int}(B) \subset B$이므로

$$\mathrm{Int}(A) \cap \mathrm{Int}(B) \subset A \cap B$$

이다. 이때 $\mathrm{Int}(A) \cap \mathrm{Int}(B)$는 개집합이고 내부의 정의에 의하여 $A \cap B$에 포함되는 가장 큰 개집합은 $\mathrm{Int}(A \cap B)$이므로

$$\mathrm{Int}(A) \cap \mathrm{Int}(B) \subset \mathrm{Int}(A \cap B)$$

이다.

② $A \subset A \cup B$, $B \subset A \cup B$이므로 (정리 4.15)에 의하여 $\mathrm{Int}(A) \subset \mathrm{Int}(A \cup B)$이고 $\mathrm{Int}(B) \subset \mathrm{Int}(A \cup B)$이다. 그러면

$$\mathrm{Int}(A) \cup \mathrm{Int}(B) \subset \mathrm{Int}(A \cup B)$$

이다. 그러나 역으로 $\mathrm{Int}(A) \cup \mathrm{Int}(B) \supset \mathrm{Int}(A \cup B)$는 성립하지 않는다. 다음 (예

28)에서 알아보자.

[예 28] 보통위상공간 R에서 유리수 전체의 집합을 Q, 무리수 전체의 집합을 Q^c이라 하면 $\text{Int}(Q)=\varnothing$이고 $\text{Int}(Q^c)=\varnothing$이다. 그러면

$$\text{Int}(Q)=\varnothing \cup \text{Int}(Q^c)=\varnothing$$

이지만 $\text{Int}(Q \cup Q^c)=\text{Int}(R)=R$이 되어

$$\text{Int}(Q) \cup \text{Int}(Q^c) \not\supset \text{Int}(Q \cup Q^c)$$

이다. 따라서 $\text{Int}(Q) \cup \text{Int}(Q^c) \neq \text{Int}(Q \cup Q^c)$가 된다.

정의 4.16

집합 A가 X의 부분집합일 때 A의 폐포의 내부가 공집합이면 " A는 **어느 곳에서도 조밀하지 않다**(nowhere dense)."라고 한다. 즉 $\text{Int}(\bar{A})=\varnothing$이면 A는 어느 곳에서도 조밀하지 않다.

[예 29] $A=\{x\in Q \mid 0<x<1\}\subset R$이라면 $\text{Int}(A)=\varnothing$이다. 왜냐하면 $x\in A$에 대하여 x를 포함하는 개집합(개구간) $U_{(x)}$가 존재하지 않아서 $x\subset U_{(x)}\subseteq A$를 만족하지 못하기 때문이다. 그러나 $\overline{A}=[0,\ 1]$이므로

$$\text{Int}(\overline{A})=\text{Int}([0,\ 1])=(0,\ 1)\neq\varnothing$$

가 되어 A는 어느 곳에서도 조밀하지 않다고 할 수 없다. 그리고 $\text{Int}(A)=\varnothing \neq A$이므로 A는 개집합이 아니다. 역시 $\text{Int}(\bar{A})=(0,1)\neq\overline{A}$이므로 $\overline{A}$도 개집합이 아니다.

[예 30] $A=\left\{1,\ \frac{1}{2},\ \frac{1}{3},\ \cdots\right\}\subset R$는 앞의 (예 16)에 의하여 $\overline{A}=\left\{0,\ 1,\ \frac{1}{2},\ \frac{1}{3},\ \cdots\right\}$이다. 그러나 $\overline{A}$는 내점을 하나도 갖지 않는다. 즉 $\text{Int}(\overline{A})=\varnothing$이다. 왜냐하면 각 점 $x\in\overline{A}$에 대하여 x를 포함하는 개구간(개집합) $U_{(x)}$가 존재해서

$x \in U \subset \overline{A}$가 되어야 하는데 그런 개구간 $U_{(x)}$는 존재하지 않는다. 그러므로 $\overline{A}$의 모든 점은 $\overline{A}$의 내점이 되지 못하는 것이다. 따라서 A는 R내의 어느 곳에서도 조밀하지 않다. 그리고 $\overline{A} \neq A$이므로 A는 폐집합이 아니다. 또한 $\mathrm{Int}(\overline{A}) = \varnothing \neq \overline{A}$이므로 $\overline{A}$는 개집합이 아니다.

정의 4.17

위상공간 X의 부분집합을 A라 하자. 집합 $A \subset X$의 **외부**(exterior)는 A^c의 내부를 말하며 $\mathrm{Ext}(A)$로 표기한다. 즉

$$\mathrm{Ext}(A) = \mathrm{Int}(A^c)$$

이다. 또 집합 A의 **경계**(boundary)는 A의 내부와 외부에 속하지 않는 점들의 집합을 말하고 $\mathrm{Fr}(A)$로 표기한다. 즉

$$\mathrm{Fr}(A) = X - (\mathrm{Int}(A) \cup \mathrm{Ext}(A))$$

이다. $\mathrm{Ext}(A)$에 속하는 원소를 **외점**(exterior point)이라 하고 $\mathrm{Fr}(A)$에 속하는 원소를 **경계점**(boundary point)이라 한다.

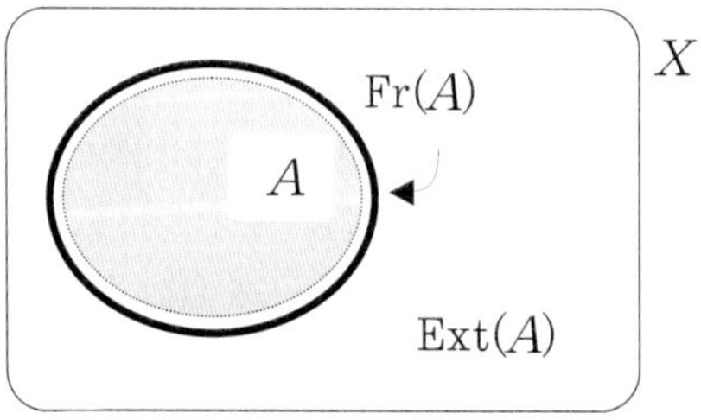

[예 31] R에서 다음 4가지 구간을 생각하자.

$$[a, b], (a, b), (a, b], [a, b)$$

그러면 이들 각각의 내부는 (a, b)이고 경계는 $\{a, b\}$가 된다. 또 이들의 외부는 모두 $(-\infty, a) \cup (b, \infty)$가 된다.

[예 32] 집합 A를 비이산공간 X의 진부분집합($\neq\varnothing$)이라 하자. 그러면 $\mathrm{Int}(A)=\varnothing$이고 $\mathrm{Ext}(A)=\varnothing$이다. 따라서 A의 경계는

$$\mathrm{Fr}(A)=X-(\mathrm{Int}(A)\cup\mathrm{Ext}(A))=X$$

가 된다. 또한 집합 A를 이산공간 X의 부분집합이라 하면 $\mathrm{Int}(A)=A$이고 $\mathrm{Ext}(A)=A^c$이므로

$$\begin{aligned}\mathrm{Fr}(A)&=X-(\mathrm{Int}(A)\cup\mathrm{Ext}(A))\\&=X-(A\cup A^c)=X-X=\varnothing\end{aligned}$$

가 된다.

[예 33] 집합 $X=\{a, b, c, d, e\}$의 위상을

$$\mathfrak{T}=\{X, \varnothing, \{a\}, \{c, d\}, \{a, c, d\}, \{b, c, d, e\}\}$$

라 하고 $A=\{b, c, d\}$를 X의 부분집합이라 하자.

그러면 $\mathrm{Int}(A)=\{c, d\}$이다. 왜냐하면 $\{c, d\}$가 A에 포함되는 가장 큰 개집합이기 때문이다. 이때 점 $b\in A$는 A의 내점이 되지 못한다. 왜냐하면

$$b\in U_{(b)}\subset A$$

를 만족하는 개집합 $U_{(b)}$가 $\mathfrak{T}$ 내에 존재하지 않기 때문이다. 그리고 $\mathrm{Ext}(\mathrm{A})=\{a\}$이다. 왜냐하면 $A^c=\{a, e\}$이고 $\mathrm{Ext}(A)=\mathrm{Int}(A^c)$이므로 $\{a, e\}$에 포함되는 가장 큰 개집합은 $\{a\}$가 된다. 즉

$$\mathrm{Ext}(A)=\mathrm{Int}(A^c)=\mathrm{Int}(\{a, e\})=\{a\}$$

이다. 또한 A의 경계인 $\mathrm{Fr}(A)$는 정의에 의하여

$$\mathrm{Fr}(A) = X - (\{c, d\} \cup \{a\}) = X - \{a,\ c,\ d\} = \{b, e\}$$

가 된다.

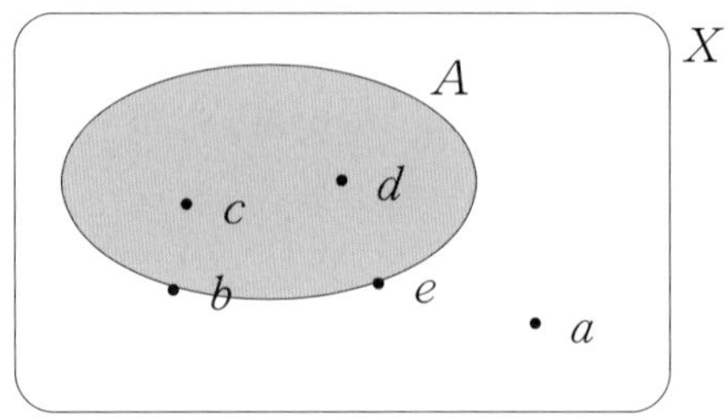

정리 4.18 집합 A, B가 위상공간 X의 부분집합들이라 할 때

$$\mathrm{Ext}(A \cup B) = \mathrm{Ext}(A) \cap \mathrm{Ext}(B)$$

이다.

증명 외부의 정의와 (예제 27)에 의하여 다음과 같다.

$$\begin{aligned}\mathrm{Ext}(A \cup B) &= \mathrm{Int}((A \cup B)^c) = \mathrm{Int}(A^c \cap B^c) \\ &= \mathrm{Int}(A^c) \cap \mathrm{Int}(B^c) = \mathrm{Ext}(A) \cap \mathrm{Ext}(B)\end{aligned}$$

정리 4.19 위상공간 X의 부분집합 A에 대하여 A가 폐집합일 필요충분조건은 $\mathrm{Fr}(A) \subset A$임을 증명하여라.

증명 ($\Rightarrow$) A가 폐집합이면 $A = \overline{A}$ 이고 $\overline{A} = \mathrm{Int}(A) \cup \mathrm{Fr}(A)$이므로 $\mathrm{Fr}(A) \subset A$ 이다.

($\Leftarrow$) $\mathrm{Fr}(A) \subset A$이라 하자. 그러면 $\mathrm{Int}(A) \subset A$이므로 $\mathrm{Fr}(A) \cup \mathrm{Int}(A) \subset A$이다. 그리고 $\overline{A} = \mathrm{Fr}(A) \cup \mathrm{Int}(A) \subset A$이므로 $\overline{A} \subset A$ 이다. 따라서 $\overline{A} = A$가 되어 A는 폐집합이다.

정리 4.20 집합 A가 위상공간 X의 부분집합일때 A의 폐포는 A의 내부와 경계의 합집합이다. 즉

$$\overline{A} = \text{Int}(A) \cup \text{Fr}(A)$$

이다.

증명 $X = \text{Int}(A) \cup \text{Fr}(A) \cup \text{Ext}(A)$이므로

$$(\text{Int}\,(A) \cup \text{Fr}\,(A))^c = \text{Ext}(A)$$

이다. 그러므로 $(\overline{A})^c = \text{Ext}(A)$임을 보이자. 먼저 $x \in \text{Ext}(A)$라 하자. 그러면 $x \in \text{Int}(A^c)$이므로

$$x \in U_{(x)} \subset A^c$$

를 만족하는 개집합 $U_{(x)}$가 존재하여 $U_{(x)} \cap A = \varnothing$ 이다. 즉 $x \notin \overline{A}$이므로 $x \in (\overline{A})^c$ 이다. 역으로도 성립한다.

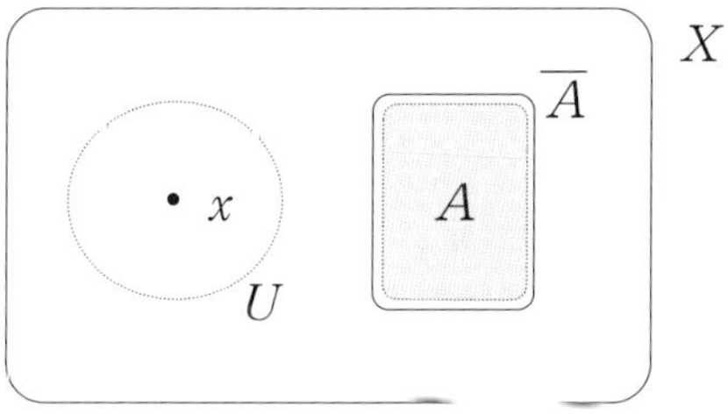

[예 34] 유리수 집합 $Q \subset R$에 대하여 R의 모든 개집합들은 유리수와 무리수를 포함하므로 Q의 내점과 외점은 존재하지 않는다. 즉 $\text{Int}(Q) = \varnothing$이고 $\text{Ext}(Q) = \varnothing$이다. 그러므로 (정의 4.17)에 의하여 $\text{Fr}(Q) = R$이 된다.

[예 35] $A = (a,\ b)$가 실수 R내의 개구간이라면 $\text{Fr}\,(A) = \{a,\ b\}$이고 $\text{Int}(A) = (a,\ b)$이므로 $\overline{A} = (a,\ b) \cup \{a,\ b\} = [a,\ b]$이다.
또 $B = \left\{1,\ \frac{1}{2},\ \cdots,\ \frac{1}{n},\ \cdots\right\}$라 하면 $\text{Int}(B) = \varnothing$이고

$$\text{Ext}(B) = \left\{0,\ 1,\ \frac{1}{2},\ \cdots,\ \frac{1}{n},\ \cdots\right\}^c,\quad \text{Fr}(B) = \left\{0,\ 1,\ \frac{1}{2},\ \cdots,\ \frac{1}{n},\ \cdots\right\}$$

이다. 왜냐하면

$$\overline{B}= B \cup B' = \left\{1,\ \frac{1}{2},\ \cdots,\ \frac{1}{n},\ \cdots\right\} \cup \{0\} = \left\{0,\ 1,\ \frac{1}{2},\ \cdots,\ \frac{1}{n},\ \cdots\right\}$$

이고

$$\overline{B} = \operatorname{Int}(B) \cup Fr(B) = \varnothing \cup Fr(B)$$

이므로

$$Fr(B) = \overline{B} = \left\{0, 1, \frac{1}{2}, \cdots, \frac{1}{n}, \cdots\right\}$$

이다. 그리고

$$\begin{aligned}\mathrm{Ext}(B) &= (\mathrm{Int}(B) \cup \mathrm{Fr}(B))^c = (\varnothing \cup \mathrm{Fr}(B))^c = \mathrm{Fr}(B)^c \\ &= \left\{0, 1, \frac{1}{2}, \cdots \frac{1}{n}, \cdots\right\}^c\end{aligned}$$

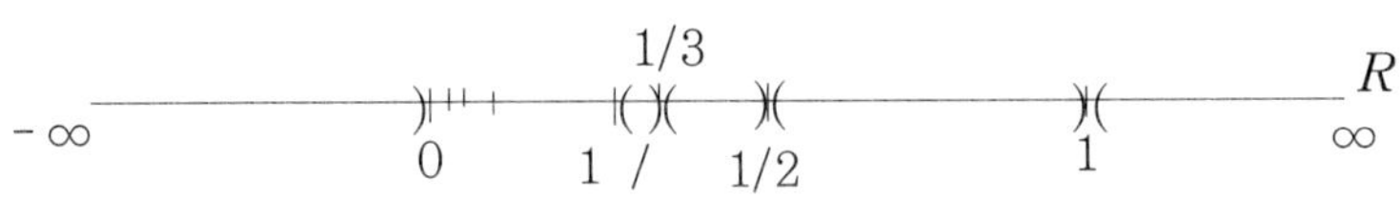

또한 앞 (정리 4.20)의 증명에서 $\mathrm{Ext}(B) = (\overline{B})^c$이므로 이를 이용하면 Ext($B$)를 바로 구할 수 있다.

[예 36] 여유한위상공간 $(X,\ \mathfrak{T}_f)$에서 Y가 유한부분집합일 때 다음을 알아보자. ($\mathfrak{T}_f = \{U \subset X \mid U^c$: 유한집합이거나 X자신$\}$).

① $\overline{Y} = Y$:

Y가 유한집합이므로 Y는 폐집합이다.

② $Y' = \varnothing$:

$y \in Y$라고 하자. Y가 유한집합이므로 $Y - \{y\}$도 유한집합이다.

그러면 $(Y - \{y\})^c$는 점 y의 하나의 근방이며

$$(Y-\{y\})^c \cap (Y-\{y\}) = \varnothing$$

이다. 극점의 정의에 의해 $y \notin Y'$이다. 즉 Y의 모든 원소 y에 대하여 $y \notin Y'$이다. 그리고 Y가 폐집합이므로 $\overline{Y} = Y \cup Y' = Y$이고 따라서 $Y' = \varnothing$이다(만일 Y'에 속하는 어떤 점 x가 Y^c에 존재한다면 $Y \cup Y' \supset Y$이다).

③ $\mathrm{Int}(Y) = \varnothing$:

Y가 유한집합이므로 Y의 임의의 부분집합 A는 유한집합이다. 즉 Y의 모든 부분집합 A는 폐집합이다. 그런데 $\mathrm{Int}(Y) = \cup\{U_i \subset Y \mid U_i :$ 개집합$\}$이지만 Y의 부분집합은 모두 폐집합이므로 $\mathrm{Int}(Y) = \varnothing$이다.

④ $\mathrm{Ext}(Y) = \mathrm{Int}(Y^c) = Y^c$:

Y가 폐집합이므로 Y^c는 개집합이다.

⑤ $\mathrm{Fr}(Y) = X - (\mathrm{Int}(Y) \cup \mathrm{Ext}(Y)) = X - (\varnothing \cup Y^c) = X - Y^c = Y$

※ 위 (예 36)은 X가 무한집합일 때이고, X가 유한집합인 경우도 알아보자.

연습문제 4.4

1. 비이산위상 공간 X에서 X의 임의의 부분집합 A에 대하여

$$A' = \begin{cases} \varnothing & A = \varnothing \\ X - \{p\} & A = \{p\} \\ X & A\text{가 2개 이상의 원소를 갖는경우} \end{cases}$$

임을 설명하여라.

2. 다음을 조사하고 옳지 않으면 바르게 수정하여라.**【문제중심 위상수학 참고】**

(1) $\overline{\varnothing} = \varnothing$

(2) $\overline{\overline{A}} = A$

(3) $\mathrm{Fr}(A) = \mathrm{Fr}(A^c)$

(4) $\overline{A} - \mathrm{Fr}(A) = \mathrm{Int}(A)$

(5) $\mathrm{Int}(A) = (\overline{A^c})^c$

(6) $(A \cup B)' = A' \cup B'$

(7) $(A \cap B)' = A' \cap B'$

(8) $\overline{A \cap B} \subset \overline{A} \cap \overline{B}$

(9) $\overline{A - B} = \overline{A} - \overline{B}$

(10) $\mathrm{Int}(\mathrm{Int}(A)) = \mathrm{Int}(A)$

3. $X = \{a, b, c, d, e\}$상에서의 위상이

$$\mathfrak{T} = \{X, \varnothing, \{a\}, \{a, b\}, \{a, b, e\}, \{a, c, d\}, \{a, b, c, d\}\}$$

이고 $A = \{c, d, e\}$. $B = \{a\}$가 X의 부분집합일 때 아래에 답하여라.

(1) 위상공간 $(X, \mathfrak{T})$의 폐집합을 말하여라.

(2) $\overline{A}$, $\overline{B}$를 구하여라.

(3) A', B'를 구하여라.

(4) A와 B는 조밀한 집합인가를 말하여라.

(5) $\mathrm{Int}(A)$, $\mathrm{Int}(B)$를 구하여라.

(6) $\mathrm{Ext}(A)$, $\mathrm{Ext}(B)$를 구하여라.

(7) $\mathrm{Fr}(A)$와 $\mathrm{Fr}(B)$를 구하여라.

(8) 점 $e \in X$의 근방을 구하여라.

4. 위 3번 문제의 (1)~(8)을 이용하여 아래의 결과가 성립함을 확인하여라.

(1) $A = \mathrm{Int}(A) \cup \mathrm{Fr}(A)$　　(2) $\mathrm{Ext}(A) = \mathrm{Int}(A^c) = X - \overline{A}$

(3) $\overline{A} = A \cup A'$　　(4) $\overline{A \cup B} = \overline{A} \cup \overline{B}$

(5) $\mathrm{Fr}(A) = \mathrm{Fr}(X - A)$　　(6) $\overline{A} - \mathrm{Fr}(A) = \mathrm{Int}(A)$

5. (1) $\overline{A \cap B} \subset \overline{A} \cap \overline{B}$ 임을 예를 들어 설명하여라.**[문제중심 위상수학 참고]**

(2) $\mathrm{Int}(A) \cap \mathrm{Int}(B) = \mathrm{Int}(A \cap B)$ 임을 예를 들어 설명하여라.

(3) $\mathrm{Int}(A) \cup \mathrm{Int}(B) \subset \mathrm{Int}(A \cup B)$ 임을 예를 들어 설명하여라.

6. $\mathrm{Fr}(A) = \overline{A} \cap \overline{(X - A)}$ 임을 증명하여라.

7. $\mathrm{Fr}(A) = \varnothing$이기 위한 필요충분조건은 A가 개집합이고 폐집합일 때이다.

8. R상에서 이산위상이 주어진 경우와 비이산위상이 주어진 경우 유리수 집합 $Q \subset R$에 대하여 다음을 구하여라.

(1) $\overline{Q}$　　(2) Q'　　(3) $\mathrm{Int}(Q)$　　(4) $\mathrm{Fr}(Q)$

9. A가 X의 부분집합일 때 다음의 각 경우를 증명하여라.**[문제중심 위상수학 참고]**

(1) $\mathrm{Ext}(\varnothing) = X$　　(2) $\mathrm{Ext}(A) = A$

(3) $\mathrm{Int}(A) = A - \mathrm{Fr}(A)$　　(4) $\mathrm{Fr}(A) = (\mathrm{Int}(A) \cup \mathrm{Int}(A^c))^c$

(5) A : 폐집합 $\Leftrightarrow \mathrm{Fr}(A) \subset A$

A : 개집합 $\Leftrightarrow A \cap \mathrm{Fr}(A) = \varnothing$

(6) $\mathrm{Int}(A) \cap \mathrm{Fr}(A) = \varnothing$　　(7) $\mathrm{Fr}(\varnothing) = \varnothing$, $\mathrm{Fr}(\mathrm{Fr}(A)) \subset \mathrm{Fr}(A)$

(8) $\mathrm{Int}(X) = X$,　$\mathrm{Int}(A - B) \subset \mathrm{Int}(A) - \mathrm{Int}(B)$

(9) $(A')' = A'$　　(10) $\overline{A} = A \cup \mathrm{Fr}(A)$

10. A, B는 공간 X의 부분집합이라 할 때

$$\mathrm{Fr}(A \cup B) \subset \mathrm{Fr}(A) \cup \mathrm{Fr}(B)$$

이다. 일반적으로 " = "는 성립하지 않는다. 예를 들어보아라.

11. 보통위상을 갖는 R^2에서 $A=\{(x,\ y)\mid x,\ y:$ 유리수, $x^2+y^2<1\}$이라 할 때 다음을 구하여라.

(1) $\mathrm{Fr}(A)$, $\mathrm{Fr}(\overline{A})$, $\overline{Fr(A)}$ (2) $\mathrm{Fr}(A^c)=(Fr(A))$

(3) $\mathrm{Int}(A)$, $\mathrm{Int}(\overline{A})$, $\overline{Int(A)}$

12. 다음 각 경우의 $\mathrm{Int}(A)$, $\mathrm{Ext}(A)$, $\mathrm{Fr}(A)$, $\overline{A}$, A'를 구하여라.

(1) 여유한위상공간 $(R,\ \mathfrak{I}_f)$에서 부분집합 $A=[0,\ 1]$

(2) 이산위상공간 $X=\{a,\ b\}$에서 $A=\{a\}$

(3) 보통위상공간 R^2에서 $A=\{x=(x_1,\ x_2)\in R^2\mid x_2>0\}$

13. 비이산공간에서는 공집합이 아닌 모든 부분집합은 조밀부분집합이다.

14. R^2의 모든 유한부분집합은 어느 곳에서도 조밀하지 않다.

15. 위상공간 X의 부분집합 A에 대하여 A가 X에서 졸밀하기 위한 필요충분조건은 $\mathrm{Int}(X-A)=\varnothing$이다.

16. 위상공간 X의 부분집합 B에 대하여 다음은 서로 동치이다.

(1) B는 어느 곳에서도 조밀하지 않다.(nowhere dense)

(2) $X-\overline{B}$는 X에서 조밀하다.

(3) $B\subset(\overline{X-\overline{B}})$ (4) $X-(\overline{X-\overline{B}})=\varnothing$

17. 위상공간 X의 부분집합 A와 점 $x\in X$에 대하여 x로 수렴하는 A에서 구별되는 점들로 이루어진 수열이 존재하면 x는 A의 극점이다.

18. A가 여유한 위상공간 $(X,\ \mathfrak{I}_f)$의 무한부분집합이면 X의 각점 x는 A의 극점이다.**【문제중심 위상수학 참고】**

19. Sierpinski 공간 S에서 각 부분집합의 극점을 확인하여라.

20. 하한위상공간 R_l에서 $A=[0,\ 3]$과 $B=(5,\ 7)$의 폐포, 내부, 경계, 도집합을 구하여라.

5. 부분공간

집합에서 부분집합이 있고 대수학의 군(group)에 대해 부분군(subgroup)이 있는 것과 같이, 위상공간에서도 부분위상공간을 생각할 수 있다.

정의 5.1

$(X, \mathfrak{I})$를 위상공간이라 하고 $Y(\neq\varnothing)$를 X의 임의의 부분집합이라 하자. Y의 부분집합들의 모임 $\mathfrak{I}_Y$를

$$\mathfrak{I}_Y=\{U\cap Y \mid U\in\mathfrak{I}\}$$

라 하면 $\mathfrak{I}_Y$가 X상의 위상이 됨을 쉽게 알 수 있다. 이 때 $\mathfrak{I}$를 Y상의 **부분공간위상**(selative topology) 또는 $\mathfrak{I}_Y$의 Y상에서의 **상대위상**(relative topology)이라하며 이 때 $(Y, \mathfrak{I})$를 $(X, \mathfrak{I})$의 **부분공간**(subspace)이라 한다. 간단히 Y를 X의 부분공간이라고도 한다.

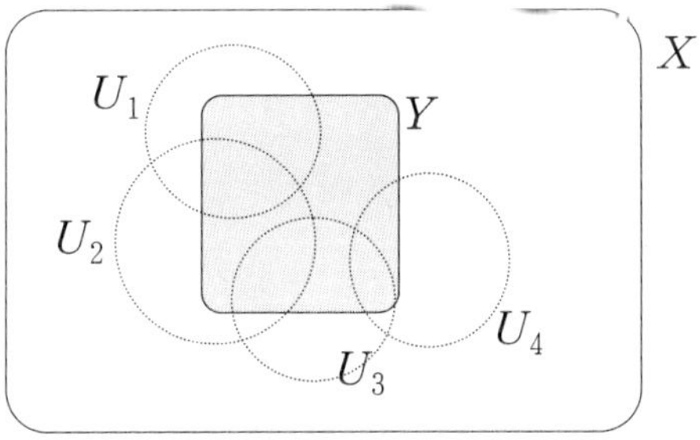

정리 5.2 위상공간 $(X, \mathfrak{I})$에서 Y가 X의 부분집합일 때 $\mathfrak{I}_Y=\{U\cap Y \mid U\in\mathfrak{I}\}$는 Y상의 한 위상이 된다.

증명 (1) X, $\varnothing\in\mathfrak{I}$ 이므로 $X\cap Y=Y$, $\varnothing\cap Y=\varnothing$가 되어 Y, $\varnothing\in\mathfrak{I}_Y$이다.

(2) 임의의 $U_i\cap Y\in\mathfrak{I}_Y$, $(i=1, 2, \cdots, n)$에 대하여

$$\bigcap_1^n (U_i \cap Y) = (\bigcap_1^n U_i) \cap Y$$

가 성립한다. $\mathfrak{I}$가 위상이므로 임의의 $U \in \mathfrak{I}$에 대하여 $\bigcap_1^n U_i \in \mathfrak{I}$이고 그러므로 $(\bigcap_1^n U_i) \cap Y \in \mathfrak{I}_Y$이다. 따라서 $\bigcap_1^n (U_i \cap Y) \in \mathfrak{I}_Y$이다.

(3) 임의의 $U_i \cap Y \in \mathfrak{I}_Y$에 대하여

$$\bigcup_i (U_i \cap Y) = (\bigcup_i U_i) \cap Y$$

이 성립한다. $\mathfrak{I}$가 위상이므로 임의의 $U_i \in \mathfrak{I}$에 대하여 $\cup U_i \in \mathfrak{I}$이고 그러므로 $(\bigcup_i U_i) \cap Y \in \mathfrak{I}_Y$이다. 따라서 $\bigcup_i (U_i \cap Y) \in \mathfrak{I}_Y$이다.

[예 1] $X = \{a, b, c, d, e\}$상에서의 위상

$$\mathfrak{I} = \{X, \varnothing, \{a\}, \{c, d\}, \{a, c, d\}, \{b, c, d, e\}\}$$

와 X의 부분집합 $Y = \{a, d, e\}$가 주어졌을 때 Y상의 부분공간위상 $\mathfrak{I}_Y$를 구하면

$$\mathfrak{I}_Y = \{U \cap Y \mid U \in \mathfrak{I}\} = \{Y, \varnothing, \{a\}, \{d\}, \{a, d\}, \{d, e\}\}$$

이다.

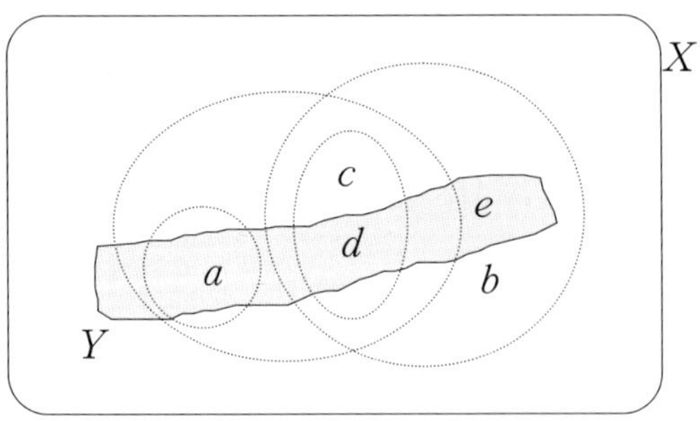

[예 2] 실수 R상에 보통위상이 주어졌을 때 부분집합을 $Y = [3, 8] \subset R$이라면 Y 상의 부분공간위상 u_Y는

$$u_Y = \{[3, 8], \varnothing\} \cup \{(a, b) \mid a, b \in R, 3 \le a < b \le 8\}$$

$\cup\{[3,\ c)\mid 3<c\le 8,\ c\in R\}\cup\{(d,\ 8]\mid 3\le d<8,\ d\in R\}$

$\cup\{(a,\ b)\cup(c,\ d)\mid 3\le a<b<c<d\le 8,\ a,\ b,\ c,\ d\in R\}$

$\cup\ \cdots$

이다. 왜냐하면 모든 개구간들이 R에서 개집합이므로 그 개집합들과 Y와의 공통부분 모두가 u_Y의 원소가 된다.

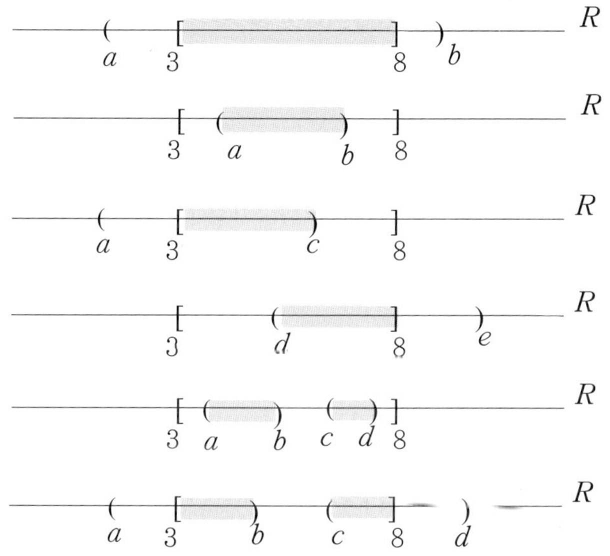

[예 3] 보통위상공간 $(R,\ \mu)$에서 $Y=[2,3]\cup(4,\ 5]$를 부분공간이라 하자. 그러면

(1) $\{3\}$은 R에서 폐집합이고 $\{3\}\cap Y=\{3\}$이므로 $\{3\}$은 Y에서 폐집합이다.

(2) Y는 R에서 개집합도 폐집합도 아니다.

(3) Y는 Y에서 개집합이고 폐집합이다.

정리 5.3 β가 X의 한 위상에 대한 기저이고 $Y\subset X$일 때 $\beta_Y=\{B\cap Y\mid B\in\beta\}$는 Y상의 부분공간위상에 대한 기저이다.

증명 U가 X에서 개집합이고 $y\in U\cap Y$라고 하자. 그러면 기저 β의 정의에 의하여 $y\in B\subset U$를 만족하는 $B\in\beta$가 존재한다. 그러면

$$y \in B \cap Y \subset U \cap Y \qquad ①$$

이다. 따라서 Y에서의 개집합 $U \cap Y$에 대하여 ①을 만족하는 $B \cap Y$가 β_Y에 존재하므로 β_Y는 Y상의 부분공간위상에 대한 기저이다.

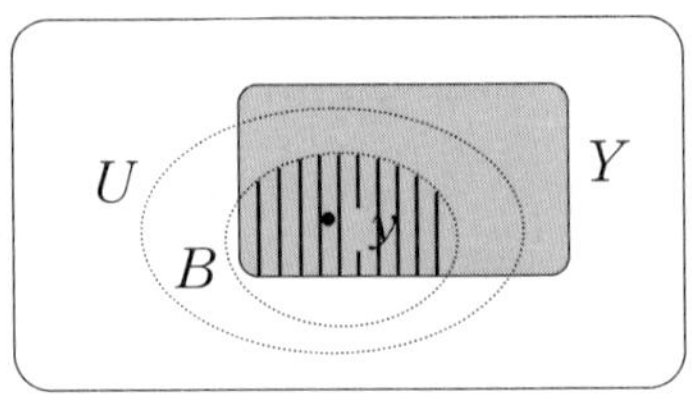

위상공간 $(X, \mathfrak{I})$와 X의 부분공간 $(Y, \mathfrak{I}_Y)$에서 개집합 U가 X에서의 개집합인지 Y에서의 개집합인지 구분하기 어려운 경우에는 $U \in \mathfrak{I}$이면 U는 X의 개집합이라 하고 $U \in \mathfrak{I}_Y$이면 U는 Y의 개집합이라 한다.

정리 5.4 Y가 X의 부분공간이라 하자. 만일 U가 Y에서 개집합이고 Y가 X에서 개집합이면 U는 X에서 개집합이다.

증명 U가 Y에서 개집합이므로 $U = V \cap Y$를 만족하는 X에서의 개집합 V가 존재한다. 또한 V와 Y가 모두 X에서 개집합들이므로 $V \cap Y$도 X에서 개집합이다. 따라서 U는 X에서 개집합이다.

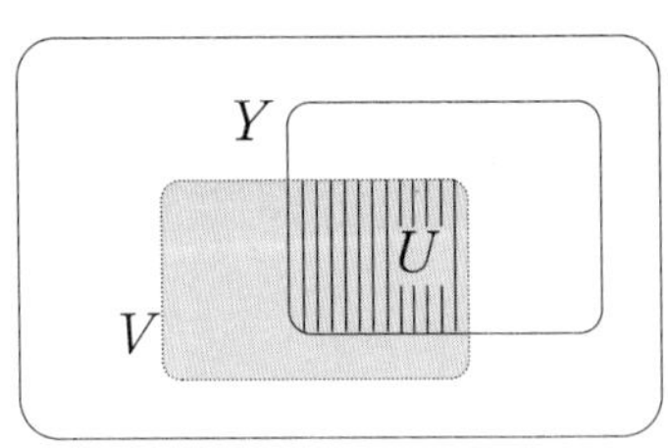

[예 4] $Y = [0, 1] \cup (2, 3)$가 실수공간 (R, μ)에서의 부분위상공간이라 하면 $[0, 1]$과 $(2, 3)$은 Y에서 개집합이다. 왜냐하면 R에서의 개집합 $(-\frac{1}{2}, \frac{3}{2})$에 대하여 $(-\frac{1}{2}, \frac{3}{2}) \cap Y = [0, 1]$이고 R에서의 개집합 $(\frac{3}{2}, \frac{7}{2})$에 대하여

$(\frac{3}{2}, \frac{7}{2}) \cap Y = (2, 3)$이기 때문이다. 특히 $(2, 3)$은 이 경우 Y와 R에서 동시에 개집합이지만 $[0, 1]$은 Y에서는 개집합이나 R에서는 폐집합이다. 또한 $(2, 3)$과 $[0, 1]$은 모두 Y에서 개집합이지만 폐집합이기도 하다. 왜냐하면 Y에서 $(2, 3)^c = [0, 1]$이고 $[0, 1]^c = (2, 3)$이므로 개집합 $(2, 3)$과 $[0, 1]$의 여집합 $[0, 1]$과 $(2, 3)$은 폐집합이기 때문이다. 결국 부분공간 Y에서 개집합이고 폐집합인 것은 R에서 개집합이고 폐집합인 것과 관계가 없다는 것을 알 수 있다.

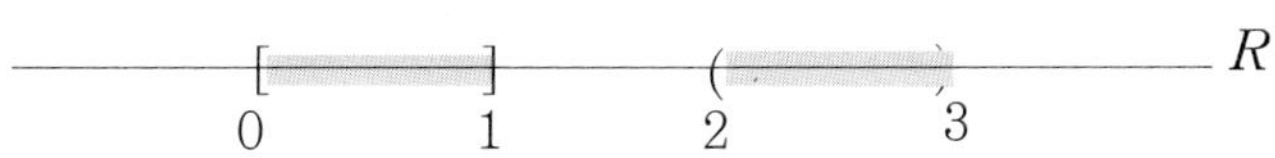

$Y = [0, 1] \cup (2, 3)$

정리 5.5 $(Y, \mathfrak{T}_Y)$가 위상공간 $(X, \mathfrak{T})$의 부분공간이고 $A \subset Y$일 때

$$\mathrm{Int}(A) = \mathrm{Int}(A_Y) \cap \mathrm{Int}(Y)$$

이다.

증명 $(\subseteq)$ $x \in \mathrm{Int}(A)$이라 하자. 그러면 개집합 $U \in \mathfrak{T}$가 존재하여 $x \in U \subset A \subset Y$이므로 $x \in \mathrm{Int}(Y)$이다. 그리고 $V = U \cap Y$라 하면 $V \in \mathfrak{T}_Y$이고 $x \in V = U \cap Y = U \subset A$이다.
그러므로 $x \in \mathrm{Int}(A_Y)$이다. 따라서 $x \in \mathrm{Int}(A_Y) \cap \mathrm{Int}(Y)$이다.
$(\supseteq)$ $x \in \mathrm{Int}(A_Y) \cap \mathrm{Int}(Y)$라 하면 개집합 $V \in \mathfrak{T}_Y$가 존재하여 $x \in V \subset A$이다. 그러면 개집합 $U \in \mathfrak{T}$가 존재하여 $V = U \cap Y$이므로 $x \in U$이고 $x \in Y$이다. 그런데 $x \in \mathrm{Int}(Y)$이므로 개집합 $U^* \in \mathfrak{T}$가 존재해서 $x \in U^* \subset Y$이다. $W = U \cap U^*$라 하면 $x \in W \in \mathfrak{T}$이고

$$\begin{aligned} x \in W = U \cap U^* &= U \cap (U^* \cap Y) \\ &= (U \cap Y) \cap U^* = V \cap U^* \subset A \end{aligned}$$

이다. 따라서 $x \in \mathrm{Int}(A)$이다.

정리 5.6 Y가 위상공간 X의 부분공간이라 하자. $A \subset Y$가 Y의 폐집합이기 위한 필요충분조건은 $A = F \cap Y$를 만족하는 X의 폐집합 F가 존재하는 것이다.

증명 $A = F \cap Y$를 만족하는 X의 폐집합 F가 존재한다고 하자. 그러면 $X - F$는 X에서 개집합이고 부분공간위상의 정의에 의하여 $(X - F) \cap Y$는 Y에서 개집합이다. 그러나

$$(X - F) \cap Y = (X \cap Y) - (F \cap Y) = Y - A$$

이므로 $Y - A$는 Y에서 개집합이다. 따라서 A는 Y에서 폐집합이다.

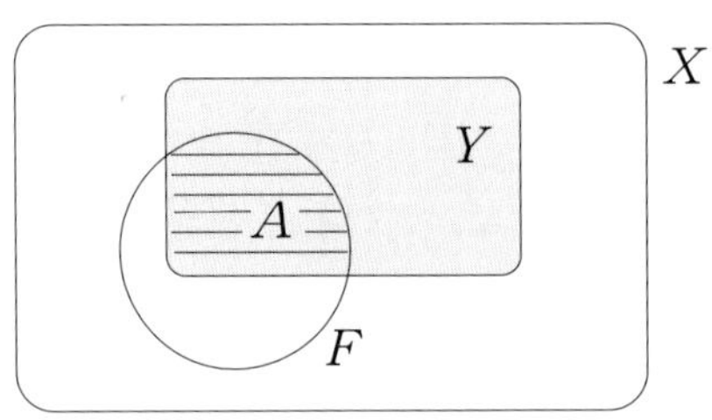

역으로 $A \subset Y$가 Y에서 폐집합이라 하자. 그러면 $Y - A$는 Y에서 개집합이므로 부분공간위상의 정의에 의하여 $Y - A = U \cap Y$를 만족하는 X에서의 개집합 U가 존재한다. 그런데

$$\begin{aligned} A &= Y - (Y - A) = Y - (U \cap Y) \\ &= (X \cap Y) - (U \cap Y) = Y \cap (X - U) \end{aligned}$$

이고 $X - U$는 X의 폐집합이므로 A는 X의 폐집합 $X - U$와 Y의 교집합이다.

[예 5] (예1)에서 $(X, \mathfrak{T})$상의 폐집합은

$$\varnothing,\ X,\ \{b, c, d, e\},\ \{a, b. e\},\ \{b, e\},\ \{a\}$$

이고 부분공간 $Y = \{a, d, e\}$상의 폐집합은

$$\varnothing,\ Y,\ \{d, e\},\ \{a, e\},\ \{e\},\ \{a\}$$

이다. 즉 Y상의 폐집합은 X상의 폐집합과 Y와의 교집합임을 알 수 있다.

정리 5.7 Y가 위상공간 X의 부분공간이라 하자. 그리고 $A \subset Y$이고 $\overline{A}$를 X내에서 A의 폐포라 하면 Y내에서 A의 폐포는 $\overline{A} \cap Y$이다(이를 $\overline{A_Y} = \overline{A} \cap Y$로 표기한다).

증명 Y에서의 A의 폐포를 $\overline{A_Y}$라 하자. $\overline{A}$가 X에서 폐집합이므로 (정리 5.6)에 의하여 $\overline{A} \cap Y$는 Y에서 폐집합이며 A를 포함한다. 그러면 $\overline{A_Y}$가 Y에서의 A의 폐포이므로 $\overline{A_Y}$는 A를 포함하는 Y에서의 모든 폐집합들의 교집합과 같다. 따라서 $\overline{A_Y} \subset \overline{A} \cap Y$이다.

역으로 $\overline{A_Y}$는 Y에서 폐집합임을 알고 있다. 그러므로 (정리 5.6)에 의하여 $\overline{A_Y} = F \cap Y$를 만족하는 X에서의 폐집합 F가 존재한다. 그러면 F는 A를 포함하는 폐집합이다. 따라서 $\overline{A}$의 정의에 의하여 $\overline{A} \subset F$이므로 $(\overline{A} \cap Y) \subset (F \cap Y) = \overline{A_Y}$이다.

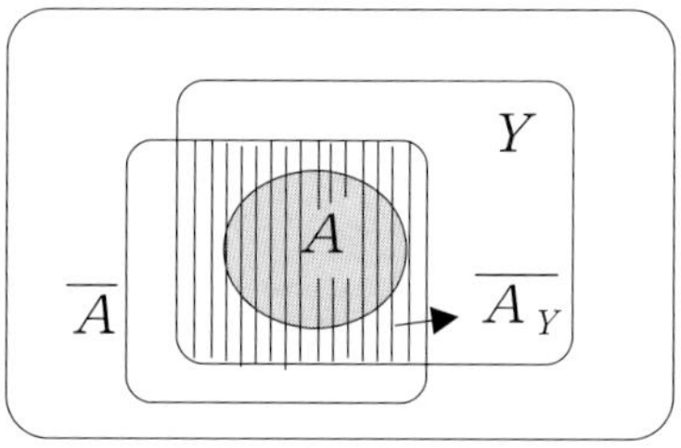

다른 증명 $\overline{A_Y} = \overline{A} \cap Y$임을 달리 증명하자.

$(\subseteq)$ $x \in \overline{A_Y}$라 하고 $x \in X$를 포함하는 임의의 개집합을 $U \in \mathfrak{T}$라 하면 $U \cap Y \in \mathfrak{T}_Y$이고 $x \in U \cap Y$이므로 $(U \cap Y) \cap A \neq \varnothing$이다. 그러면 $A \subset Y$이므로 $U \cap A \neq \varnothing$가 되어 $x \in \overline{A}$이다. 따라서 $x \in \overline{A} \cap Y$이다.

($\supseteq$) $x \in \overline{A} \cap Y$라 하고 x를 포함하는 임의의 개집합을 $U \in \mathfrak{T}_Y$라 하면 개집합 $V \in \mathfrak{T}$가 존재하여 $U = V \cap Y$이다. 그러면 V는 x를 포함하는 개집합이고 $x \in \overline{A}$이므로 $V \cap A \neq \varnothing$ 이다. 그러므로

$$U \cap A = (V \cap Y) \cap A = V \cap A \neq \varnothing$$

이다. 따라서 $x \in \overline{A_Y}$이다.

[예 6] $Y = (0, 1]$을 보통위상을 갖는 R의 부분공간이라 하자. $A = (0, \frac{1}{2})$가 Y의 부분집합일 때 R에서의 A의 폐포를 $\overline{A}$, Y에서의 A의 폐포를 $\overline{A_Y}$라 하면 $\overline{A} = [0, \frac{1}{2}]$이고

$$\overline{A_Y} = \overline{A} \cap Y = [0, \frac{1}{2}] \cap Y = (0, \frac{1}{2}]$$

이다.

연습문제 4.5

1. 보통위상공간 (R, μ)에서 $Y=[0, 1)\cup\{2\}\subset R$일 때 Y에서의 부분공간위상의 기저를 구하여라.**【문제중심 위상수학 참고】**

2. $\mathfrak{T}=\{X, \varnothing, \{a\}, \{a, b\}, \{a, c, d\}, \{a, b, e\}, \{a, b, c, d\}\}$가 $X=\{a, b, c, d, e\}$의 위상이고 $Y=\{a, c, e\}$가 X의 부분집합일 때 Y상의 부분공간위상 $\mathfrak{T}_y$를 구하여라.**【문제중심 위상수학 참고】**

3. $(X, \mathfrak{T})$가 위상공간이고 $A\subset Y\subset X$이며 A가 X에서 개집합이면 A는 Y상의 부분공간위상 $\mathfrak{T}_Y$에서도 개집합이다.**【문제중심 위상수학 참고】**

4. Y가 X의 부분공간이라 할 때 A가 Y의 폐집합이고 Y가 X의 폐집합이면 A는 X의 폐집합이다.**【문제중심 위상수학 참고】**

5. Y가 X의 부분공간이고 A가 Y의 부뷰집합일 때 Y의 부분공간으로서의 A의 부분공간위상은 X의 부분공간으로서의 A의 부분공간위상과 같다.**【문제중심 위상수학 참고】**

6. 보통위상 μ를 갖는 위상공간 R에서 부분집합 $\mathbb{Z}=\{\cdots, -2, -1, 0, 1, 2, \cdots\}$ 상의 부분공간위상 μ_z를 구하여라.**【문제중심 위상수학 참고】**

7. (문제 6)에서 $\{x \mid -2\leq x\leq 2,\ x\in\mathbb{Z}\}$는 $\mathbb{Z}$에서 개집합이며 또한 폐집합이됨을 증명하여라.**【문제중심 위상수학 참고】**

8. 위상공간 X, Y, Z에 대하여 X가 Y의 부분공간이고 Y가 Z의 부분공간이면 X는 Z의 부분공간임을 보여라.

9. 위상공간 X의 부분공간을 Y라하고 B와 C를 X의 부분집합이라 하자. 다음을 예를 들어 설명하여라.

   (1) 부분공간 Y에서의 $\overline{B\cap Y}$는 $\overline{B}\cap Y$와 같지 않다.

   (2) 부분공간 Y에서의 $\text{Int}(C\cap Y)$는 $\text{Int}(C)\cap Y$와 같지 않다.

6. 연속 함수

우리는 흔히 수학의 여러 분야에서 연속함수의 개념을 접하고 있으며 이 개념은 매우 중요하다. 위상공간들 사이의 연속의 개념은 해석학에서 ε-δ법으로 정의하는 연속의 개념을 개집합을 이용하여 정의하였다. 연속의 정의를 ε-δ법에 의하여 표시하면 다음과 같다.

정의 6.1

함수 $f: R \to R$가 한 점 x_0에서 **연속**(contiunous)이라고 하는 것은 임의의 양수 ε에 대하여

$$|x - x_0| < \delta \Rightarrow |f(x) - f(x_0)| < \varepsilon$$

을 만족하는 양수 δ가 존재할 때이다. 그리고 함수 f가 정의역의 각 점에서 연속이면 f를 **연속함수**(continuous function)라고 한다.

연속함수의 정의를 개집합의 개념을 사용하여 위상적 입장에서 다시 나타내보자.
$f: R \to R$가 한 점 x_0에서 연속이다.

$\equiv$ 임의의 $\varepsilon > 0$에 대하여 적당한 $\delta > 0$가 존재해서

$$|x - x_0| < \delta \Rightarrow |f(x) - f(x_0)| < \varepsilon$$

$$\equiv \ x_0 - \delta < x < x_0 + \delta \Rightarrow f(x_0) - \varepsilon < f(x) < f(x_0) + \varepsilon$$

$$\equiv \ x \in (x_0 - \delta, x_0 + \delta) \Rightarrow f(x) \in (f(x_0) - \varepsilon, f(x_0) + \varepsilon)$$

이다. 이때 $f(x) \in f(x_0 - \delta, x_0 + \delta)$이므로

$$\equiv \ f(x_0 - \delta, x_0 + \delta) \subset (f(x_0) - \varepsilon, f(x_0) + \varepsilon)$$

가 되는데 개구간을 개집합으로 나타내면 $f(x_0)$를 포함하는 임의의 개집합 $V_{(f(x_0)}$

에 대하여 x_0를 포함하는 한 개집합 $U_{(x_0)}$가 존재하여

$$f(U_{(x_0)}) \subset V_{(f(x_0))}$$

를 만족하는 것이다.

정의 6.2

$(X, \mathfrak{T})$와 $(Y, \mathfrak{T}')$를 위상공간이라 하자. 함수 $f: X \to Y$가 한 점 $x_0 \in X$에서 **연속**(continuous)이라 하는 것은 $f(x_0)$를 포함하는 Y의 임의의 근방 $V_{(f(x_0))} \in \mathfrak{T}'$에 대하여 x_0를 포함하는 X의 한 근방 $U_{(x_0)}$가 존재하여 $f(U_{(x_0)}) \subset V_{(f(x_0))}$를 만족하는 것이다.

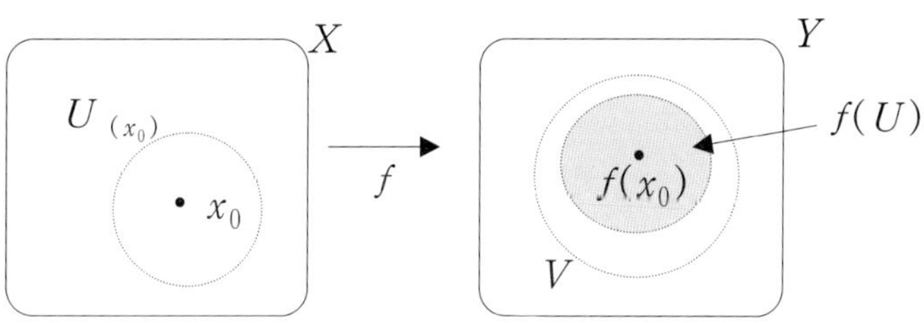

함수 $f: X \to Y$가 X의 모든 점에서 연속일 때 f를 **연속함수**(continuous function)라 한다.

정리 6.3 함수 $f: X \to Y$가 연속이 되기 위한 필요충분조건은 Y에서의 임의의 개집합 V에 대하여 $f^{-1}(V)$가 X에서 개집합이 되는 것이다.

증명 f가 연속이고 V를 Y의 한 개집합이라 할 때 $f^{-1}(V)$가 X에서 개집합임을 보이자. 임의의 점 $x \in f^{-1}(V)$를 택하면 $f(x) \in V$이다. 점 x에서의 연속성의 정의에 의하여 x를 포함하는 개집합 $U(x)$가 존재하여 조건 $f(U_{(x)}) \subset V$를 만족한다. 따라서

$$U_{(x)} \subset f^{-1}[f(U_{(x)})] \subset f^{-1}(V)$$

가 성립한다. 결국 각 점 $x \in f^{-1}(V)$에 대하여 조건

$$x \in U(x) \subset f^{-1}(V)$$

를 만족하는 개집합 $U_{(x)}$가 존재한다. 따라서

$$f^{-1}(V) = \bigcup \{ U(x) \mid x \in f^{-1}(V) \}$$

이고 이것은 개집합 $U(x)$들의 합집합이므로 $f^{-1}(V)$는 개집합이다.

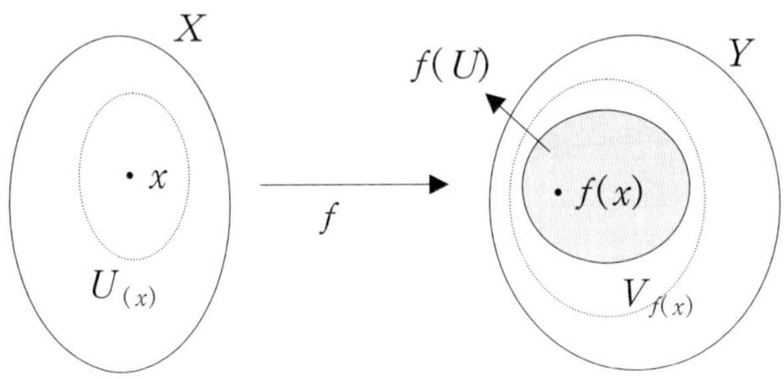

역으로 각 개집합의 역상이 개집합이라 하자. 그리고 f가 각점 $x \in X$에서 연속임을 보이자. V를 $f(x)$를 포함하는 Y의 한 개집합이라 하자. 즉 $f(x) \in V$. 그러면 $f^{-1}(V)$는 점 x를 포함하는 X의 개집합이고 함수의 성질에 의해

$$f[f^{-1}(V)] \subset V$$

가 성립한다. 그러므로 점 x에서 연속의 조건을 만족한다. 따라서 f는 점 x에서 연속이다.

[예 1] $X = \{a, b, c, d\}$, $Y = \{x, y, z, w\}$상에서의 위상을 각각

$$\mathfrak{T} = \{X, \varnothing, \{a\}, \{a, b\}, \{a, b, c\}\}$$
$$\mathfrak{T}' = \{Y, \varnothing, \{x\}, \{y\}, \{x, y\}, \{y, z, w\}\}$$

라 하자. 함수 $f : X \to Y$와 $g : X \to Y$가 아래 그림과 같이 정의되었다면 함수 f는 연속이다. 왜냐하면 Y의 위상 $\mathfrak{T}'$의 각 개집합의 역상은 X의 위상 $\mathfrak{T}$내의 개집합이기 때문이다. 그러나 함수 g의 경우는 연속이 아니다. 왜냐하면 $\{y, z, w\}$

가 Y에서의 개집합이지만 이의 역상은 X에서 개집합이 되지 못하기 때문이다.

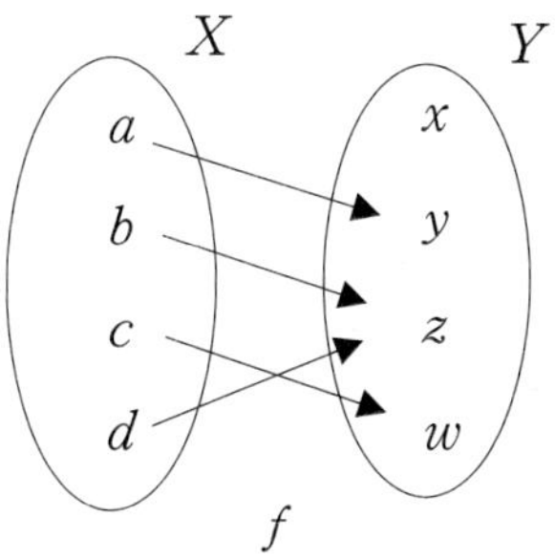

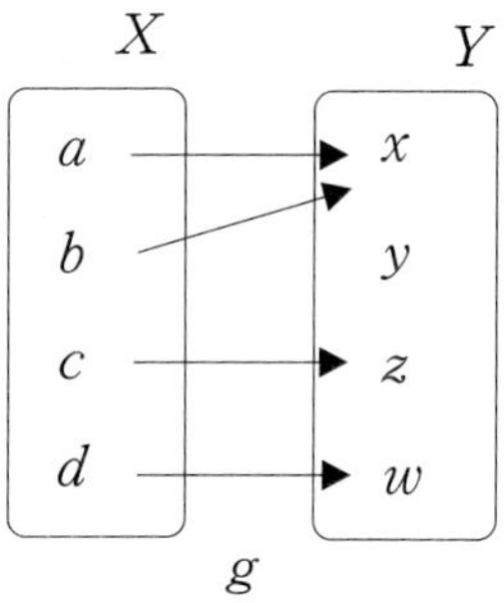

[예 2] X가 이산위상공간이고 Y가 임의의 위상공간이면 X에서 Y로의 모든 함수 $f : X \to Y$는 연속이다. 왜냐하면 X가 이산위상을 가지므로 X의 모든 부분집합이 개집합이 되어 Y의 임의의 개집합 U에 대하여 $f^{-1}(U)$는 X의 부분집합으로 언제나 개집합이기 때문이다.

한편 임의의 위상공간 $(X, \mathfrak{T})$에 대하여 항등함수 $I_X : X \to X$는 연속함수이다. 왜냐하면 임의의 개집합 U에 대하여 $I_X{}^{-1}(U) = U$가 개집합이기 때문이다.

[예 3] 함수 $f(x) = \begin{cases} x-2 & x<0 \\ x+2 & x \geq 0 \end{cases}$ 는 연속이 아니다. 왜냐하면 개집합 $(1, 3)$의 역상은 $[0, 1)$이 되어 개집합이 아니기 때문이다.

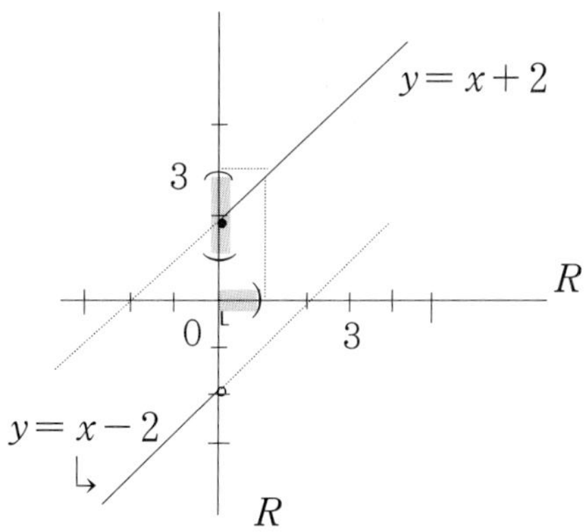

정리 6.4 함수 $f: X \to Y$가 연속이기 위한 필요충분조건은 f가 X상의 임의의 원소 x에서 연속이다.

증명 함수 $f: X \to Y$가 연속이라 하자. 임의의 원소 $x \in X$에 대하여 $f(x) \in V$이고 V를 Y에서의 개집합이라 하자. 그러면 f가 연속이므로 $f^{-1}(V)$는 X에서 개집합이고 $x \in f^{-1}(V)$이다. 따라서 $f(f^{-1}(V)) \subset V$이므로 f는 x에서 연속이다.

역으로 Y상의 임의의 개집합을 V라 하고 $x \in f^{-1}(V)$라 하자. 그러면 $f(x) \in V$이고 f가 x에서 연속이므로 x를 포함하는 개집합 $U_{(x)}$가 존재하여 $f(U) \subset V$이다. 그러면

$$U \subset f^{-1}f(U) \subset f^{-1}(V)$$

이다. 따라서 $f^{-1}(V) = \bigcup_x U_{(x)}$이므로 $f^{-1}(V)$는 X에서 개집합이다.

위상공간이 개집합으로 정의되지 않고 기저나 부분기저에 의하여 위상이 정의되는 경우에는 연속함수를 결정하기 위하여 개집합 대신 기저나 부분기저를 사용하여 정의할 수 있다.

정리 6.5 X, Y가 위상공간이라 하자. 함수 $f: X \to Y$가 연속이기 위한 필요충분조건은 Y의 임의의 기저원소 B에 대하여 $f^{-1}(B)$가 X에서 개집합이 되는 것이다.

증명 함수 f가 연속일 때 Y의 임의의 기저원소 B가 개집합이므로 연속의 정의에 의해 $f^{-1}(B)$는 X에서 개집합이다.

역으로 U를 Y에서의 개집합이라 하자. 이때 $f^{-1}(U)$가 X에서 개집합임을 보이면 f는 연속이다. β를 Y상의 기저라 하면

$$U = \bigcup \{B_i \mid B_i \in \beta\}$$

이고

$$f^{-1}(U)=f^{-1}(\cup B_i)=\cup(f^{-1}(B_i))$$

이다. 그리고 $f^{-1}(B_i)$가 X에서 개집합이므로 $\cup(f^{-1}(B_i))$도 X에서 개집합이 된다. 따라서 $f^{-1}(U)$는 개집합이다.

위 사실에서 함수 $f: X \to Y$가 X에서 연속이기 위하여 Y의 임의의 개집합 V에 대하여 $f^{-1}(V)$가 X에서 개집합이면 되고 또 (정리 6.5)에 의해 Y의 임의의 기저원소 B에 대하여 $f^{-1}(B)$가 개집합이면 된다. 또한 Y에서의 위상이 부분기저로 정의되었을 때에도 부분기저원소 S_i에 대하여 $f^{-1}(S_i)$가 개집합이 됨을 보이면 $f: X \to Y$가 연속함수가 됨을 다음 정리에서 알 수 있다.

정리 6.6 함수 $f: X \to Y$가 연속이기 위한 필요충분조건은 Y에서의 임의의 부분기저원소 S_i에 대하여 $f^{-1}(S_i)$가 X에서의 개집합인 것이다.

증명 함수 $f: X \to Y$가 연속이라 하자. Y에서의 임의의 부분기저원소 S_i는 개집합이므로 연속의 정의에 의하여 $f^{-1}(S_i)$는 X에서 개집합이다.

역으로 (정리 6.3)을 이용하기 위하여 Y에서의 기저원소를 B라 할 때 $f^{-1}(B)$가 X에서 개집합이 됨을 보이자. $\mathbf{S}$를 Y에서의 부분기저라 하자. 그러면

$$B=\bigcap_1^n\{S_i \mid S_i \in \mathbf{S}\}$$

이고

$$f^{-1}(B)=f^{-1}(\bigcap_1^n S_i)=\bigcap_1^n(f^{-1}(S_i))$$

이다. 이때 $f^{-1}(S_i)$는 X에서 개집합이므로 $\bigcap_1^n(f^{-1}(S_i))$도 개집합이다. 따라서 $f^{-1}(B)$는 개집합이다.

[예 4] (R, μ)가 보통위상공간이고 R_l이 하한위상공간이라 하자. 이때 함수

$$f: R \to R_l$$

가 임의의 $x \in R$에 대하여 $f(x)=x$인 항등함수일 때 f는 연속함수가 아니다. 왜냐하면 R_l에서의 개집합 $[a, b)$에 대하여 $f^{-1}([a, b))=[a, b)$가 되어 $f^{-1}([a, b))$가 R에서 개집합이 아니기 때문이다. 그러나

$$g : R_l \to R$$

가 항등함수인 경우는 g는 연속함수이다. 왜냐하면 R에서의 개집합 (a, b)에 대하여 $g^{-1}((a, b))=(a, b)$이고 $(a, b)=\cup[a+\frac{1}{n}, b)$이므로 R_l에서의 개집합 $[a+\frac{1}{n}, b)$들의 무한 합집합은 (a, b)가 되고 (a, b)는 또한 R_l에서의 개집합이다. 그러므로 $g^{-1}((a, b))$가 R_l에서 개집합이 되므로 g는 연속함수이다.

정리 6.7 X, Y가 위상공간이고 $f : X \to Y$일 때 다음은 서로 동치이다.

(1) f가 연속함수이다.

(2) X의 임의의 부분집합 A에 대하여 $f(\overline{A}) \subset \overline{f(A)}$이다.

(3) Y에서의 임의의 폐집합 B에 대하여 $f^{-1}(B)$가 X에서 폐집합이다.

증명 (1) ⇒ (2) : $A \subset X$이고 $f : X \to Y$가 연속함수라 하자. 만일 $x \in \overline{A}$이면 $f(x) \in f(\overline{A})$이므로 $f(x) \in \overline{f(A)}$임을 보이자.

$f(x)$의 근방을 V라 하면 $f^{-1}(V)$는 x를 포함하는 X의 개집합이다. 그런데 $x \in \overline{A}$이므로 $f^{-1}(V) \cap A \neq \varnothing$ 이고

$$f(f^{-1}(V) \cap A) \subset ff^{-1}(V) \cap f(A) \subset V \cap f(A)$$

이 되어 $V \cap f(A) \neq \varnothing$ 이다. 따라서 $f(x) \in \overline{f(A)}$이다.

(2) ⇒ (3) : B가 Y의 폐집합이라 하고 $A=f^{-1}(B)$라 하면 X에서 A가 폐집합임을 보이면 된다. 이를 위해 $\overline{A} \subset A$임을 보이면 $\overline{A}=A$가 되어 A가 폐집합이다. 우선 $A=f^{-1}(B)$이므로 $f(A)=f(f^{-1}(B)) \subset B$ 이다. 만일 $x \in \overline{A}$이면

$$f(x) \in f(\overline{A}) \subset \overline{f(A)} \subset \overline{B}=B$$

이고 따라서 $x \in f^{-1}(B) = A$이다.

(3) ⇒(1) : V를 Y에서의 개집합이라 하고 $B = Y - V$라 하자. 그러면 B는 Y에서 폐집합이고 (3)에 의하여 $f^{-1}(B)$가 X에서 폐집합이 된다. 그런데

$$f^{-1}(V) = f^{-1}(Y - B) = f^{-1}(Y) - f^{-1}(B) = X - f^{-1}(B)$$

이므로 $f^{-1}(V)$는 X에서 개집합이다. 따라서 f는 연속함수이다.

정리 6.8 함수 $f: X \to Y$가 연속이기 위한 필요충분조건은 모든 $A \subset Y$에 대하여 $f^{-1}[\mathrm{Int}(A)] \subset \mathrm{Int}(f^{-1}(A))$이다.

증명 (⇒) $\mathrm{Int}(A)$는 Y에서 개집합이고 f가 연속이므로 $f^{-1}[\mathrm{Int}(A)]$는 X에서 개집합이다. 그러므로

$$f^{-1}[\mathrm{Int}(A)] = \mathrm{Int}(f^{-1}[\mathrm{Int}(A)])$$

이고 $\mathrm{Int}(A) \subset A$이므로 $f^{-1}[\mathrm{Int}(A)] \subset \mathrm{Int}(f^{-1}(A))$이다.

(⇐) Y에서 임의의 개집합 V에 대하여 $\mathrm{Int}(V) = V$이다. 그러면 $f^{-1}(V) = f^{-1}[\mathrm{Int}(V)]$이고 가정에서

$$f^{-1}[\mathrm{Int}(V)] \subset \mathrm{Int}(f^{-1}(V))$$

이므로 $f^{-1}(V) \subset \mathrm{Int}(f^{-1}(V))$이다. 그러면 내부의 성질에 의하여 $f^{-1}(V) = \mathrm{Int}(f^{-1}(V))$가 되어 $f^{-1}(V)$는 X에서 개집합이므로 f는 연속이다.

정리 6.9 함수 $f: X \to Y$가 연속이기 위한 필요충분조건은 모든 $A \subset Y$에 대하여 $\overline{f^{-1}(A)} \subset f^{-1}(\overline{A})$이다.

증명 (⇒) $\overline{A}$는 Y에서 폐집합이고 f는 연속이므로 $f^{-1}(\overline{A})$는 X에서 폐집합이다. 또 $f^{-1}(A) \subset f^{-1}(\overline{A})$이고 $\overline{f^{-1}(A)}$는 $f^{-1}(A)$를 포함하는 가장 작은 폐집합이므로 $\overline{f^{-1}(A)} \subset f^{-1}(\overline{A})$이다.

(⇐) A를 Y에서 폐집합이라 하자. 그러면 가정에 의해 $\overline{f^{-1}(A)} \subset f^{-1}(\overline{A})$

이고 $\overline{A}=A$이므로

$$\overline{f^{-1}(A)} \subset f^{-1}(\overline{A}) = f^{-1}(A)$$

이다. 그러면 $\overline{f^{-1}(A)} = f^{-1}(A)$가 되어 $f^{-1}(A)$는 폐집합이다. 따라서 f는 연속이다.

정리 6.10 X, Y 그리고 Z를 위상공간이라 하자.

(1) X의 모든 원소를 Y의 한 점 y_0로 대응시키는 **상수함수**(constant) $f: X \to Y$는 연속이다.

증명 X의 모든 원소 x에 대하여 $f(x) = y_0$ 라 하자. V가 Y에서 개집합이면 V가 y_0를 포함하는 경우와 그렇지 않은 경우 $f^{-1}(V)$는 X자신 이든지 $\varnothing$ 이다. 이는 모두 X에서 개집합이므로 함수 f는 연속이다.

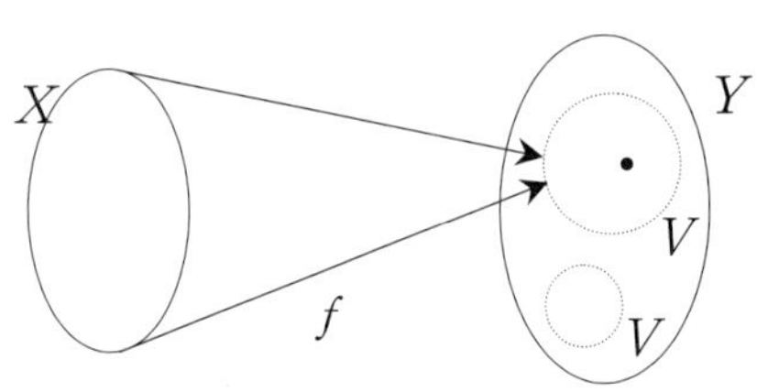

(2) A가 X의 부분공간이라 하자. 그러면 **포함함수**(inclusion) $i: A \to X$는 연속이다.

증명 만일 U가 X에서 개집합이면 $i^{-1}(U) = U \cap A$이고 부분공간위상의 정의에 의하여 $U \cap A$가 A에서 개집합이므로 $i^{-1}(U)$가 A에서 개집합이다.

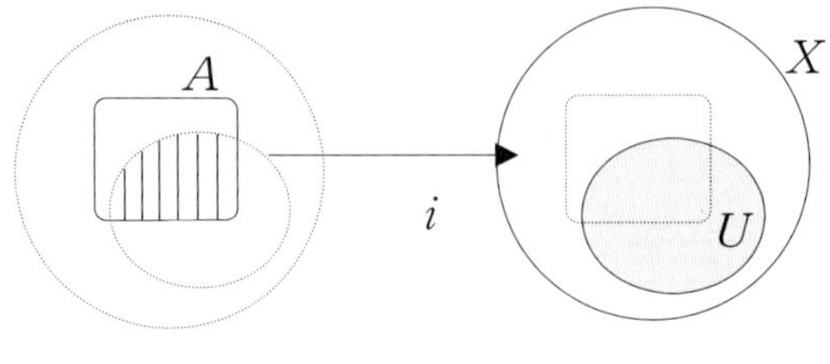

(3) 함수 $f: X \to Y$와 $g: Y \to Z$가 연속이면 합성함수 $g \circ f: X \to Z$도 연속이다.

증명 U가 Z에서 개집합이면 g가 연속이므로 $g^{-1}(U)$는 Y에서 개집합이다. 또 f가 연속이므로 $f^{-1}(g^{-1}(U))$는 X에서 개집합이다. 그런데 $f^{-1}(g^{-1}(U)) = (g \circ f)^{-1}(U)$이므로 $(g \circ f)^{-1}(U)$가 X에서 개집합이다.

(4) 함수 $f: X \to Y$가 연속이고 A가 X의 부분공간이면 축소함수 $f|_A: A \to Y$는 연속이다.

증명 포함함수 $i: A \to X$와 $f: X \to Y$의 합성함수가 $f|_A: A \to Y$이므로 i와 f가 연속함수이기 때문에 $f|_A$도 연속함수이다. 즉 $f|_A = f \circ i$이기 때문이다.

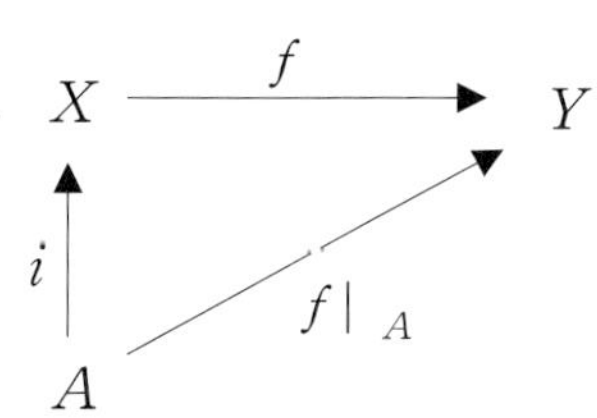

(5) 함수 $f: X \to Y$가 연속일 때 공변역을 $f(X)$로 제한한 함수 $f: X \to f(X)$ $(x \mapsto f(x))$도 연속이다.

증명 G를 $f(X)$에서 개집합이라 하자. 그러면 Y에서의 개집합 U가 존재해서

$$G = f(X) \cap U$$

이다. $f^{-1}(U) = f^{-1}(G)$이고 $f^{-1}(U)$는 X에서 개집합이므로 $f^{-1}(G)$도 X에서 개집합이다. 따라서 $f: X \to f(X)$는 연속이다.

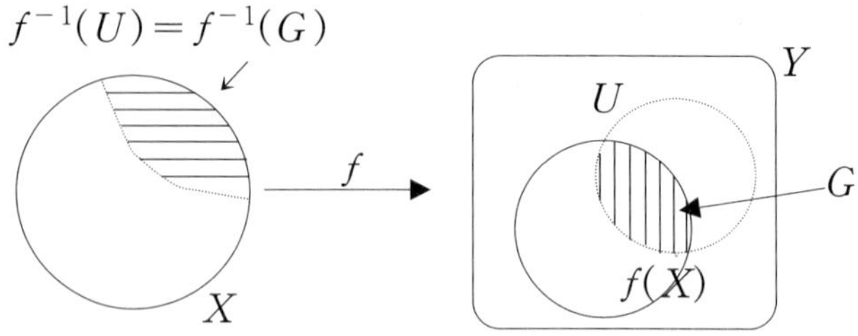

[예 5] 집합 X상의 두 위상을 $\mathfrak{T}_1$, $\mathfrak{T}_2$라고 하자. 이 때 항등함수

$$I_X: (X,\ \mathfrak{T}_1) \to (X,\ \mathfrak{T}_2)$$

가 연속이 되기 위한 필요충분조건은 $\mathfrak{T}_2 \subset \mathfrak{T}_1$이다. 왜냐하면 I_X가 항등함수이므로 임의의 $U \in \mathfrak{T}_2$에 대하여 $I_X{}^{-1}(U) = U$이고

I_X : 연속함수
$\Leftrightarrow$ 임의의 $U \in \mathfrak{T}_2$에 대하여 $I_X{}^{-1}(U) = U \in \mathfrak{T}_1$
$\Leftrightarrow$ $\mathfrak{T}_2 \subset \mathfrak{T}_1$

이기 때문이다.

[예 6] $f: (X,\ \mathfrak{T}_1) \to (X,\ \mathfrak{T}_2)$가 전사함수일 때 다음이 성립한다.

1) $\mathfrak{T}_2$가 비이산위상이면 f는 연속이다.

2) $\mathfrak{T}_1$이 이산위상이면 f는 연속이다.

정리 6.11 X와 Y를 위상공간이라 하고 A와 B가 X의 두 폐집합이고 $X = A \cup B$라 하자. 함수 $f: A \to Y$와 $g: B \to Y$가 연속이고 모든 $x \in A \cap B$에 대하여 $f(x) = g(x)$이면

$$h(x) = \begin{cases} f(x), & x \in A \\ g(x), & x \in B \end{cases}$$

로 정의되는 함수 $h: X \to Y$도 연속이다.

증명 임의의 $x\in X$에 대하여 $h(x)\in Y$가 유일하게 결정되므로 $h: X\to Y$는 잘 정의된 함수이다. 즉 $f: A\to Y$와 $g: B\to Y$가 함수이므로

$$x\in A : (x, y)\in h\wedge(x, z)\in h \Rightarrow (x, y)\in f\wedge(x, z)\in f \Rightarrow y=z$$
$$x\in B : (x, y)\in h\wedge(x, z)\in h \Rightarrow (x, y)\in g\wedge(x, z)\in g \Rightarrow y=z$$

이기 때문이다. h가 연속임을 보이자. F를 Y의 임의의 폐집합이라 하자. $h^{-1}(F)$는 X의 부분집합이므로

$$\begin{aligned} h^{-1}(F) &= h^{-1}(F)\cap X = h^{-1}(F)\cap(A\cup B) \\ &= (h^{-1}(F)\cap A)\cup(h^{-1}(F)\cap B) \\ &= f^{-1}(F)\cup g^{-1}(F) \end{aligned}$$

가 성립한다. f가 연속이므로 $f^{-1}(F)$는 A에서 폐집합이고 A는 X에서 폐집합이므로 $f^{-1}(F)$는 X에서 폐집합이다. 마찬가지로 $g^{-1}(F)$도 X에서 폐집합이다. 따라서 $h^{-1}(F)$는 X에서 폐집합이 되고 h는 연속이다.

[예 7] 함수 $h: R\to R$을 $h(x)=\begin{cases} x^2 & x\in[0, \infty) \\ -x & x\in(-\infty, 0] \end{cases}$ 로 정의하면 h는 연속이다.

정리 6.12 함수 $f: A\to X\times Y$가 임의의 $a\in A$에 대하여 $f(a)=(f_1(a), f_2(a))$로 정의되었다 하자. 함수 f가 연속이기 위한 필요충분조건은 **좌표함수**(coordinate function) $f_1: A\to X$와 $f_2: A\to Y$가 모두 연속일 때이다.

증명 뒤에서 다시 언급하지만 $\pi_1: X\times Y\to X$, $\pi_2: X\times Y\to Y$를 각각 X축 Y축으로의 **사영함수**(projection)라 한다. 이 때 π_1과 π_2는 연속함수이다. 왜냐하면 임의의 $U\subset X$, $V\subset Y$에 대하여

$$\pi_1^{-1}(U)=U\times Y \quad , \quad \pi_2^{-1}(V)=X\times V$$

이고 U, V가 각각 X, Y에서 개집합이면 $U\times Y$, $X\times V$도 개집합이 되어

$\pi_1^{-1}(U)$와 $\pi_2^{-1}(V)$가 $X\times Y$에서 각각 개집합이기 때문이다. 또한 임의의 $a\in A$에 대하여

$$f_1(a)=\pi_1(f(a))\text{이고 } f_2(a)=\pi_2(f(a))$$

이다. 이때 만일 f가 연속이면 합성함수의 연속의 정의에 의하여 f_1과 f_2는 연속이다.

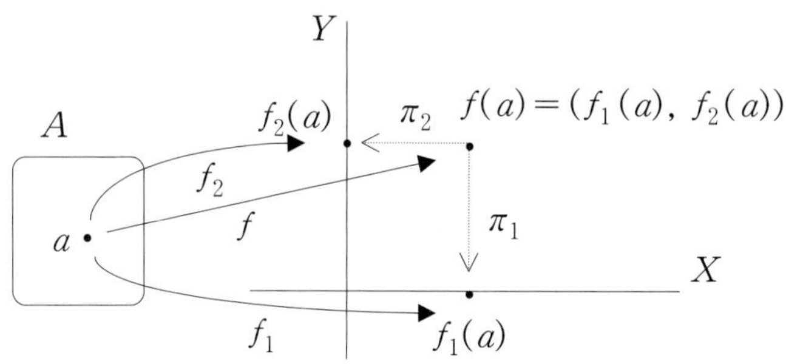

역으로 f_1과 f_2가 연속함수라 하고 U와 V가 각각 X, Y에서 개집합이라 하자. 그러면 $\pi_1^{-1}(U)\cap\pi_2^{-1}(V)$는 $X\times Y$에서 기저원소(기개집합)이며

$$\begin{aligned} f^{-1}(\pi_1^{-1}(U)\cap\pi_2^{-1}(V)) &= f^{-1}(\pi_1^{-1}(U))\cap f^{-1}(\pi_2^{-1}(V)) \\ &= (\pi_1\circ f)^{-1}(U)\cap(\pi_2\circ f)^{-1}(V) \\ &= f_1^{-1}(U)\cap f_2^{-1}(V) \end{aligned}$$

이다. 함수 f_1과 f_2가 연속이므로 $f_1^{-1}(U)\cap f_2^{-1}(V)$는 A에서 개집합이고 나아가 $f^{-1}(\pi_1^{-1}(U)\cap\pi_2^{-1}(V))$도 개집합이다. 따라서 f는 연속이다.

연속함수는 각 개집합(폐집합)의 역상이 개집합(폐집합)이 되는 성질을 가졌다. 그러면 개집합(폐집합)의 상이 개집합(폐집합)이 되는 함수에 대해서도 관심이 간다.

정의 6.13

두 위상공간 X, Y에 대하여 함수 $f: X \to Y$가 **개사상**(open map)이라는 것은 X의 각 개집합의 상이 Y에서 개집합이 되는 것을 말하며 $f: X \to Y$가 **폐사상**(closed map)이라 하는 것은 X의 각 폐집합의 상이 Y에서 폐집합이 되는 것을 말한다.

[예 8] $X=\{1, 2, 3\}$, $Y=\{5, 6, 7\}$일 때 위상을 각각

$$\mathfrak{T}=\{X, \varnothing, \{1\}, \{2\}, \{1, 2\}\},$$
$$\mathfrak{T}'=\{Y, \varnothing, \{5\}, \{6\}, \{5, 6\}, \{5, 7\}\}$$

라 하자. 함수 $f: X \to Y$와 $g: X \to Y$가 아래 그림과 같이 정의되면 함수 f는 개사상이나 함수 g는 개사상이 아니다. 왜냐하면 X에서 $\{2\}$가 개집합인데 $g(\{2\})=\{7\}$이지만 $\{7\}$은 Y에서 개집합이 아니기 때문이다.

[예 9] (예 8)에서 X의 폐집합은 "$\varnothing$, X, $\{2, 3\}$, $\{1, 3\}$, $\{2\}$"이고 Y의 폐집합은 "$\varnothing$, Y, $\{6, 7\}$, $\{5, 7\}$, $\{6\}$, $\{7\}$"이다. 그러면 함수 f는 폐사상이 아니다. 왜냐하면 X에서의 폐집합 $\{1, 3\}$은 $f(\{1, 3\})=\{5, 6\}$이지만 $\{5, 6\}$이 Y에서 폐집합이 아니기 때문이다. 마찬가지로 g도 폐사상이 아니다.

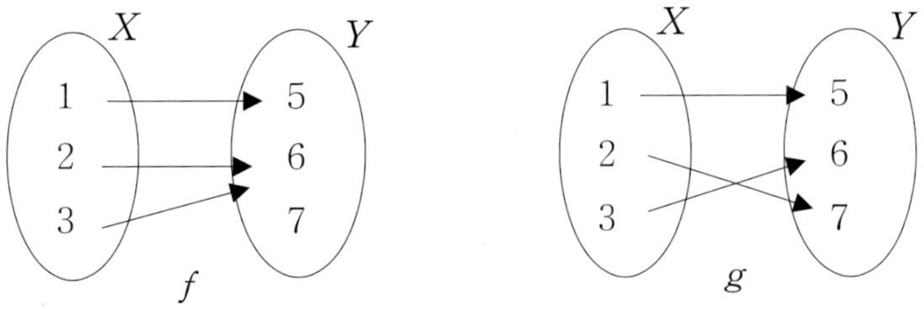

[예 10] 사영함수 $\pi: R^2 \to R$는 개사상이지만 폐사상은 아니다. 왜냐하면 그림 (1)에서 A는 R^2에서 폐집합이지만 $\pi(A)=(0, \infty)$가 되어 R에서 개집합이 되기 때문에 π는 폐사상이 아니다. 그러나 그림 (2)에서처럼 R^2의 임의의 개집합 U는 $\pi(U)$가 R에서 개구간이 되어 개집합이 되므로 π는 개사상이다.

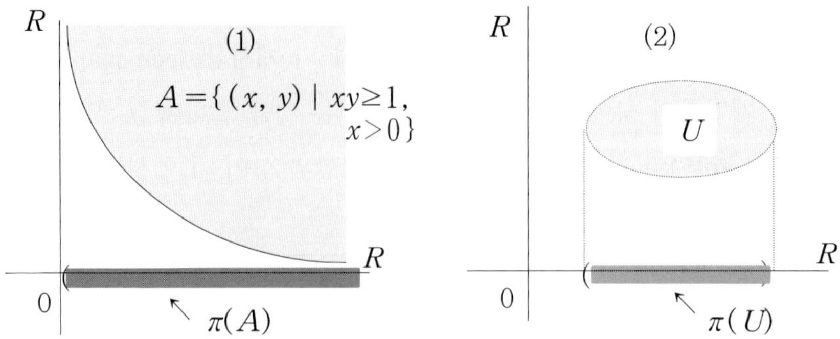

[예 11] (예 5)의 항등사상 I_X가 개사상이 되기 위한 필요충분조건은 $\mathfrak{T}_1 \subset \mathfrak{T}_2$이다. 왜냐하면 임의의 개집합 $U \in \mathfrak{T}_1$에 대하여

$$I_X(U) = U \in \mathfrak{T}_2$$

이기 때문이다.

[예 12] $A \subset X$ 일 때 (정리 6.10)에 의하여 포함사상 $i : A \to X$는 연속이다. 또 i가 개사상(폐사상)이 되기 위한 필요충분조건은 A가 X에서 개집합(폐집합)인 것이다. 왜냐하면 A가 X에서 개집합이고 $U \subset A$가 A에서 개집합이면 U는 X에서 개집합이다. 그러면 $i(U) = U$는 X에서 개집합이 되므로 i는 개사상이 된다.

역으로 i가 개사상이면 A는 A에서 개집합이므로 $i(A) = A$는 X에서 개집합이다. 폐사상에 대해서도 유사하게 설명된다.

위에서 알 수 있는 것처럼 개사상과 폐사상 그리고 연속함수의 개념은 서로가 독립적이다. 즉 개사상이라 하여 폐사상이라고 할 수 없으며 폐사상이라 하여 연속함수라고 할 수 없는 것이다.

정리 6.14 함수 $f : X \to Y$가 전단사이면 f가 개사상인 것과 f가 폐사상인 것은 서로 동치이다.

증명 함수 f가 개사상이고 $A \subset X$가 개집합이면 $f(A)$는 Y에서 개집합이며

$X-A$는 폐집합이다. 그런데 f가 전단사이므로

$$f(X-A)=Y-f(A)$$

이다. 그러므로 $f(A)$가 개집합이기 때문에 $Y-f(A)$는 폐집합이다. 그러면 $f(X-A)$도 폐집합이다. 따라서 함수 f는 폐사상이다.

앞의 (예 5)와 (예 11)에서 밝힌 바와 같이 항등사상

$$I_X:(X, \mathfrak{T}_1)\to(X, \mathfrak{T}_2),\quad (\mathfrak{T}_1\subset\mathfrak{T}_2)$$

는 전단사인 개사상이지만 연속은 아니다. 또 항등사상

$$I_X:(X, \mathfrak{T}_1)\to(X, \mathfrak{T}_2),\quad (\mathfrak{T}_2\subset\mathfrak{T}_1)$$

는 전단사인 연속함수이지만 개사상은 아니다. 따라서 전단사인 개사상과 전단사인 연속함수는 아직 다른 개념이다.

정리 6.15 함수 $f:X\to Y$의 다음 각성질은 동치이다.

(1) f는 개사상이다.

(2) 각 $A\subset X$에 대하여 $f(\mathrm{Int}(A))\subset\mathrm{Int}(f(A))$이다.

(3) f는 X의 기저 β의 각 기저원소를 Y의 개집합으로 사상한다.

(4) 각 $x\in X$와 x를 포함하는 개집합 U에 대하여 Y의 개집합 W가 존재하여 $f(x)\in W\subset f(U)$가 성립한다.

증명 (1)$\Rightarrow$(2) : $\mathrm{Int}(A)\subset A$이므로 $f(\mathrm{Int}(A))\subset f(A)$이다. $\mathrm{Int}(A)$가 개집합이므로 $f(\mathrm{Int}(A))$는 개집합이다. 그런데 $\mathrm{Int}(f(A))$는 $f(A)$에서 가장 큰 개집합이므로

$$f(\mathrm{Int}(A))\subset\mathrm{Int}(f(A))$$

이다.

(2)$\Rightarrow$(3) : B를 X의 기저의 임의의 기저원소라 하자. B는 개집합이므로 $\mathrm{Int}(B)=B$이다. 그러므로 $f(\mathrm{Int}(B))=f(B)$이고 가정에 의하여

$$f(\mathrm{Int}(B)) \subset \mathrm{Int}(f(B)) \subset f(B)$$

이다. 이것은

$$f(B) \subset \mathrm{Int}\,(f(B)) \subset f(B)$$

가 되고 결국 $f(B)=\mathrm{Int}(f(B))$이다. 따라서 $f(B)$는 개집합이다.

(3) ⇒ (4) : $x \in X$와 x를 포함하는 개집합 $U_{(x)}$가 주어지면 기저원소 $B \in \beta$가 존재하여

$$x \in B \subset U$$

를 만족한다. 이 때 $f(x) \in f(B) \subset f(U)$이고 $W=f(B)$라 하면

$$f(x) \in W \subset f(U)$$

가 성립한다. 그리고 가정에 의하여 $W=f(B)$는 Y의 개집합이다.

(4) ⇒ (1) : U를 X의 개집합이라 하자. 가정에 의하여 각 $y \in f(U)$에 대하여 y를 포함하는 한 개집합 $W_{(y)} \subset f(U)$를 가지므로

$$f(U) = \cup \{ W_{(y)} \mid y \in f(U) \}$$

이다. 따라서 $f(U)$는 개집합이다.

정리 6.16 $(X, \mathfrak{T})$, $(Y, \mathfrak{T}^*)$가 위상공간일 때 함수 $f: X \to Y$가 전사이고 연속인 개사상이면 위상 $\mathfrak{T}$의 기저 β에 대하여 $\{f(A) \mid A \in \beta\}$는 $\mathfrak{T}^*$의 기저이다.

증명 $f(\beta)=\{f(A) \mid A \in \beta\}$라 하자. 그러면 f가 개사상이므로 $f(A)$는 개집합이다. y를 포함하는 $V_{(y)}$가 Y에서 개집합이라 하자. 그러면 f가 전사이므로 $x \in X$가 존재하여 $f(x)=y$이다. 그러므로 V는 $f(x)$의 근방이다. 그리고 f가 연속이므로 $f^{-1}(V)$는 x의 근방이다. 그러면 개집합 $U \in \mathfrak{T}$가 존재하여 $x \in U \subset f^{-1}(V)$이다. 또한 β가 $\mathfrak{T}$의 기저이므로 기저원소 $A \in \beta$가 존재하여

$$x \in A \subset U \subset f^{-1}(V)$$

이다. 그리고 f가 개사상이므로 $f(A) \in f(\beta)$는 개집합이며

$$y = f(x) \in f(A) \subset f(U) \subset ff^{-1}(V) \subset V$$

가 되어 $y \in f(A) \subset V$이다. 따라서 $f(\beta)$는 $\mathfrak{J}^*$의 기저이다.

정리 6.17 함수 $f: X \to Y$가 폐사상이기 위한 필요충분조건은 각 $A \subset X$에 대하여 $\overline{f(A)} \subset f(\overline{A})$이다.

증명 f가 폐사상이라 하면 $\overline{A}$는 폐집합이므로 $f(\overline{A})$도 폐집합이다. $A \subset \overline{A}$이므로 $f(A) \subset f(\overline{A})$이고 양변에 폐포를 취하면 $f(\overline{A})$가 폐집합이므로

$$\overline{f(A)} \subset \overline{F(\overline{A})} = f(\overline{A})$$

이다. 역으로 A가 폐집합이라 하자. $\overline{f(A)} \subset f(\overline{A})$라 하면

$$f(A) \subset \overline{f(A)} \subset f(\overline{A}) = f(A)$$

이다. 즉 $\overline{f(A)} = f(A)$이다. 따라서 $f(A)$는 폐집합이 되고 f는 폐사상이다.

보통위상공간 R의 수렴하는 수열은 오직 하나의 극한을 갖는다. 그러나 다른 위상공간에서는 수렴하는 수열이 두 개 이상의 극한을 갖는 경우도 있다.

정리 6.18 정수 집합 $\mathbb{Z}$상에 여유한위상 $\mathfrak{J}_f$가 주어져 있을 때 서로 다른 정수 x_n들로 이루어진 수열 $\langle x_n \rangle$은 임의의 정수 p에 수렴한다.

증명 U를 p를 포함하는 임의의 근방(개집합)이라 하자. 그러면 $U \neq \varnothing$이므로 여유한위상의 정의에 의해 U^c은 유한집합이다. 따라서 U는 수열 $\langle x_n \rangle$의 점을 많아야 유한개를 제외하고 모두 포함하므로 $\langle x_n \rangle$은 p에 수렴한다.

정의 6.19

집합 X, Y에 대하여 $f: X \to Y$를 한 함수라 하자. X상의 점열 $\langle x_n \rangle$이 한 점 $x \in X$로 수렴할 때 Y에서의 점열 $\langle f(x_n) \rangle$이 $f(x)$로 수렴하면 함수 f를

점 $x \in X$에서 **점열연속**(sequentially continuous) 또는 **순차적 연속**이라 한다.
함수 $f: X \to Y$가 X상의 각 점에서 점열연속이면 f를 **점열연속 함수**라 한다.

정리 6.20 함수 $f: X \to Y$가 연속이면 점열연속이다.

증명 X상의 한 점열 $\langle x_n \rangle$이 $x \in X$로 수렴한다고 하자. 함수 f가 x에서 연속이므로 $f(x)$를 포함하는 임의의 개집합 U에 대하여 $f^{-1}(U)$는 x를 포함하는 개집합이다. $\langle x_n \rangle$이 x로 수렴하므로 적당한 자연수 n_0가 존재하여 $n \geq n_0$인 모든 자연수에 대하여 $x_n \in f^{-1}(U)$이어야 한다. 따라서

$$f(x_n) \in f(f^{-1}(U)) \subset U$$

이므로 $\langle f(x_n) \rangle$이 $f(x)$로 수렴한다. 그러므로 f는 x에서 점열연속이다.

위 정리의 역은 일반적으로 성립하지 않는다.

[예 13] 보통위상공간 R과 여가산공간 R'에 대하여 항등함수 $I_R: R' \to R$는 점열연속이지만 연속은 아니다.
왜냐하면 여가산공간 R'의 수열 $\langle a_n \rangle$이 k로 수렴하려면

$$\langle a_n \rangle = \langle a_1, a_2, \cdots, a_n, k, k, k, \cdots \rangle$$

이어야 한다. 그러면

$$\langle I_R(a_n) \rangle = \langle a_1, a_2, a_3, \cdots, a_n, k, k, k, \cdots \rangle$$

이므로 $I_R(k) = k$로 수렴하기 때문이다. 즉 I_R은 점열연속이다. 그러나 보통위상공간 R상의 개집합 (a, b)의 역상 $I_R^{-1}(a, b) = (a, b)$는 여가산공간 R'에서 개집합이 아니므로 I_R는 연속함수가 아니다.

위 (예 13)은 R상의 보통위상 뿐 아니라 R의 위상에 관계없이 항시 수렴한다.

연습문제 4.6

1. X가 임의의 위상공간이고 Y가 비이산위상공간이라 할 때 임의의 함수 $f: X \to Y$는 연속이다.【문제중심 위상수학 참고】

2. 함수 $f: (X, \mathfrak{T}) \to (Y, \mathfrak{T}')$가 연속일 때
   (1) $\mathfrak{T}_1$이 $\mathfrak{T}$보다 강한 X상의 위상이면 $f: (X, \mathfrak{T}_1) \to (Y, \mathfrak{T}')$는 연속이다.
   (2) $\mathfrak{T}_1'$가 $\mathfrak{T}'$보다 약한 Y상의 위상이면 $f: (X, \mathfrak{T}) \to (Y, \mathfrak{T}_1')$는 연속이다.
   【문제중심 위상수학 참고】

3. $X = \{a, b, c, d\}$의 위상 $\mathfrak{T}$가
   $\mathfrak{T} = \{X, \varnothing, \{a\}, \{b\}, \{a, b\}, \{b, c, d\}\}$
   이다. 함수 $f: X \to X$가 그림과 같이 정의되었을 때 다음을 설명하여라.
   【문제중심 위상수학 참고】

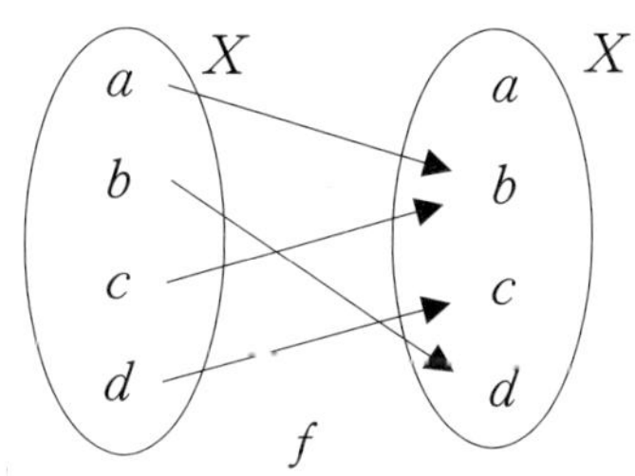

   (1) f는 c에서 연속이 아니다.
   (2) f는 d에서 연속이다.

4. $f(x) = x^2$에 의하여 정의된 실함수 $f: R \to R$은 개사상이 아님을 밝혀라.
   【문제중심 위상수학 참고】

5. 연속이고 전단사인 함수 $f: R \to R$은 개사상이다.【문제중심 위상수학 참고】

6. 다음 각 함수의 예를 찾아라.
   (1) 개사상도 폐사상도 아닌 연속함수
   (2) 연속이 아닌 폐사상
   (3) 폐사상이 아닌 개사상
   (4) 개사상이 아닌 연속이고 폐사상
   (5) 연속이 아니고 개사상이면서 폐사상
   (6) 한 점에서만 연속인 함수 $f: R \to R$

7. β가 위상공간 X의 기저이다. 함수 $f: X \to Y$에서 모든 $B \in \beta$에 대하여 $f(B)$가 개집합이면 f는 개사상이다.**【문제중심 위상수학 참고】**

8. 함수 $f: X \to Y$가 연속이라 하자. 만일 Z이 $f(X)$를 포함하는 Y의 부분공간이면 f의 치역을 축소해서 얻어지는 함수 $g: X \to Z$는 연속이다.

9. 함수 $f: X \to Y$가 연속이라 하자. Z가 Y를 부분공간으로 갖으면 f의 치역을 확장해서 얻어지는 함수 $h: X \to Z$는 연속이다.**【문제중심 위상수학 참고】**

10. 만일 $X = \cup\{U_\alpha \mid U_\alpha$: 개집합$\}$이고 모든 α에 대하여 $f|_{U_\alpha}$가 연속이면 함수 $f: X \to Y$는 연속이다.

11. 함수 $f: X \to Y$가 연속이기 위한 필요충분조건은 임의의 $B \subset Y$에 대하여 $f^{-1}(Fr(B)) \subset Fr(f^{-1}(B))$이다.

12. 함수 $f: X \to Y$와 $g: Y \to Z$에 대하여
   (1) f, g가 개사상이면 $g \circ f$도 개사상이다.
   (2) $g \circ f$가 개사상(폐사상)이고 f가 연속이며 전사이면 g는 개사상(폐사상)이다.
   (3) $g \circ f$가 개사상(폐사상)이고 g가 연속이며 단사이면 f는 개사상(폐사상)이다.

13. $f: X \to Y$가 폐사상이라 하자. 만일 $A \subset X$가 폐집합이면 $f|_A: A \to f(A)$는 폐사상이다.**【문제중심 위상수학 참고】**

14. $\chi_A: [0, 1] \to 2$가 $[0, \frac{1}{2}]$의 특성함수라 하자. 그러면 χ_A는 전사이고 개사상, 폐사상이지만 연속은 아니다 (여기서 $2 = \{0, 1\}$임).**【문제중심 위상수학 참고】**

7. 위상사상

두 위상공간 $(X, \mathfrak{T})$와 $(Y, \mathfrak{T}')$사이에는 많은 함수들이 있다. 그 중에서 우리는 연속사상이나 개사상, 폐사상에 대해 알아보았다. 그러나 이들 사상은 모두 양쪽 공간의 개집합들 사이의 관계에 의하여 정의된다.

더 나아가 두 위상공간 사이의 전단사함수는 각 공간의 멱집합 사이의 전단사함수를 유도한다. 그런데 두 공간의 위상들 사이에 전단사함수를 도입할 수 있으면 X의 개집합들과 Y의 개집합들 사이엔 1 : 1대응을 이룬다. 이것은 두 위상공간 X와 Y의 위상적 구조가 같다는 것을 의미하며 이 때 두 공간은 위상적으로 같은 것으로 본다.

정의 7.1

두 위상공간 X와 Y사이에 전단사함수 $f: X \to Y$기 존재하여 f와 그 역상 f^{-1}가 모두 연속이면 X와 Y는 위상적으로 **동형**(homeomorphic)이라 하고 $X \cong Y$로 표시한다. 이 때 함수 f를 **위상사상** 또는 **위상동형대응사상**(homeomorphism)이라 한다.

[예 1] 함수 $f: R \to R$가 $f(x) = 3x + 1$에 의하여 정의되었다면 f는 위상사상이다. 왜냐하면 f가 전단사이고 연속이며 역함수 $f^{-1}(x) = \frac{1}{3}(x-1)$도 연속이기 때문이다.

[예 2] 함수 $f: (-1, 1) \to R$가 $f(x) = \frac{x}{1-x^2}$에 의하여 정의되면 f는 위상사상이다. 왜냐하면 f가 전단사이고 연속이며 역함수 $f^{-1}(x) = \frac{2x}{1+(1+4x^2)^{1/2}}$도 연속이기 때문이다. 따라서 $(-1, 1)$과 R은 위상적으로 동형이며 $(-1, 1) \cong R$로 나타낸다.

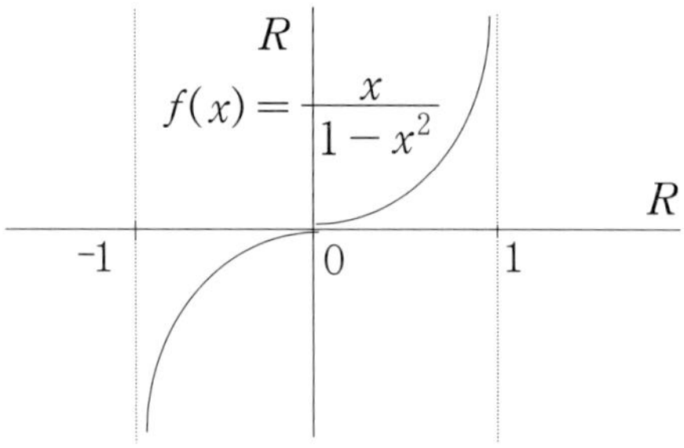

위 (예 2)에 주어진 함수 대신 함수 f가 $f(x) = \tan\frac{\pi}{2}x$로 정의 되어도 같이 설명된다.

[예 3] 함수 $f: R_l \to R$ $(f(x) = x)$은 전단사이고 연속이지만 역함수 $f^{-1}: R \to R_l$은 연속이 아니므로 f는 위상동형사상이 아니다.

정의 7.2

한 위상공간 X가 갖고 있는 어떤 성질 P를 X와 동형인 모든 공간이 역시 갖고 있으면 이 성질 P를 **위상적성질**(topological property) 또는 **위상적불변성**(topoogical invariant)이라고 한다.

위상적으로 동형인 관계는 모든 위상공간들의 모임에서 동치관계를 이룬다. 즉

(a) $X \cong X$

(b) $X \cong Y \;\Rightarrow\; Y \cong X$

(c) $X \cong Y \wedge Y \cong Z \;\Rightarrow\; X \cong Z$

이 성립함을 쉽게 알 수 있다.

우리는 위상수학의 목적을 위상적 성질을 연구하는 데 있다고 할 수 있으며 위에서 언급한 동치관계에 의하여 위상공간들이 동형인 것끼리 분리되어 같은 류에 있는, 즉 위상적으로 동형인 공간들의 위상적 불변성(성질)을 연구하는 학문을 위상수학이라 할 수 있다.

[예 4] (예 2)에서 R과 $(-1,\ 1)$은 위상적으로 동형임을 알았다. 그런데 R과 $(-1,\ 1)$은 그 길이가 다르므로 길이는 위상적 성질이 아니다. 그리고 $(-1,\ 1)$은 유계이지만 R은 유계가 아니다. 그러므로 유계성(bounded)은 역시 위상적 성질이 아니다. 그러나 $(-1,\ 1)$과 R은 모두 중간에 끊어진 곳이 없다. 즉 연결성(연결상태)이 같다고 할 수 있으므로 연결성은 위상적 성질이 된다.

위상적 성질은 순서성, 방향성, 연결성, 단일연결성 등이 있는데 이들은 동형인 위상공간들이 공히 갖는 성질들이다. 그런데 두 위상공간 X, Y가 위상적으로 동형 $(X \cong Y)$이기 위해서는 X와 Y사이에 동형대응사상(homeomorphism) $f : X \to Y$가 존재하여야 한다. 그러나 두 공간이 규칙적인 경우는 두 공간 사이의 동형대응사상을 찾을 수 있으나 그렇지 않은 경우는 동형대응사상을 찾기가 어렵거나 불가능하다. 이 때 두 공간이 위상적으로 동형인지 아닌지를 확인하는데 위상적 성질들이 이용된다. 예를 들면 아래 그림의 ①, ②, ③은 모두 동형인 공간을 모은 것이지만 그들 도형(공간)사이에 동형대응사상은 찾기 어렵다. 그러나 연결상태가 같기 때문에 동형으로 보는 것이다.

①

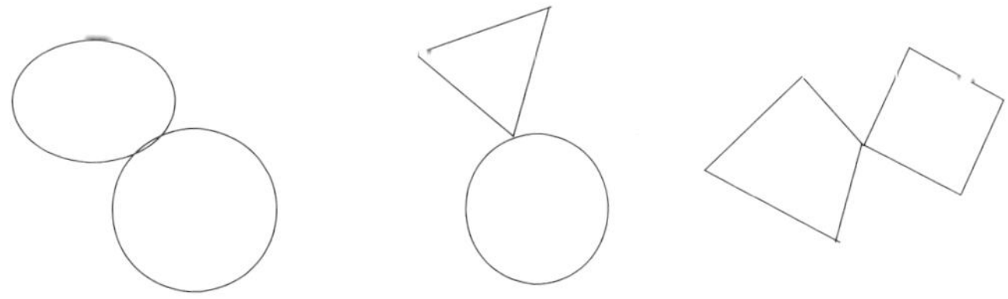

②

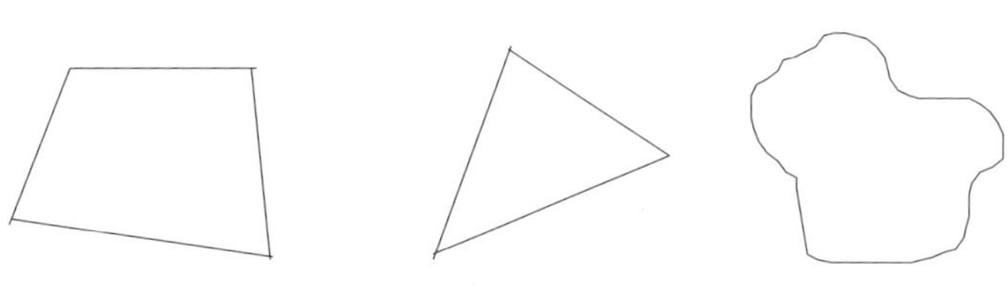

③

이들이 고무줄로 된 것이라면 자르지 않고 꼬지 않고 적당히 밀거나 당겨서 하나의 공간을 다른 공간으로 변형시킬 수 있다. 이때 이들은 위상적으로 동형이며 이런 이유로 해서 위상수학을 고무판기하라고도 한다.

(예 2)에서와 같이 $(-1,\ 1)$과 R은 크기가 엄청나게 다르지만 위상적으로 동형이라 한다. 그것은 동형대응사상이 존재하기 때문인데 만일 R이 직선이 아니고 뱀과 같이 휘어진 것이라면 $(-1,\ 1)$과 휘어진 R사이에는 동형대응사상을 찾기 어렵다. 그러나 끊어지지 않고 꼬이지 않아서 연결상태가 같으므로 이들은 위상적으로 동형이라 할 수 있다. 이 때 거리(크기) 개념은 완전히 무시하고 있음을 알 수 있다. 그래서 위상수학을 거리개념을 무시하고 연결상태를 연구하는 학문이라고도 한다.

특히 두 위상공간이 서로 위상동형이 아닌 것을 보이기 위해 위상적 성질을 이용한다. 두 공간 중 한 공간이 어떤 위상적 성질을 갖고 다른 공간이 그 위상적 성질을 갖지 않으면 두 공간은 위상적으로 동형이 아니다.

R과 R^2은 위상적으로 동형이 아니다. 즉 $R \not\cong R^2$으로 R은 1차원이고 R^2은 2차원 공간이기 때문이다. 그러나 이들 사이에 사용할 수 있는 위상적 성질로서 **차원**(dimension)이 있다. 이와 함께 오일러 표수, 성분의 수 등을 위상적 성질 중에서도 특히 **위상적 불변량**이라 한다.

정리 7.3 함수 $f: X \to Y$가 위상동형대응사상일 때 아래의 성질들은 서로 동치이다.

(1) f는 연속이고 개사상이면서 전단사이다.

(2) f는 연속이고 폐사상이면서 전단사이다.

(3) 임의의 $A \subset X$에 대하여 $f(\overline{A}) = \overline{f(A)}$이면서 f가 전단사이다.

증명 (1)⇒(2) : (정리 6.14)에 의하여 함수 f가 전단사이면 f가 개사상인 것과 폐사상인 것이 동치이므로 자명하다.

(2)⇒(3) : (정리 6.7)에 의하여 함수 f가 연속인 것과 임의의 $A \subset X$에 대하여 $f(\overline{A}) \subset \overline{f(A)}$인 것과 동치이다. 또 (정리 6.17)에 의하여 f가 폐사상인 것은 각 $A \subset X$에 대하여 $\overline{f(A)} \subset f(\overline{A})$인 것과 동치이다. 따라서 $f(\overline{A}) = \overline{f(A)}$이다.

(3)⇒(1) : $f(\overline{A}) = \overline{f(A)}$이므로 f는 연속이고 폐사상이다. 또한 f가 개사상인 것과 폐사상인 것이 동치이므로 f는 개사상이다.

정리 7.4 함수 $f: X \to Y$와 $g: Y \to X$가 연속이고 $g \circ f = I_X$와 $f \circ g = I_Y$를 만족하는 f는 위상동형대응사상이고 $g = f^{-1}$이다.

증명 (1장-정리 3.11)에 의하여 f와 g는 모두 전단사이다. 위 조건을 만족하는 연속사상 g는 유일하다. 왜냐하면 이 조건을 만족하는 사상이 g이외에 또 g'가 있다면

$$g = g\, I_Y = g\,(f g') = (gf)g' = I_X\, g' = g'$$

가 되어 $g = g'$이기 때문이다. 그런데 f의 역사상 f^{-1}는 위 조건을 만족하므로 $g = f^{-1}$이다. 즉 f는 전단사이며 연속이고 $f^{-1} = g$도 연속이므로 f는 위상동형대응사상이다.

정리 7.5 $f: X \cong Y$이고 $A \subset X$이면 다음 (1), (2)가 성립한다.

(1) $f|_A : A \cong f(A)$

(2) $f|_{X-A} : (X-A) \cong (Y - f(A))$

증명 (1) 함수 f가 전단사이므로 $f|_A$도 전단사이다. 그리고 연속의 성질에 의해 f가 연속이므로 축소함수인 $f|_A$도 연속이다. $f|_A$가 위상사상이 되기 위해서는 $f|_A{}^{-1}$가 연속이 됨을 보이자. V를 부분공간 A에서 개집합이라 하면 개집합 U가 존재해서 $V = U \cap A$이다. 그러면

$$(f|_A{}^{-1})^{-1}(V) = (f^{-1})^{-1}(V) = f(V) = f(U \cap A) = f(U) \cap f(A)$$

이고 f가 개사상 이므로 $f(U)$는 Y에서 개집합이다. 그러므로 $f(U) \cap f(A)$는 Y의 부분공간 $f(A)$에서 개집합이다. 따라서 $f|_A{}^{-1}$는 연속이다.

(2) 같은 방법으로 각자 알아보자.

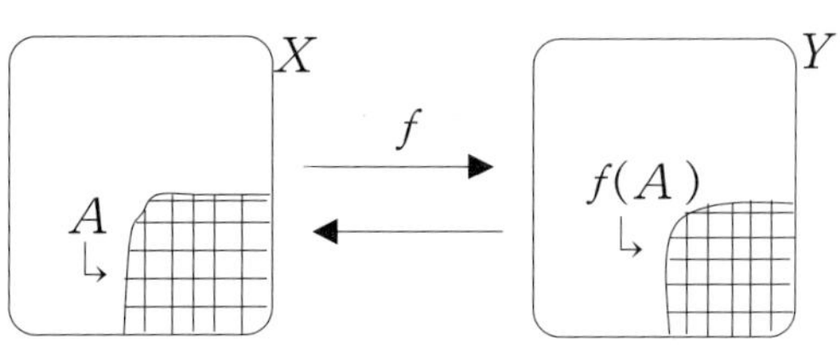

위 정리는 공간 X, Y가 $f: X \cong Y$이면 X의 부분공간 A와 이의 상 $f(A) \subset Y$가 $A \cong f(A)$이 됨을 의미한다.

정리 7.6 R과 R^n공간은 위상동형이 아니다. $(n>1)$

증명 R과 R^n이 위상동형이라 하자. 그러면 위상동형대응사상

$$h: R^n \to R$$

이 존재한다. 이 때 $c = h^{-1}(0)$이라고 하면

$$h|_{R^n - \{c\}}: R^n - \{c\} \to R - \{0\}$$

도 위 정리에 의하여 위상동형대응사상이 된다. 따라서 $R^n - \{c\} \cong R - \{0\}$이 되어야 하는데 이는 모순이다. 왜냐하면 $R^n - \{c\}$는 연결이지만 $R - \{0\}$은 연결이 아니기 때문이다. 따라서 R과 R^n은 위상동형이 아니다.

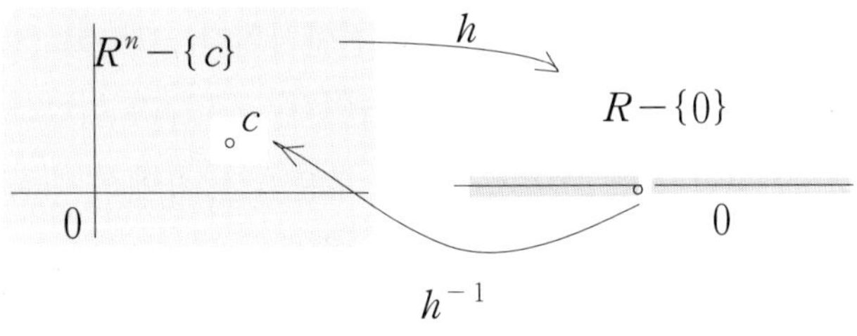

연습문제 4.7

1. 폐구간 $A=[a, b]$와 $I=[0, 1]$은 위상적으로 동형임을 보여라.
【문제중심 위상수학 참고】

2. $[0, 1]$과 S^1은 위상동형이 아니다.**【문제중심 위상수학 참고】**

3. (정리 7.5)를 자세히 설명하라.

4. 위상공간 $(X, \mathfrak{T})$와 $(X, \mathfrak{T}')$에서 $\mathfrak{T}=\mathfrak{T}'$이면 두 공간은 위상동형 $((X, \mathfrak{T})\cong(X, \mathfrak{T}'))$이다. 또한 역은 성립하지 않는다.**【문제중심 위상수학 참고】**

5. 위상적 동치는 동치관계이다.**【문제중심 위상수학 참고】**

6. X, Y가 위상공간이고 함수 $f: X\to Y$가 전단사일 때 다음은 서로 동치이다.
【문제중심 위상수학 참고】
   (1) f^{-1}는 연속이다. (2) f는 개사상이다. (3) f는 폐사상이다.

7. X, Y가 위상공간이고 함수 $f: X\to Y$가 전단사일 때 다음은 서로 동치이다.
   (1) f는 위상동형사상이다.
   (2) f와 f^{-1}는 모두 개사상이다.
   (3) f와 f^{-1}는 모두 폐사상이다.

8. 적위상

X, Y가 위상공간일 때 카테션적(cartesian product) $X\times Y$상에 위상을 정의할 수 있다. 이제 이 위상을 정의하고 그 성질들을 알아보자.

정의 8.1

X, Y가 위상공간일 때 $X\times Y$상에서의 **적위상**(product topology)은 $U\times V$의 형태의 모든 집합들의 모임 β를 기저로 하는 위상이다. 이 때 $U\subset X$는 X에서 개집합이고 $V\subset Y$는 Y에서 개집합이다. 즉

$$\beta=\{U\times V \mid U: X\text{에서의 개집합},\ V: Y\text{에서의 개집합}\}$$

가 $X\times Y$ 의 적위상의 기저가 되는 것이다.

정리 8.2 $\beta=\{U\times V \mid U: X\text{에서의 개집합},\ V: Y\text{에서의 개집합}\}$는 $X\times Y$의 적위상의 기저가 된다.

증명 X와 Y자신이 전체집합으로서 각각 X와 Y의 개집합들이므로 $X\times Y\in\beta$이다. 그러므로 임의의 $x\times y\in X\times Y$에 대하여 $x\times y$를 포함하는 $U\times V\in\beta$가 존재한다. 즉 $U=X$, $V=Y$인 경우이다. 그리고 β내의 임의의 원소 $U_1\times V_1$, $U_2\times V_2$에 대하여 $(U_1\times V_1)\cap(U_2\times V_2)$는 역시 β에 속하게 된다. 왜냐하면

$$(U_1\times V_1)\cap(U_2\times V_2)=(U_1\cap U_2)\times(V_1\cap V_2)$$

이고 $U_1\cap U_2$, $V_1\cap V_2$가 각각 X, Y에서 개집합이므로 $(U_1\cap U_2)\times(V_1\cap V_2)\in\beta$이다. 따라서 $(U_1\times V_1)\cap(U_2\times V_2)\in\beta$이다.

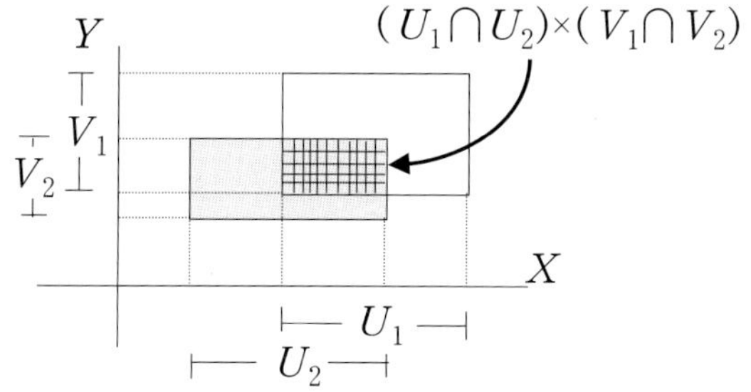

β자신은 $X\times Y$에서의 위상이 되지 못한다. 왜냐하면 위 그림에서 두 사각형 $U_1\times V_1$과 $U_2\times V_2$의 합집합은 두 집합의 적으로 표시할 수 없다. 그러므로 이것은 $X\times Y$에서 개집합이 될 수 없으므로 β는 위상이 되지 못한다.

정리 8.3 β가 X의 한 위상에 대한 기저이고 γ가 Y의 한 위상에 대한 기저라고 하면

$$\mathcal{C} = \{B\times C \mid B\in\beta \wedge C\in\gamma\}$$

는 $X\times Y$의 적위상에 대한 기저가 된다.

증명 W가 $X\times Y$의 한 개집합이고 $x\times y \subset W$라고 하자. 그러면 적위상의 정의에 의하여 기저원소 $U\times V$가 존재해서

$$x\times y \in U\times V \subset W$$

가 된다. U, V가 각각 X, Y에서 개집합이고 또한 β와 γ가 각각 X, Y의 기저이므로 기저원소 $B\in\beta$와 $C\in\gamma$가 각각 존재해서

$$x\in B\subset U, \qquad y\in C\subset V$$

이다. 그러면

$$x\times y \in B\times C\subset U\times V\subset W$$

가 되어 $X\times Y$의 임의의 개집합 W에 대하여 $x\times y\in W$일 때

$$x \times y \in B \times C \subset W$$

를 만족하는 $B \times C \in \mathbf{C}$가 존재하게 된다. 따라서 기저의 정의에 의하여 $\mathbf{C}$는 $X \times Y$의 기저가 된다.

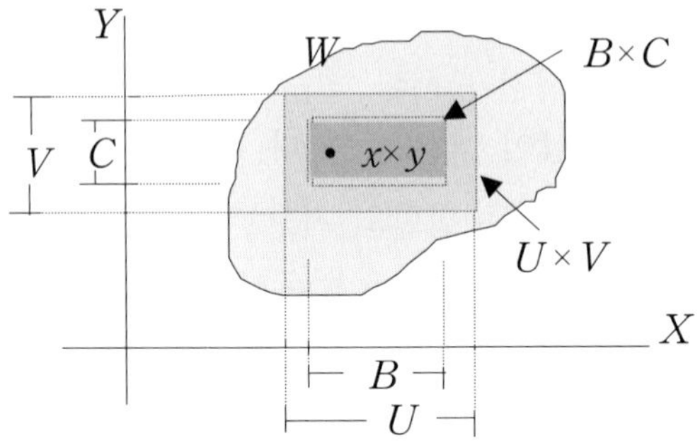

적위상을 정의하는데 위의 정의 대신에 다음과 같은 부분기저로서 적위상을 정의하는 것이 더 유용할 때가 있다. 적위상에 대한 부분기저를 정의하기 전에 먼지 **사영사상**(함수)(projection map)을 이야기하자.

정의 8.4

$\pi_1 : X \times Y \to X$를 $\pi_1(x, y) = x$로 $\pi_2 : X \times Y \to Y$를 $\pi_2(x, y) = y$로 정의할 때 π_1과 π_2를 각각 $X \times Y$에서 X와 Y위로의 **사영사상**(함수)(projection map)이라고 한다.

위 정의에서 사영함수 π_1(또는 π_2)은 연속이고 개사상이며 전사임을 알아보자.

(1) 연속 :

만일 U가 X의 개집합이라면 $\pi_1^{-1}(U) = U \times Y$이고 이는 $X \times Y$에서 개집합이다. 같은 방법으로 V가 Y의 개집합이라면 $\pi_2^{-1}(V) = X \times V$이고 이는 역시 $X \times Y$에서 개집합이 된다.

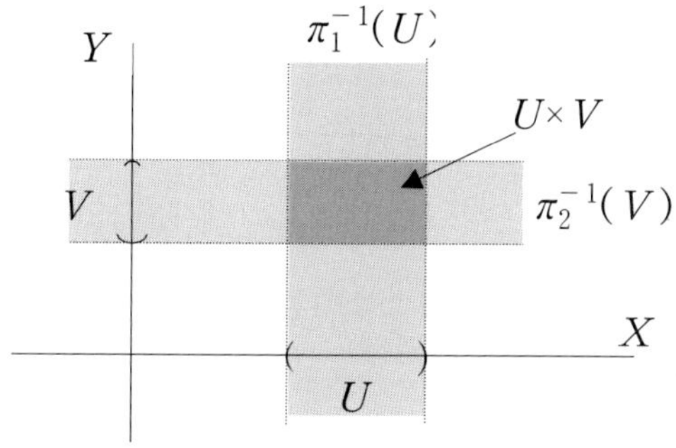

이 때

$$\pi_1^{-1}(U)\cap\pi_2^{-1}(V)=(U\times Y)\cap(X\times V)=U\times V$$

이고 다음 그림에서 이를 확인할 수 있다.] 따라서 $\pi_1: X\times Y\to X$는 연속이다.

(2) 개사상 :

$U\times V$가 적공간 $X\times Y$ 에서 기저원소 (개집합)라 하면 $\pi_1(U\times V)=U$가 되고 U는 X에서 개집합이 되므로 π_1은 개사상이다.

(3) 전사 :

임의의 $x\in X$에 대하여 $(x,\ y_i)\in X\times Y$가 존재해서 $\pi_1(x,\ y_i)=x$이므로 π_1은 전사이다.

정리 8.5 $S=\{\pi_1^{-1}(U)\mid U: X$의 개집합$\}\cup\{\pi_2^{-1}(V)\mid V: Y$의 개집합$\}$는 $X\times Y$ 상의 적위상에 대한 부분기저이다.

증명 $\mathfrak{T}$를 $X\times Y$상의 적위상이라 하고 $\mathfrak{T}'$를 S에 의하여 생성된 $X\times Y$상의 적위상이라 하자. S의 모든 원소가 $\mathfrak{T}'$에 속하므로 S의 원소들의 유한 교집합들의 합집합은 $\mathfrak{T}$의 원소이다. 그러므로 $\mathfrak{T}'\subset\mathfrak{T}$이다. 또 적위상 $\mathfrak{T}$의 임의의 원소 $U\times V$에 대하여

$$U\times V=\pi_1^{-1}(U)\cap\pi_2^{-1}(V)$$

이므로 $U\times V$는 S의 원소의 유한 교집합이 되어 $U\times V\in\mathfrak{T}'$가 된다. 따라서

$\mathfrak{T}\subset\mathfrak{T}'$이다. 그러므로 $\mathfrak{T}=\mathfrak{T}'$가 되어 S는 $X\times Y$상의 적위상에 대한 부분기저이다.

[예 1] $R^2=R\times R$ 에서 개구간 $(a,\ b)$, $(c,\ d)$에 대하여 $\pi_1^{-1}(a,\ b)$, $\pi_2^{-1}(c,\ d)$는 무한 띠(strip)가 되어 R^2상의 보통위상의 부분기저를 이룬다. 그러므로 R^2상의 보통위상은 바로 적위상이다.

지금까지 $X\times Y$상의 적위상을 정의하였다. 이제 임의의 카테션적 $X_1\times X_2\times\cdots$ 상에서 적위상의 개념을 일반화하여 보자.

두 집합 X_1과 X_2의 카테션적

$$X_1\times X_2=\{(x_1,\ x_2)\mid x_1\in X_1,\ x_2\in X_2\}$$

에서 임의의 순서쌍 $(x_1,\ x_2)$는 집합 $\{1,\ 2\}$에서 집합 $X_1\cup X_2$로 가는 함수로서

$$x:\{1,\ 2\}\to X_1\cup X_2$$

$x(1)=x_1\in X_1$이고 $x(2)=x_2\in X_2$로 정의된다. 즉 $X_1\times X_2$의 원소인 순서쌍 $(x_1,\ x_2)$를 하나의 함수로 생각하므로서 $X_1\times X_2$의 정의를 만들 수 있다.

정의 8.6

X_i들의 모임 $\{X_i\mid i\in I\}$가 주어졌을 때 이들의 카테션적 $\prod_i X_i$는

$$\prod_i X_i=\{x\mid x:I\to\bigcup_i X_i,\ \ \forall i\in I,\ x(i)\in X_i\}$$

로 정의한다. 이때 $j\in I$에 대하여 사영함수 $\pi_j:\prod_i X_i\to X_j$는 $\pi_j(x)=x(j)$로 정의하고 $x(j)=x_j\in X_j$를 의미하며 x의 j번째 좌표가 된다.

지금까지 적위상공간 $X\times Y$를 정의하는데 기저와 부분기저를 사용하여 정의하였다. 이제 이들의 일반화로서 역시 기저와 부분기저를 사용하는 두 가지 방법을 알아보자.

정의 8.7

$\{X_i \mid i \in I\}$를 각각 위상 $\mathfrak{T}_i$를 갖는 위상공간 X_i들의 모임이라 하자. 이 때

$$\beta = \{\prod_i U_i \mid \forall i \in I,\ U_i \in \mathfrak{T}_i\}$$

는 적공간 $\prod_i X_i$상의 한 위상에 대한 기저가 된다. 이 기저에 의하여 생성되는 $\prod_i X_i$상의 위상 $\mathfrak{T}$를 **궤위상**(box topology)이라 한다.

위 정의는 기저에 의한 정의이고 β가 기저가 됨을 쉽게 알 수 있다. 즉

① $\prod_i X_i \in \beta$이고

② β의 임의의 두 원소 $\prod_i U_i$와 $\prod_i V_i$에 대하여

$$(\prod_i U_i) \cap (\prod_i V_i) = \prod_i (U_i \cap V_i)$$

이기 때문에 임의의 i에 대하여 $U_i \cap V_i \in \mathfrak{T}_i$가 되어 $\prod_i (U_i \cap V_i) \in \beta$가 된다. 따라서 $(\prod_i U_i) \cap (\prod_i V_i) \in \beta$이다.

다음은 부분기저에 의하여 적공간을 일반화하자.

정의 8.8

$S_i = \{\pi_i^{-1}(U_i) \mid U_i \in \mathfrak{T}_i,\ i \in I\}$라고 할 때

$$S = \bigcup_i S_i$$

라고 하면 이때 S를 적공간 $\prod_i X_i$상의 한 위상에 대한 부분기저라 한다. 이 부분기저 S에 의하여 생성되는 $\prod_i X_i$상의 위상 $\mathfrak{T}$를 **적위상**(product topology)이라 하고 $(\prod_i X_i,\ \mathfrak{T})$를 적공간(product space)이라 한다. 그리고 각 $i \in I$에 대하여 $(X_i,\ \mathfrak{T}_i)$를 $(\prod_i X_i,\ \mathfrak{T})$의 i번째 **인수공간**(factor space)이라 한다.

궤위상과 적위상은 서로 어떤 차이가 있는지 알아보자.

기저원소(basis element)는 부분기저원소(subbasis element)들의 유한교집합으로 정의되었다. 그러므로 적위상의 기저 β의 원소 B는 다음과 같이 표현된다.

즉 $i=1, 2, \cdots, n$에 대하여 U_i가 $\mathfrak{T}_i$에 속한다고 하자. 그러면 기저원소 B는

$$B=\pi_1^{-1}(U_1)\cap\pi_2^{-1}(U_2)\cap\cdots\cap\pi_n^{-1}(U_n)\in\beta$$

이 된다. 이때 $\pi_\alpha^{-1}(U_\alpha)=U_\alpha\times\Pi\{X_\beta \mid \alpha\neq\beta\}$이므로 $\prod_i X_i$상의 적위상에 대한 기저원소 B는

$$\begin{aligned}B&=U_1\times U_2\times\cdots\times U_n\times\Pi\{X_\beta \mid \beta\neq 1, 2, \cdots, n\}\\&=U_1\times U_2\times\cdots\times U_n\times X_{n+1}\times X_{n+2}\times\cdots\end{aligned}$$

이다. 그리고 $\prod_i X_i$상의 궤위상에 대한 기저원소 B'는

$$B'=U_1\times U_2\times\cdots=\prod_i\{U_i \mid U_i\in\mathfrak{T}_i, \forall i\in I\}$$

이다. 그러나 $i=1,2,\cdots,n$일 때 $\prod_i X_i$상에서 궤위상과 적위상은 같은 것이다. 왜냐하면 궤위상에서 기저원소 B'는

$$B'=U_1\times U_2\times\cdots\times U_n,\ (U_i\in\mathfrak{T}_i)$$

이고 적위상에서 기저원소 B는

$$\begin{aligned}B&=\pi_1^{-1}(U_1)\cap\pi_2^{-1}(U_2)\cap\cdots\cap\pi_n^{-1}(U_n),\ (U_i\in\mathfrak{T}_i)\\&=U_1\times U_2\times\cdots\times U_n\end{aligned}$$

이기 때문이다. 즉 $B'=B$이다.

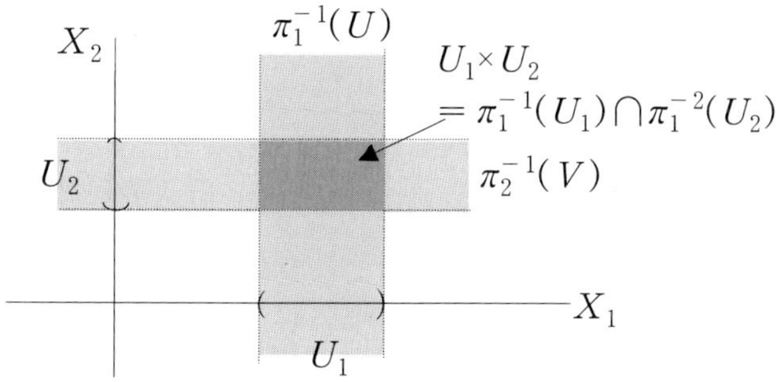

일반적으로 궤위상은 적위상보다 많은 개집합을 가진다. 궤위상이 필요 이상의 많은 개집합을 가지므로 궤위상보다 적위상이 더 유용하며 임의의 i에 대하여 $\prod_i X_i$에서의 위상을 정의할 때 특별한 언급이 없으면 적위상이 정의되어 있는 것으로 간주한다.

[예 2] $(a_1, b_1)\times(a_2, b_2)\times\cdots\times(a_n, b_n)$은 R^n에서의 위상에 대한 기저원소가 된다. 즉 이들의 모임이 기저를 이루는 것이다. R^n이 유한적(finite product)이기 때문에 궤위상과 적위상은 동일하다. 특별히 언급이 없으면 이 위상을 R^n에서 주어진 위상으로 간주한다.

정리 8.9 위상공간들의 모임 $\{(X_j, \mathfrak{T}_j) \mid j\in J\}$의 카테션적 $\prod_j X_j$에 적위상 $\mathfrak{T}$가 주어졌을 때 각 $i\in I$에 대하여 사영함수 $\pi_i : \prod_j X_j \to X_i$는 연속이고 개사상이며 전사이다.

증명 π_i가 전사임은 정의에 의하여 명백하다. 만일 U_i가 X_i에서 개집합이면 $\pi_i^{-1}(U_i)$는 $\prod_j X_j$에서 무한띠가 된다. 이는 $\prod_j X_j$에서의 적위상 $\mathfrak{T}$의 부분기저원소가 되므로 개집합이 되기 때문에 π_i는 연속이다. 또 $\prod_j X_j$에서의 기저원소를

$$B = U_1\times U_2\times\cdots\times U_n\times X_{n+1}\times X_{n+2}\times\cdots$$

라 하면

$$\pi_i(B) = \begin{cases} U_i & (i=1, 2, 3, \cdots, n) \\ X_i & (i\neq 1, 2, 3, \cdots, n) \end{cases}$$

가 되어 어느 경우든 π_i는 개집합을 개집합으로 보내는 함수가 되어 개사상이다.

정리 8.10 함수 $f: A \to \prod_i X_i$가 $f(a) = (f_i(a))_{i \in I}$에 의하여 정의되었다고 하자. 여기서 임의의 $i \in I$에 대하여 $f_i: A \to X_i$이다. $\prod_i X_i$가 적위상을 갖는다면 함수 f가 연속이기 위한 필요충분조건은 각 f_i가 연속인 것이다.

증명 $\pi_j: \prod_i X_i \to X_j$를 사영함수라 하자. 그러면 (정리 8.9)에 의하여 π_j는 연속함수이다. 만일 $f: A \to \prod_i X_i$가 연속함수라면 $f_j = \pi_j \circ f$이기 때문에 f_j는 연속이다.

역으로 좌표함수 f_j가 연속이라 하자. 그러면 X_j에서 개집합인 U_j를 취하면 $f_j^{-1}(U_j)$는 A에서 개집합이다. 그런데 $f_j = \pi_j \circ f$이므로

$$f_j^{-1}(U_j) = f^{-1}(\pi_j^{-1}(U_j))$$

가 되어 $f^{-1}(\pi_j^{-1}(U_j))$는 개집합이다. 또 π_j가 연속이기 때문에 $\pi_j^{-1}(U_j)$가 $\prod_i X_i$에서 부분기저원소로 개집합이므로 f는 연속이다.

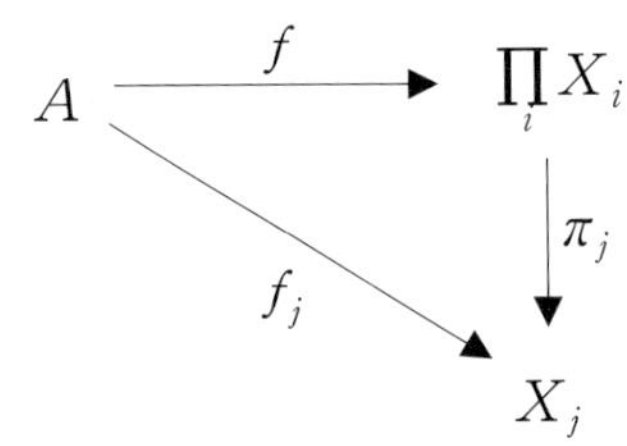

[예 3] R에서 무한가산개의 적을 R^ω라 하자. 즉 $R^\omega = \prod_{n \in \mathbb{Z}^+} X_n$ $(X_n = R)$. 함수 $f: R \to R^\omega$가 $f(t) = (t, t, t, \cdots)$로 정의되고 f의 n번째 좌표함수(coordinate function)가 $f_n(t) = t$라 하면 각 좌표함수 $f_n: R \to R$은 연속이다. 이때 R^ω가 적위상을 가지면 f는 연속이고 R^ω가 궤위상을 가지면 f는 연속이 아니다.

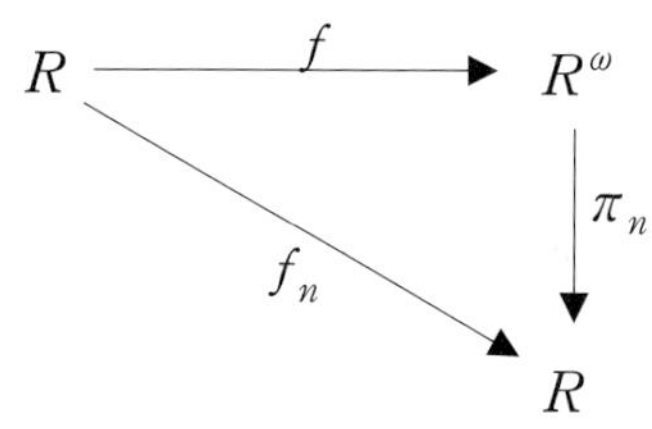

그런데 적위상에 대하여 연속인 것은 (정리 8.10)에 의하여 명백하므로 궤위상에 대하여 알아보자.

R^ω에서 궤위상에 대한 기저원소를

$$B=(-1,\ 1)\times(-\frac{1}{2},\ \frac{1}{2})\times(-\frac{1}{3},\ \frac{1}{3})\times\cdots$$

라 하면 $f^{-1}(B)$는 R에서 개집합이 아니다. 왜냐하면 만일 $f^{-1}(B)$가 R에서 개집합이라 가정하면 개집합의 정의에 의하여 $0\in(-\delta,\ \delta)\subset f^{-1}(B)$를 만족하는 개구간 $(-\delta,\ \delta)\subset R$가 존재한다. 그러면

$$f(-\delta,\ \delta)\subset ff^{-1}(B)\subset B$$

가 되고 이것에 사영함수 π_n을 적용하면

$$(\pi_n\circ f)(-\delta,\ \delta)\subset\pi_n(B)$$

가 된다. 이 때 $\pi_n\circ f=f_n$이고 $\pi_n(B)=(-\frac{1}{n},\ \frac{1}{n})$이므로 모든 n에 대하여

$$f_n(-\delta,\ \delta)=(-\delta,\ \delta)\subset(-\frac{1}{n},\ \frac{1}{n})$$

이 성립한다. 이는 모순이기 때문에 $f^{-1}(B)$가 개집합이 될 수 없고 따라서 f는 연속이 아니다.

정리 8.11 임의의 α에 대하여 $f_\alpha : X_\alpha\to Y_\alpha$가 연속이면 $\prod f_\alpha((x_\alpha))=(f_\alpha(x_\alpha))$에 의하여 정의되는 함수 $\prod f_\alpha : \prod X_\alpha\to\prod Y_\alpha$도 연속이다.

증명 생략

정리 8.12 $\{X_i \mid i \in I\}$와 $\{Y_j \mid j \in J\}$가 위상공간들의 두 모임이라 하자. 그리고 $\phi: I \to J$가 전단사일 때 각 i에 대하여 $X_i \cong Y_{\phi(i)}$이면 $\prod X_i \cong \prod Y_j$이다.

증명 생략

정의 8.13

$\prod_\alpha Y_\alpha$를 임의의 적공간이라 하고 $y^\circ = \{y_\alpha^\circ\}$가 $\prod_\alpha Y_\alpha$에서 주어진 한 점이라면 각 β에 대하여

$$S(y^\circ : \beta) = Y_\beta \times \prod \{y_\alpha^\circ \mid \alpha \neq \beta\} \subset \prod_\alpha Y_\alpha$$

를 $\prod_\alpha Y_\alpha$에서 y°를 지나며 Y_β축에 평행한 **슬라이스**(slice)라고 한다.

[예 4] $R^3 = R \times R \times R$에서 $y^\circ = (x_1^\circ, x_2^\circ, x_3^\circ)$인 경우

$$\begin{aligned} S(y^\circ : 1) &= R_1 \times \prod \{x_\alpha^\circ \mid \alpha \neq 1\} = R_1 \times (x_2^\circ, x_3^\circ) \\ &= \{(x, x_2^\circ, x_3^\circ) \mid x \in R\} \end{aligned}$$

이고 y°를 지나며 R_1축에 평행한 직선이다.

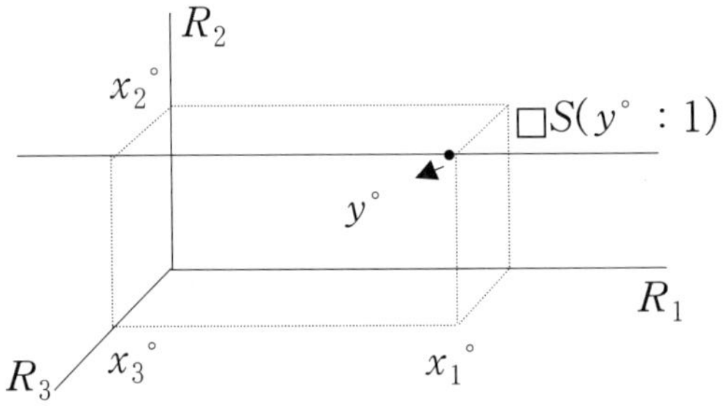

정리 8.14 함수 $S_\beta : Y_\beta \to S(y^\circ : \beta)$가 $y_\beta \mapsto y_\beta \times \prod \{y_\alpha^\circ \mid \alpha \neq \beta\}$로 정의되면

$$Y_\beta \cong S(y^\circ : \beta)$$

이다.

증명 $S(y^\circ : \beta)$가 $\prod Y_\alpha$의 부분공간이므로 $S(y^\circ : \beta)$에서의 개집합은 $\prod Y_\alpha$에서의 개집합과의 교집합으로 나타난다. 그러므로 슬라이스 S에서의 개집합은 임의의 U_{α_i}가 Y_{α_i}에서 개집합일 때 사영함수 $\pi_\alpha : \prod Y_\alpha \mapsto Y_\alpha$에 대하여

$$(\pi_{\alpha_1}{}^{-1}(U_{\alpha_1}) \cap \pi_{\alpha_2}{}^{-1}(U_{\alpha_2}) \cap \cdots \cap \pi_{\alpha_n}{}^{-1}(U_{\alpha_n})) \cap S$$

이다. 여기서 $(\pi_{\alpha_1}{}^{-1}(U_{\alpha_1}) \cap \pi_{\alpha_2}{}^{-1}(U_{\alpha_2}) \cap \cdots \cap \pi_{\alpha_n}{}^{-1}(U_{\alpha_n}))$을 A라 놓으면 개집합

$$A \cap S = \begin{cases} \varnothing & : S\text{가 } A\text{와 만나지 않을때} \\ S & : S\text{가 } A\text{안에 포함될때} \\ S \cap \pi_\beta^{-1}(U_\beta) & : S\text{가 } \pi_\beta^{-1}(U_\beta)\text{와 만날때} \end{cases}$$

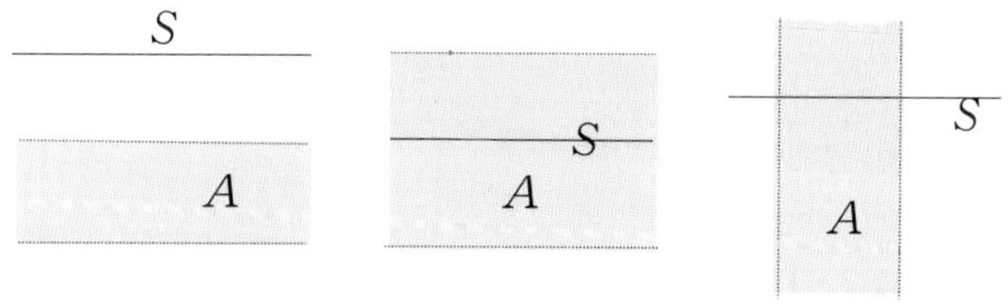

인 것이다. 그리고 $S_\beta^{-1}(A \cap S) = \varnothing$, Y_β 또는 U_β가 되어 어느 경우나 Y_β에서 개집합이므로 S_β는 연속함수이다. 그런데 사영사상 $\pi_\beta : \prod Y_\alpha \to Y_\beta$는 연속이므로 정의역을 축소한 축소함수

$$\pi = \pi_\beta|s : S \to Y_\beta$$

도 연속이다. 한편 $\pi \circ S_\beta = I_{Y_\beta}$, $S_\beta \circ \pi = I_s$ 이므로 π와 S_β가 전단사 함수이다. 따라서 π와 S_β는 위상동형대응사상이다.

적공간의 간단한 응용으로서 **칸터집합**(cantor set)에 대하여 알아보자.

단위 폐구간 $I=[0,\ 1]$을 3등분한 다음 가운데 개구간 $(\frac{1}{3},\ \frac{2}{3})$를 제거한 나머지를 C_1이라 하자. 즉

$$C_1=[0,\ \frac{1}{3}]\cup[\frac{2}{3},\ 1]$$

이다. C_1의 두 선분을 각각 다시 3등분하여 그 가운데 구간들 $(\frac{1}{9},\ \frac{2}{9})$와 $(\frac{7}{9},\ \frac{8}{9})$을 제거한 나머지를 C_1이라 하자. 즉

$$C_2=[0,\ \frac{1}{9}]\cup[\frac{2}{9},\ \frac{1}{3}]\cup[\frac{2}{3},\ \frac{7}{9}]\cup[\frac{8}{9},\ 1]$$

이다. 이러한 과정을 계속하게 되면 집합들의 감소열

$$C_1\supset C_2\supset C_3\supset\cdots$$

를 얻는다.

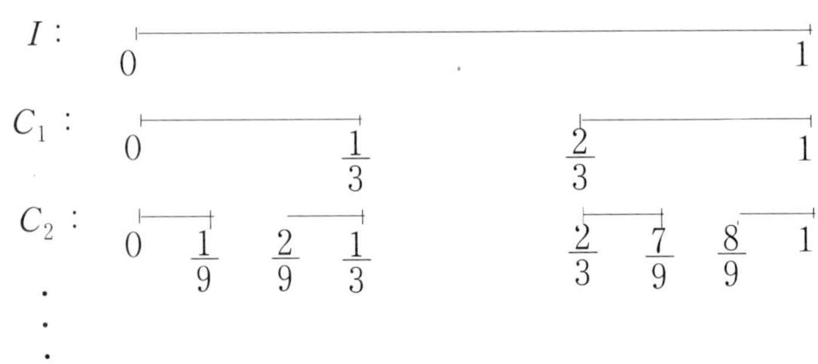

이때 C_m은 2^m개의 폐구간으로 이루어져 있다. 여기서 **칸터집합**은

$$C=\bigcap\{C_i \mid i\in\mathbb{N}\}$$

을 의미한다.

칸터집합 C의 원소는 $[0,\ 1]$상의 실수로 표시하면 다음과 같다.

$$a_m=\begin{cases}0: x\text{가 } C_m\text{에서 홀수번째 구간에 속할 때}\\ 2: x\text{가 } C_m\text{에서 짝수번째 구간에 속할 때}\end{cases}$$

라 하면

$$x = \frac{a_1}{3} + \frac{a_2}{9} + \frac{a_3}{27} + \cdots + \frac{a_m}{3^m} + \cdots = \sum_{m=1}^{\infty} \frac{a_m}{3^m}$$

과 같이 3진분수 전개로 표시되며 그 표시방법은 일의적이다. 각 $n \in \mathbb{N}$에 대하여 A_n을 0과 2만을 갖는 이산공간 $\{0, 2\}$라 할 때 그 적공간 $\prod_n A_n$을 만들면 $\{a_i\} \in \prod_n A_n$는 그 항이 0과 2로 이루어진 점열 $(a_1, a_2, \cdots)$와 같다. 즉 $\{a_i\} = (a_1, a_2, \cdots)$이다. 이 때 함수 $f: \prod_n A_n \to C$를 $\{a_i\} \mapsto \sum_1^{\infty} \frac{a_i}{3^i}$ 에 의해 정의하면 f는 전단사함수가 된다.

정리 8.15 $\prod_n A_n$이 적위상공간이고 칸터집합 C가 R의 부분공간일 때 함수 $f: \prod_n A_n \to C$가 $f(\{a_i\}) = \sum_1^{\infty} \frac{a_i}{3^i}$ 에 의해 정의될 때 f는 위상동형대응사상이다. 즉 $\prod_n A_n \cong C$이다.

증명 생략

[예 5] 위에서 정의한 함수 $f: \prod_n A_n \to C$가 어떻게 대응하는가를 $n=3$인 경우에 대하여 알아보자.

$$\begin{aligned}\prod_1^3 A_i &= A_1 \times A_2 \times A_3 \\ &= \{(0, 0, 0), (0, 0, 2), (0, 2, 0), (2, 0, 0), (0, 2, 2), \\ &\quad (2, 0, 2), (2, 2, 0), (2, 2, 2)\}\end{aligned}$$

이고 $f: \prod_1^3 A_i \to C_3$는 다음과 같이 대응한다.

$$\begin{aligned}(2, 2, 2) &\to \frac{26}{27} = \frac{2}{3} + \frac{2}{9} + \frac{2}{27} \\ (2, 2, 0) &\to \frac{24}{27} = \frac{2}{3} + \frac{2}{9} + 0 \\ (2, 0, 2) &\to \frac{20}{27} = \frac{2}{3} + 0 + \frac{2}{27} \\ (2, 0, 0) &\to \frac{18}{27} = \frac{2}{3} + 0 + 0\end{aligned}$$

$$(0,\ 2,\ 2) \quad \rightarrow \quad \frac{8}{27} = 0 + \frac{2}{9} + \frac{2}{27}$$

$$(0,\ 2,\ 0) \quad \rightarrow \quad \frac{6}{27} = 0 + \frac{2}{9} + 0$$

$$(0,\ 0,\ 2) \quad \rightarrow \quad \frac{2}{27} = 0 + 0 + \frac{2}{27}$$

$$(0,\ 0,\ 0) \quad \rightarrow \quad \frac{0}{27} = 0 + 0 + 0$$

연습문제 4.8

1. $X=\{a, b, c\}$상에서 위상 $\mathfrak{T}=\{X, \varnothing, \{a\}, \{a, b\}\}$를 $Y=\{1, 2, 3\}$상에서 위상 $\mathfrak{T}'=\{Y, \varnothing, \{1\}, \{1, 2\}\}$를 갖는다면 $X\times Y$상의 적위상에 대한 기저와 부분기저를 구하여라. **【문제중심 위상수학 참고】**

2. 위상공간들의 모임 $\{X_\alpha\}$에서 각 α에 대하여 $A_\alpha \in X_\alpha$라 하자.

【문제중심 위상수학 참고】

(1) A_α가 X_α의 폐집합이면 $\prod_\alpha A_\alpha$가 $\prod_\alpha X_\alpha$의 폐집합임을 보여라.

(2) $\overline{\prod_\alpha A_\alpha} = \prod_\alpha \overline{A_\alpha}$ 임을 보여라.

3. 카테션적 $\prod_\alpha X_\alpha$에서 어떤 α_0에 대하여 $X_{\alpha_0} = \varnothing$이면 $\prod_\alpha X_\alpha = \varnothing$이다.

【문제중심 위상수학 참고】

4. 적공간 $X\times Y$에서 임의의 $y \in Y$에 대하여 부분공간 $X\times\{y\}$는 X와 위상동형이다.

5. Cantor 집합 C는 R의 폐부분집합이다.

6. Cantor 집합 C는 비가산집합이다.

7. 정리 8.11, 정리 8.12, 정리 8.15를 증명하여라.

Chapter 05

거리공간

하나의 집합에 위상을 부여하는 방법 중 아주 중요하고 흔히 이용되는 것이 그 집합에서의 거리 개념에 의하여 위상을 정의하는 것이다. 특히 이런 거리개념에 의하여 유도되는 위상은 현대 해석학의 핵심을 이루고 있다.

이 장에서는 거리위상을 정의하고 몇 가지 예와 성질들을 알아본다.

1. 집합상의 거리

정의 1.1

한 집합 X에서의 **거리**(metric)는 다음의 성질을 만족하는 함수

$$d : X \times X \to R$$

를 의미한다. 즉 임의의 x, y, $z \in X$에 대하여

(1) $\forall x,\ y \in X,\quad d(x,\ y) \geq 0$

(2) $\forall x,\ y \in X,\quad d(x,\ y) = d(y,\ x)$ (대칭성)

(3) $\forall x,\ y,\ z \in X,\quad d(x,\ y) + d(y,\ z) \geq d(x,\ z)$ (삼각부등식)

(4) $d(x,\ y) = 0 \Leftrightarrow x = y$

거리 d를 **거리함수**(distance function)라고도 하며 실수 $d(x,\ y)$를 d에 의한 x와 y사이의 거리라고 한다.

[예 1] 실수 R에서 $d(x, y)=|x-y|$에 의하여 정의되는 함수 d는 거리이다. 왜냐하면 위 정의의 4가지 조건을 만족하기 때문이다. 즉

① 임의의 $x, y\in R$에 대하여 $d(x, y)=|x-y|\geq 0$

② 임의의 $x, y\in R$에 대하여 $d(x, y)=|x-y|=|y-x|=d(y, x)$

③ 임의의 $x, y, z\in R$에 대하여

$$d(x, y)=|x-y|=|x-z+z-y|\leq|x-z|+|z-y|=d(x,z)+d(z, y)$$

④ 임의의 $x, y\in R$에 대하여 $d(x, y)=|x-y|=0 \Leftrightarrow x=y$

이다. 이 때 특히 함수 d를 **보통거리**(usual metric, standard metric)라고 한다.

위 (예 1)에서 거리 d가 지니고 있는 특성을 가려서 일반 집합 상에서 추상화한 것이 (정의 1.1)의 4가지 조건이다.

[예 2] R^n에서 임의의 $x, y\in R^n$에 대하여

$$d(x, y)=\sqrt{\sum_1^n(x_i-y_i)^2}$$

에 의하여 정의된 함수 d는 (예 1)을 일반화한 것으로 R^n상에서 보통거리이다. 이를 특히 **유클리드 거리**(Euclidean metric)라고도 한다.
이때 $x=(x_1, x_2, \cdots, x_n)$, $y=(y_1, y_2, \cdots, y_n)$이다. 거리가 됨을 보이자. 다음 절의 노름을 이용하면

$$d(x, y)=\| x-y\| =\sqrt{\sum_1^n(x_i-y_i)^2}$$

이므로

① 임의의 $x, y\in R^n$에 대하여 $d(x, y)=\| x-y\| \geq 0$

② 임의의 $x, y\in R^n$

$$\begin{aligned} d(x, y) &= \| x-y\| = \| (-1)(y-x)\| \\ &= |-1|\ \| y-x\| = \| y-x\| = d(y, x) \end{aligned}$$

③ 임의의 $x,\ y,\ z \in R^n$에 대하여

$$d(x,\ y) = \| x-y \| = \| x-z+z-y \|$$
$$\le \| x-z \| + \| z-y \| = d(x,\ z) + d(z,\ y)$$

④ $x=y \Leftrightarrow d(x,\ y) = \| x-y \| = \| 0 \| = 0$

[예 3] 집합 X에서 임의의 $x,\ y \in X$에 대하여

$$d(x, y) = \begin{cases} 0 & x=y \\ 1 & x \ne y \end{cases}$$

과 같이 정의된 함수 d는 X상의 거리가 되고 이 거리 d를 **자명한**(trivial)**거리**라고 한다. 거리가 됨을 보이자.

① 임의의 $x,\ y \in X$에 대하여 $d(x,\ y) \ge 0$

② 임의의 $x,\ y \in X$에 대하여 $x=y$이면 $d(x,\ y)=0=d(y,\ x)$이고
$x \ne y$이면 $d(x,\ y)-1=d(y,\ x)$

③ $d(x,\ y) \le d(x,\ z)+d(z,\ y)$이 성립됨을 $x=y=z$, $x=y\ne z$, $x \ne y=z$, $x\ne y\ne z$의 4가지 경우에서 확인한다.

④ 주어진 정의에 의해 $x=y$이면 $d(x,\ y)=0$이다.

[예 4] R^n상에서 $\rho(x,\ y)=\max\{|x_1-y_1|, \cdots, |x_n-y_n|\}$에 의하여 정의된 함수 ρ는 거리이다. 이 거리 ρ를 **사각거리**(square metric)라 한다. 함수 ρ가 거리가 됨을 보여보자.

① $\rho(x,\ y) \ge 0$이다. 왜냐하면 임의의 i에 대하여

$$\rho(x,\ y) = \max\{|x_1-y_1|,\ \cdots,\ |x_n-y_n|\} \ge |x_i - y_i| \ge 0$$

이기 때문이다.

② $\rho(x,\ y)=\rho(y,\ x)$이다. 왜냐하면 임의의 i에 대하여 $|x_i-y_i|=|y_i-x_i|$이기 때문에

$$\rho(x,\ y) = \max\{|x_1 - y_1|,\ \cdots,\ |x_n - y_n|\}$$
$$= \max\{|y_1 - x_1|,\ \cdots,\ |y_n - x_n|\} = \rho(y,\ x)$$

③ $\rho(x,\ y) = 0 \Leftrightarrow x = y$ 이다. 왜냐하면 $x = y$ 이므로 임의의 i에 대하여 $x_i = y_i$ 이다. 따라서 모든 i에 대하여 $|x_i - y_i| = 0$가 되어 $\rho(x,\ y) = 0$가 된다. 역으로 $\rho(x,\ y) = 0$이라면 임의의 i에 대하여 $|x_i - y_i|$중 제일 큰 것이 0 이 되고 모든 i에 대하여 $|x_i - y_i| \geq 0$이므로 $x_i = y_i$가 된다. 따라서 $x = y$ 이다.

④ 임의의 i에 대하여

$$|x_i - z_i| = |\ x_i - y_i + y_i - z_i\ | \leq |x_i - y_i| + |y_i - z_i|$$

이다. 거리 ρ의 정의에 의하여

$$|x_i - z_i| \leq |x_i - y_i| + |y_i - z_i| \leq \rho(x,\ y) + \rho(y,\ z)$$

이 성립하고 임의의 i에 대하여

$$|x_i - z_i| \leq \rho(x,\ y) + \rho(y,\ z)$$

이므로

$$\max\{|x_i - z_i|\} \leq \rho(x.\ y) + \rho(y,\ z)$$

이다. 따라서 $\rho(x,\ z) \leq \rho(x,\ y) + \rho(y,\ z)$이다.

[예 5] 위 (예 2)와 (예 4)에서 정의한 거리함수 d와 ρ는 R상에서는 모두 (예 1)과 같은 보통거리 d가 된다.

[예 6] $C[0,\ 1]$를 단위구간 $[0,\ 1]$에서의 연속함수들의 모임이라 하자. 그러면

$$d(f,\ g) = \int_0^1 |f(x) - g(x)|\, dx$$

에 의하여 정의되는 함수 d는 거리이다. 왜냐하면

① $d(f,\ g) = \int_0^1 |f(x) - g(x)|\, dx \geq 0$

② $d(f,\ g) = \int_0^1 |f(x) - g(x)|\, dx = \int_0^1 |g(x) - f(x)|\, dx = d(g, f)$

③ $d(f,\ g) = \int_0^1 |f(x) - g(x)|\, dx = \int_0^1 |f(x) - h(x) + h(x) - g(x)|\, dx$

$$\leq \int_0^1 (|f(x) - h(x)| + |h(x) - g(x)|)dx$$

$$= \int_0^1 |f(x) - h(x)|\, dx + \int_0^1 |h(x) - g(x)|\, dx$$

$$= d(f,\ h) + d(h,\ g)$$

④ $d(f,\ g) = 0 \Leftrightarrow \int_0^1 |f(x) - g(x)|\, dx = 0 \Leftrightarrow f(x) = g(x),$

$$x \in [0,\ 1] \Leftrightarrow f = g$$

이기 때문이다.

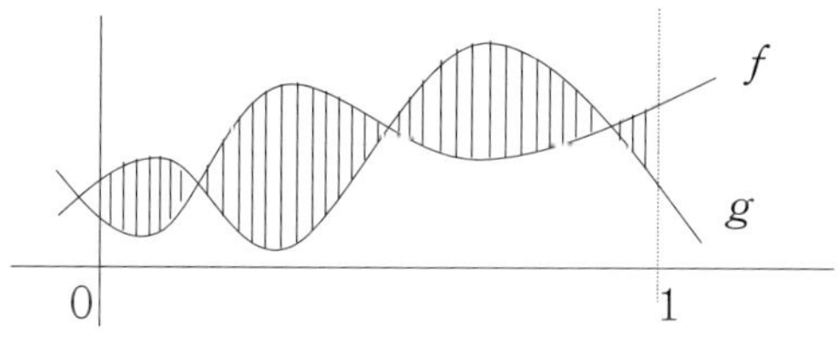

[예 7] $C[0,\ 1]$을 $[0,\ 1]$상에서의 연속함수들의 모임이라 하면

$$d'(f,\ g) = sup\{|f(x) - g(x)|\},\ x \in [0, 1]$$

에 의하여 $C[0,\ 1]$상에서 정의되는 함수 d'는 거리이다. 왜냐하면

① $d'(f,\ g) \geq 0$: 임의의 $x \in [0, 1]$에 대하여

$d'(f, g) = sup\{|f(x) - g(x)|\} \geq |f(x) - g(x)| \geq 0$

② $d'(f,\ g) = sup\{|f(x) - g(x)|\} = sup\{|g(x) - f(x)|\}$

$$= d'(g,\ f)$$

③ $d'(f,\ g) = sup\{|f(x) - g(x)|\}$

$$= sup\{|f(x) - h(x) + h(x) - g(x)|\}$$

$$\leq sup\{|f(x) - h(x)| + |h(x) - g(x)|\}$$

$$\leq sup\{|f(x)-h(x)|\}+sup\{|h(x)-g(x)|\}$$
$$= d'(f,\ h)+d'(h,\ g)$$

④ $d'(f,\ g)=sup\{|f(x)-g(x)|\}=0 \Leftrightarrow \forall x\in[0,1],\ |f(x)-g(x)|=0$

$$\Leftrightarrow \forall x,\ f(x)=g(x) \Leftrightarrow f=g$$

(예 7)의 거리 d'는 위 그림에서 두 함수 f와 g사이에 가장 큰 간격을 의미한다.

정의 1.2

d가 집합 X상의 거리일 때 한 점 $p\in X$와 공집합이 아닌 부분집합 $A\subset X$ 사이의 **거리**(distance)는 다음과 같이 정의한다.

$$d(p,\ A)=inf\{d(p,\ x)\mid x\in A\}$$

즉 p에서 A의 각 점까지의 거리의 집합의 하한이다.

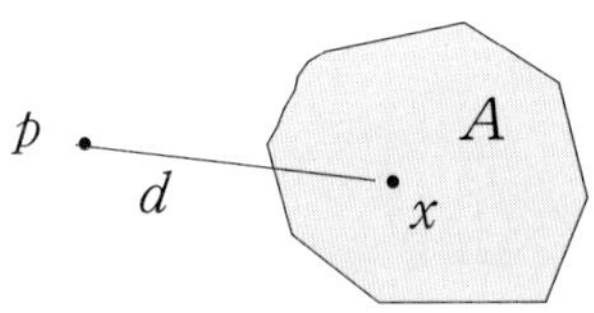

또 공집합이 아닌 두 부분집합 $A,\ B\subset X$사이의 거리는

$$d(A,B)=inf\{d(x,\ y)\mid x\in A,\ y\in B\}$$

에 의하여 정의한다.

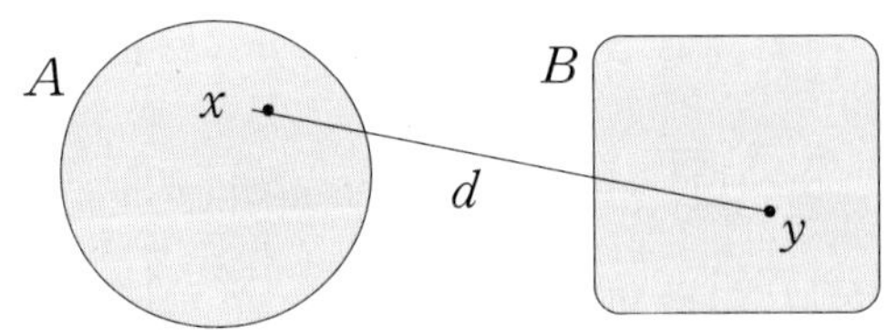

공집합이 아닌 부분집합 $A\subset X$의 **지름**(diameter)은

$$d(A)=sup\{d(x,x')\mid x,\ x'\in A\}$$

이다. 즉 A안의 점들 사이의 거리의 집합의 상한에 의하여 정의한다.

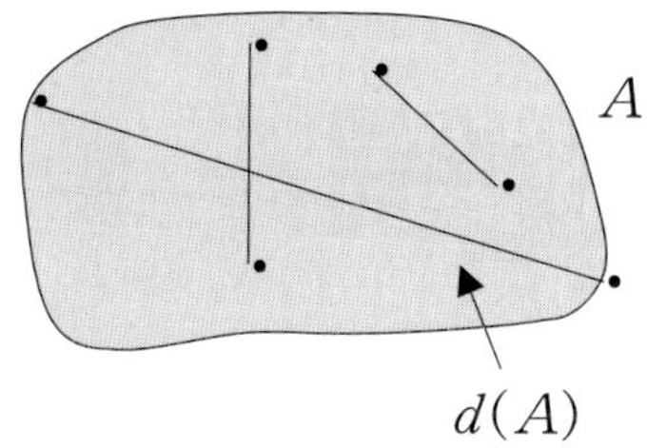

만일 A의 지름이 유한이면 $(d(A)<\infty)$ A는 **유계**(bounded)라 하고 그렇지 않으면 $(d(A)=\infty)$ A는 **비유계**(unbounded)라고 한다. 공집합 $\varnothing$에 대하여서는 다음과 같이 정한다.

$$d(\varnothing)=0,\ d(p,\ \varnothing)=\infty,\ d(\varnothing,\ A)=\infty=d(A,\ \varnothing)$$

[예 8] d를 집합 X상의 자명한 거리라 하면 $p\in X$와 $A,\ B\subset X$에 대하여

$$d(p,\ A)=\begin{cases}1 & (p\notin A)\\ 0 & (p\in A)\end{cases}\qquad d(A,\ B)=\begin{cases}1 & (A\cap B=\varnothing)\\ 0 & (A\cap B\neq\varnothing)\end{cases}$$

이다. 왜냐하면 $d(p,\ A)=inf\{d(p,\ x)\mid x\in A\}$이고 $p\notin A$인 경우 임의의 $x\in A$에 대하여 $p\neq x$이므로 항상 $d(p,x)=1$이다. 그리고 $p\in A$인 경우는 어떤 $x\in A$가 존재해서 $p=x$이므로 $d(p,x)=0$이기 때문이다. $d(A,\ B)$도 같은 방법으로 생각한다.

[예 9] $A=[0,1),\ B=(1,2]\subset R$에 대하여 d를 R상의 보통거리라 하면 $d(A,\ B)=0$이다. 그러나 d'를 R상의 자명한 거리라 하면 $A\cap B=\varnothing$이므로 $d'(A,\ B)=1$이다.

정리 1.3 d가 집합 X상의 거리이고 $A,\ B\subset X,\ p\in X$라 하면

(1) $d(p,\ A),\ d(A,\ B),\ d(A)$는 음이 아닌 실수이다.

(2) $p\in A\Rightarrow d(p,\ A)=0$

(3) $A\cap B\neq\varnothing\Rightarrow d(A,B)=0$

(4) A가 유한집합이면 $d(A)<\infty$, 즉 A는 유계이다.

증명 (1), (2), (4) : (정의 1.2)에 의하여 자명하다.

(3) $A\cap B\neq\varnothing$ 이면 $p\in A\cap B$가 존재해서

$$d(A,\ B)=inf\{d(a,\ b)\mid a\in A,\ b\in B\}=d(p,\ p)=0$$

[예 10] 수직선 R에서 $A=(1,3)$, $B=[5,8)$일 때 $d(A,B)=2$이다. 즉

$$d(A,B)=inf\{d(x,\ y)\mid x\in A,\ y\in B\}\text{이고 } d(x,\ y)=|x-y|$$

이므로 $2<d(x,\ y)=|x-y|<7$이 되기 때문이다.

정리 1.4 $A,\ B\subset X$이고 d가 X에서 거리일 때

$$d(A\cup B)\leq d(A)+d(B)+d(A,\ B)$$

이다.

증명 $a,\ b\in A\cup B$ 인 경우 $a,\ b\in A$ 이든지 $a,\ b\in B$ 이다. 그러면

$$d(a,\ b)\leq d(A)+d(B)$$

이다. 또 $a\in A$ 이고 $b\in B$ 일 때 $A\cap B\neq\varnothing$ 라 하면 $x\in A\cap B$가 존재해서

$$d(a,\ b)\leq d(a,\ x)+d(x,\ b)\leq d(A)+d(B)$$

이다. $A\cap B=\varnothing$이라 하자.

$d(A,B)=inf\{d(x,\ y)\mid x\in A,\ y\in B\}$이므로 임의의 $\varepsilon\geq 0$에 대하여 $x\in A$, $y\in B$가 존재해서 $d(x,\ y)\leq d(A,\ B)+\varepsilon$ 이고

$$\begin{aligned}d(a,\ b)&\leq d(a,\ x)+d(x,\ y)+d(y,\ b)\\&\leq d(A)+d(B)+d(A,\ B)+\varepsilon\end{aligned}$$

이다. 그러므로 $d(a,\ b)\leq d(A)+d(B)+d(A,\ B)$이다. 따라서

$$\begin{aligned}d(A\cup B)&=sup\{d(a,\ b)\mid a,\ b\in A\cup B\}\\&\leq d(A)+d(B)+d(A,\ B)\end{aligned}$$

이다.

연습문제 5.1

1. (정리 1.3)을 설명하고 (2), (3), (4)의 역은 성립하지 않음을 보여라.
【문제중심 위상수학 참고】

2. $\overline{d}(x, y) = min\{d(x, y), 1\}$에 의하여 정의되는 함수 $\overline{d} : X \times X \rightarrow R$은 거리임을 밝혀라($\overline{d}$:보통유계거리라고 한다).**【문제중심 위상수학 참고】**

3. 평면 R^2상에서 $d_1(x, y) = |x_1 - y_1| + |x_2 - y_2|$에 의해 정의되는 d_1은 거리이다.**【문제중심 위상수학 참고】**

4. A, B가 거리공간 (X, d)의 부분집합일 때 다음이 성립한다.
【문제중심 위상수학 참고】
   1) $d(A) = 0 \Leftrightarrow A = \varnothing$ 또는 단집합
   2) $A \subset B$이면 $d(A) \leq d(B)$이다
   3) $d(\overline{A}) = d(A)$

5. Y를 거리공간 (X, d)의 부분집합이라 하고 임의의 $x, y \in Y$에 대하여 $e(x, y) = d(x, y)$이면 e는 Y상의 거리함수가 된다. 거리공간 (Y, e)가 (X, d)의 부분공간임을 증명하여라.

6. 거리공간 (X, d)에서 임의의 $x, y \in X$에 대하여 d_1을 $d_1(x, y) = \dfrac{d(x, y)}{1 + d(x, y)}$이라 정의하면 (X, d_1)은 유계인 거리공간이 됨을 보여라. **【문제중심 위상수학 참고】**

7. A가 거리공간 (X, d)의 부분집합일 때 $f(x) = d(x, A)$로 정의되는 함수 $f : X \rightarrow R$은 연속이다.**【문제중심 위상수학 참고】**

8. (X, d)가 거리공간이고 $x, x_0 \in X$라 하면 $f(x) = d(x_0, x)$로 정의되는 함수 $f : X \rightarrow R$은 연속이다.

2. 노름공간

정의 2.1

V를 실벡터공간(real vector space)이라고 하자. 각 $v \in V$에 대하여 실수 $\| v \|$를 대응시키는 함수 $\| \ \| : V \to R$가 다음 공리를 만족할 때 이 함수를 V상의 **노름**(norm)이라고 한다. 각, $v, \ w \in V$와 $k \in R$에 대하여

(1) $\| v \| \geq 0$ 그리고 $\| v \| = 0 \Leftrightarrow v = 0$

(2) $\| v + w \| \leq \| v \| + \| w \|$

(3) $\| kv \| = |k| \, \| v \|$

노름이 주어진 벡터공간 V를 **노름공간**(normed space)이라 하고 실수 $\| v \|$를 벡타 v의 노름이라고 한다.

정리 2.2 V를 노름공간이라 하자. 임의의 $v, \ w \in V$에 대하여

$$d(v, \ w) = \| v - w \|$$

에 의하여 정의된 함수 d는 V상의 거리이다.

증명 거리가 되기 위한 4가지 조건을 보이자.

(1) 임의의 $v, \ w \in V$에 대하여 $d(v, \ w) = \| v - w \| \geq 0$

(2) $d(v, \ v) = \| v - v \| = \| 0 \| = 0$이다. 그리고 $v \neq w$이면 $v - w \neq 0$이므로 $d(v, \ w) = \| v - w \| > 0$

(3) $d(v, \ w) = \| v - w \| = \| (-1)(w - v) \|$

$$= | -1 | \, \| w - v \| = \| w - v \| = d(w, \ v)$$

(4) $d(u, v) = \| u - v \| = \| u - w + w - v \|$

$$\leq \| u - w \| + \| w - v \| = d(u, \ w) + d(w, \ v)$$

이 거리 d를 노름에 의하여 V상에 **유도된거리**(induced metric)라고 한다. 노름에 의하여 유도된 거리를 갖는 노름공간은 거리공간이다. 따라서 노름공간은 또한 위상공간이다.

[예 1] $C[0, 1]$을 $I=[0, 1]$상에 정의된 모든 실수치 연속함수의 집합이라 하자. 연속함수의 합과 스켈라적은 또한 연속이므로 $C[0, 1]$은 벡터공간이다. 임의의 $f \in C[0, 1]$에 대하여

$$\|f\| = sup\{\,|f(x)|\;|\;x \in I\}$$

에 의하여 정의된 함수는 하나의 노름이다. 왜냐하면

① 임의의 $x \in I$에 대하여 $|f(x)| > 0$이므로 $\|f\| > 0$

② $\|f+g\| = sup\{\,|f(x)+g(x)|\;|\;x \in I\}$
$\leq sup\{\,|f(x)|\;|\;x \in I\} + sup\{\,|g(x)|\;|\;x \in I\}$
$= \|f\| + \|g\|$

③ $\|kf\| = sup\{\,|kf(x)|\;|\;x \in I\} = sup\{\,|k|\,|f(x)|\;|\;x \in I\}$
$= |k|\, sup\{\,|f(x)|\;|\;x \in I\} = |k|\,\|f\|$

이다.

정리 2.3 임의의 $p=(a_1, a_2, \cdots, a_n) \in R^n$에 대하여

$$\|p\| = \|(a_1, a_2, \cdots, a_n)\| = \sqrt{\sum_1^n a_i^2}$$

에 의하여 정의된 함수 $\|\ \|: R^n \to R$은 R^n상의 노름이다.

특히 이것을 R^n상의 **유클리드노름**(Euclidean norm)이라고 한다. 유클리드노름은 R^n상에 보통거리(usual metric)를 유도하게 되며 R^n은 노름공간이 된다.

위 정리를 증명하기 위해서 다음의 (참고 1), (참고 2)를 먼저 알아보자.

참고 1. (Cauch-Schwarz 부등식)

임의의 두 벡터 $p=(a_1, a_2, \cdots, a_n)$, $q=(b_1, b_2, \cdots, b_n)\in R^n$에 대하여 다음과 같다.

$$\sum_{i=1}^{n}|a_i b_i| \le \| p\| \ \| q\| = \sqrt{\sum_{i=1}^{n} {a_i}^2}\sqrt{\sum_{i=1}^{n} {b_i}^2}$$

증명 만일 $p=0$ 또는 $q=0$이면 위 부동산은 $0\le 0$가 되어 참이다. $p\ne 0$이고 $q\ne 0$이라 하자. 즉 $\| p\| \ne 0$이고 $\| q\| \ne 0$. 임의의 실수 x와 y에 대하여

$$0\le(x-y)^2 = x^2-2xy+y^2$$

이므로 $2xy\le x^2+y^2$가 된다. 이를 이용해서

$$x=\frac{|a_i|}{\| p\|}, \qquad y=\frac{|b_i|}{\| q\|}$$

라 하면

$$0\le\left(\frac{|a_i|}{\|p\|}-\frac{|b_i|}{\|q\|}\right)^2=\frac{{a_i}^2}{\|p\|^2}-2\frac{|a_i||b_i|}{\|p\|\|q\|}+\frac{{b_i}^2}{\|q\|^2}$$

이므로 임의의 i에 대하여

$$2\frac{|a_i||b_i|}{\|p\|\|q\|}\le\frac{{a_i}^2}{\|p\|^2}+\frac{{b_i}^2}{\|q\|^2}$$

이다. 양변의 i를 1에서 n까지 더하고

$\sum_{i=1}^{n}{a_i}^2=\|p\|^2$, $\sum_{i=1}^{n}{b_i}^2=\|q\|^2$를 대입하면

$$2\frac{\sum_{i=1}^{n}|a_i||b_i|}{\|p\|\|p\|}\le\frac{\sum_{i=1}^{n}{a_i}^2}{\|p\|^2}=\frac{\sum_{i=1}^{n}{b_i}^2}{\|q\|^2}=2$$

따라서

$$\sum_{i=1}^{n}|a_i||b_i|\le\|p\|\|q\|$$

가 된다.

[예 2] 공간 R^3에서 $p=(1,0,3)$, $q=(0,2,7)$ 일 때

$$|p\cdot q| = |(1\cdot 0)+(0\cdot 2)+(3\cdot 7)| = 21$$
$$\|p\|\|q\| = \sqrt{10}\cdot\sqrt{53} = \sqrt{530} \geq 21$$

이 되어 $|p\cdot q| \leq \|p\|\|q\|$ 이다.

참고 2. (Minkowski의 부등식)

임의의 두 벡터 $p=(a_1, a_2, \cdots, a_n)$, $q=(b_1, b_2, \cdots, b_n)\in R^n$에 대하여

$$\|p+q\| \leq \|p\| + \|q\|$$

이다.

증명 만일 $\|p+q\|=0$ 이면 위 부등식은 항상 성립한다. $\|p+q\|\neq 0$ 이라 하자. 그러면

$$\begin{aligned}\|p+q\|^2 &= \sum_{i=1}^{n}(a_i+b_i)^2 = \sum_{i=1}^{n}|a_i+b_i||a_i+b_i|\\ &\leq \sum_{i=1}^{n}|a_i+b_i|(|a_i|+|b_i|)\\ &= \sum_{i=1}^{n}(|a_i+b_i||a_i|+|a_i+b_i||b_i|)\\ &= \sum_{i=1}^{n}|a_i+b_i||a_i| + \sum_{i=1}^{n}|a_i+b_i||b_i|\end{aligned}$$

이다. (참고 1)에 의하여

$$\sum_{i=1}^{n}|a_i+b_i||a_i| \leq \|p+q\|\|p\|$$
$$\sum_{i=1}^{n}|a_i+b_i||b_i| \leq \|p+q\|\|q\|$$

이므로

$$\|p+q\|^2 \le \|p+q\|\|p\| + \|p+q\|\|q\|$$

가 된다. 따라서 양변을 $\|p+q\|$로 나누면

$$\|p+q\| \le \|p\| + \|q\|$$

이다.

[예 3] 공간 R^3에서 $p=(1,0,3)$, $q=(0,2,7)$ 일 때

$$\|p+q\| = \|(1, 2, 10)\| = \sqrt{105} \fallingdotseq 10.27$$
$$\|p\| + \|q\| = \sqrt{10} + \sqrt{53} \fallingdotseq 3,17 + 7.28 = 10.45$$

이 되어 $\|p+q\| \le \|p\| + \|q\|$이다.

(정리 2.3)의 증명.

임의의 $p=(a_1, a_2, \cdots, a_n) \in R^n$에 대하여

$$\|p\| = \|(a_1, a_2, \cdots, a_n)\| = \sqrt{\sum_{i=1}^{n} a_i^2}$$

이므로 노름의 조건 (1)을 만족한다. 다음에 (참고 2)에 의하여 조건 (2)도 성립한다. 그리고 임의의 $p=(a_1, a_2, \cdots, a_n) \in R^n$과 $k \in R$에 대하여

$$\begin{aligned} \|kp\| &= \|k(a_1, a_2, \cdots, a_n)\| \\ &= \|(ka_1, ka_2, \cdots, ka_n)\| \\ &= \sqrt{(ka_1)^2 + (ka_2)^2 + \cdots + (ka_n)^2} \\ &= |k|\sqrt{a_1^2 + a_2^2 + \cdots + a_n^2} \\ &= |k|\|(a_1, a_2, \cdots, a_n)\| \end{aligned}$$

이므로 조건 (3)도 만족한다.

[예 4] 노름공간 X에 대하여 $f(x) = \| x \|$로 정의되는 함수 $f: X \to R$는 연속이다. 왜냐하면 임의의 점 $x_0 \in X$와 임의의 $\varepsilon > 0$에 대하여 $\delta = \varepsilon$이라 하자. 그러면 $\| x - x_0 \| < \delta$일 때

$$| f(x) - f(x_0) | = | \| x \| - \| x_0 \| | \leq \| x - x_0 \| < \delta = \varepsilon$$

이기 때문이다.

3. 거리위상

d가 X상의 거리라 하자. 임의의 $\varepsilon>0$에 대하여 중심이 x이고 x로부터의 거리가 ε보다 작은 점 y들의 집합을

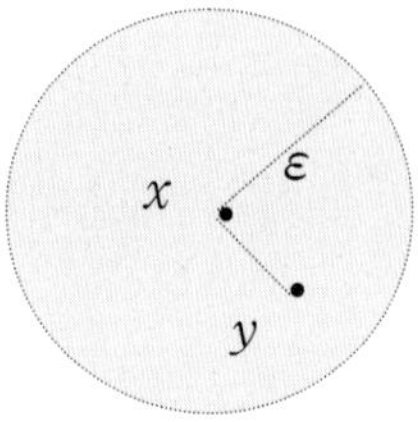

$$B_d(x,\ \varepsilon)=\{y \mid d(x,\ y)<\varepsilon\}$$

라 할 때 이것을 중심 x에서의 ε-**구**(ε-ball), 또는 ε-**개구체**(ε-open sphere)라 한다. 때때로 거리 d의 지적이 필요 없으면 $B(x,\ \varepsilon)$의 d를 생략하여 $B(x,\ \varepsilon)$로 쓰기도 한다.

정리 3.1 d를 집합 X상의 거리라 하자. X에서 개구체 전체로 이루어진 모임 $\{B_d(x,\ \varepsilon) \mid x\in X,\ \varepsilon>0\}$은 X상의 어떤 한 위상에 대한 기저가 된다.

증명 기저가 되는 첫번째 조건은 자명하다. 왜냐하면 모든 $x\in X$와 각 $\varepsilon>0$에 대하여 $x\in B(x,\ \varepsilon)$이기 때문에

$$X=\cup\{B(x,\ \varepsilon) \mid x\in X,\ \varepsilon>0\}$$

이다. 두 번째 조건을 보이기 위하여 아래의 사실을 먼저 설명하자. 즉 "만일 $y\in B(x,\ \varepsilon)$이면 $B(y,\ \delta)\subset B(x,\ \varepsilon)$을 만족하는 $B(y,\ \delta)$가 존재한다". 왜냐하면 $y\in B(x,\ \varepsilon)$이면 $d(x,\ y)<\varepsilon$이므로 $\varepsilon-d(x,\ y)=\delta>0$라 하자. 그러면 만일 $z\in B(y,\ \delta)$이면

$$d(y,\ z)<\delta=\varepsilon-d(x,\ y)$$

가 된다. 그러므로 거리의 조건 (3)에

$$d(x,\ z)\le d(x,\ y)+d(y,\ z)<\varepsilon$$

이고 따라서 $z\in B(x,\ \varepsilon)$이다. 이제 두 번째 조건이 성립함을 보이자.

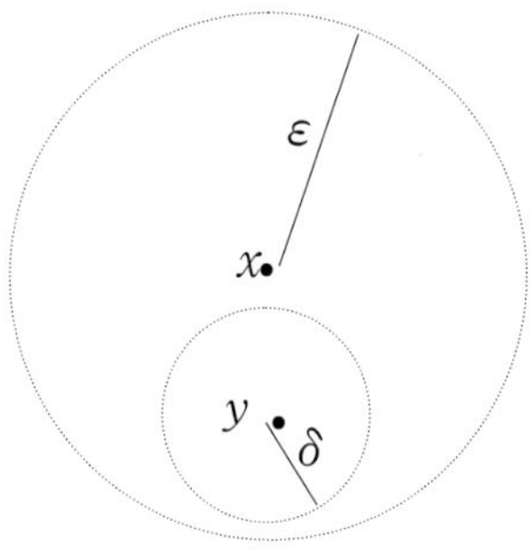

B_1, B_2가 기저원소이고 $y \in B_1 \cap B_2$라 하자. 그러면 바로 위에서 설명한 것을 이용하면

$$B(y, \delta_1) \subset B_1, \quad B(y, \delta_2) \subset B_2$$

을 만족하는 δ_1, δ_2가 존재한다. 여기서 $\delta = min(\delta_1, \delta_2)$라 하면 $B(y, \delta) \subset B_1 \cap B_2$이다.

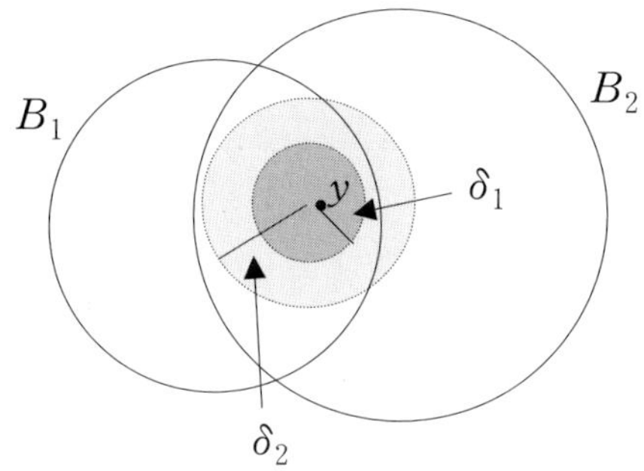

(정리 3.1)에 의하여 거리위상을 다음과 같이 정의할 수 있다.

" U가 d에 의하여 유도된 거리위상 $\mathfrak{T}(d)$에서 개집합이기 위한 필요충분조건은 각 $y \in U$에 대하여 $B_d(y, \delta) \subset U$를 만족하는 $\delta > 0$가 존재하는 것이다."

정의 3.2

d를 집합 X상의 거리라 하자. X에서 개구체 전체로 이루어진 모임 $\{B(x, \varepsilon) \mid x \in X, \varepsilon > 0\}$를 기저로 하는 위상 $\mathfrak{T}(d)$를 거리 d에 의한 **거리위상**(metric topology)이라고 한다.

그런데 위상공간 $(X, \mathfrak{T})$가 주어졌을 때 $\mathfrak{T} = \mathfrak{T}(d)$가 되게 하는 X상의 거리 d가 존재 하는가 하는 문제를 생각할 수 있는데 일반적으로 $\mathfrak{T} = \mathfrak{T}(d)$가 되게 하는 거리 d가 늘 존재하는 것은 아니다. 예를 들어 Sierpinski공간은 거리공간이 아

니다. 왜냐하면 단집합 $\{0\}$가 폐집합이 아니므로 거리공간이 될 수없다. 즉 위상을 유도할 수 있는 거리는 없다. 그러나 R상의 보통위상은 $d(x, y)=|x-y|$에 의하여 유도된다.

정의 3.3

위상공간 $(X, \mathfrak{T})$의 위상 $\mathfrak{T}$가 X상의 한 거리 d에 의하여 유도되는 위상이면 X를 거리공간(metric space) 또는 **거리화가능공간**(metrizable space)이라고 하고 (X, d) 또는 $(X, \mathfrak{T}(d))$로 표시하며 거리를 의식할 필요가 없으면 간단히 X로 표시한다.

거리함수가 주어지는 것에 따라 개구체의 모양이 달라짐을 알 수 있다.

[예 1] 평면 R^2상의 두 점 $p=(x_1, x_2)$, $q=(y_1, y_2)$에 대하여

$$\rho(p, q)=max(|x_1-y_1|, |x_2-y_2|),$$
$$d_1(p, q)=|x_1-y_1|+|x_2-y_2|$$

에 의하여 정의된 ρ, d_1은 R^2상의 상이한 거리이다. 또한 d를 R^2상의 보통거리라고 하면 각 거리 d, ρ, d_1에 대한 개구체 $B_d(p, \varepsilon)$, $B_\rho(p, \varepsilon)$, $B_{d_1}(p, \varepsilon)$은 각각 아래와 같다. 즉

$$B_d(p, \varepsilon)=\{q \mid d(p, q)<\varepsilon\}=\left\{q \mid \sqrt{(x_1-y_1)^2+(x_2-y_2)^2}<\varepsilon\right\}$$
$$B_\rho(p, \varepsilon)=\{q \mid \rho(p, q)<\varepsilon=|q| \max(|x_1-y_1|, |x_2-y_2|)<\varepsilon\}$$
$$B_{d_1}(p, \varepsilon)=\{q \mid d_1(p, q)<\varepsilon=|q||x_1-y_1|+|x_2-y_2|<\varepsilon\}$$

이다. 예를 들어 $p=(0, 0)$, $\varepsilon=1$이라고 하면 위 개구체들은

$$B_d(p, \varepsilon)=\{q \mid d(0, q)<1\}=\left\{q \mid \sqrt{(0-y_1)^2+(0-y_2)^2}<1\right\}$$
$$=\left\{q \mid \sqrt{(y_1)^2+(y_2)^2}<1\right\}$$

$$B_\rho(p,\ \varepsilon) = \{q \mid \rho(0, q) = \max(|0 - y_1|, |0 - y_2|) < 1\}$$
$$= \{q \mid \rho(0, q) = \max(|-y_1|, |-y_2|) < 1\}$$
$$= \{q \mid \rho(0, q) = \max(|y_1|, |y_2|) < 1\}$$

$$B_{d_1}(p,\ \varepsilon) = \{q \mid d_1(0,\ q) = |0 - y_1| + |0 - y_2| < 1\}$$
$$= \{q \mid d_1(0,\ q) = |-y_1| + |-y_2| < 1\}$$
$$= \{q \mid d_1(0,\ q) = |y_1| + |y_2| < 1\}$$

이며 다음 그림과 같다.

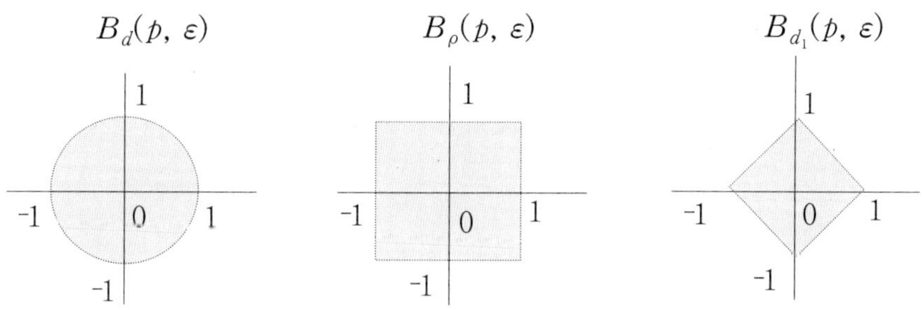

그런데 d, ρ, d_1의 각각의 개구체들의 모임은 모두 R^2상의 보통위상에 대한 기저를 이루게 되며 따라서 이들은 모두 R^2상의 보통위상을 유도하게 된다. 이와 같이 거리에 의한 개구체들이 같은 위상을 유도하는 기저를 형성할 때 이 거리들을 서로 동치라 한다.

[예 2] d가 R상에서 보통거리라 하면 개구체 $B_d(x,\ \varepsilon)$은 개구간 $(x-\varepsilon, x+\varepsilon)$을 의미한다. 왜냐하면 $d(x, y) = |x - y|$이고 $|x - y| < \varepsilon$은 $x - \varepsilon < y < x + \varepsilon$이므로

$$B_d(x,\ \varepsilon) = \{y \mid d(x,\ y) = |x - y| < \varepsilon\}$$
$$= \{y \mid x - \varepsilon < y < x + \varepsilon\} = (x - \varepsilon,\ x + \varepsilon)$$

이기 때문이다. 그러므로 보통거리는 R상에서 보통위상을 유도한다. 같은 방

법으로 R^2상에서도 보통거리는 보통위상을 유도한다.

[예 3] d를 집합 X상의 자명한 거리라 하자. 임의의 $x \in X$에 대하여 x와 다른 X의 모든 점 $y(\neq x)$와의 거리는 1이므로 x를 중심으로 하는 개구체는

$$B_d(x, \varepsilon) = \begin{cases} X & (\varepsilon > 1) \\ \{x\} & (\varepsilon \leq 1) \end{cases}$$

이다. 왜냐하면 $\varepsilon > 1$ 인 경우 :

$$\begin{aligned} B_d(x, \varepsilon) = \{y \mid d(x, y) < \varepsilon\} &= \{y \mid d(x, y) = 0 \vee d(x, y) = 1\} \\ &= \{y \mid y = x \vee y \neq x\} \\ &= X \end{aligned}$$

$\varepsilon \leq 1$ 인 경우 :

$$\begin{aligned} B_d(x, \varepsilon) &= \{y \mid d(x, y) < \varepsilon\} = \{y \mid d(x, y) < \varepsilon \leq 1\} = \{y \mid d(x, y) < 1\} \\ &= \{y \mid d(x, y) = 0\} = \{y \mid y = x\} = \{x\} \end{aligned}$$

이기 때문이다. 이 때 $\varepsilon \leq 1$인 경우 $B_d(x, \varepsilon) = \{x\}$이다. 즉 단집합 $\{x\}$가 개집합이 되어 d는 X상에서 이산위상을 유도한다.

※ (예 3)의 $\varepsilon > 1$인 경우의 별해

$$\begin{aligned} B_d(x, \varepsilon) &= \{y \mid d(x, y) < \varepsilon\} \\ &= \begin{cases} 1 = d(x, y) < \varepsilon & : \{y \mid d(x, y) = 1\} = \{y \mid x \neq y\} = X - \{x\} \\ d(x, y) < 1 & : \{y \mid d(x, y) = 0\} = \{y \mid x = y\} = \{x\} \end{cases} \\ &= X \end{aligned}$$

[예 4] d를 집합 X상의 자명한 거리라 하면 d는 X상의 이상위상을 생성한다. 이는 위 (예 3)에 의해 분명하다. 이를 간단히 다시 설명하면 임의의 $x \in X$에 대하여 $B_d(x, \frac{3}{4}) = \{x\}$ 이므로 모든 단집합 $\{x\}$가 기저원소로 개집합이 되므

로 d는 X상의 이산위상을 생성한다.

이산공간은 자명한 거리에 의해 유도되고 보통위상공간은 보통거리에 의해 유도된다. 그러나 비이산공간 X의 폐집합은 X 자신과 $\varnothing$ 뿐이다. 그런데 거리공간의 모든 유한부분집합은 폐집합이다. 그러므로 X가 두 개 이상의 원소로 이루어졌을 때 비이산공간을 유도하는 거리는 존재하지 않는다.

거리공간은 거리에 의하여 유도되는 위상공간이다. 따라서 위상공간에서 정의되는 모든 개념은 거리공간에서도 정의된다. 즉 개집합, 폐집합, 근방, 극점, 폐포 등이 거리공간에서도 정의된다.

정리 3.4 (X, d)를 거리공간이라 하고 $A \subset X$라 하자. 함수 d를 A에 제한한 것을 d'라 하면

$$d' = d\,|_{A \times A} : A \times A \to R$$

은 역시 A상의 거리이다.

증명 $(x, y) \in A \times A$이면 역시 $(x, y) \in X \times X$이다. 그러므로 임의의 $x, y, z \in A$에 대하여

(1) $d'(x, y) = d(x, y) \geq 0$

(2) $d'(x, y) = d(x, y) = d(y, x) = d'(y, x)$

(3) $d'(x, y) = d(x, y) < d(x, z) + d(z, y) = d'(x, z) + d'(z, y)$

(4) $x = y \Leftrightarrow d'(x, y) = d(x, y) = 0$

이다.

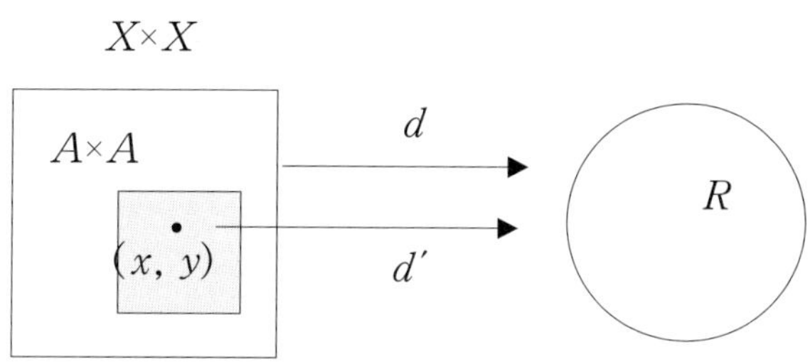

이 때 d'에 의하여 A상에 유도된 위상은 X의 위상 $\mathfrak{T}(d)$에 대한 A상의 부분공간위상이 된다. 즉 $(A, \mathfrak{T}(d'))$는 $(X, \mathfrak{T}(d))$의 부분공간이다. 따라서 거리공간의 부분공간은 역시 거리공간임을 알 수 있다.

정리 3.5 X가 거리공간이라 하자. 중심 $x\in X$를 갖는 가산개의 개구체들의 모임

$$V=\left\{B(x,\ 1),\ B(x,\frac{1}{2}),\ B(x,\frac{1}{3}),\ \cdots\right\}$$

는 x에서의 국소기저이다.

증명 X의 부분집합으로 x의 근방을 $U_{(x)}$라 하자. 그러면

$$x\in B(x,\ \delta)\subset U_{(x)}$$

을 만족하는 개구체 $B(x,\ \delta)$가 존재한다. 그런데 $\delta>0$이므로 $1/n_0<\delta$인 $n_0\in\mathbb{N}$가 존재한다. 따라서

$$x\in B(x, 1/n_0)\subset B(x,\ \delta)\subset U_{(x)}$$

가 되어 V는 x에서의 국소기저이다.

정리 3.6 A를 거리공간 $(X,\ d)$의 부분집합이라 하자. 그러면 A의 폐포 $\overline{A}$는 A와의 거리가 0인 점들의 집합이다. 즉, 다음과 같다.

$$\overline{A}=\{x\mid d(x, A)=0\}$$

증명 $d(x,\ A)=0$이라 하자. 거리위상의 정의에 의하여 x의 임의의 근방 $U_{(x)}$에 대하여 적당한 자연수 n이 존재해서

$$x\in B(x,\ 1/n)\subset U_{(x)}$$

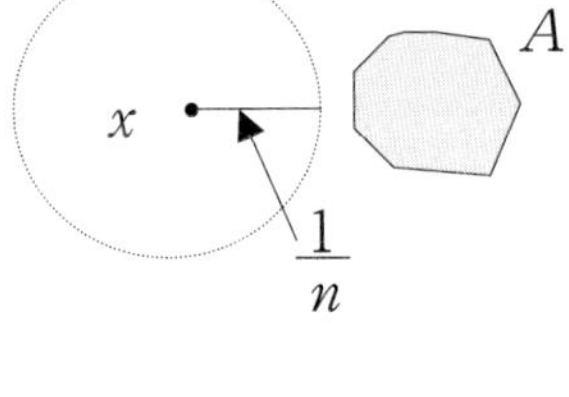

이다. 만일 $B(x, 1/n)\cap A=\varnothing$라 하면 $d(x,\ A)\geq 1/n$이므로 $d(x,\ A)=0$에 모순이다. 그러므로

$$\emptyset \neq B(x,\ 1/n) \cap A \subset U_{(x)} \cap A$$

이다. 따라서 $U_{(x)} \cap A \neq \emptyset$ 이므로 $x \in \overline{A}$이다.

역으로 $x \in \overline{A}$이라 하자. 그러면 임의의 자연수 n에 대해서 $B(x,\ 1/n) \cap A \neq \emptyset$ 이다. 따라서 $B(x,\ 1/n) \cap A$에 속하는 한 점 a를 취하면

$$0 \leq d(x,\ A) \leq d(x,\ a) < 1/n$$

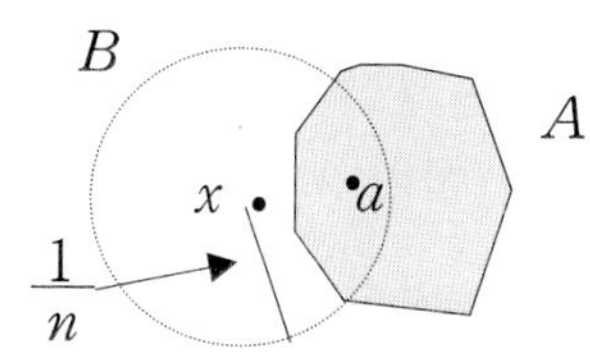

이다. 임의의 자연수 n에 대하여 $0 \leq d(x,\ A) < 1/n$이므로 $d(x, A) = 0$이 성립한다.

따라서 $\overline{A} = \{x \mid d(x, A) = 0\}$이다.

[예제 5] 거리공간 $(X,\ d)$에서 단집합 $\{x\}$는 폐집합이 된다.

풀이 위 (정리3.6)에서 $A = \{x \mid d(x, A) = 0\}$이므로 집합 A 대신에 $\{y\}$로 바꾸면

$$\begin{aligned}\overline{\{y\}} &= \{x \in X \mid d(x,\ \{y\}) = 0\} \\ &= \{x \in X \mid d(x,\ y) = 0\} = \{x \in X \mid x = y\} \\ &= \{y\}\end{aligned}$$

이다. 즉, $d(x,\ y) = 0$인 x들의 집합이 $\overline{\{y\}}$인 것이다. 그런데 $x = y$이므로 $\overline{\{y\}} = \{y\}$이다. 따라서 단집합 $\{y\}$는 폐집합이다.

나아가 거리공간에서 유한집합은 폐집합이다. 왜냐하면 단집합 $\{x_i\}$가 폐집합이고 유한집합이 단집합들의 유한개의 합집합

$$\{x_1,\ x_2,\ x_3,\ \cdots,\ x_n\} = \{x_1\} \cup \{x_2\} \cup \cdots \cup \{x_n\}$$

이므로 위상의 정의에 의하여 폐집합이기 때문이다.

정리 3.7 거리공간 $(X,\ d)$의 부분집합 A가 폐집합이기 위한 필요충분조건은

$\{x \mid d(x, A)=0\} \subset A$이다.

증명 위 (정리 3.6)에 의하여 $\overline{A}=\{x \mid d(x,\ A)=0\}$이므로 $\overline{A} \subset A$이다. 그런데 폐포의 성질에 의하여 $A \subset \overline{A}$가 성립하므로 $A=\overline{A}$가 되어 A는 폐집합이다.

역으로 A가 폐집합이면 $A=\overline{A}$ 이므로 $A \subset \overline{A}$는 당연히 성립하고 $\overline{A} \subset A$이므로 $\overline{A}=\{x \mid d(x, A)=0\} \subset A$이다.

위 (정리 3.7)에서 A가 폐집합일 때 $d(x,\ A)=0$인 $x \in X$는 $x \in A$이라 할 수 있다. 이것을 대우를 사용하여 바꾸어 말하면 A가 폐집합일 때 $x \notin A$이면 $d(x,\ A) \neq 0$임을 알 수 있다.

또한 위 (정리 3.7)을 바꾸어 직접 증명하여 보자.

정리 3.8 $A \subset R^2$가 폐집합이기 위한 필요충분조건은 $x \in R^2$에 대하여 $d(x,\ A)=0$이면 $x \in A$ 이다.

증명 $(\Rightarrow)$ $d(x,\ A)=0$이고 $x \notin A$라 하자. 그러면 A^c는 개집합이고 $x \in A^c$이다. 그러므로 개구체 $B(x, \varepsilon)$이 존재해서

$$x \in B(x, \varepsilon) \subset A^c$$

이다. 그런데 $d(x,\ A)=0$이므로 $y \in A$가 존재하여 $d(x,\ y)<\varepsilon$ 이며 그러므로 $y \in B(x, \varepsilon) \subset A^c$가 되어 모순이다.

$(\Leftarrow)$ A^c이 개집합임을 보이자. 그리고 $x \in A^c$이라 하자. 그러면 가정에 의해 $x \notin A$ 이므로 $d(x,\ A) \neq 0$ 이다. 그러므로 $d(x,\ A)=\varepsilon$ 이라 하면 개구체 $B(x,\ \frac{\varepsilon}{3})$가 존재해서 $x \in B(x,\ \frac{\varepsilon}{3}) \subset A^c$이다. 따라서 A^c은 개집합이다.

정리 3.9 $(X,\ d)$가 거리공간일 때 거리 $d: X \times X \rightarrow R$는 연속이다.

증명 임의의 점 $(a,\ b) \in X \times X$와 임의의 $\varepsilon > 0$에 대하여 $d(a,\ b) \in R$이고 $U_{(a,\ b)}=B_d(a,\ \frac{\varepsilon}{2}) \times B_d(b,\ \frac{\varepsilon}{2})$은 점 $(a,\ b)$를 포함하는 개집합이라 하자.

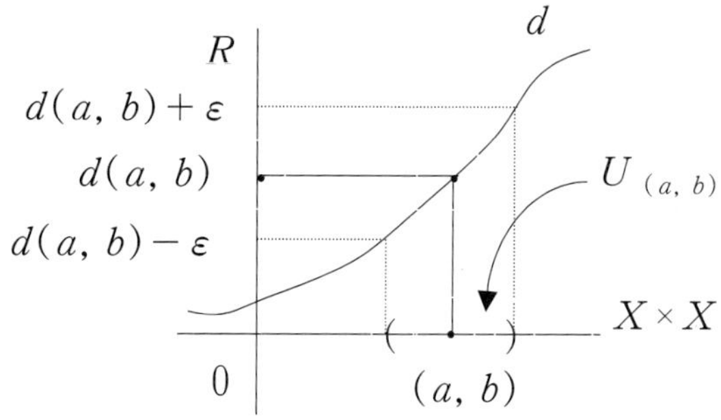

그러면 임의의 $(x, y) \in B_d(a, \frac{\varepsilon}{2}) \times B_d(b, \frac{\varepsilon}{2})$ 에 대하여 (즉, $|(x, y)-(a, b)|$ 는 $U_{(a,b)}$ 내의 두 점 (x, y) 와 (a, b) 의 거리값으로 $U_{(a,b)}$ 의 범위내의 값을 갖는다.)

$$d(x, y) \le d(x, a)+d(a, b)+d(b, y) < \frac{\varepsilon}{2}+d(a, b)+\frac{\varepsilon}{2}$$
$$=d(a, b)+\varepsilon$$

이 되어 $d(x, y)-d(a, b)<\varepsilon$이다. 또 같은 방법으로 $d(a, b)<d(x, y)+\varepsilon$이므로 $|d(x, y)-d(a, b)|<\varepsilon$이 된다. 따라서 거리 d는 (a, b)에서 연속이다.

위 증명은 $d: X\times X \to R$가 연속이기 위해 임의의 $\varepsilon>0$에 대하여 $\delta>0$가 존재해서 $|(x, y)-(a, b)|<\delta$ 이면 $|d(x, y)-d(a, b)|<\varepsilon$ 이 되는 연속의 정의를 이용하여 보인 것이다. 또한 임의의 개집합 $V_{(d(a,b))}=(d(a, b)-\varepsilon,\ d(a, b)+\varepsilon)$ 에 대하여 $U_{(a,b)}=B_d(a, \frac{\varepsilon}{2})\times B_d(b, \frac{\varepsilon}{2})$가 존재해서 $d(U_{(a,b)}) \subseteq V_{(d(a,b))}$ 라는 것이다.

정리 3.10 (X, d)가 거리공간이고 $x, p \in X$라 하면 $f(x)=d(p, x)$로 정의되는 함수 $f: X \to R$ 은 연속이다.

증명 X와 $\{p\}\times X$는 위상동형이다. 그러므로 $g(x)=(p, x)$로 정의되는 위상동형사상 $g: X \to \{p\}\times X$가 존재한다. 또 위 정리에 의해 $d: X\times X \to R$가 연속이고 $\{p\}\times X \subset X\times X$이므로 $d|_{\{p\}\times X}: \{p\}\times X \to R$도 연속이다. 따라

서 $f = d \circ g : X \to R$는 연속이다.

$$X \xrightarrow{\ g\ } \underset{\{p\}\times X}{X \times X} \xrightarrow{\ d\ } R$$

$$(d \circ g)(x) = d(p, x)$$

정리 3.11 X, Y가 거리공간으로 각각 거리 d_X, d_Y를 갖는다 하자. 함수 $f: X \to Y$가 연속이기 위한 필요충분조건은 임의의 $x \in X$와 $\varepsilon > 0$에 대하여

$$d_X(x, y) < \delta \Rightarrow d_Y(f(x), f(y)) < \varepsilon$$

을 만족하는 $\delta > 0$가 존재하는 것이다.

증명 함수 f가 연속이라 하자. 임의의 $x \in X$와 $\varepsilon > 0$에 대하여 $B(f(x), \varepsilon)$이 Y에서 개집합이라 하면 X에서의 개집합 $f^{-1}(B(f(x), \varepsilon))$이 존재하여 $x \in f^{-1}(B(f(x), \varepsilon))$이다. 그러면 $B(x, \delta)$가 존재하여

$$x \in B(x, \delta) \subset f^{-1}(B(f(x), \varepsilon))$$

이다. 그리고

$$f(B(x, \delta)) \subset ff^{-1}(B(f(x), \varepsilon)) \subset B(f(x), \varepsilon)$$

이 성립한다. 만일 $d_X(x, y) < \delta$라 하면 $y \in B(x, \delta)$이고

$$f(y) \in f(B(x, \delta)) \subset B(f(x), \varepsilon)$$

가 되어 $f(y) \in B(f(x), \varepsilon)$이다. 그러면 $d_Y(f(x), f(y)) < \varepsilon$이고 따라서

$$d_X(x, y) < \delta \Rightarrow d_Y(f(x), f(y)) < \varepsilon$$

이다.

역으로 V를 Y에서의 개집합이라 하고 $x \in f^{-1}(V)$라 하면 $f(x) \in V$이다.

그러므로 $B(f(x),\ \varepsilon)$이 존재하여

$$f(x) \in B(f(x),\ \varepsilon) \subset V$$

가 성립한다. 그러면 가정에 의하여 위에서 확인한 사항을 바로 이용하면 $B(x,\ \delta)$가 존재해서

$$f(B(x,\ \delta)) \subset B(f(x),\ \varepsilon)$$

이다. 다시 양변에 f^{-1}를 적용하면

$$f^{-1}f(B(x,\ \delta)) \subset f^{-1}(B(f(x),\ \varepsilon))$$

이고

$$B(x,\ \delta) \subset f^{-1}f(B(x,\ \delta)) \subset f^{-1}(B(f(x),\ \varepsilon)) \subset f^{-1}(V)$$

이다. 따라서 $f^{-1}(V)$는 X에서 개집합이다.

정의 3.12

$\langle x_1, x_2, \cdots \rangle$을 X의 점들의 수열이라 하자. $\langle x_n \rangle$이 $x \in X$로 수렴하기 위한 필요충분조건은 x의 임의의 근방 $U_{(x)}$에 대하여 모든 $i > n_0$에 대하여 $x_i \in U_{(x)}$인 양의 정수 n_0가 존재하는 것이다.

위 (정의 3.12)를 거리공간에서 다시 정의하면 다음과 같다.

거리공간 $(X,\ d)$의 점들로 이루어진 수열 $\langle x_n \rangle$에 대하여 $\langle x_n \rangle \to x$이기 위한 필요충분조건은 임의의 $\varepsilon > 0$에 대하여 $n_0 \in \mathbb{N}$가 존재해서

$$n > n_0 \ \Rightarrow\ d(x_n, x) < \varepsilon$$

이다.

수열 $\langle x_1, x_2, \cdots \rangle$이 x로 수렴하는 것을 $\langle x_n \rangle \to x$로 표시한다.

정리 3.13 X가 위상공간이고 $A \subset X$이라 하자. 만일 x로 수렴하는 A의 점들의 수열 $\langle x_n \rangle$이 존재하면 $x \in \overline{A}$이다. 그리고 X가 거리화가능공간이고 $x \in \overline{A}$이면 x로 수렴하는 수열 $\langle x_n \rangle$이 존재한다.

증명 $x_n \in A$이고 $\langle x_n \rangle \to x$라고 가정하자. 그러면 수렴의 정의에 의하여 x의 모든 근방 $U_{(x)}$에 대하여 양의 정수 n_0가 존재하여 $n > n_0$이면 $x_n \in U_{(x)}$이다. 그러므로 $\forall U_{(x)}$, $U_{(x)} \cap A \neq \emptyset$ 이다. 따라서 $x \in \overline{A}$ 이다.

또 d를 X의 위상에 대한 거리라 하자. 그러면 $x \in \overline{A}$ 이므로 각 양의 정수 n에 대하여

$$B_d(x,\ 1/n) \cap A \neq \emptyset$$

를 만족하는 근방 $B_d(x, 1/n)$들이 존재한다. 그리고 임의의 개집합 $U_{(x)}$에 대하여 근방 $B_d(x, \varepsilon)$이 존재하여

$$x \in B_d(x,\ \varepsilon) \subset U$$

이고 $\varepsilon > 0$이므로 $1/n_0 < \varepsilon$ 인 양의 정수 n_0를 취한다면

$$x \in B_d(x,\ 1/n_0) \subset B_d(x,\ \varepsilon) \subset U$$

이다. 따라서 모든 $i \geq n_0$에 대하여

$$x_i \in B_d(x,\ 1/i) \subset B_d(x,\ 1/n_0) \subset U$$

이다. 즉 $x_i \in U$이다.

연속함수이면 점열연속함수이다. 그러나 역은 성립하지 않는다. 하지만 다음 (정리 3.14)와 같이 정의역이 거리공간일 경우 역도 성립한다.

정리 3.14 X가 거리화 가능공간이라 하자. 함수 $f: X \to Y$가 연속이기 위한 필요충분조건은 $x \in X$로 수렴하는 모든 수열 $\langle x_n \rangle$에 대하여 수열 $\langle f(x_n) \rangle$이 $f(x) \in Y$로 수렴하는 것이다(점열연속).

증명 함수 f가 연속이라 하자. 그리고 $\langle x_n \rangle \to x$라 하자. V를 $f(x)$의 근방이라 하면 $f^{-1}(V)$는 x의 근방이고 $x \in f^{-1}(V)$이다. $\langle x_n \rangle \to x$이므로 모든 $n \geq n_0$에 대하여 $x_n \in f^{-1}(V)$를 만족하는 양의 정수 n_0가 존재한다. 따라서 모든 $n \geq n_0$에 대하여 $f(x_n) \in V$인 N이 존재한다.

역으로 A가 X의 부분집합이라 할 때 f가 연속임을 보이기 위하여 $f(\overline{A}) \subset \overline{f(A)}$임을 보이자. 만일 $x \in \overline{A}$ (즉 $f(x) \in f(\overline{A})$)이면 위 정리에 의하여 x로 수렴하는 A의 점들의 수열 $\langle x_n \rangle$이 존재한다. 그러면 가정에 의하여 $\langle f(x_n) \rangle \to f(x)$이고 $f(x_n) \in f(A)$이다. 따라서 위 정리(3.13)에 의하여 $f(x) \in \overline{f(A)}$이다. (참고 : 거리공간은 제1가산공간이므로 이 (정리 3.14)는 거리공간대신 제1가산공간에 대해서도 성립한다. 뒤 연습문제 7.1의 문제 12번 참조)

정의 3.15

두 거리공간 (X, d)와 (Y, ρ)에 대하여 거리를 보존하는 전단사함수 $f: X \to Y$가 존재할 때, 즉 임의의 $x,\ y \in X$에 대하여

$$d(x,\ y) = \rho(f(x),\ f(y))$$

가 성립할 때 X와 Y는 **등거리동형**(isometric)이라고 하며 $X \simeq Y$로 나타낸다. 또 함수 f를 **등거리사상**(isometry)이라 한다.

[예 6] 실수공간의 폐구간 $[1, 2]$와 $[2, 3]$은 등거리동형이다. 왜냐하면 함수 $f: [1, 2] \to [2. 3]$을 $f(x) = x + 1$로 정의하면 f는 전단사이고 $a,\ b \in [1, 2]$에 대하여

$$d(a,\ b) = |\ a - b\ | = |\ (a+1) - (b+1)\ | = d(f(a), f(b))$$

이기 때문이다. 그러나 $[1, 2]$와 $[4, 8]$은 등거리동형이 아니다. 왜냐하면 두 공간 사이에 전단사 함수는 존재하지만 각각의 길이가 1과 4가 되어 거리가 보존되는 전단사함수는 존재하지 않기 때문이다.

등거리동형인 두 거리공간은 위상동형이다. 그러므로 거리공간 (X, d)와 (Y, ρ)가 등거리동형일 때 두 거리공간은 위상적으로 같은 것으로 생각한다. 그러나 그 역은 성립하지 않는다.

정리 3.16 거리공간 (X, d)와 (Y, ρ)가 등거리동형이면 X와 Y는 위상동형이다.

증명 $f:(X, d) \to (Y, \rho)$를 등거리사상이라 하자. 그러면 f는 전단사이고 $d(x, y) = \rho(f(x), f(y))$이다. 우선 함수 f가 연속임을 보이자. V를 Y에서의 개집합이라 하고 $x \in f^{-1}(V)$라고 하자. 그러면 $f(x) \in V$이고 V가 개집합이므로 $B_\rho(f(x), \varepsilon)$이 존재하여 $f(x) \in B_\rho(f(x), \varepsilon) \subset V$이다. 그리고

$$B_\rho(f(x), \varepsilon) = \{f(z) \mid \rho(f(x), f(z)) < \varepsilon\} = \{f(z) \mid d(x, z) < \varepsilon\}$$
$$= \{f(z) \mid z \in B_d(x, \varepsilon)\} = f(B_d(x, \varepsilon))$$

이므로 $f(x) \in f(B_d(x, \varepsilon)) \subset V$이다. 그러면 f가 전단사이므로 $B_d(x, \varepsilon) = f^{-1}f(B_d(x, \varepsilon))$이기 때문에 $x \in B_d(x, \varepsilon) \subset f^{-1}(V)$이다. 그러므로 $f^{-1}(V)$는 개집합이다.

이제 f^{-1}가 연속임을 보이기 위해 f가 개사상임을 보이자. U를 X의 개집합이라 하고 $y \in f(U)$라고 하자. 그러면 f가 전사이므로 $f(x) = y$인 $x \in U$가 존재한다. 그런데 U가 개집합이므로 $B_d(x, \varepsilon)$이 존재하여 $x \in B_d(x, \varepsilon) \subset U$이며

$$f(x) = y \in f(B_d(x, \varepsilon)) \subset f(U)$$

이다. 그리고 $f(B_d(x, \varepsilon)) = B_\rho(f(x), \varepsilon)$이므로 $y \in B_\rho(y, \varepsilon) \subset f(U)$이며 따라서 $f(U)$는 Y에서 개집합이다.

[예 7] 위 정리의 역은 성립하지 않는다. 예를 들면 (예 6)에서 구간 $[1, 2]$와 $[4, 8]$은 위상동형이지만 등거리동형이 아니다.

정의 3.14

(X, d)를 거리공간, $\langle x_n \rangle$을 X상의 점열이라 하자. 만일 임의의 $\varepsilon > 0$에 대하여 적당한 자연수 $n_0 \in \mathbb{N}$가 존재하여 $n, m > n_0$일 때 $d(x_n, x_m) < \varepsilon$이면 $\langle x_n \rangle$을 **코오시열**(Cauchy sequence)이라 한다.

또한 노름공간 X의 경우에도 점열 $\langle x_n \rangle$이 주어졌을 때 임의의 $\varepsilon > 0$에 대하여 적당한 $n_0 \in \mathbb{N}$가 존재하여

$$n,\ m > n_0 \text{이면 } \|x_n - x_m\| < \varepsilon$$

일 때 $\langle x_n \rangle$을 코오시열이라 한다.

[예 8] 실수열 $\langle x_n \rangle = \langle 1, 0, \frac{1}{2}, 0, \frac{1}{3}, 0, \cdots, \frac{1}{n}, 0, \cdots \rangle$,

$\langle a_n \rangle = \langle 1, -\frac{1}{2}, \frac{1}{3}, -\frac{1}{4}, \cdots \rangle$

은 코오시열이고 $\langle b_n \rangle = \langle \frac{1}{2}, \frac{1}{4}, \frac{3}{4}, \frac{1}{8}, \frac{7}{8}, \frac{1}{16}, \frac{15}{16}, \cdots \rangle$는 코오시열이 아니다.

정리 3.15 거리공간 $(X,\ d)$에서의 수렴열은 코오시열이다.

증명 $\langle x_n \rangle$을 거리공간 $(X,\ d)$에서의 수렴열이라 하고 $\langle x_n \rangle \to x$라 하자. 그러면 임의의 $\varepsilon > 0$에 대하여 적당한 $n_0 \in \mathbb{N}$가 존재하여

$$n > n_0 \text{에 대하여 } d(x_n, x) < \frac{\varepsilon}{2}$$

$$m > n_0 \text{에 대하여 } d(x_m, x) < \frac{\varepsilon}{2}$$

이 된다. 따라서

$$n,\ m > n_0 \text{이면 } d(x_n,\ x_m) \le d(x_n,\ x) + d(x,\ x_m) < \frac{\varepsilon}{2} + \frac{\varepsilon}{2} < \varepsilon$$

이다.

위 정리의 역은 일반적으로 성립되지 않는다. 실수공간은 거리공간이므로 실수공간에서도 수렴열은 코오시열이며 이의 증명도 $d(x, y)$ 대신 $|x-y|$를 이용하여 같은 방법으로 한다.

[예 9] $X=(0, 1)$이 보통거리 $d(x, y)=|x-y|$를 가지면 수열 $\langle \frac{1}{2}, \frac{1}{3}, \cdots \rangle$은 코오시열이지만 X안에서 수렴하지는 않는다. 또한 $\left\{x_n \mid x_n=\frac{1}{n}\right\}$은 R과 $R-\{0\}$에서 코오시열이다. 그러나 $R-\{0\}$안에서 수렴한다고 할 수 없다. 결국 다음을 알 수 있다. 즉, 수열 $\{x_n\}$이 수렴하면 코오시열이지만 코오시열이라 하여 수렴하는 것은 아니다.

정의 3.16

거리공간 (X, d)에서의 각 코오시열이 한 점 $x \in X$로 수렴할 때 (X, d)를 **완비공간**(complete space) 또는 **완비거리공간**(complete metric space)이라고 한다.

위 (예 4)에서 $X=(0, 1)$은 완비가 아니다.

[예 10] 보통위상공간 (R, μ)는 완비공간이다. 그러나 위 (예 9)에 의하면 $X=(0, 1)$은 완비가 아니다.

[예 11] d를 집합 X상의 자명한 거리라 하고 $\langle x_n \rangle$을 (X, d)에서의 코오시열이라 하자. $\varepsilon=\frac{1}{2}$로 놓으면 $\langle x_n \rangle$은 코오시열이므로 적당한 $n_0 \in \mathbb{N}$가 존재하여

$$n, m > n_0 \text{이면 } d(x_n, x_m) < \frac{1}{2}$$

이다. 그러므로 $x_n = x_m$이다. 따라서 $\langle x_n \rangle$은 $\langle x_1, x_2, \cdots, x_{n_0}, x, x, \cdots \rangle$의 모양이 되고 이러한 점열은 $x \in X$에 수렴한다. 그러므로 자명한 거리가 주어진 거리공간은 이산공간이므로 이산공간에서의 모든 코오시수열은 수렴함을 알 수 있다. 따라서 자명한 거리공간은 완비이다.

거리공간이 완비라 하는 것은 그 공간의 거리함수가 완비일 때를 말한다. 두 거리공간은 위상공간으로서 위상동형이 되어도 하나는 완비이고 다른 하나는 완비가 아닐 수 있다. 그러므로 완비성은 위상적 성질이 아니다.

[예 12] 실수공간 (R, d)와 부분공간 $(0, 1)$은 위상동형이다. 그러나 (R, d)는 완비거리공간이지만 $(0, 1)$은 완비거리공간이 아니다.

정리 3.17 완비공간 (X, d)의 임의의 부분공간 Y에 대하여 Y가 완비이기 위한 필요충분조건은 Y가 폐집합인 것이다.

증명 $(\Rightarrow)$ Y가 완비라고 하고 Y가 폐집합임을 보이기 위해 $Y' \subset Y$임을 보이자. $x \in Y'$라 하자. 그러면 Y에서의 수열 $\langle x_n \rangle$이 존재해서 $x_n \to x$이다. 그리고 $\langle x_n \rangle$이 x로 수렴하는 수열이므로 코오시열이고 Y가 완비이므로 $x \in Y$이다. 따라서 $Y' \subset Y$이다.

$(\Leftarrow)$ Y를 폐집합이라 하고 $\langle x_n \rangle$을 Y의 코오시열이라고 하자. 그러면 $\langle x_n \rangle$이 X의 코오시열이고 X가 완비이므로 적당한 $x \in X$에 대하여 $x_n \to x \in X$이다. 그런데 Y가 폐집합이므로 $x \in \overline{Y} = Y$가 되어 $\langle x_n \rangle$은 Y 내에서 수렴하므로 Y는 완비공간이다.

정리 3.18 (X, d)가 거리공간이고 모든 코오시 수열이 수렴하는 부분수열을 가지면 (X, d)는 완비공간이다.

증명 $\langle x_n \rangle$을 코오시수열이라 하고 $\langle x_{i_n} \rangle$을 $\langle x_n \rangle$의 부분수열로 $\langle x_{i_n} \rangle \to x$라 하자. 그러면 $\langle x_n \rangle$이 코오시수열이므로 임의의 $\varepsilon > 0$에 대하여 자연수 n_1가 존재하여

$$m, n > n_1 \text{이면 } d(x_m, x_n) < \frac{\varepsilon}{2}$$

이 성립한다. 또한 $\langle x_{i_n} \rangle \to x$이므로 자연수 n_2가 존재하여

$$i_0 > n_2 \text{이면 } d(x_{i_0}, x) < \frac{\varepsilon}{2}$$

이 성립한다. 여기서 $\max\{n_1, n_2\} = n_0$라 하면 $n > n_0$일 때

$$d(x_n, x) \leq d(x_n, x_{i_0}) + d(x_{i_0}, x) < \frac{\varepsilon}{2} + \frac{\varepsilon}{2} = \varepsilon$$

이므로 수열 $\langle x_n \rangle$은 x로 수렴한다. 따라서 (X, d)는 완비공간이다.

정의 3.19

거리공간 X에 대하여 한 거리공간 X^*가 완비이고 또 X가 X^*의 조밀한 부분집합과 등거리동형인 때 X^*를 X의 **완비화**(completion)라고 한다.

[예 13] R는 완비이고 Q는 R의 조밀부분집합이므로 R는 Q의 완비화이다.

[예 14] (R, d)의 부분공간 $(0, 1)$은 완비공간이 아니다. 그러나 $[0, 1]$은 $(0, 1)$의 완비화이다.

연습문제 5.3

1. 궤위상이 주어진 R^w공간은 거리화가능(metrizable)공간이 아니다.

2. δ_1, $\delta_2 \in R$이고 $0 < \delta_1 \leq \delta_2$이면 개구체 $B(p, \delta_1)$은 개구체 $B(p, \delta_2)$의 부분 집합임을 보여라.**【문제중심 위상수학 참고】**

3. $C[a, b]$를 폐구간 $x=[a, b]$상에 정의된 모든 연속함수의 집합이라 하자. $f, g \in C[a, b]$에 대하여

$$d(f, g) = \sup\{|f(x)-g(x)| \mid x \in X\}$$

$$\rho(f, g) = \int_a^b |f(x)-g(x)|\, dx$$

에 의하여 $C[a, b]$상에 거리 d, ρ를 정의하면 $\mathfrak{T}(\rho) < \mathfrak{T}(d)$임을 보여라.

4. 유한거리공간은 완비공간이다.**【문제중심 위상수학 참고】**

5. 거리공간 X에 대하여 다음은 서로 동치이다.

(1) X는 완비공간이다.

(2) 폐집합들의 감소열 $A_1 \supset A_2 \supset \cdots$ 에 대하여 $\lim\limits_{n} \operatorname{diam}(A_n) = 0$이면 $\bigcap\limits_{n=1}^{\infty} A_n$은 공집합이다.

6. 거리공간 X가 완비이기 위한 필요충분조건은 X의 모든 유계인 무한부분집합이 극점을 갖는 것이다.

7. 완비공간 X가 가산개의 폐부분집합 $A_n (n=1, 2, \cdots)$의 합집합으로 표시되면 적어도 하나의 A_n은 공집합이 아닌 개집합을 포함한다.

8. $A_n (n=1, 2, \cdots)$을 완비공간 X의 폐부분집합이라 할 때 모든 n에 대하여 $\operatorname{Int}(A_n) = \varnothing$이면 $\operatorname{Int}(\bigcup\limits_{1}^{\infty} A_n) = \varnothing$이다.

9. $(\prod X_n,\ d)$가 완비공간이기 위한 필요충분조건은 각 거리공간 $(X_n,\ d_n)$이 완비공간인 것이다.

10. 이산공간은 거리화가능공간이다.**【문제중심 위상수학 참고】**

11. 두 개 이상의 원소를 갖는 비이산위상공간 X는 거리화가능공간이 아니다.
【문제중심 위상수학 참고】

12. 보통위상공간 (R, u)와 (R^2, u)는 거리화가능공간이다.**【문제중심 위상수학 참고】**

13. A, B가 거리공간 $(X,\ d)$의 부분집합일 때 다음이 성립한다.
   1) $d(A)=0 \Leftrightarrow A=\varnothing$ 또는 단집합
   2) $A\subset B$이면 $d(A)\leq d(B)$이다
   3) $d(\overline{A})=d(A)$

14. Y를 거리공간 (X, d)의 부분집합이라 하고 임의의 $x, y\in Y$에 대하여 $e(x, y)=d(x, y)$이면 e는 Y상의 거리함수가 된다. 거리공간 (Y, e)가 (X, d)의 부분공간임을 증명하여라.

15. 거리공간 $(X,\ d)$에서 임의의 $x,\ y\in X$에 대하여 d_1을
$d_1(x,\ y)=\dfrac{d(x,\ y)}{1+d(x,\ y)}$이라 정의하면 $(X,\ d_1)$은 유계인 거리공간이 됨을 보여라.

16. A가 거리공간 (X, d)의 부분집합일 때 $f(x)=d(x,\ A)$로 정의되는 함수 $f:X\to R$은 연속이다.

17. $(X,\ d)$가 거리공간일 때 거리 $d: X\times X\to R$는 연속이다.

18. $(X,\ d)$가 거리공간이고 $x,\ x_0\in X$라 하면 $f(x)=d(x_0,\ x)$로 정의되는 함수 $f:X\to R$은 연속이다.

4. 상공간

상공간(quotient space)의 구조는 도형의 한 부분을 다른 부분과 붙이는 아이디어로부터 개발되었기 때문에 최초의 상공간 연구자를 찾아내는 것은 불가능하지만 기본적인 상공간 구조는 뫼비우스띠와 클라인병을 정의하는데 1858년 뫼비우스와 1882년 클라인(F. Klein : 1849~1925)에 의하여 사용되었다. **상위상**(quotient topology)의 개념은 기하학으로부터 유래되었다고 할 수 있다. 원판과 직사각형의 판이 고무로 되어 있어 마음대로 당기고 밀고 할 수 있다면 구면은 원판에서 그것의 둘레를 한 점으로 모아 놓은 것으로 볼 수 있고 토러스(torous)는 사각판에서 그것의 대응하는 변을 서로 붙여놓은 것으로 볼 수 있다. 이 경우 직사각형판이나 원판에는 위상이 주어진 위상공간이고 새로 만들어진 구면과 토러스는 위상이 주어지지 않은 상태라 하면 어떻게 해서 이 두 곡면에 위상을 줄 수 있을까 하는 문제를 생각하게 한다. 물론 이 경우 여러 가지로 위상을 줄 수 있지만 직사각형판과 원판의 위상을 이용하고 이들의 변환과정, 즉 함수를 이용하여 이 변화된 곡면에서의 위상을 주게 될 경우 이것이 상위상의 개념이다.

직관적으로 알 수 있는 상공간(quotient space)의 예를 들어보자.

- 두 점 0과 1을 일치시킴으로 해서 얻어지는 $[0,\ 1]$의 상공간은 원과 위상적 동치이다.
- 경계와 한 점을 일치시킴으로 해서 얻어지는 I^2의 상공간은 R^3에서의 구와 위상적 동치이다.
- 점 $(0,\ x_2)$와 $(1,\ 1-x_2)$, $0 \le x_2 \le 1$의 쌍들을 일치시킬 때 얻어지는 I^2의 상공간은 메비우스띠와 위상적 동치이다.
- 공간 $X = I^2$에서 동치관계 $\sim$가 다음과 같이 정의되었다고 하자.

  ① 임의의 $x_1 \in [0,\ 1]$에 대하여 $(x_1,\ 0) \sim (x_1,\ 1)$

  ② 임의의 $x_2 \in [0,\ 1]$에 대하여 $(0,\ x_2) \sim (1,\ x_2)$

그러면 두 단계를 거쳐 정의되는 상공간을 생각하면 $X/\sim$는 R^3에서 토오러스(torus)와 위상적 동치이다.

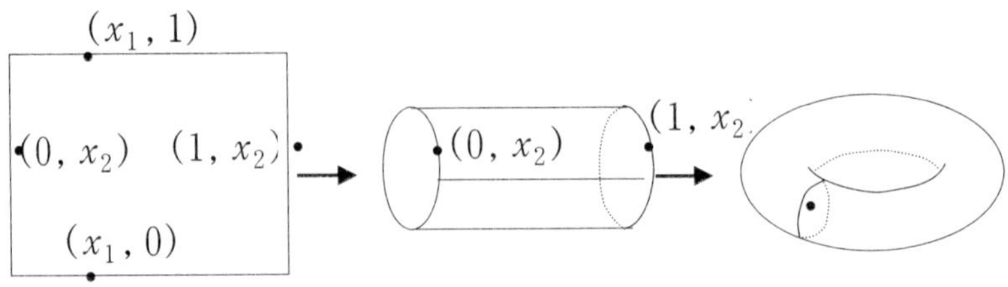

정의 4.1

Y가 임의의 집합이고 $(X, \mathfrak{I})$가 위상공간일 때 함수 $p: X \to Y$가 전사함수라 하자. 함수 p에 의하여 정의되는 Y에서의 **상위상**(quotient topology)은

$$\mathfrak{I}_{(p)} = \{U \subset Y \mid p^{-1}(U): X\text{에서 개집합}\}$$

이라고 하고 Y상에 p에 의한 상위상이 주어졌을 때 $p: X \to Y$를 **상함수**(quotient map)라 한다.

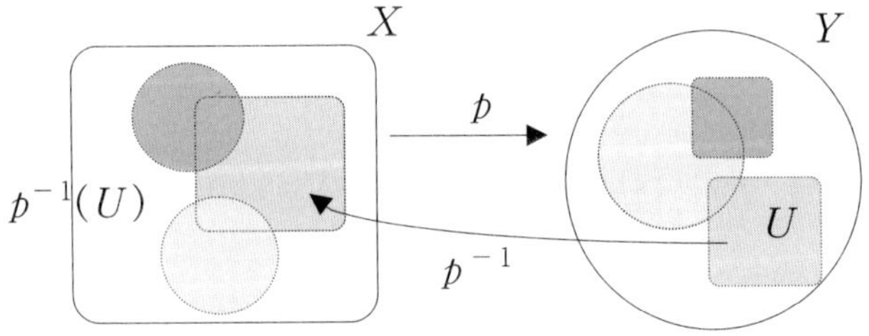

위와 같이 정의된 $\mathfrak{I}_{(p)}$가 정말 위상이 되는가를 알아보자.

(1) $\varnothing$, $Y \in \mathfrak{I}_{(p)}$이다. 왜냐하면 $p^{-1}(\varnothing) = \varnothing$이고 $p^{-1}(Y) = X$이므로 각각 X에서 개집합이기 때문이다.

(2) 임의의 $U_i \in \mathfrak{I}_{(p)}$에 대하여 $\cup U_i \in \mathfrak{I}_{(p)}$이다. 왜냐하면 $U_i \in \mathfrak{I}_{(p)}$이면 $p^{-1}(U_i)$는 X에서 개집합이다. 그러면 $\cup(p^{-1}(U_i))$가 X에서 개집합이고

$$\bigcup(p^{-1}(U_i)) = p^{-1}(\bigcup U_i)$$

이므로 $p^{-1}(\bigcup U_i)$도 X에서 개집합이다. 따라서 $\bigcup U_i \in \mathfrak{T}_{(p)}$이다.

(3) 임의의 $U_i \in \mathfrak{T}_{(p)}$에 대하여 $\bigcap_1^n U_i \in \mathfrak{T}_{(p)}$이다. 왜냐하면 임의의 $U_i \in \mathfrak{T}_{(p)}$에 대하여 $p^{-1}(U_i)$는 X에서 개집합이다. 그러면 $\bigcap_1^n (p^{-1}(U_i))$는 X에서 개집합이고

$$\bigcap_1^n (p^{-1}(U_i)) = p^{-1}(\bigcap_1^n U_i)$$

이므로 (2)와 같은 방법으로 $\bigcap_1^n U_i \in \mathfrak{T}_{(p)}$이다.

정의 4.2

X와 Y를 위상공간이라 하고 $p: X \to Y$가 전사함수라 하자. 만일 $U \subset Y$가 Y에서 개집합이기 위한 필요충분조건이 $p^{-1}(U)$가 X에서 개집합이 되는 것이라면 p를 **상함수**(quotient map)라 한다.

위 (정의 4.2)는 전사함수 $p: X \to Y$가 상함수이기 위해서는 Y에서의 위상 $\mathfrak{T}$와 Y에서의 상위상 $\mathfrak{T}_{(p)}$가 같음을 의미한다. 즉

$$\begin{aligned} U \in \mathfrak{T} &\Leftrightarrow U : Y\text{에서 개집합} \\ &\Leftrightarrow p^{-1}(U) : X\text{에서 개집합} \\ &\Leftrightarrow U \in \mathfrak{T}_{(p)} \end{aligned}$$

이므로 $\mathfrak{T} = \mathfrak{T}_{(p)}$이다.

[예 1] $\pi_1 : X \times Y \to X$를 사영함수라하자. 그러면 π_1이 연속이고 전사이며 개사상이라는 것은 이미 알고 있다. 그러므로

$$U : X\text{에서 개집합} \Leftrightarrow \pi_1^{-1}(U) : X \times Y\text{에서 개집합}$$

이기 때문에 π_1은 상함수이다. 다시 설명하면 U가 X에서 개집합이면 π_1이 연속이므로 $\pi_1^{-1}(U)$는 $X \times Y$에서 개집합이다. 또 $\pi_1^{-1}(U)$가 $X \times Y$에서 개집합이면 π_1이 전사이므로

$$\pi_1(\pi_1^{-1}(U)) = U$$

가 되어 π_1이 개사상이기 때문에 U는 X에서 개집합이다.

[예 2] $X = [0,\ 1] \cup [2,\ 3]$를 R의 부분공간이라 하자. 그리고 $Y = [0,\ 2]$를 R의 부분공간이라 하면 함수 $p : X \to Y$가 아래와 같이 정의되었을 때

$$p(x) = \begin{cases} x & : x \in [0,\ 1] \\ x-1 & : x \in [2,\ 3] \end{cases}$$

p는 전사이고 연속이며 폐사상이다. 그러나 p는 개사상이아니다. 왜냐하면 X의 개집합 $[0,\ 1]$의 상은 $p([0,\ 1]) = [0,\ 1]$이므로 이는 Y에서 개집합이 아니기 때문이다.

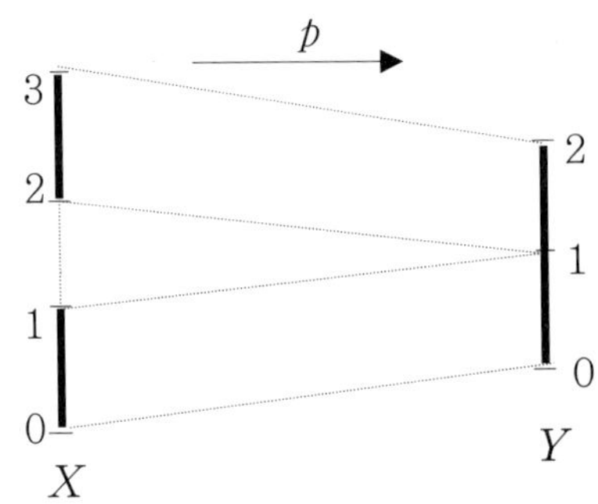

한편 앞에서 설명한 사영사상 $\pi_1 : X \times Y \to X$는 연속이고 전사이며 개사상이지만 폐사상은 아니다.

[예 3] $p : I \to \{0, 1\}$가 $[\frac{1}{2},\ 1]$의 특성함수라 하자. 그러면 $\{0, 1\}$에서의 상위상은 Sierpinski공간을 만든다. 왜냐하면

$$p^{-1}(\{0\}) = [0,\ \frac{1}{2})$$

이 되어 I에서 개집합(부분공간으로서)이고 $p^{-1}(\{0, 1\}) = I$가 되어 I에서 개집합인데 반면에 $p^{-1}(\{1\}) = [\frac{1}{2},\ 1]$ 이 되어 I에서 폐집합이다. 따라서

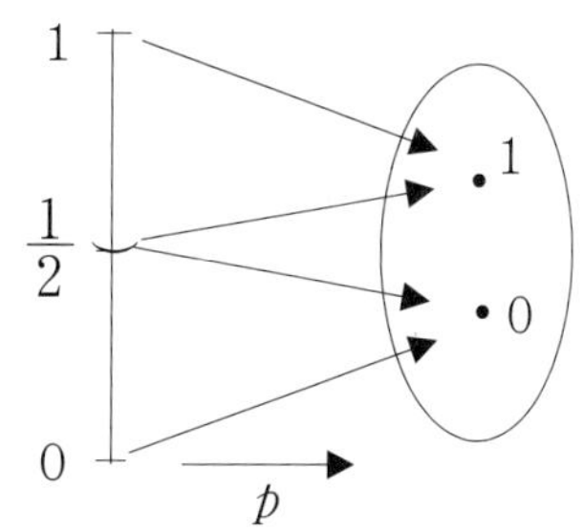

$\mathfrak{T}_{(p)} = \{\{0, 1\}, \varnothing, \{0\}\}$

가 되기 때문이다.

정리 4.3 $p : X \to Y$가 연속일 때 상위상 $\mathfrak{T}_{(p)}$는 p를 연속이 되게 하는 Y에서 가장 큰 위상이다.

증명 $\mathfrak{T}$를 Y에서 p가 연속이 되게하는 위상이라 하자. 그러면 $U \in \mathfrak{T}$일 때 p가 연속이므로 $p^{-1}(U)$는 X에서 개집합이다. 그러므로 $\mathfrak{T}_{(p)}$의 정의에 의하여 $U \in \mathfrak{T}_{(p)}$이고 따라서 $\mathfrak{T} \subset \mathfrak{T}_{(p)}$이다.

위 정리는 역상위상과 달리 Y상의 상위상이 전사함수 $p : X \to Y$가 연속이 되게 하는 Y상의 위상들 중에서 가장 큰 위상이 됨을 소개하고 있다.

정리 4.4 $p : X \to Y$가 연속이고 전사이며 개사상(폐사상)이면 p는 상함수이다.

증명 Y에서의 위상을 $\mathfrak{T}$, Y에서의 상위상을 $\mathfrak{T}_{(p)}$라 하자. (정의 4.2)에 의해 $p : X \to Y$가 상함수 임을 보이기 위해서 $\mathfrak{T} = \mathfrak{T}_{(p)}$가 됨을 보이자.

$U \in \mathfrak{T}_{(p)}$라 하면 $p^{-1}(U)$는 X에서 개집합이다. 그런데 p가 전사이므로

$$p(p^{-1}(U)) = U$$

가 성립하고 p가 개사상이므로 U는 Y에서 개집합이다. 따라서 $U \in \mathfrak{T}$이다. 한편 임의의 $U \in \mathfrak{T}$에 대하여 p가 연속이므로 $p^{-1}(U)$는 X에서 개집합이

되며 상위상의 정의에 의해 $U \in \mathfrak{T}_{(p)}$이다. 즉 p가 연속이면 앞 (정리 4.3)에 의하여 $\mathfrak{T} \subset \mathfrak{T}_{(p)}$이다. 따라서 $\mathfrak{T} = \mathfrak{T}_{(p)}$이다. ($p$가 폐사상인 경우도 다음에 설명한다.)

그리고 위 (예 1)에서 π_1이 연속이고 전사이며 개사상이기 때문에 위 (정리 4.4)에 의하여 π_1은 상함수이다.

정리 4.5 $p: X \to Y$가 연속함수라 하자. 만일 연속함수 $s: Y \to X$가 존재해서 $p \circ s = I_Y$이면 p는 상함수이다.

증명 $p \circ s = I_Y$일 때 p가 전사함수가 되는 것은 이미 알고 있다. 또 p가 연속이므로 p가 개사상인 것만 보이면 된다. U를 X에서의 개집합이라 하자. s가 연속이기 때문에 $s^{-1}(U)$는 Y에서 개집합이 되고 p가 또한 연속이므로 $p^{-1}(s^{-1}(U))$는 X에서의 개집합이다. 그러면 p가 전사이므로

$$p(p^{-1}(s^{-1}(U))) = s^{-1}(U)$$

가 되어 p는 개사상이다.

[예 4] $A = \{a, b, c\}$이고 $p: R \to A$가 전사함수로 아래와 같이 정의되었다면

$$p(x) = \begin{cases} a & : x > 0 \\ b & : x < 0 \\ c & : x = 0 \end{cases}$$

p에 의하여 유도되는 A에서의 상위상은

$$\mathfrak{T}_{(p)} = \{\mathrm{A}, \varnothing, \{a\}, \{b\}, \{a, b\}\}$$

이다. 왜냐하면 $p^{-1}(A) = R$은 R에서 개집합이고 $p^{-1}(\varnothing) = \varnothing$이며 $p^{-1}(\{a\}) = (0, \infty)$로 R에서 개집합이다. 또 $p^{-1}(\{b\}) = (-\infty, 0)$도 R에서 개집합이고 $p^{-1}(\{a, b\}) = (-\infty, 0) \cup (0, \infty)$도 개집합이 되기 때문이다.

그러나 $p^{-1}(\{c\})=\{0\}$가 되어 $\{0\}$이 R에서 개집합이 아니므로 $\{c\}$는 상위상의 원소가 되지 못한다. 또한 $p^{-1}(\{a, c\})=[0, \infty)$는 R에서 개집합이 아니므로 역시 $\{a, c\} \notin \mathfrak{T}_{(p)}$이다. 마찬가지로 $\{b, c\} \notin \mathfrak{T}_{(p)}$이다.

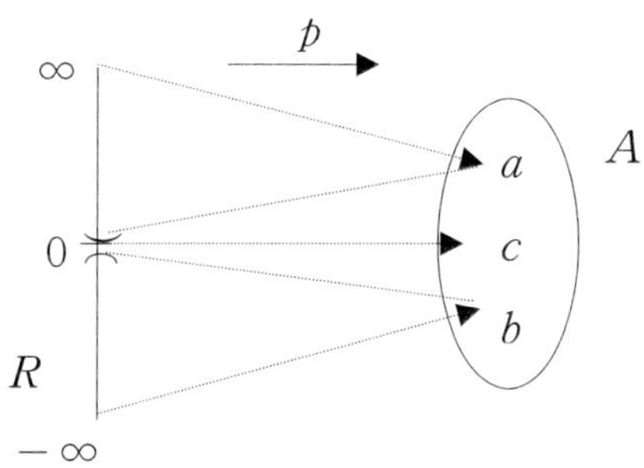

$\mathcal{R}$을 집합 X상의 동치관계라 하자. 모든 $\mathcal{R}$-동치류(equivalence class)들의 집합 $\{\mathcal{R}_x \mid x \in X\}$를 $\mathcal{R}$에 의한 X의 상집합이라 하고 $X/\mathcal{R}$로 나타낸다. $x \in X$를 $\mathcal{R}_x \in X/\mathcal{R}$로 대응(즉 $p(x)=\mathcal{R}_x$)하는 함수 $p: X \to X/\mathcal{R}$는 전사함수인데 이 함수를 상함수라 한다. 이 때 동치류 $\mathcal{R}_x$에 포함된 원소들을 모두 같은 것으로 보고 이 점들을 서로 붙이는 것으로 본다. 위상공간 $(X, \mathfrak{T})$의 X상의 동치관계 $\mathcal{R}$이 주어지면 상함수 $p: X \to X/\mathcal{R}$를 사용하여 $X/\mathcal{R}$상에 상위상 $\mathfrak{T}_{(p)}$를 노입할 수 있다. 그리고 $\mathfrak{T}_{(p)}=\{U \subset X/\mathcal{R} \mid p^{-1}(U): X$에서 개집합$\}$이며 이 경우 상위상을 갖는 $X/\mathcal{R}$을 위상공간 X의 **상공간**(quotient space)이라 한다.

[예 5] 보통위상공간 R에서 관계 $\mathcal{R}$을 정의하자.

"$x\mathcal{R}y \Leftrightarrow x$와 y는 모두 정수이거나 분수이거나 무리수이다."

그러면 관계 $\mathcal{R}$은 동치관계이다. 그리고 동치류는

$$\mathcal{R}_x=\{s \mid x\mathcal{R}s,\ x: \text{정수}\},\quad \mathcal{R}_y=\{q \mid y\mathcal{R}q,\ y: \text{분수}\}$$
$$\mathcal{R}_z=\{r \mid z\mathcal{R}r,\ z: \text{무리수}\}$$

이며 상공간은 $R/\mathcal{R}=\{\mathcal{R}_x, \mathcal{R}_y, \mathcal{R}_z\}$이다. 또한 이 때 상함수 $p: R \to R/\mathcal{R}$는 다음과 같이 정의된다.

$$p(x)=\begin{cases}\mathcal{R}_x & x: \text{정수}\\ \mathcal{R}_y & x: \text{분수}\\ \mathcal{R}_z & x: \text{무리수}\end{cases}$$

그리고 $p^{-1}(\mathcal{R}_x)=\mathbb{Z}$, $p^{-1}(\mathcal{R}_y)=F$(분수 집합), $p^{-1}(\mathcal{R}_z)=Q^c$이다. 그러나 $\mathbb{Z}$, F, Q^c는 보통위상공간 R상에서 개집합이 아니며 이들의 각 합집합 $\mathbb{Z}\cup F$, $\mathbb{Z}\cup Q^c$, $F\cup Q^c$도 개집합이 아니다. 결국 $p^{-1}(R/\mathcal{R})=R$과 $p^{-1}(\varnothing)=\varnothing$만이 R상의 개집합이므로 $R/\mathcal{R}$ 상의 상위상은 $\mathfrak{I}_{(p)}=\{R/\mathcal{R}, \varnothing\}$이며 비이산위상이다. 실제 상공간 $R/\mathcal{R}$은 모든 정수를 한 점으로 모든 분수를 한 점으로 그리고 모든 무리수를 한 점으로 본 것으로 원소가 3개 뿐이다.

정리 4.6 $p: X\to Y$를 상함수라 하자. 임의의 공간 Z에 대하여 $g: X\to Z$는 각 점 $y\in Y$에 대하여 $g(p^{-1}(\{y\}))$가 한 점이 되는 연속함수라 할 때 g는 $f\circ p=g$인 연속함수 $f: Y\to Z$를 생성한다.

증명 $f: Y\to Z$를 $f(y)=g(p^{-1}(y))$로 정의하면 가정에 의하여 $g(p^{-1}(y))$가 한 점이므로 f는 잘 정의되었다. 연속성을 증명하기 위하여 U를 Z에서의 개집합이라 하자. 그러면 $g=f\circ p$이므로 $g^{-1}(U)=p^{-1}f^{-1}(U)$이다. g가 연속이므로 $g^{-1}(U)$는 X에서 개집합이고 따라서 $p^{-1}(f^{-1}(U))$는 X에서 개집합이다. 이 때 Y는 상위상 $\mathfrak{I}_{(p)}$를 가지므로 $f^{-1}(U)$는 Y에서 개집합이다.

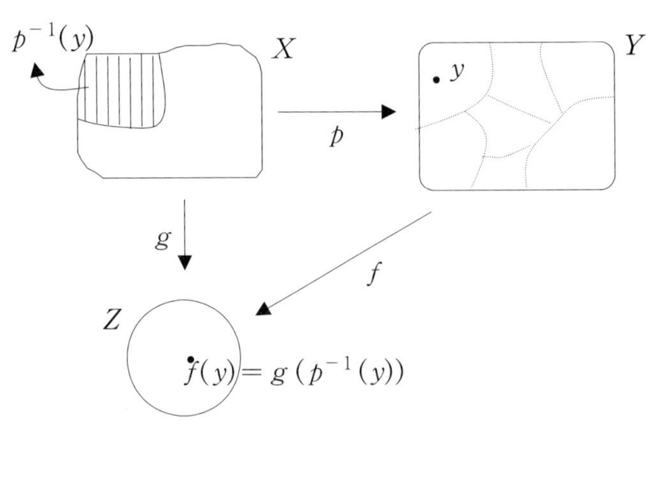

연습문제 5.4

1. $f: X \to Y$와 $g: Y \to Z$가 상함수이면 $g \circ f: X \to Z$도 상함수이다.

【문제중심 위상수학 참고】

2. 함수 $g: R^2 \to R$가 $g(x \times y) = x + y^2$에 의하여 정의되었다면 g는 상함수이다.

3. R^2의 부분공간 $Z = (R \times 0) \cup (0 \times R)$에 대하여 함수 $g: R^2 \to Z$가 다음과 같이 정의되면 g는 상함수인가? 또 연속함수인가?**【문제중심 위상수학 참고】**

$$\begin{cases} g(x \times y) = x \times 0, & (x \neq 0) \\ g(0 \times y) = 0 \times y \end{cases}$$

4. 함수 $f: X \to Y$가 전사이고 연속이며 폐사상이면 f는 상함수이다.

【문제중심 위상수학 참고】

5. 두 상함수의 적이 상함수가 되지 않는 경우를 반례를 들어 설명하여라.

Chapter 06

연결공간

한 위상공간이 분리되지 않고 하나로 이루어졌는지 아니면 2개의 조각으로 이루어졌는지 하는 문제는 위상적으로 매우 중요하다. 연결성은 위상공간들을 동형으로 분류할 때 사용하는 가장 오래되고 중요한 위상적 성질 중의 하나가 된다.

연결성은 1883년 G. Cantor에 의해 R^n의 유계인 폐부분집합에 대해 정의하였다. 그러나 이 정의는 일반위상공간 뿐 아니라 실제로 Cantor의 정의는 일반거리공간에서 조차 적당하지 않았다. 오늘날과 같은 연결성의 현대적 정의는 1892년 C. Jordan(1838~1922)에 의해서 이루어졌으며 체계적 연구는 1914년 Hausdorff에 의해서 시작되었다. 국소연결은 1914년 H. Hahn(1879~1934)에 의해 정의되었고 호상연결성은 연결성의 성질 중에서 가장 오래된 것이다.

연결성은 수학의 다른 분야에서도 더욱 유용한 위상적 성질들 중의 하나로 해석학에서 중간값정리는 수직선 R이 연결이라는 사실에 의한다.

1. 연결성

정의 1.1

위상공간 X가 공집합이 아닌 개집합 U, V에 의하여 $X=U\cup V$이고 $U\cap V=\varnothing$일 때 X는 **분할**(separation)되거나 **연결되지 않았다**(disconnected)고 하며 이와 같은 X의 부분집합의 쌍 (U, V)를 X의 **분할**(separation)이라 한다. 또 이러한 분할 (U, V)가 존재하는 공간을 **불연결공간**(disconnected space)이라 한다.

다시 설명하면 위상공간 X가 불연결이기 위해서는 아래 4가지 조건을 만족하는 X의 진부분집합 U, V가 존재하는 것이다.

① U, V는 개집합 ② $U\neq\varnothing$ 이고 $V\neq\varnothing$

③ $U\cap V=\varnothing$ ④ $X=U\cup V$

또한 위의 4가지 조건을 모두 만족하는 진부분집합 U, V [즉 공간 X의 분할 (U, V)]가 존재하지 않으면 X는 연결되었다고 하며 **연결공간**(connected space)이라 한다.

[예 1] 위상 $\mathfrak{T}=\{X, \varnothing, \{0\}\}$를 갖는 Sierpinski공간 $X=\{0, 1\}$은 연결이다. 왜냐하면 분할이 존재하지 않기 때문이다. 즉 $\{0\}$과 $\{1\}$에 의하여 X가 분해되지만 $\{1\}$은 개집합이 아니다.

[예 2] 이산위상을 갖는 이산공간 $X=\{0, 1\}$은 2로 표시한다고 했다. 그런데 이 공간은 불연결이다. 왜냐하면 $\{0\}$, $\{1\}$에 의하여 X가 분해되고 $\{0\}$, $\{1\}$은 각각 공집합이 아니며 개집합이고 $\{0\}\cup\{1\}=X$, $\{0\}\cap\{1\}=\varnothing$이기 때문이다.

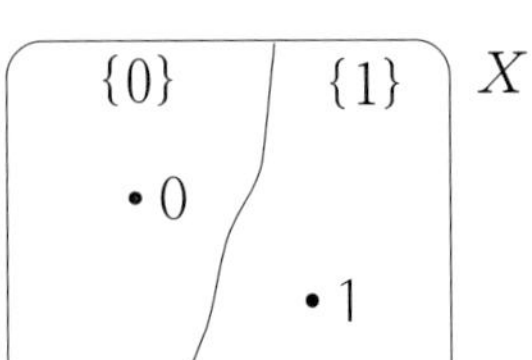

[예 3] 두 점 이상을 갖는 이산위상공간 X는 연결이 아니다. 왜냐하면 X가 이산위상공간이므로 X의 임의의 진부분집합 U는 개집합이며 또한 U^c도 개집합으로 이들이 불연결의 조건을 만족하기 때문이다. 그러나 비이산위상공간 X는 연결공간이다. 왜냐하면 X상에 공집합이 아닌 개집합은 오직 X뿐이기 때문이다.

정리 1.2 X가 연결공간이기 위한 필요충분조건은 개집합인 동시에 폐집합인 X의 부분집합이 오직 $\varnothing$, X뿐일 때이다.

증명 X를 연결공간이라 하자. 그리고 $A(\neq\varnothing)$를 개집합이고 동시에 폐집합인 X의 진부분집합이라 하자. 그러면 A와 $X-A$는 서로소인 개집합이 되고 $X=A\cup(X-A)$이므로 $(A, X-A)$는 X의 분할이 되어 X가 연결공간이라는데 모순이다. 따라서 X자신이 아니면서 $\varnothing$이 아닌 X의 어떤 부분집합도 개집합이고 동시에 폐집합이 될 수 없다.

역으로 X를 불연결공간이라 하자. 그러면 X의 분할 (U, V)가 존재해서 $U=X-V$가 되고 V가 개집합이므로 U는 폐집합이다. 또 $V\neq\varnothing$이므로 $U\neq X$이고 (U, V)가 X의 분할이므로 $U\neq\varnothing$이다. 따라서 U는 $\varnothing$와 X가 아니면서 개집합이고 폐집합인 X의 부분집합이다. 이는 개집합이고 폐집합인 X의 부분집합이 X와 $\varnothing$뿐이라는데 모순이다.

(예 3)에서 설명한 비이산위상공간 X는 위상이 $\mathcal{T}=\{X, \varnothing\}$이다. 따라서 (정리 1.2)에 의하면 개집합도 되고 폐집합도 되는 집합은 오직 X, $\varnothing$뿐이므로 비이산공간 X는 연결공간이 됨을 알 수 있다.

[예 4] 보통위상공간 R에서는 $\varnothing$와 R자신만이 R의 개집합이고 동시에 폐집합이므로 R은 연결공간이다.

정리 1.3 Y를 X의 부분공간이라 하자. (A, B)가 Y의 분할이기 위한 필요충분조건은 $A\neq\varnothing$, $B\neq\varnothing$이고 $Y=A\cup B$이고 그리고 $\overline{A}\cap B=\varnothing=A\cap\overline{B}$인 것이다. 즉 A와 B가 서로의 극점을 포함하지 않는 것이다.

증명 (A, B)가 Y의 분할이라 하자. 그러면 A는 Y의 개집합인 동시에 폐집합이 된다. A가 Y에서 폐집합이므로

$$A = \overline{A}_Y = \overline{A} \cap Y$$

이고 따라서

$$\varnothing = A \cap B = (\overline{A} \cap Y) \cap B = \overline{A} \cap (Y \cap B) = \overline{A} \cap B$$

이다. 같은 방법으로 $A \cap \overline{B} = \varnothing$ 이다. 그런데 $\overline{A} = A \cup A'$ 이므로 A의 극점은 B에 포함되지 않고 $\overline{B} = B \cup B'$ 이므로 B의 극점은 A에 포함되지 않는다.

역으로 공집합이 아닌 집합 A와 B에 대하여 $A \cap B = \varnothing$ 이고 $A \cup B = Y$ 이고 $\overline{A} \cap B = \varnothing = A \cap \overline{B}$ 라고 하자. 그러면

$$\overline{A} \cap Y = \overline{A} \cap (A \cup B) = (\overline{A} \cap A) \cup (\overline{A} \cap B) = A \cup \varnothing = A$$
$$\overline{B} \cap Y = \overline{B} \cap (A \cup B) = (\overline{B} \cap A) \cup (\overline{B} \cap B) = \varnothing \cup B = B$$

이다. 따라서 A와 B는 Y의 폐집합이다. 그리고 $A = Y - B$ 이고 $B = Y - A$ 이므로 A와 B는 Y의 개집합이다. 그러므로 (A, B)는 Y의 분할이다.

[예 5] R의 부분공간 $Y = [-1, 0) \cup (0, 1]$는 $[-1, 0)$와 $(0, 1]$로 분할된다. 즉 Y는 연결공간이 아니다. 왜냐하면 $[-1, 0)$와 $(0, 1]$은 공집합이 아니고 Y에서의 개집합이며 서로 만나지 않기 때문이다.

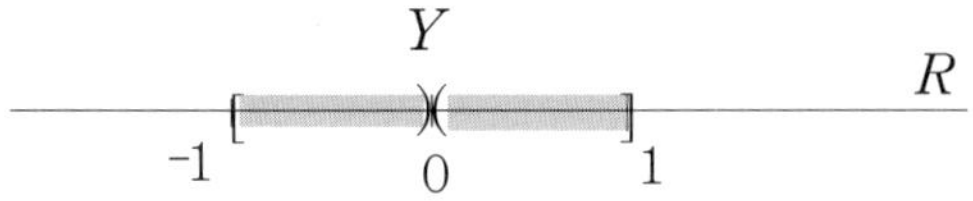

그리고 (정리 1.2)에 의하여 $[-1, 0)$는 Y에서 개집합이고 $Y - (0, 1] = [-1, 0)$ 이므로 또한 $[-1, 0)$는 폐집합이다. 따라서 Y, $\varnothing$ 이외의 개집합인 동시 폐집합인 Y의 부분집합이 존재하므로 Y는 분할이다.

또한 0은 $[-1, 0)$와 $(0, 1]$의 극점이지만 서로 0을 포함하지 않으므로

(정리 1.3)에 의하여 분할이 된다. 즉,

$$\overline{[-1,\ 0)} \cap (0,\ 1] = \varnothing = [-1,\ 0) \cap \overline{(0,\ 1]}$$

이다.

[예 6] $Y=[-1,\ 1]$가 R의 폐구간으로 부분공간일 때 $[-1,\ 0]$와 $(0,\ 1]$은 Y의 분할이 아니다. 즉 연결이다. 왜냐하면 $[-1,\ 0]$와 $(0,1]$은 공집합이 아니고 서로소이며 $Y=[-1,\ 0]\cup(0,\ 1]$이지만 $[-1,\ 0]$가 Y에서 개집합이 아니기 때문이다.

또 다른 방법으로 $[-1,\ 0]$는 $(0,\ 1]$의 극점 0을 포함하기 때문에 분할이 아니다. 즉 $[-1,\ 0]\cap\overline{(0,\ 1]}=\{0\}$이기 때문이다. 결국 보통위상공간 R의 폐구간은 연결공간이다. 여기서 보통위상공간 R의 폐구간은 연결공간임을 알 수 있다.

위에서 다음을 알 수 있다.

"분할된 집합은 서로소이다. 그러나 그 역은 성립하지 않는다."

[예 7] R^2상의 부분집합 X가

$$X=\{(x,\ y)\mid y=0\}\cup\left\{(x,\ y)\mid x>0\text{이고 } y=\frac{1}{x}\right\}$$

일 때 X는 연결공간이 아니다. 왜냐하면

$$A=\{(x,\ y)\mid y=0\}\text{이고 } B=\left\{(x,\ y)\mid x>0\text{이고 } y=\frac{1}{x}\right\}$$

라고 하면 $A,\ B$가 모두 폐집합이므로

$$\overline{A}\cap B=A\cap B=\varnothing\text{이고 } A\cap\overline{B}=A\cap B=\varnothing$$

이다. 그러므로 $(A,\ B)$는 X의 분할이 되기 때문이다.

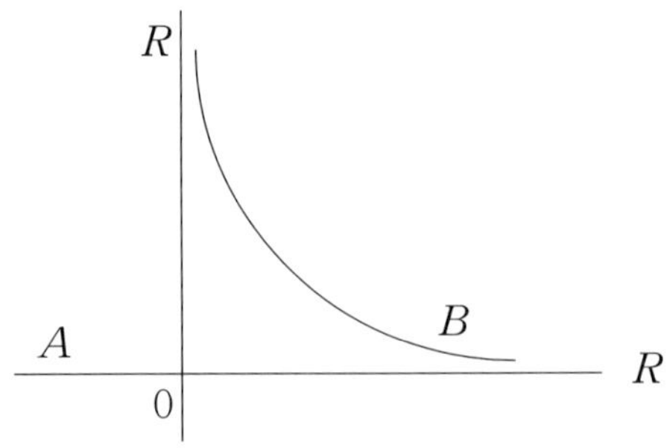

참고 위상공간 X에 대하여 다음은 서로 동치이다.

(1) X는 연결이다.

(2) $X \neq A \cup B$, A, $B \neq \varnothing$, $\overline{A} \cap B = A \cap \overline{B} = \varnothing$

(3) $X \neq A \cup B$, A, B: 폐집합, A, $B \neq \varnothing$, $A \cap B = \varnothing$

(4) 2-공간 $\{a, b\}$에 대하여 어떠한 연속함수 $f: X \to \{a, b\}$도 존재하지 않는다.

(5) 개집합도 되고 폐집합도 되는 X의 부분집합은 X자신과 $\varnothing$뿐이다.

(6) X는 $\overline{A} \cap \overline{A^c} = \varnothing$를 만족하는 진부분집합 A를 갖지 않는다.

정리 1.4 Y를 위상공간 X의 부분공간이라 하자. Y가 불연결이기 위한 필요충분조건은 다음을 만족하는 X에서의 개집합 U, V가 존재하는 것이다.

$$U \cap Y \neq \varnothing, \quad V \cap Y \neq \varnothing, \quad U \cap V \cap Y = \varnothing, \quad Y \subset U \cup V$$

증명 Y가 불연결이라 가정하자. 그러면 부분공간 Y에서 공집합이 아니고 서로소이며 개집합인 집합 A, B가 존재해서 $Y = A \cup B$이다. 그런데 부분공간의 정의에 의해 X에서의 개집합 U, V가 존재해서

$$A = U \cap Y, \quad B = V \cap Y \qquad ①$$

이므로 4가지 조건은 쉽게 확인된다.

역으로 X에서의 개집합 U, V가 존재하여 위의 4가지 조건이 성립됨을 가정하자. 그러면 ①에 의해 A, B는 공집합이 아니고 서로소이며 Y에서 개집

합이다. 또한 $Y \subset U \cup V$ 이므로

$$A \cup B = (U \cap Y) \cup (V \cap Y) = (U \cup V) \cap Y = Y$$

이다. 따라서 Y는 불연결이다.

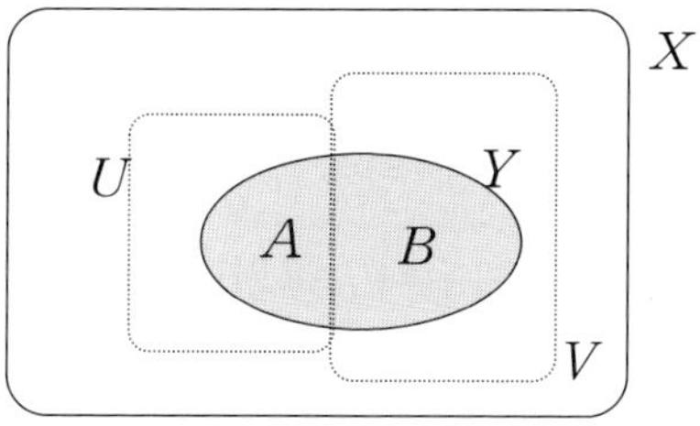

정리 1.5 (C, D)를 공간 X의 분할이라 하자. 만일 Y가 X의 연결부분공간이면 Y는 C와 D중에서 어느 한쪽에 완전히 포함된다.

증명 C와 D는 X에서 개집합이므로 $C \cap Y$와 $D \cap Y$는 Y에서 개집합이다. 그리고 이들은

$$(C \cap Y) \cap (D \cap Y) = C \cap D \cap Y = \varnothing \cap Y = \varnothing$$

이므로 서로소이며 이들의 합집합은

$$(C \cap Y) \cup (D \cap Y) = (C \cup D) \cap Y = X \cap Y = Y$$

이므로 Y가 된다. 만일 $C \cap Y \neq \varnothing$ 이고 $D \cap Y \neq \varnothing$ 라고 가정하면 Y는 이 두 개 집합 $C \cap Y$와 $D \cap Y$에 의하여 분할이 되므로 Y가 연결이라는 가정에 모순이 된다. 따라서 $C \cap Y = \varnothing$ 이든지 $D \cap Y = \varnothing$ 이어야 한다. 즉 $Y \subset C^c = D$ 이거나 $Y \subset D^c = C$ 가 되어 Y는 C, D중 어느 한쪽에 완전히 포함된다.

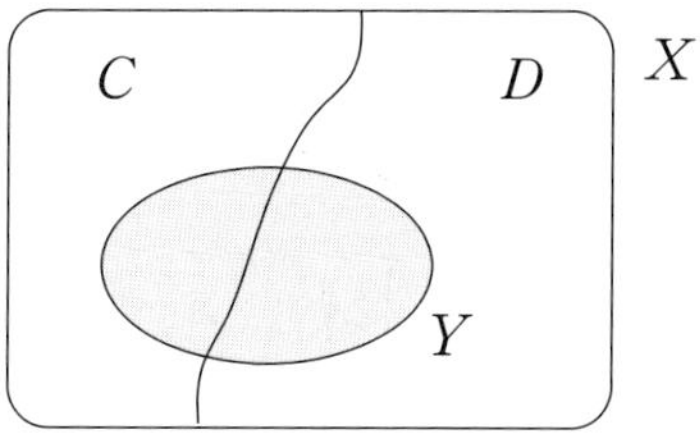

정리 1.6 공간 X에서 적어도 하나의 공통점을 갖는 연결공간들의 모임이 있을 때 이들의 합집합은 연결이다.

증명 $\{A_\alpha\}$를 X내의 연결공간들의 모임이라 하자. 그리고 $p\in\bigcap A_\alpha$라 하면 $Y=\bigcup A_\alpha$가 연결임을 보이면 된다. Y가 불연결이라 가정하자. 그러면 Y의 분할 (C,D)가 존재한다. 그러면 점 p는 C와 D중의 어느 하나에 속한다. 이때 $p\in C$라고 하자. 위 정리에 의하여 A_α들이 연결이므로 A_α는 C와 D 중의 어느 하나에 완전히 포함된다. 그러나 $p\in C$이므로 모든 α에 대하여 $A_\alpha\subset C$가 되고 $\bigcup A_\alpha\subset C$이다. 따라서 $D=\varnothing$이므로 (C,D)가 Y의 분할이라는데 모순이다.

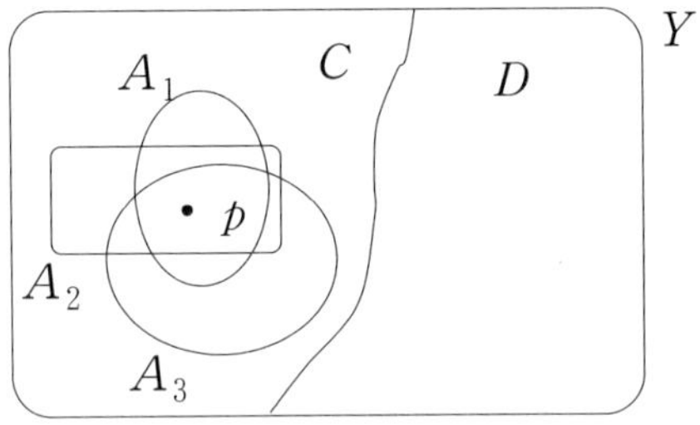

[예 8] A, B가 연결공간이고 $A\cap B\neq\varnothing$ 이면 일반적으로 $A\cup B$도 연결이다. 그러나 이 경우 $A\cap B$는 연결이 아닐 수도 있다. 예를 들면

$$A=[0,1]\times[0,1]-\left\{a\times 0 \mid \frac{1}{3}<a<\frac{2}{3}\right\}$$
$$B=[0,1]\times[-1,0]-\left\{a\times 0 \mid \frac{1}{3}<a<\frac{2}{3}\right\}$$

일 때 A와 B는 연결이다. 그러나

$$A\cap B=[0,\ \frac{1}{3}]\cup[\frac{2}{3},1]$$

이므로 $A\cap B$는 연결이 아니다. 또

$$Y=I^2-\left\{(x,\ 0)\mid \frac{1}{3}\le x\le\frac{2}{3}\right\}\text{이고 } A_n=\left\{(x,\ y)\in Y\mid y\le\frac{1}{n}\right\}$$

이면 A_n은 연결이지만 $\bigcap A_n$은 연결이 아니다(아래 그림 참조).

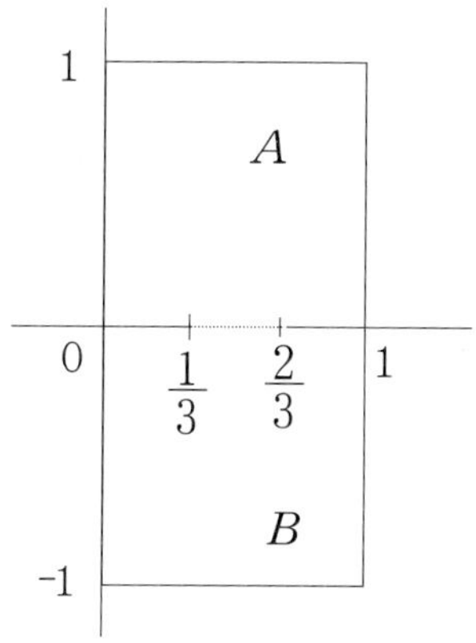

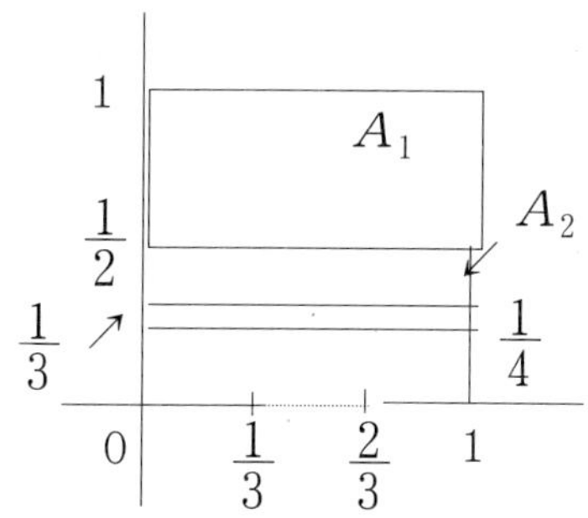

정리 1.7 A가 위상공간 X의 연결부분집합일 때 $A \subset B \subset \overline{A}$이면 B도 연결집합이다.

증명 B가 불연결이라고 가정하면 B의 분할 (C, D)가 존재한다. 그러면 (정리 1.5)에 의하여 A는 C와 D중의 어느 하나에 완전히 포함된다. 만일 $A \subset C$라 하면 $\overline{A} \subset \overline{C}$이다. 한편 $\overline{C} \cap D = \varnothing$이므로 $\overline{A} \cap D = \varnothing$이고 또 $B \subset \overline{A}$이므로 $B \cap D = \varnothing$가 된다. 이것은 D가 B의 분할 (C, D)의 한 쪽 이리는데 모순이다. 따라서 B는 연결집합이다.

위 (정리 1.7)에서 A가 연결이면 $A \subset B \subset \overline{A}$일 때 B도 연결이라 한 것은 A기 연결일 때 A의 극점을 포함하는 B가 연결이라는 것을 의미하며 더 나아가 $\overline{A} = A \cup A'$이므로 A의 극점 모두를 모아놓은 집합 A'와 A의 합집합인 $\overline{A}$도 연결이라는 것을 의미한다.

[예 9] R의 부분공간으로 유리수들의 집합을 Q라 하면 Q에서의 연결인 부분공간은 모든 유리수 $x \in Q$에 대하여 단집합 $\{x\}$가 된다. 왜냐하면 $Y = \{x, y\} \subset Q$이라 하자. 이때 $x < a < y$인 $a \in R$를 택하면 $Y \cap (-\infty, a)$와 $Y \cap (a, \infty)$는 각각 $\{x\}$, $\{y\}$이고 이는 Y를 분할하기 때문이다.

또한 임의의 무리수 p에 대하여

$$A = Q \cap (-\infty,\ p),\ B = Q \cap (p,\ \infty)$$

라 하면 A, B는 개집합이고 공집합이 아니며 $A \cup B = Q$이며 $A \cap B = \varnothing$이다. 그러므로 유리수 집합 Q는 연결공간이 아니다. 이때 특히 Q를 **전체불연결**(total disconnected)이라 한다.

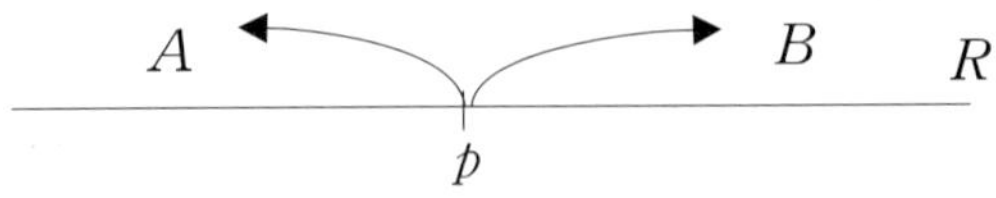

정리 1.8 A가 연결공간이면 $\overline{A}$도 연결공간이다. 그러나 역은 성립하지 않는다.

증명 $\overline{A}$가 연결이 아니라 하자. 그러면 분할 (C, D)가 존재하여 $\overline{A} = C \cup D$가 된다. $A \subset \overline{A}$이고 A가 연결이므로 $A \subset C$이거나 $A \subset D$이다. 그러나 C, D는 폐집합이기도 하므로 폐포의 정의에 의하여 $A \subset \overline{A} \subset C$이다. 이는 (C, D)가 $\overline{A}$의 분할이라는데 모순이다. 따라서 $\overline{A}$는 연결이다.

역이 성립하지 않는 것은 반례를 들어 알아보자.

$$A = [a, b) \cup (b, c] \subset R$$

라 하면 A는 연결이 아니다. 그러나

$$\overline{A} = [a, b] \cup [b, c] = [a, c]$$

가 되어 $\overline{A}$는 연결이다. 따라서 $\overline{A}$가 연결이라 하여 A가 연결이라고는 할 수 없다.

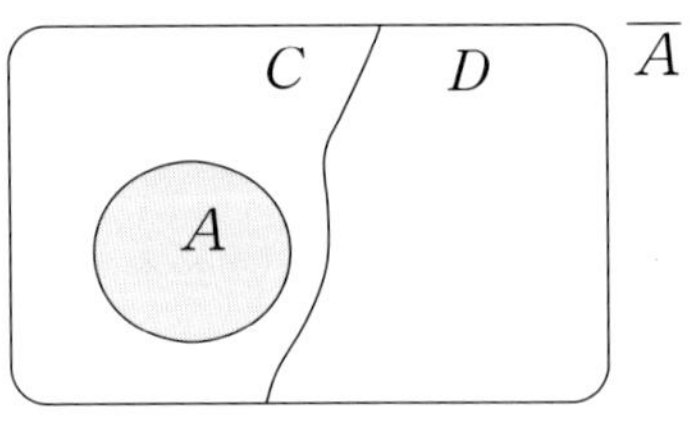

보통위상공간 R에서 개구간 $A = (a, b)$는 연결이다. 그런데 $\overline{A} = [a, b]$이므로 위 정리에 의해 폐구간 $[a, b]$도 연결임을 알 수 있다.

정리 1.9 연속함수에 의한 연결공간의 상은 연결공간이다.

증명 X가 연결공간이고 $f: X \to Y$가 연속함수라 하자. 이 때 $Z = f(X)$가 연결임을 보이면 된다. f가 연속이므로 치역을 Z로 축소한 함수 $g: X \to Z$는 역시 연속이며 전사이다. Z가 불연결임을 가정하자. 그러면 Z에서 분할 (A, B)가 존재한다. 그러면 g가 연속이므로 $g^{-1}(A)$와 $g^{-1}(B)$는 X에서 개집합이고 $A \cap B = \varnothing$이므로

$$g^{-1}(A) \cap g^{-1}(B) = g^{-1}(A \cap B) = g^{-1}(\varnothing) = \varnothing$$

가 되어 $g^{-1}(A)$와 $g^{-1}(B)$는 서로소이다. 또한 g가 전사이므로 $g^{-1}(A)$와 $g^{-1}(B)$는 공집합이 아니다. 왜냐하면 $g^{-1}(A) = \varnothing$라 가정하면

$$A = g(g^{-1}(A)) = g(\varnothing) = \varnothing$$

가 되어 $A != \varnothing$에 모순이 되기 때문이다(같은 방법으로 $g^{-1}(B) \neq \varnothing$ 도 성립). 그리고

$$g^{-1}(A) \cup g^{-1}(B) = g^{-1}(A \cup B) = g^{-1}(Z) = X$$

이다. 따라서 X는 불연결공간이 된다. 이는 X가 연결공간이라는 가정에 모순이다. 그러므로 $Z = f(X)$는 연결공간이다.

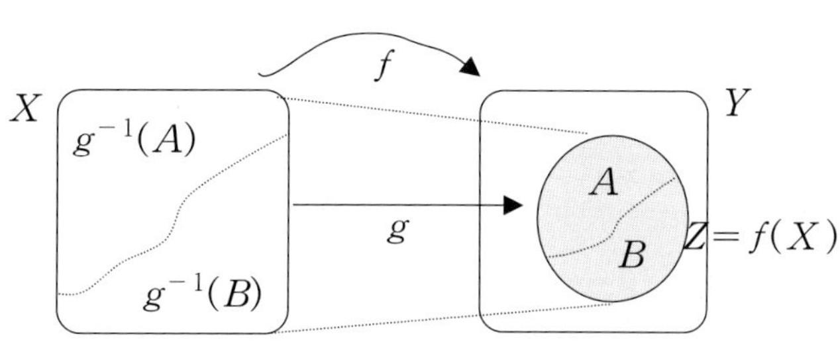

위 정리에서 X가 연결공간이고 전사인 함수 $f: X \to Y$가 연속이면 Y는 연결공간임을 알 수 있다. 나아가 이는 연결성이 위상적 성질임을 의미한다. 왜냐하면 X가 연결공간이고 $X \cong Y$이면 위상동형사상 $f: X \to Y$가 존재하고 이것은 연속이고 전사함수이므로 Y는 연결공간이 되기 때문이다.

앞의 (예 4)에서 보통위상공간 R는 연결임을 알았다. 그런데 R상의 각 개구간 $(a,\ b)$와 R은 서로 위상동치(즉, $(a,\ b)\cong R$)이다. 그러므로 각 개구간 $(a,\ b)$는 연결이다.

[예 10] R^2상의 두 집합

$$A=\left\{(x,\ y)\mid y=\sin\frac{\pi}{x},\ 0<x\leq 1\right\}$$
$$B=\{(0,\ y)\mid -1\leq y\leq 1\}$$

에서 A는 연속함수에 의한 연결공간 $(0,\ 1]$의 상이므로 연결이다.

그리고 $X=A\cup B$라고 할 때 $X=\overline{A}$ 이므로 X는 연결이다. 또 다른 방법으로 설명하면 B의 각 점은 A의 극점이므로 $B\subset\overline{A}$ 이다. 즉 $\overline{A}\cap B\neq\emptyset$ 이다. 따라서 $X=A\cup B$는 연결이다.

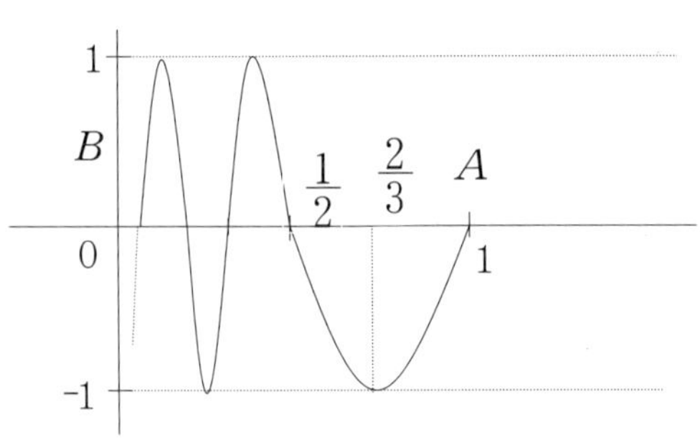

위 (예 10)에서 $X=A\cup B$를 topologist's sine curve라고 한다.

[예 11] (예 10)에서 $B=\{(0,y)\mid -1\leq y\leq 1\}$의 각 점은 A의 극점이므로 $B\subset A'$ 이다. 따라서 $X=A\cup B\subset A\cup A'=\overline{A}$이고 $\overline{A}\subset X$ 이므로 $\overline{A}=X$이다. (정리1.8)에 의하여 A가 연결이므로 $\overline{A}=X$도 연결이다. 또한 (정리 1.7)에 의하여 $A=A\cup B\subset A\cup A'=\overline{A}$ 이고 A가 연결이므로 $A\cup B$가 연결이기도 하다.

정리 1.10 함수 $f: X \to Y$가 연속이고 X가 연결공간이면 f의 그래프 $G(f)$는 적공간 $X \times Y$의 연결부분공간이다.

증명 $G(f)$가 연결부분공간이 아니라고 가정하자. 그러면 $G(f)$는 $A \cup B$로 분할된다. 한편 사영함수 $\pi_1: X \times Y \to X$는 연속함수이고 전사이며 개사상이므로 축소함수 $p = \pi_1 |_{G(f)} : G(f) \to X$도 연속이고 전사이며 개사상이다. 그러면 $(p(A), p(B))$는 X의 분할이 된다. 즉 $p(A)$와 $p(B)$는 공집합이 아니고 서로소인 개집합이다.

왜냐하면 $A \neq \varnothing$이고 $B \neq \varnothing$이므로 $p(A) \neq \varnothing$, $p(B) \neq \varnothing$이고

$$p(A) \cap p(B) \subseteq p(A \cap B) = p(\varnothing) = \varnothing$$

이므로 서로소이다. 또한 A, B가 $G(f)$에서 개집합이고 p가 개사상이므로 $p(A)$와 $p(B)$는 개집합이다. 그리고

$$X = p(G(f)) = p(A \cup B) = p(A) \cup p(B)$$

이므로 X는 연결공간이 아니다. 이것은 가정에 모순이므로 $G(f)$는 연결부분공간이다.

정리 1.11 연결공간들의 적공간은 연결공간이다.

증명 두 연결공간 X와 Y에 대하여 적공간 $X \times Y$가 연결공간임을 보이고 유한개의 연결공간들의 유한 적공간 $\prod_1^n X_i$에 대해선 귀납법을 이용하여 설명하자. 그리고 임의의 개의 연결공간들의 적공간 $\prod X_i$가 연결임은 생략하도록 한다. 아래 그림에서와 같이 적공간 $X \times Y$에서 기본점(base point) $a \times b$를 택하자. X가 연결공간이고 수평 슬라이스(slice) $X \times b$와 X가 위상동형이므로 $X \times b$도 연결공간이다. 또 Y가 연결공간이고 수직 슬라이스 $x \times Y$와 Y가 위상동형이므로 $x \times Y$도 연결공간이다. 그러면 공간

$$T_x = (X \times b) \cup (x \times Y)$$

는 연결이다. 왜냐하면 $X \times b$와 $x \times Y$가 공통점 $x \times b$를 갖고 이들이 연결공간이기 때문이다. 그리고 임의의 $x \in X$에 대하여 T_x들을 합집합한 것을

$$\bigcup_x T_x$$

라고 하면 각 T_x는 모두 공통점 $a \times b$를 갖고 연결공간이므로 $\bigcup_x T_x$는 연결공간이다. 실제로 $\bigcup_x T_x = X \times Y$이기 때문에 $X \times Y$는 연결공간이다.

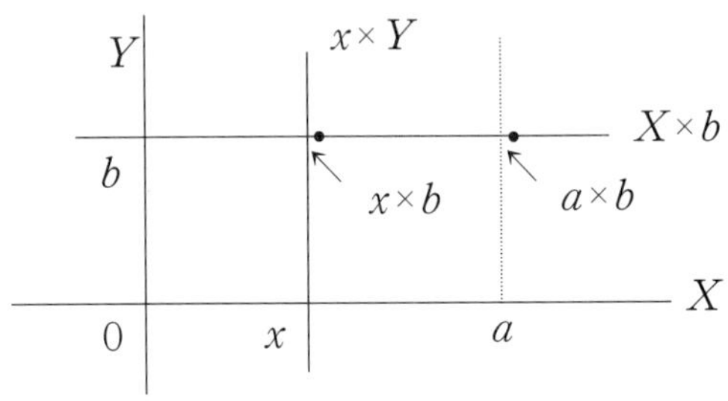

정리 1.12 X가 연결공간이기 위한 필요충분조건은 X에서 이산공간 $\{0, 1\}$로 가는 전사인 연속함수가 존재하지 않는 것이다.

증명 (⇒) $f: X \to \{0, 1\}$가 전사인 연속함수라 하자. 그러면 X가 연결공간이므로 $f(X) = \{0, 1\}$는 연결공간이다. 그러나 이산공간 $\{0, 1\}$는 불연결공간이므로 모순이다.

(⇐) X가 불연결공간이라 하자. 그러면 X의 분할 (U, V)가 존재한다. 이 때 $f: X \to \{0, 1\}$을 다음과 같이 정의하면 f는 연속이고 전사이므로 모순이다.

$$f(x) = \begin{cases} 0, & x \in U \\ 1, & x \in V \end{cases}$$

정리 1.13 집합 X에 대해 $y \notin X$일 때 $Y = X \cup \{y\}$라고 하자. 이때 Y상의 위상을 $\mathfrak{T} = \{U \subset Y \mid U = \emptyset$ 또는 $y \in U\}$라 하면 $(Y, \mathfrak{T})$는 연결공간이다.

증명 $\emptyset$이 아닌 모든 개집합이 y를 포함한다는 것을 이용하여 증명할 수 있다.

실수에서의 구간이나 반직선(ray)이 연결이라는 사실은 실수의 순서 성질에 의하여 결정된다. 실수에서 연결공간이 되기 위한 조건을 알아보자.

정의 1.14

한 점 이상을 갖는 단순순서집합 L이 다음 조건을 만족할 때 **선형연속체**(linear continuum)라 한다.

(1) L이 최소상계성질(least upper bound property)을 갖는다.

(2) 만일 $x<y$이면 $x<z<y$를 만족하는 z이 존재한다.

정리 1.15 L이 순서위상에서 선형연속체라 하면 L은 연결이고 L내의 모든 구간이나 반직선도 연결이다.

증명 생략

[예 12] 실수집합 R은 연결이고 R내의 모든 구간이나 반직선도 연결이다. 이는 R이 순서위상에서 선형 연속체이고 위 (정리 1.15)에 의하여 자명하기 때문이다.

[예 13] 다음의 경우는 실수공간의 부분공간으로서 모두 연결공간이다.

(1) $\varnothing$ (2) R (3) $\{x\}$, $(x\in R)$

(4) $(a,\ b)$, $(a,\ b]$, $[a,\ b)$, $[a,\ b]$, $(a,\ b\in R,\ a<b)$

(5) $(-\infty,\ a)$, $(-\infty,\ a]$, $(a,\ \infty)$, $[a,\ \infty)$, $(a\in R)$

[예 14] X가 정렬집합이면 $X\times[0,\ 1)$은 사전식순서로서 선형연속체이다. 왜냐하면 자연수 집합 $\mathbb{N}$은 하나의 정렬집합으로 X를 $\mathbb{N}$으로 두면 $\mathbb{N}\times[0,\ 1)$에서 임의의 $n\in\mathbb{N}$에 대하여 $n\times[0,\ 1)$의 상한은 $(n+1)\times 0$이 되기 때문이다.

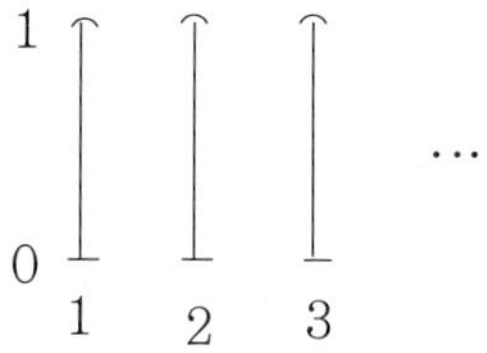

연결공간의 연속함수에 의한 상은 연결이기 때문에 연결성은 위상적 성질이 된다. 이 연결성을 응용하여 위상적인 사실들을 알아보자.

정리 1.16 (중간값 정리) 함수 $f:[a, b]\rightarrow R$가 폐구간 $[a, b]$에서 R로의 연속함수이고 y_0를 $y_0\in(f(a), f(b))$인 실수라 하자. 그러면 $f(c)=y_0$를 만족하는 수 $c\in(a, b)$가 존재한다.

증명 폐구간 $[a, b]$는 연결이다. 함수 f가 연속이므로 $f([a, b])$는 R의 연결부분집합이 되고 연결부분집합이므로 R상의 구간이 된다. 그러므로 $f(a)$와 $f(b)$사이의 임의의 수 y_0에 대하여 $y_0\in f([a, b])$이다. 이는 a와 b사이에 어떤 실수 c가 존재해서 $y_0=f(c)$임을 의미한다.

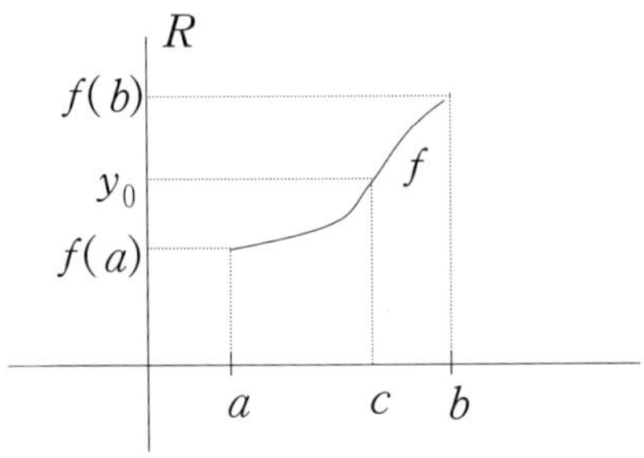

참고 (중간값 정리) 연결공간 X와 순서위상을 갖는 순서집합 Y에 대하여 함수 $f:X\rightarrow Y$가 연속이라 하자. 만일 $a, b\in X$이고 Y에서 $r\in(f(a), f(b))$이라면 $f(c)=r$을 만족하는 한 점 $c\in X$가 존재한다.

증명 X가 연결공간이고 함수 f가 연속이므로 $f(X)$는 연결이다. 집합 A, B를 다음과 같이 정의하자.

$$A=f(X)\cap(-\infty, r),\quad B=f(X)\cap(r, \infty)$$

그러면 $f(a)\in A$이고 $f(b)\in B$이므로, A, B는 공집합이 아니고 서로소이며 각각 $f(X)$내에서 개집합이다. 이제 결론을 부정하여 만일 $f(c)=r$이 되는 점 $c\in X$가 존재하지 않는다고 하자. 그러면 $f(X)=A\cup B$이다. 즉 A와 B는

$f(X)$를 분리하게 된다. 이는 $f(X)$가 연결이라는데 모순이다. 따라서 $f(c)=r$을 만족하는 $c\in X$가 존재한다.

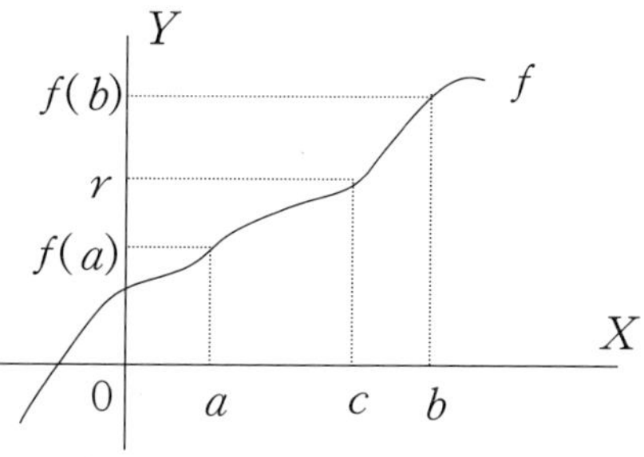

정의 1.17

함수 $f:X\to X$가 $f(x)=x$인 점 $x\in X$를 가질 때 점 x를 함수 f의 한 **고정점**(fixed-point)이라고 한다. 그리고 모든 연속함수 $f:X\to X$가 적어도 한 고정점을 가지면 위상공간 X는 **고정점성질**(fixed-point property)을 갖는다.

다음 정리는 만일 X가 고정점성질을 갖는 공간과 위상동형이면 마찬가지로 X도 고정점성질을 갖는다는 것이다.

정리 1.18 고정점성질은 위상적 성질이다.

증명 X가 고정점성질을 갖는 공간이고 $X\cong Y$이며 $h:X\to Y$가 위상사상이라 하자. 그리고 함수 $f:Y\to Y$를 연속함수라 하면 합성함수 $h^{-1}fh:X\to X$는 X상에서 연속이므로 함수 $h^{-1}fh$는 적어도 한 고정점 x_0를 갖는다. 즉

$$h^{-1}fh(x_0)=x_0$$

그러면 $hh^{-1}fh(x_0)=h(x_0)$이고 h가 전단사이므로

$$fh(x_0)=h(x_0)$$

가 되어 점 $h(x_0)$는 f에 대한 한 고정점이다. 그러므로 Y는 고정점성질을 갖

는다.

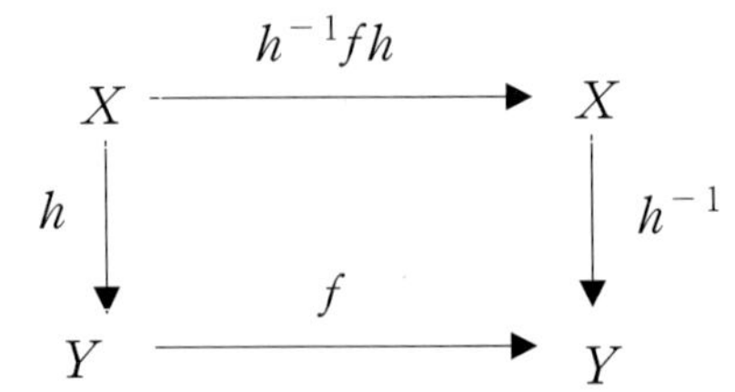

[예 15] 실수 R은 고정점성질을 갖지 않는다. 왜냐하면 예를 들어 함수 $f(x)=x+1$ $(x\in R)$는 고정점을 갖지 않기 때문이다. 각 개구간은 R과 위상동형이므로 위 (정리 1.18)에 의해 어떤 개구간도 고정점성질을 갖지 않는다. 또한 구 S^n $(n\geq 1)$도 고정점성질을 가지 않는다. 왜냐하면 함수 $g(x)=-x$ $(x\in S^n)$는 연속이지만 고정점을 갖지 않기 때문이다.

연습문제 6.1

1. R^n과 S^n $(n \geq 1)$은 연결공간이다.

2. 위상공간 X가 연결이기 위한 필요충분조건은 연속함수 $f: X \to 2$가 상수함수 (constant map)일 때이다.**【문제중심 위상수학 참고】**

3. 여유한위상(cofinite topology)을 갖는 무한집합은 연결공간이다. (예, $(R, \mathfrak{T}_f)$, $(\mathbb{N}, \mathfrak{T}_f)$, $(\mathbb{Z}, \mathfrak{T}_f)$ 등등)**【문제중심 위상수학 참고】**

4. 하한위상 공간 R_l은 불연결이다. **【문제중심 위상수학 참고】**

5. 공간 X에서 임의의 두 점 $x, y \in X$에 대하여 $\{x, y\}$가 연결집합의 부분집합이라 하자. 그리면 X는 연결집합이다.**【문제중심 위상수학 참고】**

6. 부분공간위상을 갖는 $R^2 - R$(평면에서 실수축을 제외한 공간)은 불연결이다. **【문제중심 위상수학 참고】**

7. 공간 X의 부분집합 A가 분할이 되는 필요충분조건은 X의 개집합 G, H가 존재하여 $A \cap G$와 $A \cap H$가 서로소이며 공집합이 아니고 그 합집합이 A가 되는 것이다.

8. $\mathfrak{T} = \{X, \varnothing, \{a, b, c\}, \{c, d, e\}, \{c\}\}$가 $X = \{a, b, c, d, e\}$의 한 위상일 때 $A = \{a, d, e\}$는 불연결이다.**【문제중심 위상수학 참고】**

9. X가 불연결이기 위한 필요충분조건은 X의 공집합이 아닌 개집합이고 동시에 폐집합인 진부분집합 C가 존재하는 것이다.**【문제중심 위상수학 참고】**

10. $A \subset X$가 분할이어서 $A \cap G$와 $A \cap H$가 서로소이며 공집합이 아닌 집합으로 그 합집합이 A가 되는 X의 개집합 G, H가 존재하고 B가 A의 연결인 부분집합이면 $B \cap H = \varnothing$,이거나 $B \cap G = \varnothing$ 이다.

11. $\{A_\alpha \mid \alpha \in I\}$가 Y의 어떤 연결부분집합들의 모임이라 할 때 Y의 연결집합 A에 대하여 $A \cap A_\alpha \neq \varnothing$ 이면 $A \cup (\bigcup_\alpha A_\alpha)$는 연결이다.**【문제중심 위상수학 참고】**

12. $Y \subset X$이고 X와 Y는 연결공간이라 할 때 A와 B가 $X - Y$의한 분할을 이루면 $Y \cup A$와 $Y \cup B$는 연결 공간이다.

13. $\prod X_\alpha$가 연결공간이고 $\prod X_\alpha \neq \varnothing$ 이면 각 X_α도 연결이다.**【문제중심 위상수학 참고】**

14. $\{A_n\}$이 X의 연결부분집합들의 나열이고 모든 n에 대하여 $A_n \cap A_{n+1} \neq \varnothing$ 이면 $\cup A_n$은 연결이다.**【문제중심 위상수학 참고】**

15. X가 연결이면 X의 임의의 진부분집합 A에 대하여 $\mathrm{Fr}(A) \neq \varnothing$인가?

【문제중심 위상수학 참고】

16. A가 X의 연결부분집합이면 $\mathrm{Int}(A)$와 $\mathrm{Fr}(A)$는 연결인가?

17. A와 Y가 연결집합이고 $A \subset Y$일 때 U가 $Y - A$에서 개집합이고 또한 폐집합이면 $A \cup U$는 연결이다.

18. 연결공간 X에 대하여 $X - \{x\}$가 불연결이면 점 x를 절단점(cut point)이라 한다. 그러면

(1) R의 각 점은 절단점이다.

(2) 위상공간 Y에 대하여 만일 $f : X \to Y$가 위상동형대응사상이고 점 x가 X의 절단점이면 $f(x)$는 Y의 절단점이다.**【문제중심 위상수학 참고】**

19. 위상공간 X에 대하여 다음은 서로 동치이다.

(1) X는 불연결이다.

(2) $X = A \cup B$, A, B : 서로소이고 공집합이 아니며 폐집합이다.

(3) $X = A \cup B$, $\overline{A} \cap B = A \cap \overline{B} = \varnothing$

(4) 2-공간 $\{1, 2\}$에 대하여 전사인 연속함수 $f: X \to \{1, 2\}$가 존재한다.

(5) X의 개집합이고 폐집합인 진부분집합 A가 존재한다.

(6) X의 진부분집합 A가 존재해서 $\overline{A} \cap \overline{A^c} = \varnothing$ 이다.

20. Y가 연결공간이기 위한 필요충분조건은 전사인 연속함수 $f: Y \to \{0, 1\}$가 존재하지 않을 때이다(단, $\{0, 1\}$: 이산위상공간). **【문제중심 위상수학 참고】**

21. A와 B가 공간 X의 개부분집합이라 하고 $A \cup B$와 $A \cap B$가 연결이면 A와 B는 연결이다.**【문제중심 위상수학 참고】**

2. 성분, 호상연결, 국소연결

위상공간 X의 한 점에서 다른 점까지 이 공간을 벗어나지 않고 점을 연속적으로 움직일 수 있는가 하는 문제를 생각해보자. 호상연결은 여러 가지 적용에 유용한 연결성보다 더 강한 위상적 성질이다.

정의 2.1

공간 X의 두 점 x, y에 대하여 연속함수 $f: [a, b] \to X$가 $f(a) = x$, $f(b) = y$로 정의되어 있을 때 f를 x로부터 y까지의 X에서의 **호**(path)라고 한다. 또 X의 임의의 두 점이 X 내에서 호에 의하여 연결될 수 있으면 X는 **호상연결공간**(pathconnected space)이라 한다. 이때 x를 호 f의 **시점**(initial point) y를 호 f의 **종점**(terminal point)이라 부른다.

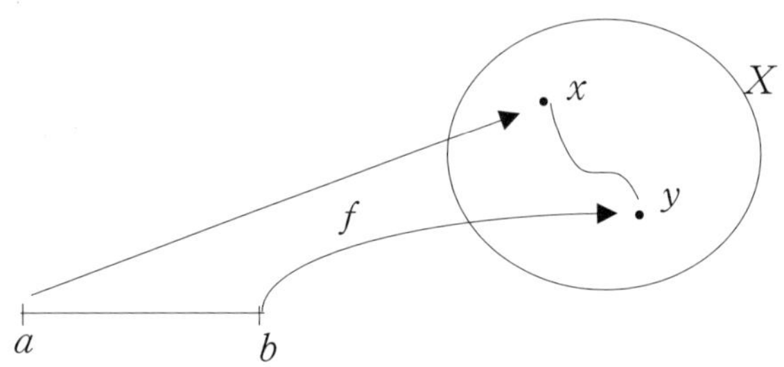

위 정의에서 알 수 있는 것처럼 호(path)는 연속함수 f를 의미하고 그 상 $f([a, b])$를 **곡선**(curve)이라 하며 $f([a, b]) \subset X$이다.

[예 1] 상수함수 $f: [a, b] \to X$가 임의의 $c \in [a, b]$에 대하여 $f(c) = x$로 정의되면 연속함수이므로 f는 **호**(constant path at x)이다. 이때 $f(a) = x = f(b)$이다.

[예 2] R^n 공간과 구 $S^n (n \geq 1)$은 호상연결이다.

왜냐하면 $f(t) = (1-t)x + ty$로 정의되는 함수 $f: [0, 1] \to X$는 연속이고

임의의 $x, y \in R^n$에 대하여 $f(0)=x$, $f(1)=y$이기 때문이다. 또 함수 $f:[0,1] \to S^1$을 $f(t)=(\cos 2\pi t, \sin 2\pi t)$로 정의하면 $S^n(n \geq 1)$이 호상연결임을 알 수 있다.

[예 3] Sierpinski공간 S는 호상연결이다. 왜냐하면 특성함수 $f:I \to S$가 다음과 같이 정의되었다 하자.

$$f(x)=\begin{cases} 1 & : x=1 \\ 0 & : x \in [0,1) \end{cases}$$

그러면 S의 개집합은 $S=\{0, 1\}$, $\varnothing$, $\{0\}$인데 $f^{-1}(S)=I$, $f^{-1}(\varnothing)=\varnothing$, $f^{-1}(\{0\})=[0, 1)$이 모두 개집합이 되어 f는 연속이다. 따라서 f는 0에서 1로 가는 호이다.

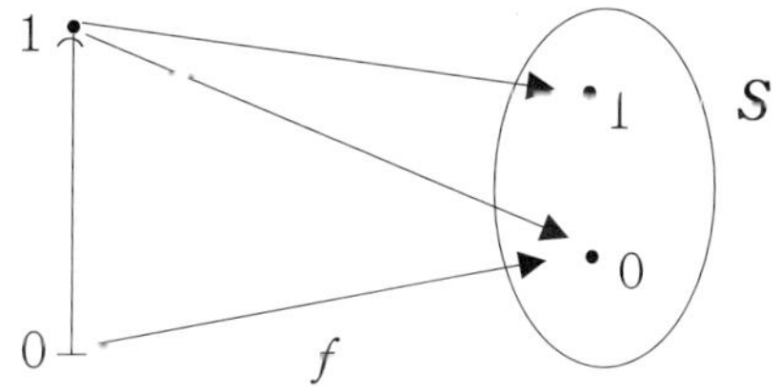

[예 4] 비이산위상공간은 호상연결이고, 두 점 이상을 갖는 이산위상공간은 호상연결이 아니다. 왜냐하면 X가 비이산공간일 때 함수 $f:[a, b] \to X$가 어떻게 정의되어도 비이산위상공간 X는 X, $\varnothing$만이 개집합이므로 f는 연속이다.

또한 $X=\{0, 1\}$이 이산위상공간일 때 함수 $f:[a, b] \to X$가

$$f(t)=\begin{cases} 1 & t \in [x, b] \\ 0 & t \in [a, x) \end{cases}$$

와 같이 정의되었을 f는 연속이 아니다. 아래 그림에서 $[a, x)$는 $[a, b]$에서 개집합이지만 $[x, b]$는 개집합이 아니므로 X에서의 개집합 $\{1\}$의 역상 $f^{-1}(\{1\})=[x, b]$는 폐집합이므로 f는 연속이 아니다. 그러므로 f는 호가

아니다.

그리고 $f:[a, b]\to X$가 상수함수로 $f(t)=0,\ t\in[a, b]$와 같이 정의되었다면 f는 연속함수이지만 $f(a)=0$이나 $f(b)=1$이 아니다. 즉 $f(a)=0=f(b)$로 호 일수는 있지만 호상연결은 아니다.

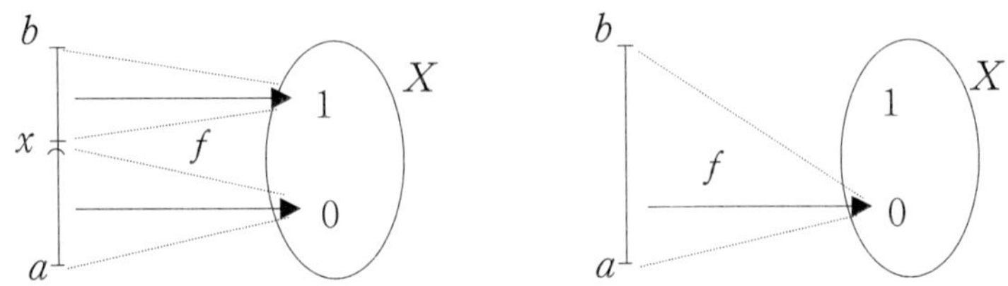

정리 2.2 호상연결공간의 연속인 상은 호상연결이다.

증명 X를 호상연결공간이라 하자. 그리고 함수 $f: X\to Y$가 연속이고 전사함수라 하자. 그러면 임의의 $x,\ y\in Y$에 대하여 $f(a)=x,\ f(b)=y$가 되는 점 $a,\ b\in X$가 존재한다. 또 X가 호상연결이므로 연속함수 $g: I\to X$가 존재하여 $g(0)=a,\ g(1)=b$이다. 그러므로 $f\circ g: I\to Y$는 연속함수가 되고

$$f\circ g(0)=f(a)=x$$
$$f\circ g(1)=f(b)=y$$

가 되어 $f\circ g$는 Y에서의 호이다. 따라서 Y는 호상연결이다.

위 정리로부터 호상연결성은 역시 위상적 성질이다.

[예 5] $f:[0,1]\to X$가 $f(0)=x,\ f(1)=y$인, 즉 x를 y에 있는 호라하면 임의의 $t\in[0, 1]$에 대하여

$$\bar{f}(t)=f(1-t)$$

에 의하여 정의된 함수 $\bar{f}:[0, 1]\to X$는 y를 x에 있는 호이다. 왜냐하면 $\bar{f}(0)=f(1)=y,\ \ \bar{f}(1)=f(0)=x$이기 때문이다.

정리 2.3 X가 호상연결공간이면 필히 연결공간이다.

증명 X가 연결공간이 아니라고 가정하자. 그러면 X의 분할 (A, B)가 존재한다. 그러면 X가 호상연결이므로 X에서의 호 $f:[a, b] \to X$가 존재하는데 f는 연속이므로 $f([a, b])$는 연결이다. 그러면 $f([a, b]) \subset A$이든지 $f([a, b]) \subset B$가 된다. 그러므로 A의 점과 B의 점을 잇는 호는 X에서 존재하지 않는다. 따라서 X가 호상연결이라는데 모순이다.

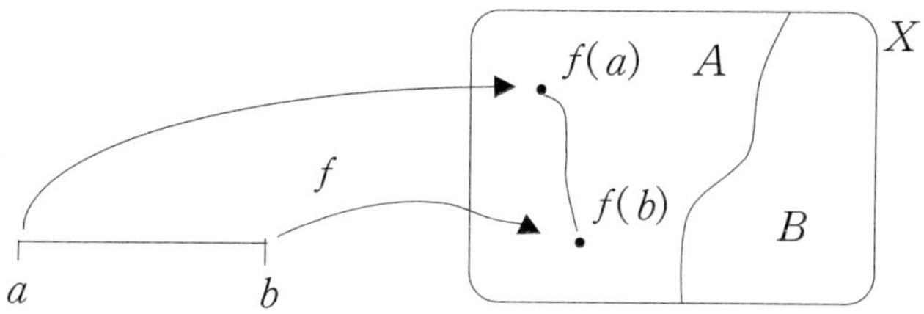

위 정리의 역은 성립하지 않는다.

R의 연결인 분분집합은 구간이다. 그리고 모든 구간은 호상연결임을 알고 있다. 그러면 위 (정리 2.3)에 의하여 R의 부분집합에서 연결성과 호상연결성은 동치성질이다. 즉 R의 부분집합이 연결이기 위한 필요충분조건은 호상연결이다.

다음의 예는 호상연결이 아닌 R^2의 연결부분집합을 보여준다. 이는 호상연결이 연결보다 더 강한 조건임을 의미한다.

[예 6] $Y=\left\{(x, y) | y=\sin\frac{1}{x}, \ 0 < x \leq 1\right\} \subset R^2$는 $(0, 1]$의 연속인 상이므로 연결이다. 또한 $\overline{Y}= Y \cup \{(0, y) \mid -1 \leq y \leq 1\}$도 연결이다.

그러나 $\overline{Y}$는 호상연결은 아니다. 즉 $(0, 0)$와 $(\frac{1}{\pi}, 0)$를 잇는 호가 존재하지 않는 것이다. 왜냐하면 $(0, 0)$와 $(\frac{1}{\pi}, 0)$를 잇는 호 $f: I \to \overline{Y}$가 존재한다고 가정하자. 그러면 호 $f: I \to \overline{Y}$는 연속이고 f가 연속이면 $\pi_1 \circ f$와 $\pi_2 \circ f$도 연속이어야 한다(즉 $f: I \to \overline{Y}$가 연속이기위한 필요충분조건은 $\pi_1 \circ f$와 $\pi_2 \circ f$가 연속인 것이다).

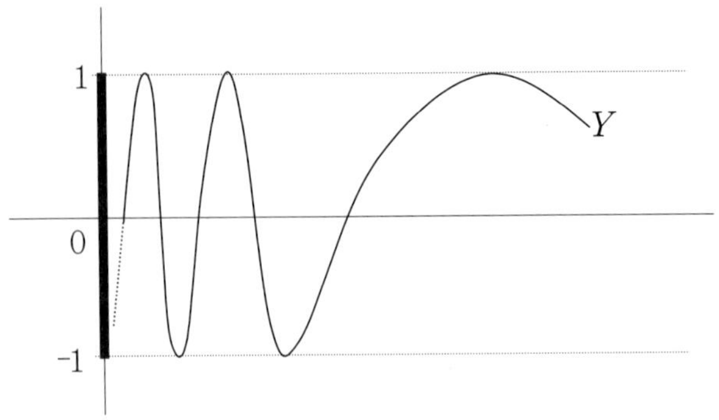

그러나 I의 점의 수열 $x_1 > x_2 > x_3 > \cdots$은 0으로 수렴하지만 충분히 큰 번호 i에 대하여 $\pi_2 \circ f(x_i)$의 값은 i가 홀수이면 1로 하고 i가 짝수이면 -1로 할 때 $\langle \pi_2 \circ f(x_i) \rangle$는 -1과 1로 진동하다. 이것은 연속함수가 수열의 극한을 보존한다는 사실에 모순이다. 그러므로 $\pi_2 \circ f$는 연속이 아니다. 따라서 함수 f도 연속이 될 수 없다. 그러므로 $\overline{Y}$는 호상연결이 아니다.

[예 7] 보통위상공간 R^2에서

$$A = \left\{ (x,\ y) \mid 0 \le x \le 1,\ y = \frac{x}{n},\ n = 1,\ 2,\ \cdots \right\}$$
$$B = \left\{ (x,\ 0) \mid \frac{1}{2} \le x \le 1 \right\}$$

라 하면 A와 B는 모두 호상연결이고, 연결집합이다, 그리고 B에 속하는 모든 점은 A의 극점이 되므로 A와 B는 분리된 집합이 아니다. 따라서 $A \cup B$는 연결집합이다. 그러나 $A \cup B$는 호상연결집합이 아니다.

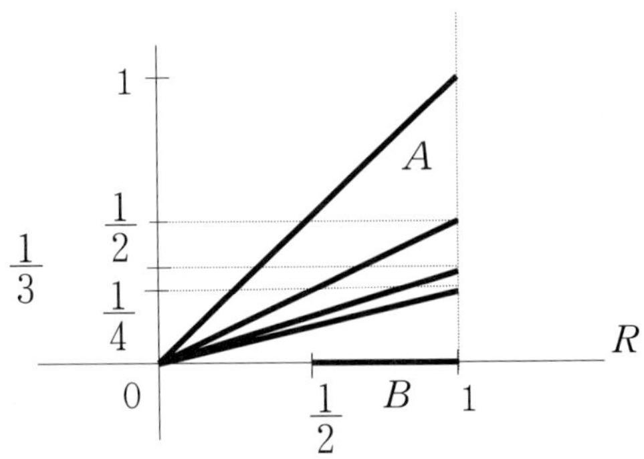

[예 8] $\| x \| = \| (x_1, x_2, \cdots, x_n) \| = (x_1{}^2 + x_2{}^2 + \cdots + x_n{}^2)^{\frac{1}{2}}$ 임을 알고 있다. R^n 공간에서 단위구 $B^n = \{x \mid \| x \| < 1\}$은 호상연결공간이다. 왜냐하면 x, y를 B^n의 임의의 두 점이라 할 때 함수 $f: I \to R^n$을

$$f(t) = (1-t)x + ty, \quad 0 \le t \le 1$$

로 정의하면 f는 연속이고 $f(0) = x$, $f(1) = y$ 이기 때문이다. 그리고

$$\begin{aligned} \| f(t) \| &= \| (1-t)x + ty \| \le \| (1-t)x \| + \| ty \| \\ &= (1-t)\| x \| + t \| y \| < (1-t) \cdot 1 + t \cdot 1 = 1 \end{aligned}$$

이므로 $f(t) \in B^n$이다. 따라서 f는 x로부터 y까지의 호이다.

정리 2.4 공간 X의 세 점을 a, b, c라 할 때 a에서 b, b에서 c까지의 호가 존재하면 a로부터 c까지의 호(path)도 존재한다.

증명 a에서 b, b에서 c까지의 호가 존재한다 했으므로

$$f(0) = a, \quad f(1) = b \text{ 인 연속함수 } f: I \to X$$

가 존재하고

$$g(0) = b, \quad g(1) = c \text{ 인 연속함수 } g: I \to X$$

가 존재한다. 이 때 $h: I \to X$를

$$h(t) = \begin{cases} f(2t) & 0 \le t \le \dfrac{1}{2} \\ g(2t-1) & \dfrac{1}{2} \le t \le 1 \end{cases}$$

로 정의하면 $t = \dfrac{1}{2}$ 에서 $f(2t) = f(1) = b$이고 $g(2t-1) = g(0) = b$이므로 $f(2t) = g(2t-1)$가 되어 h는 연속함수이다. 또 $h(0) = f(0) = a$ 이고 $h(1) = g(1) = c$ 이므로 h는 a로부터 c까지의 호가 된다.

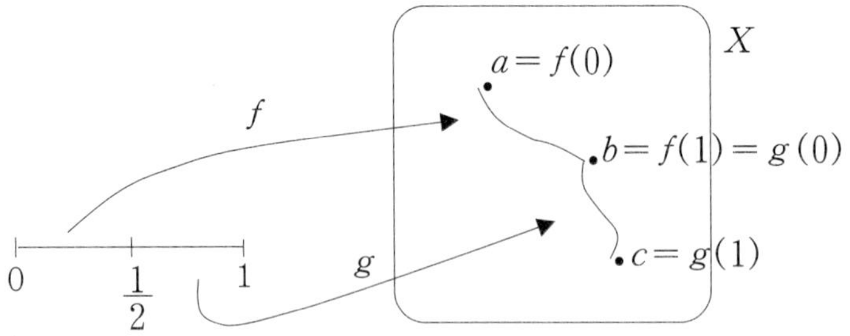

[예 9] R^n $(n \geq 2)$ 공간에서 한 점 $\{0\}$를 제거한 $R^n - \{0\}$ 공간은 호상연결공간이다.

왜냐하면 x, $y \in R^n - \{0\}$라 할 때 두 가지 경우로 나누어 생각할 수 있다. 즉

(1) $0 \notin \overline{xy}$일 때 $f(t) = (1-t)x + ty$로 호를 정할 수 있고

(2) $0 \in \overline{xy}$일 때는 $\overline{xy}$상에 있지 않은 한 점 z를 취하고

(1)을 이용하면 x에서 z까지의 호와 z에서 y까지의 호가 정의되고 (정리 2.4)를 이용하면 x에서 y까지의 호가 정의되기 때문이다.

그것은 바로 호 $h : I \to R^n - \{0\}$이며 다음과 같이 정의된다.

$$h(t) = \begin{cases} f(2t) = (1-2t)x + 2tz & 0 \leq t \leq \frac{1}{2} \\ g(2t-1) = (2-2t)z + (2t-1)y & \frac{1}{2} \leq t \leq 1 \end{cases}$$

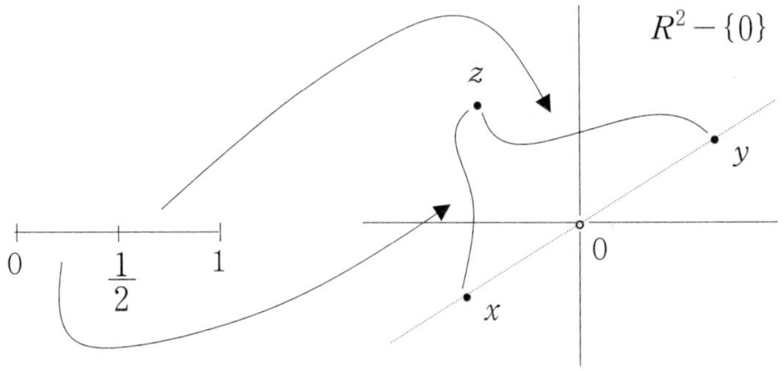

공간이 연결되어 있지 않지만 그 공간 중에 연결인 부분들이 있다. 즉, 한 공간이 여러 개의 연결공간들에 의하여 이루어져 있을 때 이 연결된 부분 하나하나를 그 공

간의 성분이라 한다.

X가 위상공간이고 X에서의 동치관계를 다음과 같이 정의하자.

정의 2.5

X가 위상공간일 때 만일 x와 y를 포함하는 연결인 부분집합 $C \subset X$가 존재하면 x와 y는 관계가 있다 하고 $x \sim y$로 표시한다. 그러면 이 때 동치류를 X의 **성분**(components)이라 한다.

위상공간 X의 성분 C는 X의 최대 연결부분집합을 의미한다. 즉 A가 X의 연결부분집합이고 $C \subset A$이면 $C = A$이다.

다시 말하면 X의 성분들은 서로소이며 X의 연결인 부분집합들로서 그들의 합집합이 X자신이 되는 것이다. 즉 성분은 연결인 동치류이다.

$$\{C \mid C : X\text{의 성분}\} \Rightarrow (C \cap D = \varnothing,\ \cup C = X,\ C : \text{연결})$$

또한 위상공간 X의 성분은 X의 임의의 연결인 부분집합의 진부분집합이 아닌 X의 연결부분집합이라고도 정의한다.

그리고 $x \in X$를 포함하는 X의 모든 연결부분집합의 합집합을 X에서 x의 성분이라 하고 $C_{(x)}$로 표시하기도 한다. 즉 X의 임의의 연결부분집합 $U_{(x)}$에 대하여 $C_{(x)} = \cup\{U_{(x)}\}$는 x의 성분이다. 따라서 $C_{(x)}$는 x를 포함하는 X의 가장 큰 연결부분집합이다.

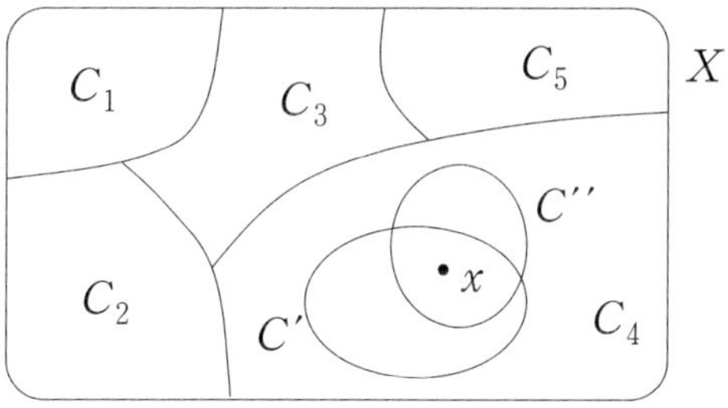

위 그림에서 C_1, C_2, C_3, C_4, C_5는 각각 X의 성분이다. 그리고

$$C' \cup C'' \cup C_4 = C_4$$

이므로 C_4는 x의 성분이고 $C_{(x)} = C_4$ 가 된다. 한편 C_4와 C', C''는 x를 포함하는 X의 연결부분집합이다.

지금까지의 설명으로 "성분을 포함하는 더 큰 연결공간은 없다."는 것을 알 수 있다. 즉 성분은 가장 큰 연결공간이다. 만일 위상공간 X가 연결이면 X의 성분은 X자신이 된다.

[예 10] $\mathfrak{T} = \{X, \varnothing, \{a\}, \{c, d\}, \{a, c, d\}, \{b, c, d, e\}\}$가 $X = \{a, b, c, d, e\}$상의 한 위상일 때 X의 성분은 $\{a\}$와 $\{b, c, d, e\}$이다. 그리고

$$C_{(a)} = \{a\}, \quad C_{(b)} = C_{(c)} = C_{(d)} = C_{(e)} = \{b, c, d, e\}$$

이다.

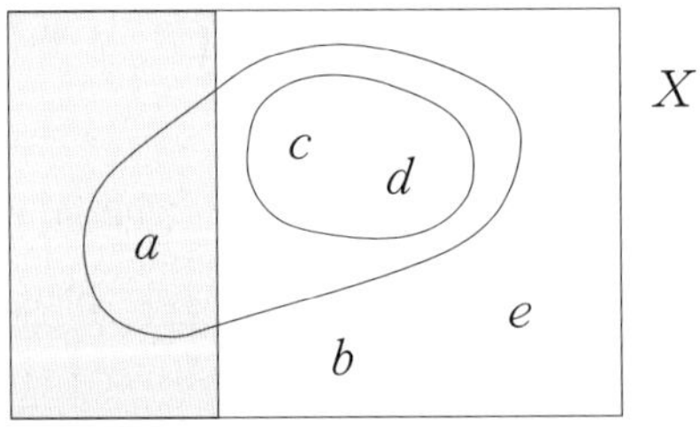

[예 11] X가 이산위상공간일 때 X의 각 단집합 $\{p\}$는 X의 성분이 된다. 왜냐하면 각 단집합 $\{p\}$는 연결이며 이들의 합집합은 X이며 서로소이기 때문이다. 또한 비이산공간 X는 연결공간이므로 X의 성분은 X뿐이다.

[예 12] 이산위상공간 $X = \{1, 2, 3\}$에서 $X = \{1, 2\} \cup \{3\}$은 분할이지만 $\{1, 2\}$는 X의 성분이 아니다. 왜냐하면 $\{1, 2\}$가 연결이 아니기 때문이다.

[예 13] 유리수들의 집합 Q를 R에서의 부분공간이라 하자. 그러면 각 유리수 $x \in Q$

의 성분은 $\{x\}$자신이다. 즉 $\{x\}$는 연결이다. 그러나 $\{x, y\}=\{x\}\cup\{y\}$는 불연결이다. 부분공간 Q에서 단집합 $\{x\}$는 폐집합이다. 왜냐하면

$$[(-\infty, x)\cap Q]\cup[(x, \infty)\cap Q]=\{x\}^c$$

이 개집합이기 때문이다. 그리고 $x\notin\overline{\{y\}}=\{y\}$이고 $y\notin\overline{\{x\}}=\{x\}$이므로 불연결이다.

(예 13)과 같이 X가 비록 이산위상을 갖지 않았다 해도 각 점의 성분은 그 점 자신이 되는 경우가 있다. 이러한 경우 즉 모든 $x\in X$에 대하여 $C_{(x)}=\{x\}$일 때 X를 **전체 불연결**(totally disconnected)이라 한다.

정리 2.6 (1) 공간 Y에서 각 성분 $C_{(y)}$는 최대의 연결집합이다. 즉 $C_{(y)}$를 포함하는 연결인 Y의 부분집합은 없다.

(2) Y에서의 성분 $C_{(y)}$들은 Y를 분할(partition)한다.

(3) 각 성분 $C_{(y)}$는 Y에서 폐집합이다.

증명 (1) 정의에 의하여 병백하다.

(2) $\boldsymbol{C}=\{C_{(y)} \mid C_{(y)}: y$를 포함하는 성분, $y\in Y\}$라 하자.

① $C_{(y)}\neq\varnothing$, $C_{(y)}\subset Y$이다.

② X의 각 원소 y에 대하여 $\{y\}$는 연결집합이고 $C_{(y)}$는 y를 포함하는 모든 연결집합들의 합집합이므로 $y\in C_{(y)}$인 성분 $C_{(y)}$는 항상 존재한다. 따라서 $X=\bigcup_{y\in Y} C_{(y)}$

③ $C_{(y)}\cap C_{(z)}\neq\varnothing$ 이면 $C_{(y)}$와 $C_{(z)}$가 연결집합이므로 $C_{(y)}\cup C_{(z)}$도 연결집합이다. $C_{(y)}$가 성분이고 $C_{(y)}\subset C_{(y)}\cup C_{(z)}$ 이므로 $C_{(y)}=C_{(y)}\cup C_{(z)}$이다. 또한 $C_{(z)}$가 성분이고 $C_{(z)}\subset C_{(y)}\cup C_{(z)}$ 이므로 $C_{(z)}=C_{(y)}\cup C_{(z)}$ 이다. 그러므로 $C_{(y)}=C_{(z)}$이다. 따라서 ①, ②, ③ 에 의하여 성립한다.

(3) 성분 C가 연결이므로 $\overline{C}$도 연결이다. 그러나 성분 C가 최대의 연결집합이므

로 $\overline{C} \subset C$이고 폐포의 정의에 의하여 $C \subset \overline{C}$이기도 하므로 $C = \overline{C}$이다.

위 정리에 의해 X의 임의의 연결부분집합은 X의 어떤 성분의 부분집합이 됨을 알 수 있다.

위상공간 X에서 성분의 성질을 몇 가지 더 언급하면 다음과 같다.

- 각 점 $p \in X$는 분명히 하나의 성분에 속한다.
- X의 모든 연결부분집합은 하나의 성분에 포함된다.
- X의 각 성분은 폐집합이다.(정리 2.6에서 $C_{(y)}$를 성분 C로 바꾸어도 성립)
- X가 연결이기 위한 필요충분조건은 X가 오직 하나의 성분을 갖는 것이다.

[예 14] 보통위상공간 R의 부분공간 $A = (0,\ 1) \cup (2,\ 3)$에 대하여 A는 두 성분 $(0,\ 1)$과 $(2,\ 3)$을 갖는다. 이 때 두 성분은 부분공간 A에서 폐집합이다.

정의 2.7

X에서 두 점 $x,\ y \in X$에 대하여 x로부터 y로 가는 호(path)가 존재하면 x와 y는 관계가 있다 하고 $x \sim y$로 표시한다. 이 때 x와 y는 서로 동치이며, 동치류를 X의 **호상성분**(path components)이라 한다.

위 정의를 달리 표현하면 공간 X의 호상성분은 X의 임의의 호상연결부분집합의 진부분집합이 아닌 X의 호상연결부분집합이다.

위 (정의 2.7)에서의 관계 "~"은 동치관계임을 알아보자.

① $x \sim x \Leftrightarrow \exists \text{path } f: I \to X,\ \forall i \in I\ f(i) = x$

② $x \sim y \Rightarrow y \sim x$

$(\because\ x \sim y \Leftrightarrow \exists \text{path } f: I \to X,\ f(0) = x \wedge f(1) = y$

$\Rightarrow \exists \text{path } \overline{f}: I \to X,\ \overline{f}(t) = f(1-t)$

$\overline{f}(0) = f(1) = y \wedge \overline{f}(1) = f(0) = x\ )$

③ $x \sim y \wedge y \sim z \Rightarrow x \sim z$

$$
\begin{aligned}
(\because x\sim y \wedge y\sim z &\Leftrightarrow \exists \text{ path } f: I\to X,\ f(0)=x \wedge f(1)=y \\
&\quad\ \exists \text{ path } g: I\to X,\ g(0)=y \wedge g(1)=z \\
&\Rightarrow \exists \text{ path } h: I\to X,\ h(t)=\begin{cases} f(2t) \\ g(2t-1) \end{cases} \\
&\qquad\qquad h(0)=x,\ h(1)=z \\
&\Leftrightarrow x\sim z
\end{aligned}
$$

호상성분이란 다시말해 공간 X 내의 최대 호상연결집합을 의미하며 호상성분들은 공간 X를 분할(partition)한다. 즉 호상성분은 호상연결인 동치류이다.

호상성분의 성질을 정리하면 다음과 같다.

- 공간 X의 각 점 x는 꼭 한 호상성분에 속한다.
- x를 포함하는 호상성분 P_x는 x를 포함하는 X의 모든 호상연결부분집합의 합집합이다. 그러므로 P_x는 x를 포함하는 X의 가장 큰 호상연결부분집합이나.
- $x,\ y\in X$에 대하여 호상성분 P_x, P_y는 $P_x = P_y$이거나 $P_x\cap P_y=\varnothing$이다.
- X의 모든 호상연결부분집합은 한 호상성분에 포함된다.
- X가 호상연결이기 위한 필요충분조건은 X가 오직 하나의 호상성분을 갖는 것이다.

호상성분의 성질은 대응되는 성분의 성질과 매우 유사하다. 그러나 호상성분이 폐집합이 되어야하는 것은 아니다. 예를 들면 topologist's sine curve의 호상성분들 중 하나는 폐집합이 아니다. 그리고 호상성분은 성분과 달리 폐집합인 것은 아니다. 왜냐하면 (예 6)에서 본 바와 같이 $\overline{Y}= Y\cup\{(0,\ y) \mid -1\le y\le 1\}$이므로 Y는 $\overline{Y}$의 호상성분이지만 $\overline{Y}\neq Y$이기 때문에 폐집합이 아니다. 각 위상공간들은 성분들로 나누어지고 호상성분들로 나누어진다.

[예 15] R의 부분공간 $Y=[-1,\ 0)\cup(0,\ 1]$의 성분은 $[-1,\ 0)$와 $(0,\ 1]$이다. 이것은 역시 Y의 호상성분이다.

[예 16] 위상공간 X의 호상성분은 X의 성분에 포함된다. 왜냐하면 C를 X의 호상성분이라 하면 C는 호상연결집합이므로 역시 연결집합이다. $C \neq \varnothing$이므로 $x \in C$인 점 x를 택하면 $C \subset C_{(x)}$이기 때문이다.

정리 2.8 X가 호상연결이 되기 위한 필요충분조건은 X가 연결이고 또 각 점 $x \in X$가 호상연결인 근방을 갖는 것이다.

증명 생략

연결이나 호상연결의 성질은 전체적인 위상적 성질이다. 반면에 특정한 점이나 부분에서의 공간의 성질은 국소적인 위상적 성질이다. 이제 연결성이나 호상연결성에 관한 국소적 성질을 소개한다.

정의 2.9

공간 X가 점 $x \in X$에서 **국소연결**(locally connected)이라 하는 것은 x의 임의의 근방 $U_{(x)}$에 대하여 $x \in V \subset U$를 만족하는 x의 **연결인 근방**(connected neighborhood) V가 존재하는 것이다. 만일 X가 각 점 $x \in X$에서 국소연결이면 X를 **국소연결공간**(locally connected space)이라 한다.

공간 X가 점 $x \in X$에서 국소연결이기 위한 필요충분조건은 점 x에서 연결인 근방들로 이루어진 국소기저가 존재하는 것이다. 그리고 국소연결은 결국 X의 각 점이 연결인 임의의 근방을 갖는 것이라 말할 수 있고 이는 바꾸어 말하면 X가 연결인 근방들로 이루어진 기저를 갖는다는 것이다.

[예 17] 모든 이산공간 X는 국소연결이다. 왜냐하면 임의의 $x \in X$에 대하여 단집합 $\{x\}$가 연결이므로 $\{\{x\} \mid x \in X\}$는 연결인 개집합(근방)들로 이루어진 X의 한 기저이기 때문이다. 또한 달리 말하면 각 x의 임의의 근방 $U_{(x)}$에 대하여 $x \in \{x\} \subset U$를 만족하는 연결근방 $\{x\}$가 존재하기 때문이라고도 설명할 수 있다.

[예 18] 국소연결공간은 일반적으로 연결공간이 될 필요는 없다. 왜냐하면 모든 이산공간 X는 국소연결이지만 두 점 이상을 갖는 이산공간 X는 불연결이기 때문이다.

[예 19] R^n, R에서의 각 구간, $S^n(n \geq 0)$은 국소연결공간이다.

아래 (예)에서 연결성과 국소연결성은 서로 아무 관계도 없다는 것을 알 수 있다.

[예 20] R에서 모든 구간과 반직선은 연결이고 국소연결이다. 왜냐하면 구간 (a, b)에 대하여 $x \in (a, b)$라 하자. 구간 (a, b)내에서 임의의 근방 $U_{(x)} = (c, d) \subset (a, b)$를 취하면 $x \in (e, f) \subset U_{(x)}$를 만족하는 연결인 근방 (e, f)가 존재하므로 구간 (a, b)는 국소연결이다.

한편 구간 (a, b)는 6장 (정리 1.13)에 의하여 연결임은 알고 있다. 반직선도 같은 방법으로 성립한다.

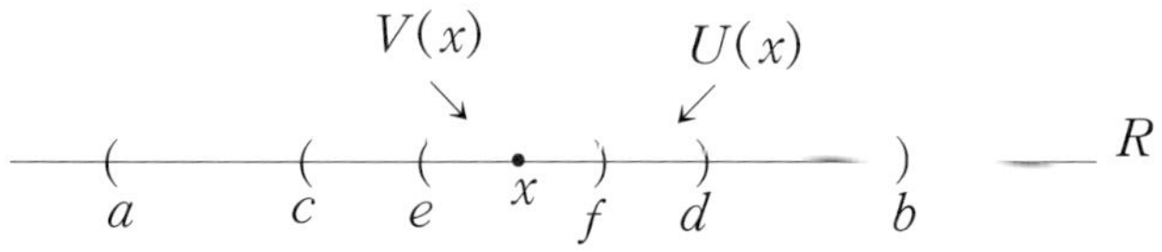

[예 21] R의 부분공간 $[-1, 0) \cup (0, 1]$은 연결이 아니나 국소연결공간이다. 연결이 아님은 명백하고 임의의 $x \in [-1, 0) \cup (0, 1]$에 대하여 x가 $[-1, 0)$에 속한다고 하면 임의의 근방 $U_{(x)}$에 대하여 연결인 근방 $V_{(x)} = (a, b)$, $(-1 \leq a, b < 0, a < b)$가 존재하여 $x \in V_{(x)} \subset U_{(x)}$를 만족하기 때문에 국소연결공간이다.

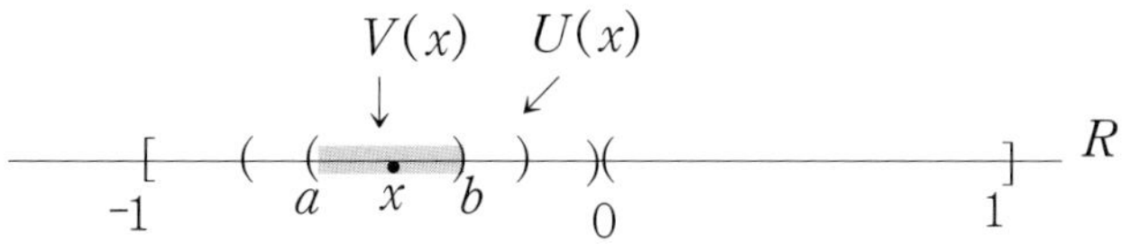

[예 22] 유리수의 집합 Q는 연결도 아니고 국소연결도 아니다. 왜냐하면 Q가 연결이 아님은 앞에서 설명했고 임의의 유리수 $x \in Q$에 대하여 임의의 근방 $U_{(x)}$를 취하자. 그러면 근방 $U_{(x)}$는 R에서의 개집합 F가 존재하여 $U_{(x)} = Q \cap F$이다. 이에 대하여 $V_{(x)} = Q \cap G$ (G:개집합, $G \subset F$)인 근방 $V_{(x)}$가 존재하여 $x \in V_{(x)} \subset U_{(x)}$를 만족한다. 그러나 $V_{(x)}$가 연결이 아니므로 국소연결공간이 아니다. 즉 $V_{(x)}$가 유리수들의 집합이기 때문에 연결이 아닌 것이다. 그리고 $\{\{x\} \mid x \in Q\}$가 국소기저가 될 수도 있지만 단집합 $\{x\}$가 연결이지만 개집합이 아니므로 국소기저가 될 수 없다. 실제로 예를 들면 유리수 $3 \in Q$에 대하여

$$U_{(3)} = Q \cap (-2, 5) = \{x \mid -2 < x < 5, \ x: \text{유리수}\}$$

라하면 $V \subset U$를 만족하는 근방 $V_{(3)} = \{x \mid 0 < x < 4, \ x: \text{유리수}\}$를 잡을 수 있지만 $V_{(3)}$는 연결이 아니다.

[예 23] (예 6)에서 $\overline{Y}$는 연결공간이지만 국소연결공간이 아니다. 왜냐하면 점 $(0, 0)$에서 근방 $U = \overline{Y} \cap B((0, 0), \frac{1}{2})$를 취하면 U에 포함되는 연결인 근방은 없기 때문에 국소연결공간이 아니다.

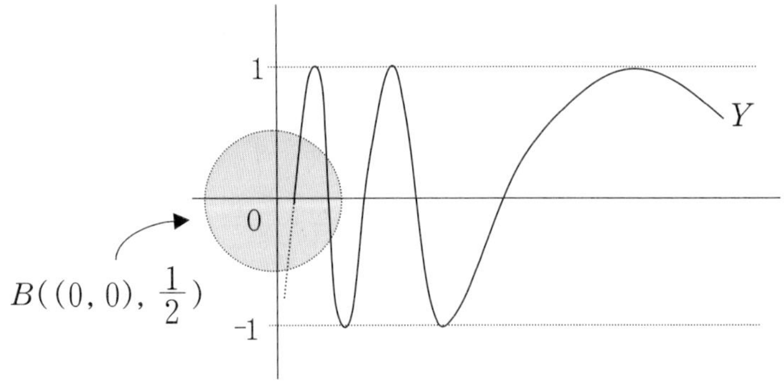

[예 24] 국소연결공간의 부분공간은 국소연결일 필요는 없다. 예를 들면 보통위상공간 R^2은 국소연결공간이지만 (예 22)에서 $\overline{Y} \subset R^2$는 국소연결공간이 아니다.

정리 2.10 X가 국소연결공간이고 $U \subset X$가 개부분집합이면 U는 국소연결공간이다.

증명 임의의 점 $p \in U$와 $p \in V \subset U$인 U에서의 개집합을 V라 하자. 그러면 V는 X에서의 개집합이다. 그리고 X가 국소연결공간이므로 점 p를 포함하는 X의 연결인 개부분집합 W가 존재하여

$$p \in W \subset V \subset U$$

이다. 즉 연결인 개부분집합 W가 존재하여 $p \in W \subset U$이므로 U는 국소연결공간이다.

정리 2.11 국소연결성은 위상적 성질이다.

증명 X가 국소연결공간이고 함수 $f: X \to Y$가 위상동형사상이라 하자. X, Y에서의 위상을 각각 $\mathfrak{I}$, $\mathfrak{I}'$라 하자. $y \in Y$를 택하고 $y \in V \in \mathfrak{I}'$라 하면 $f(x) = y$를 만족하는 $x \in X$가 유일하게 존재한다. 그러면 $x \in f^{-1}(V) \subset \mathfrak{I}$이고 X가 x에서 국소연결이므로 연결인 개집합 U가 존재하여 $x \in U \subset f^{-1}(V)$이다. 그러면 $f(x) \in f(U) \in \mathfrak{I}'$이고 $f(U) \subset V$이다. 연결성은 위상적 성질이므로 $f(U)$는 연결집합이다. 따라서 Y는 국소연결공간이다.

정의 2.12

공간 X가 한 점 $x \in X$에서 **국소호상연결**(locally path connected)이라 함은 x의 모든 근방 U에 대하여 $x \in V \subset U$를 만족하는 x의 호상연결근방 V가 존재하는 것이다. 만일 X가 X의 각 점에서 국소호상연결이면 X는 **국소호상연결공간**(locally path connected space)이라 한다.

공간 X가 한 점 $x \in X$에서 국소호상연결이기 위한 필요충분조건은 호상연결개집합으로 이루어진 점 $x \in X$에서 국소기저가 존재하는 것이다. 또한 공간 X가 국소호상연결이기 위한 필요충분조건은 X가 호상연결개집합으로 된 기저를 갖는 것이다.

[예 25] R^n공간은 국소호상연결이다.

왜냐하면 임의의 근방 W에 대하여기저원소(basis element)

$$(a_1,\ b_1)\times(a_2,\ b_2)\times\cdots\times(a_n,\ b_n)$$

들이 모두 호상연결이기 때문이다. 또 R^w도 국소호상연결공간이다.

X가 국소호상연결공간이면 X는 국소연결공간이다. 이는 기저원소가 호상연결이면 연결이므로 당연한 사실이다. 그러나 역은 성립하지 않는다.

[예 26] $Y=\left\{(x,\ y)\mid y=\sin\frac{1}{x},\ 0<x\le 1\right\}\cup\left\{(0,\ \frac{1}{n})\mid n=1,\ 2,\ 3,\ \cdots\right\}$이라 하면 이 때 Y는 원점 $(0,0)$에서 국소연결도 국소호상연결도 아니다. 왜냐하면 점 $(0,0)$가 Y의 점이 아니기도 하고 다른 점 $(0,\ \frac{1}{n})$에서도 근방 U에 대하여 $(0,\ \frac{1}{n})\in V\subset U$를 만족하는 $(0,0)$의 연결이거나 호상연결인 근방 V가 존재하지 않기 때문이다.

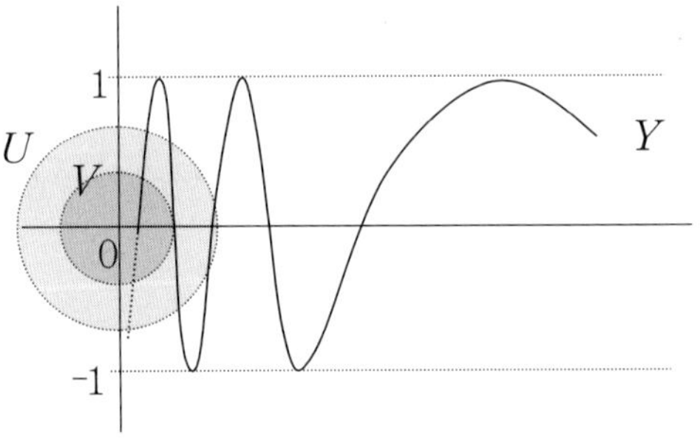

정리 2.13 공간 X가 국소연결이기 위한 필요충분조건은 X의 모든 개집합 U에 대하여 U의 각 성분이 X의 개집합인 것이다.

증명 X가 국소연결이라 하자. U를 X에서 개집합이라 하고 C를 U의 성분이라 하자. 그러면 C는 연결이다. 그리고 x를 성분 C에 속하 점이라 할 때 X가 국소연결이므로 개집합 U에 대하여 $x\in V\subset U$인 연결인 근방 V가 존재한다. 그런데 $V\cap C\neq\varnothing$이므로 $V\cup C$는 연결집합이다. 그러면 $C\subset V\cup C$이고 C가 성분이므로 또한 $V\cup C\subset C$가 되어 $C=V\cup C$이다. 그러므로 $x\in V\subset C$이다.

따라서 C는 X의 개집합이다.

역으로 X의 모든 개집합 U에 대하여 U의 각성분이 X의 개집합이라 가정하자. 그러면 X에 속하는 점 x와 이 점을 포함하는 근방 U를 택하고 C를 점 x를 포함하는 U의 성분 이라하면 C는 연결집합이고 가정에 의하여 X의 개집합이므로 C는 연결인 근방으로 $x \in C \subset U$를 만족하므로 X는 국소연결이다.

정리 2.14 공간 X가 국소호상연결이기 위한 필요충분조건은 X의 모든 개집합 U에 대하여 U의 각 호상성분이 X의 개집합인 것이다.

증명 (정리 2.13)과 동일하게 증명한다.

국소연결과 국소호상연결은 모두 위상적성질이다. 또한 모든 국소호상연결공간은 국소연결이다.

연습문제 6.2

1. (정의 2.5)에서 관계 "~"이 동치관계임을 보여라.【문제중심 위상수학 참고】

2. (정의 2.6) 아래 본문에서 언급한 성분에 대한 성질을 증명하여라.

3. (정리 2.8)을 증명하여라.

4. (정리 2.14)를 증명하여라.

5. Y가 국소연결이고 폐집합 A, B에 대하여 $Y=A\cup B$일 때 $A\cap B$가 국소연결이면 A와 B도 국소연결이다.

6. C를 국소연결공간 X의 한 성분이라고 하면 C는 개집합이다.【문제중심 위상수학 참고】

7. X와 Y가 국소연결이면 $X\times Y$도 국소연결이다.【문제중심 위상수학 참고】

8. X와 Y가 호상연결공간이면 $X\times Y$도 호상연결이다.

9. 함수 $f:X\to Y$가 연속일 때 X가 국소연결공간이면 $f(X)$도 국소연결인가?

10. Y가 국소연결이고 A가 Y의 임의의 부분집합일 때 $F_r(A)$가 국소연결이면 $\overline{A}$도 국소연결이다.

11. 공간 X의 호상연결 부분집합의 모임을 $M=\{A_\alpha \mid \alpha\in I\}$이라 하고 $\cap A_\alpha\neq\varnothing$이면 $\cup\{A_\alpha \mid \alpha\in I\}$는 호상연결임을 보여라.

12. 공간 R에서의 모든 구간은 호상연결이고 공간 R^2에서 원판 D도 호상연결이다.

13. X가 이산위상공간이면 X는 전체 불연결인가? 또 역은 어떠한가? (참고 : X가 이산위상 $\boldsymbol{D}$을 가지면 각 점 $x \in X$가 성분이다.)

14. $A \subset X$이고 A가 호상연결이면 $\overline{A}$도 호상연결인가?

15. A를 R^2의 가산인 부분집합이라 하면 $R^2 - A$는 호상연결이다.

16. $\{ Y_\alpha \mid \alpha \in I \}$가 공간들의 모임이라 하자. 그러면 $\prod_\alpha Y_\alpha$가 호상연결공간이기 위한 필요충분조건은 각 Y_α가 호상연결이다.

17. 공간 X가 호상연결이기 위한 필요충분조건은 X에서의 호(path)에 의해 $x_0 \in X$가 존재해서 X의 각 점을 점 x_0와 연결시킬 수 있는 것이다.

18. 위상공간 Y의 부분집합 B가 연결집합이고 개집합인 동시에 폐집합이면 B는 Y의 어떤 성분임을 보여라.**【문제중심 위상수학 참고】**

19. 위상공간 R^n에서 각 개집합은 많아야 가산개의 성분만을 가진다.

20. Y가 국소연결이고 U가 Y의 개집합 G의 성분일 때 $G \cap F_r(U) = \varnothing$이다.

21. A와 Y가 연결집합이고 $A \subset Y$일 때 C가 $Y - A$의 어떤 성분이라면 $Y - C$는 연결이다.

22. 공간 X와 Y사이의 위상동형대응사상 $f : X \to Y$는 X의 성분들과 Y의 성분들 사이에 1 : 1대응을 가져온다.

23. X의 성분들과 Y의 성분들 사이에 1 : 1대응이 존재하고 대응하는 성분들은 위상동치이지만 X와 Y는 위상동치가 아닌 공간 X와 Y의 예를 찾아라. (힌트 : 유리수와 정수들을 생각한다.)

24. 이산위상공간의 성분들은 무엇인가?

25. X의 각 성분은 호상성분에 의하여 분할(partition)이 된다.

26. topologist's sine curve의 두 호상성분을 확인하고 호상성분 중의 하나는 폐집합이고 다른 것은 폐집합이 아님을 보여라.

27. R^n에서 개집합의 각 호상성분은 개집합이다.

28. X가 위상공간일 때 P를 X의 호상성분이라 하자. 그러면 P는 X의 어떤 성분의 부분집합이다.

29. R^n에서의 개집합 U에 대하여 U의 성분들과 호상성분들은 같다.

30. 국소호상연결공간은 국소연결공간이다.**【문제중심 위상수학 참고】**

31. 호상연결이지만 국소호상연결이 아닌 공간을 예를 들어라. **【문제중심 위상수학 참고】**

32. 국소호상연결이지만 호상연결이 아닌 공간을 예를 들어라. **【문제중심 위상수학 참고】**

33. R^n공간에서 모든 개집합은 국소호상연결이다.

34. X가 국소호상연결공간일 때 X의 각 호상성분은 개집합인 동시에 폐집합이다.

Chapter 07

가산공리와 분리공리

한 집합 X가 위상공간이 되는 데는 위상에 대한 3가지 기본조건을 만족해야 한다. 그리고 위상공간에서의 여러 성질들은 그 공간에서 개집합들이 어떻게 이루어졌는가에 달려 있다.

이 장에서는 위상의 공리에 점차적으로 엄격한 조건들을 제시함으로써 조건이 강한 공간들을 만들어 이들에 대한 각각의 성질들을 알아본다.

1. 가산공리

정의 1.1

공간 X의 한 점 x에 대하여 x의 근방들의 가산개의 모임 β가 존재하여 x의 각 근방이 β의 원소들 중의 하나를 적어도 포함하면 공간 X는 점 x에서 **가산기저**(countable basis)를 갖는다고 한다. 또 X의 각 점에서 가산인 기저를 가지면 공간 X는 **제1가산공리**(first countability axiom)를 만족한다고 하고 X를 **제1가산공간**(first countable space)이라고 한다.

바꾸어 말하면 위상공간 X의 각 점 $x \in X$에 기껏해야 **가산인 국소기저**(countable local basis)가 존재할 때 X를 제1가산공간이라 한다.

[예 1] 이산위상공간 X는 제1가산공간이다. 왜냐하면 단집합 $\{x\}$는 개집합이며 $x\in X$를 포함하는 모든 개집합 U에 대하여 $x\in\{x\}\subset U$를 만족하는 가산국소기저 $\beta_x=\{\{x\}\}$가 존재하기 때문이다.

[예 2] 거리공간 (X, d)는 제1가산공간이다. 왜냐하면 한 점 $x\in X$에 대하여 개구체들의 가산모임

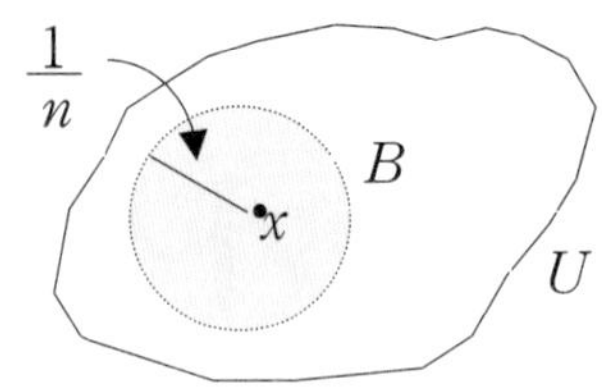

$$\beta_x=\left\{B(x, 1),\ B(x, \frac{1}{2}),\ B(x, \frac{1}{3}),\ \cdots\right\}$$
$$=\left\{B(x, \frac{1}{n}) \mid n\in\mathbb{N}\right\}$$

은 x에서의 가산국소기저를 이루기 때문이다. 아울러 보통위상공간 R은 거리공간이므로 제1가산공간이다.

정리 1.2 여유한위상공간 $(R, \mathfrak{I}_f)$는 제1가산공간이 아니다.

증명 $(R, \mathfrak{I}_f)$를 제1가산공간이라 하자. 그러면 임의의 점 x에서 가산국소기저 $\beta_x=\{B_n \mid n\in\mathbb{N}\}$가 존재한다. B_n들이 개집합이므로 $B_n{}^c$는 유한집합이 되고 $A=\bigcup_{n\in\mathbb{N}} B_n{}^c$는 $(R, \mathfrak{I}_f)$의 가산부분집합이다. 그러면 $x\neq y$인 $y\in R-A=\bigcap\{B_n \mid n\in\mathbb{N}\}$가 존재한다. 그러면 모든 $n\in\mathbb{N}$에 대하여 $y\in B_n$이다. 그러나 $\{y\}^c$는 x를 포함하는 개집합이므로 $x\in B_{n_0}\subset\{y\}^c$인 $B_{n_0}\in\beta_x$가 존재한다. 그러므로 $y\notin B_{n_0}$가 되어 이는 모순이다.

정리 1.3 제 1가산성은 위상적성질이다.

증명 X를 제1가산공간, $f: X\to Y$가 위상동형사상이라고 하자. 그러면 f가 전사이므로 $y\in Y$에 대하여 $x\in X$가 존재해서 $y=f(x)$이다. X가 제1가산공간이므로 x에서의 가산국소기저

$$\beta_x=\{B_n \mid n\in\mathbb{N},\ B_n: x\text{의 근방}\}$$

가 존재한다. 그러면 $\beta_y=\{f(B_n) \mid n\in\mathbb{N}, B_n\in\beta_x\}$는 y에서의 가산국소기저이다. 왜냐하면 f가 개사상이므로 각 $n\in\mathbb{N}$에 대해 $f(B_n)$은 Y에서 개집합이고 또 $x\in B_n$이므로 $y=f(x)\in f(B_n)$이다. 물론 β_y도 가산집합이다. U를 Y에서 y의 근방이라 하자. 그러면 f가 연속이므로 $f^{-1}(U)$는 X에서 개집합이고 $x\in f^{-1}(U)$이다. 그러면 β_x가 x에서의 가산국소기저이므로 $B_{n_0}\in\beta_x$가 존재해서 $x\in B_{n_0}\subset f^{-1}(U)$이다. 따라서 근방 $U_{(y)}$에 대하여 $f(B_{n_0})\in\beta_y$가 존재해서

$$f(x)=y\in f(B_{n_0})\subset f(f^{-1}(U))=U$$

이므로 Y는 제1가산공간이다.

정의 1.4

위상공간 X의 위상 $\mathfrak{T}$가 가산기저 $\beta=\{B_i \mid i=1,2,3,\cdots\}$를 가지면 X는 **제2가산공리**(second countability axiom)를 만족한다고 하고 X를 **제2가산공간**(second countable space)이라 한다.

[예 3] 보통위상공간 R은 제2가산공간이다.

왜냐하면 가산기저 $\beta=\{(a, b) \mid a, b\in Q\}$를 갖기 때문이다. 실제 β는 R의 보통위상에 대한 기저이기도 하다.

같은 방법으로 R^n, R^w도 가산인 기저를 가지므로 제2가산공간이다. 왜냐하면 R에서 유리수를 끝점으로 하는 개구간 U_i에 대하여

$$\left\{\prod_1^n U_i\right\}=\left\{\prod_{i=1}^n (a_i, b_i) \mid a_i, b_i\in Q\right\}$$

은 R^n의 가산기저이고 유한개의 n에 대하여 U_n이 유리수를 끝점으로 갖는 개구간이고 그 나머지 n에 대하여 $U_n=R$일 때

$$\{\prod U_n\} = \{U_1 \times U_2 \times \cdots \times U_n \times R_{n+1} \times R_{n+2} \times \cdots\}$$

은 R^w의 가산기저이기 때문이다.

정리 1.5 X가 제2가상공간이면 제1가산공간이다.

증명 X가 제2가산공간이면 가산기저 $\beta = \{B_n \mid n \in \mathbb{N}\}$가 존재한다. 임의의 점 $x \in X$를 포함하는 β의 원소들로 이루어진 집합족을 $\beta_x = \{B_x \in \beta \mid x \in B_x\}$라 하면 이는 점 x에서의 하나의 가산국소기저이다. 왜냐하면 β의 원소의 개수가 가산개이므로 그 중에서 x를 포함하는 원소만을 꺼내어 모으면 많아야 가산개이기 때문이다. 그리고 근방 $U_{(x)}$에 대하여 기저 β의 원소 B_n'가 존재하여 $x \in B_n' \subset U_{(x)}$이다. 그러면 $x \in B_n'$이므로 $B_n' \in \beta_x$가 되어 β_x는 국소기저이기도 하기 때문이다.

위 (정리 1.5)의 역은 성립하지 않음을 다음 (예 4)에서 알 수 있다.

[예 4] $(X, \boldsymbol{D})$를 비가산이산위상공간이라 하자. 그러면 $(X, \boldsymbol{D})$는 제1가산공간이다. 그러나 제2가산공간은 아니다.

왜냐하면 위 (예 1)에서 이산위상공간은 제1가산공간이므로 $(X, \boldsymbol{D})$는 제1가산공간이다. 그리고 β를 X상의 기저라 하자. 그러면 X가 이산위상공간이므로 $\{\{x\} \mid x \in X\} \subset \beta$이다. 그런데 X가 비가산이므로 $\{\{x\} \mid x \in X\}$는 비가산이며 기저 β도 비가산이다. 따라서 X는 가산기저를 갖지 못하므로 제2가산공간이 아니다.

실제로 이산위상공간 R은 제1가산공간이지만 비가산이므로 제2가산공간은 아니다. 한편 가산인 이산공간 X는 가산기저 $\beta = \{\{x\} \mid x \in X\}$를 가지므로 제2가산공간이다.

이와 같이 제1가산성과 제2가산성의 차이는 제2가산성이 공간 전체에 관하여 그

위상의 기저가 가산임을 요구하며 제1가산성은 그 공간의 한 점에 대하여 그 점을 포함하는 개집합으로 된 기저, 즉 국소기저가 가산임을 요구한다. 결국 전자는 전체적이며 후자는 국소적인 것이다. 이와 같이 위상수학에 어떤 성질이 전체적이면 거의 위의 경우와 유사하게 국소적인 개념을 만들어 낼 수도 있다.

[예 5] 거리공간은 반드시 제2가산공간인 것은 아니다. 왜냐하면 자명한거리가 주어진 거리공간은 이산공간이 되고 이 공간이 비가산이면 제2가산공간이 아니기 때문이다.

정리 1.6 (1) 제1가산공간의 부분공간은 제1가산공간이고 제1가산공간들의 가산적도 제1가산공간이다.

(2) 제2가산공간의 부분공간은 제2가산공간이고 제2가산공간들의 가산적도 제2가산공간이다.

증명 (1) X가 제1가산공간이고 $Y \subset X$이라 하자. 그러면 임의의 원소 $y \in Y$에 대하여 $y \in X$이다. X가 제1가산공간이므로 $y \subset X$에서의 가산국소기저

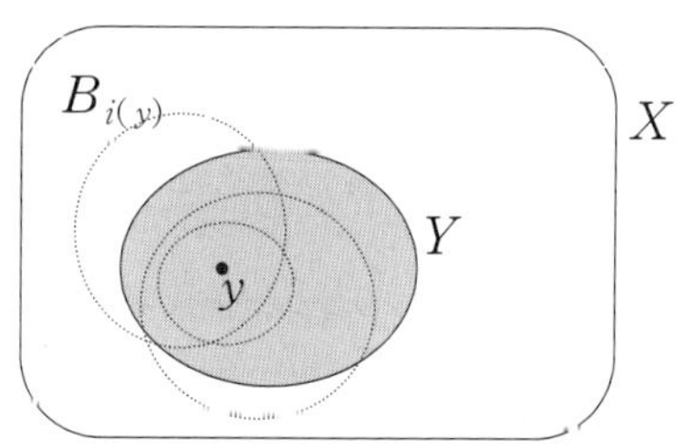

$$\beta_y = \{B_{(y)i} \mid i \in \mathbb{N}\}$$

가 존재한다.

그러면 $y \in Y$에서 가산기저 $Y \cap \beta_y = \{Y \cap B_i \mid i \in \mathbb{N}\}$가 존재한다. 또한 가산적도 제1가산공간이다. 왜냐하면 $x = (x_1, x_2, x_3, \cdots)$일 때 임의의 $x \in \prod X_i$에 대하여 $x_i \in X_i$이다. 각 X_i들이 제1가산공간이므로 x_i에서 가산기저

$$\beta_i = \{B_j(x_i) \mid j \in \mathbb{N}\}$$

가 존재한다. 그러면 x에서 가산기저 $\{\prod B_{ij} \mid i, j \in \mathbb{N}\}$가 존재한다.

(2) X가 제2가산공간이면 가산기저 β가 존재하고 부분공간 $Y \subset X$에 대하여 $\{B \cap Y \mid B \in \beta\}$는 Y의 가산기저가 된다. 또 X_i가 제2가산공간일 때 β_i를

공간 X_i의 가산기저라 하면 유한개의 첨자 i에 대하여 $B_i \in \beta_i$이고 그 외의 첨자에 대하여 $B_i = X_i$인 B_i들의 적 $\prod B_i$들의 모임 $\{\prod B_i\}$은 $\prod X_i$의 가산기저이다.

정리 1.7 제2가산성은 위상적성질이다.

증명 X가 제2가산공간이고 $f: X \to Y$가 위상동형사상이라고 하자. 그러면 X는 가산기저 $\beta = \{B_n \mid n \in \mathbb{N}\}$를 갖는다. 그리고 $\beta' = \{f(B_n) \mid n \in \mathbb{N}, B_n \in \beta\}$라고 두면 f가 전단사이므로 β'도 가산집합이다. U가 Y상의 개집합이고 $y \in U$라고 하면 f가 전사이므로 $f(x) = y$인 $x \in X$가 존재한다. f가 연속이므로 $f^{-1}(U)$는 X에서 개집합이고 $x \in f^{-1}(U)$이다. 그러면 β가 기저이므로 $x \in B_{n_0} \subset f^{-1}(U)$인 $B_{n_0} \in \beta$가 존재한다. 따라서

$$f(x) = y \in f(B_{n_0}) \subset f(f^{-1}(U)) = U$$

인 $f(B_{n_0}) \in \beta'$가 존재하므로 β'는 Y상의 위상에 대한 가산기저가 된다. 따라서 Y는 제2가산공간이다.

정의 1.8

위상공간 X의 부분집합 A가 $\overline{A} = X$를 만족할 때 A를 X의 **조밀부분집합**(dense subset)이라 한다. 그리고 A가 X의 조밀부분집합이기 위한 필요충분조건은 공집합이 아닌 X의 임의의 개집합 U에 대하여 $U \cap A \neq \varnothing$인 것이다.

위 (정의 1.8)을 설명하면 다음과 같다.

$$\begin{aligned} A\text{가 } X\text{의 조밀부분집합이다.} &\Leftrightarrow \overline{A} = X \Leftrightarrow X \subset \overline{A} \\ &\Leftrightarrow \forall x \in X,\ x \in \overline{A} \\ &\Leftrightarrow \forall x \in X,\ \forall U_{(x)},\ U \cap A \neq \varnothing \\ &\Leftrightarrow \forall U \subset X,\ U \cap A \neq \varnothing \end{aligned}$$

[예 6] 비이산공간 X에서 모든 부분집합 $A(\neq\varnothing)$는 조밀부부집합이다. 왜냐하면 X에서 개집합 $A(\neq\varnothing)$는 X자신 뿐이므로 $X\cap A\neq\varnothing$이기 때문이다.

정의 1.9

위상공간 X에서 단집합 $\{x\}$가 X의 개집합이면 x를 **고립점**(isolated point)이라 한다.

[예 7] 위상공간 X에서 $\overline{A}=X$이면 A는 X의 모든 고립점을 포함해야 한다. 왜냐하면 대우를 이용해서 어떤 고립점 x가 A에 포함되지 않는다고 하자. 즉, $x\not\in A$. 그러면 $A\subset X-\{x\}$이고 고립점 x가 개집합이므로 $X-\{x\}$는 폐집합이 되어

$$\overline{A}\subset\overline{X-\{x\}}=X-\{x\}\subset X$$

이다. 따라서 $\overline{A}\subset X$이므로 $\overline{A}\neq X$이다.

위 (예 7)에서 "X의 어떤 고립점 x가 A에 포함되지 않으면 $\overline{A}\neq X$이다."임을 알 수 있다.

[예 8] $X=\{1, 2, 3\}$일 때 X가 이산공간이면 X의 진부분집합 $A=\{1, 2\}$에 대하여 A는 개집합이고 또한 폐집합이다. 따라서 $\overline{A}=A\neq X$가 된다. 즉 A는 조밀집합이 되지 못한다. 또한 고립점 3이 A에 포함되지 않기 때문에 $\overline{A}\neq X$이기도 하다.

[예제 9] X가 비이산공간이면 X의 임의의 부분집합 $A(\neq\varnothing)$에 대하여 $\overline{A}=X$이다.

풀이 임의의 $A\subset X$에 대하여 X가 비이산공간이므로 A를 포함하는 가장 작은 폐집합 $\overline{A}$는 X자신이다. 따라서 $\overline{A}=X$이다.

정의 1.10

위상공간 X가 **가산인 조밀부분집합**(countable dense subset)을 가지면 X를 **가분공간**(separable space)이라 한다.

[예 10] 보통위상공간 R는 가산인 조밀부분집합 Q를 가지므로 가분이다. 즉 유리수집합 Q가 가산이고 $\overline{Q}=R$이기 때문이다.

[예 11] 비가산 이산위상공간 $(X, \boldsymbol{D})$는 가분공간이 아니다.

왜냐하면 X가 이산공간이므로 X의 모든 부분집합은 폐집합이고 A가 가산부분집합이면 $A=\overline{A}\neq X$가 되어 가산인 조밀부분집합이 존재하지 않기 때문이다.

다른 설명 A가 비가산 이산위상공간 $(X, \boldsymbol{D})$의 가산인 부분집합이라하자. 그러면 X가 비가산이므로 $X-A$에 속하는 어떤 원소 x가 존재한다. 그러면 단집합 $\{x\}$가 개집합이므로 $X-\{x\}$는 폐집합이고 $A\subset X-\{x\}$이다. 그런데 $X-\{x\}$가 폐집합이므로 $\overline{A}\subset X-\{x\}$이다. 그러면 $\overline{A}\neq X$이고 A는 X의 조밀부분집합이 아니다. 따라서 X의 가산인 조밀부분집합은 존재하지 않는다.

[예 12] 이산위상공간 R은 가분공간이 아니다.

왜냐하면 (예 11)에 의해 R이 비가산집합이기 때문이다.

[예 13] 가산인 이산위상공간 X는 가분공간이다.

왜냐하면 이산공간이면 임의의 $A\subset X$에 대하여 A가 폐집합이므로 $\overline{A}=A$이다. 따라서 $\overline{A}=X$가 되는 X의 부분집합 A는 X자신 뿐이며 X가 가산이므로 X는 가분이다.

실제로 가산인 공간은 가분이다. 왜냐하면 가산공간 X에 대하여 X자신을 부분집합으로 택하면 $\overline{X}=X$이므로 X는 가분이다.

정리 1.11 X가 여유한위상공간이면 X는 가분이다.

증명 X를 여유한위상공간이라 하자. 이 때 폐집합은 X, $\varnothing$ 그리고 유한집합들이다. A를 X의 가부번인 부분집합이라 하면 A가 무한집합이므로 A를 포함하는 폐집합은 X뿐이어서 $\overline{A}=X$이다. 또 가부번집합 A는 가산집합이므로 가산인 조밀부분집합 A가 존재한다. 따라서 X는 가분공간이다.

정리 1.12 가분공간의 연속이고 전사인 상은 가분이다.

증명 X가 가분공간이고 함수 $f: X \to Y$가 연속이며 전사라하자. 그리고 $A \subset X$가 가산인 조밀부분집합이라 하자. 그러면 A가 X의 조밀부분집합이므로 $\overline{A}=X$이고 함수 f가 전사이므로 $Y=f(X)$이다. 그리고 f가 연속이므로 $f(\overline{A}) \subset \overline{f(A)}$)가 성립한다. 그러므로

$$Y=f(X)=f(\overline{A}) \subset \overline{f(A)}$$

이다. 그러면 $Y \subset \overline{f(A)}$ 이므로 $\overline{f(A)}=Y$가 되고 A가 가산이므로 $f(A)$는 가산이 된다. 그러므로 $f(A)$는 Y의 가산인 조밀부분집합이다. 따라서 Y는 가분이다.

정리 1.13 X와 Y가 가분공간일 때 $X \times Y$도 가분공간이다.

증명 X와 Y가 가분공간이면 가산인 조밀부분집합 A와 B가 각각 존재한다. 그러면 $A \times B$는 가산이다. 그리고 W를 $X \times Y$의 공집합이 아닌 개집합이라 하면 X와 Y에서 개집합인 U, V들이 각각 존재하여 $U \times V$는 기저원소이고 $W=\bigcup(U \times V)$이다. 그러면 $\overline{A}=X$이고 $\overline{B}=Y$이므로 X와 Y에서의 임의의 개집합 U, V에 대하여 $U \cap A \neq \varnothing$, $V \cap B \neq \varnothing$이다. 그러므로 개집합 $U \times V$에 대하여

$$(U \times V) \cap (A \times B)=(U \cap A) \times (V \cap B) \neq \varnothing$$

이며 따라서 $\overline{A \times B}=X \times Y$이다. 즉 $A \times B$가 가산이고 조밀부분집합이므로 $X \times Y$는 가분이다.

정리 1.14 하한위상공간 R_l에 대하여 R_l^2은 가분공간이다.

증명 $[a, b)\times[c, d)$를 R_l^2에서의 한 기저원소라 하자. 그러면 $a<x_0<b$이고 $c<y_0<d$인 유리수 x_0, y_0가 존재하여

$$(x_0, y_0)\in[a, b)\times[c, d)$$

이다. 이 때 임의의 $(x, y)\in R_l^2$와 임의의 개집합 $U_{(x, y)}$에 대하여 기저원소 $B_{(x, y)}$가 존재해서 $B\subset U$이다. 그러면 임의의 $B_{(x, y)}$에 대하여 $B\cap(Q\times Q)\neq\varnothing$이므로 임의의 U에 대하여 $U\cap(Q\times Q)\neq\varnothing$이다. 그러므로 $(x, y)\in\overline{Q\times Q}$이고 $R_l^2\subset\overline{Q\times Q}$가 되어 $\overline{Q\times Q}=R_l^2$이다. 따라서 $Q\times Q\subset R_l^2$는 R_l^2에서 가산인 조밀부분집합이 되므로 R_l^2은 가분이다.

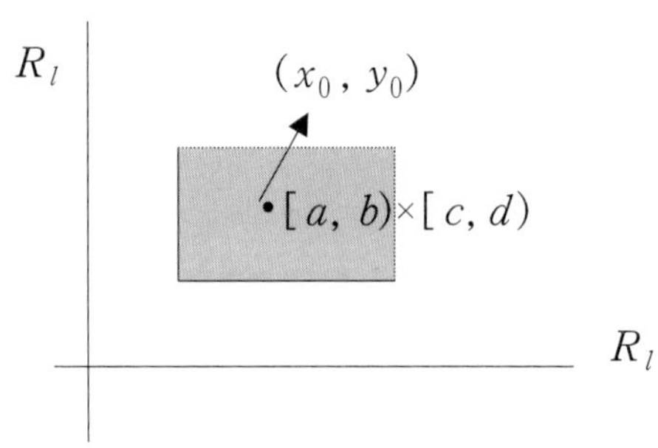

정리 1.15 X가 제2가산공간이면 X는 가분공간이다.

증명 $\beta=\{B_n \mid n\in\mathbb{N}\}$를 X의 가산기저라 하자. 각 $n\in\mathbb{N}$에 대하여 한점 $x_n\in B_n$을 택하면 집합 $A=\{x_n\in B_n \mid n\in\mathbb{N}\}$는 가산집합이다.

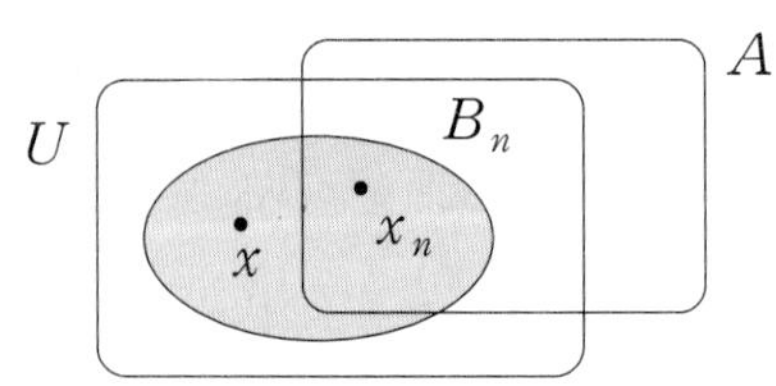

이제 $\overline{A}=X$가 되는 것을 보이자. 임의의 점 $x\in X$의 x의 임의의 근방 U에 대하여 β가 X의 기저이므로

$$x\in B_n\subset U$$

를 만족하는 B_n이 β에 존재한다. 그러면 $B_n \subset U$이므로 $x_n \in B_n \cap A \subset U \cap A$이다. 그러므로 $U \cap A \neq \emptyset$ 이다. 따라서 $x \in \overline{A}$가 되어 $X \subset \overline{A}$이다. 즉 A는 X의 조밀한 부분집합이다.

위 정리의 역은 일반적으로 성립하지 않는다. 아래 (예 21)에서 설명할 것이다.

정리 1.16 가분은 위상적 성질이다.

증명 X가 가분공간이고 $f: X \to Y$를 위상사상이라 하자(즉 $X \cong Y$). Y가 가분임을 보이면 증명이 된다. X가 가분이므로 X의 가산인 조밀부분집합 A가 존재한다. 그러면 $f(A)$는 Y의 가산부분집합이다. 여기서 $f(A)$가 Y에서 조밀함을 보이자. $U(\neq \emptyset)$를 Y에서의 개집합이라 하면 함수 f가 연속이므로 $f^{-1}(U)$는 X에서 공집합이 아닌 개집합이다. 이 때 A가 X에서 조밀하므로 $f^{-1}(U) \cap A \neq \emptyset$ 이고 그러면 어떤 원소 $x \in A$가 존재해서 $x \in f^{-1}(U)$이다. 그리므로 $f(x) \in f(A)$이고 $f(x) \in U$이다. 즉 임의의 개집합 U에 대하여 $U \cap f(A) \neq \emptyset$이다. 그러면 $\overline{f(A)} = Y$이므로 $f(A)$는 Y의 조밀부분집합이다. 따라서 Y는 가분이다.

위상적 성질은 여러 가지가 있지만 제1가산성과 제2가산성도 위상적 성질이다.

정리 1.17 가분공간의 개부분공간은 가분이다.

증명 Y를 가분공간 X의 개부분공간이라 하자. X가 가분공간이므로 가산인 조밀부분집합 $A \subset X$가 존재한다. 여기서 $B = A \cap Y$라 하고 B가 Y의 가산인 조밀부분집합임을 보이자.

U를 공집합이 아닌 Y의 개부분집합이라 하자. 그러면 Y가 X의 부분공간이므로 X에서의 개집합 $V(\neq \emptyset)$가 존재해서 $U = V \cap Y$이다. 또한 Y와 V가 X에서 개집합이므로 U는 X에서 개집합이다. A가 X의 조밀부분집합이므로 조밀집합의 정의에 의해 $U \cap A \neq \emptyset$ 이어야 한다. 그런데

$$U \cap A = (V \cap Y) \cap A = (V \cap Y) \cap (A \cap Y) = U \cap B \neq \emptyset$$

이므로 조밀부분집합의 정의에 의해 B는 Y의 조밀부분집합이 된다. 그리고 A가 가산이므로 B도 가산이다. 따라서 B는 Y의 가산인 조밀부분집합이다.

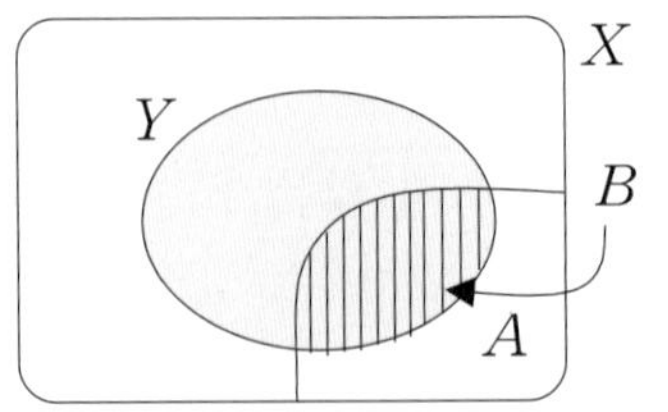

정의 1.18

위상공간 X에서 $C=\{U_\alpha \subset X \mid \alpha \in I\}$를 X의 부분집합들의 모임이라 하자. 이 때 $X=\cup U_\alpha$이면 C를 X의 **피복**(cover, covering)이라 하며 특히 C의 원소인 U_α들이 모두 X의 개집합인 경우 C를 X의 **개피복**(open cover)이라 한다.

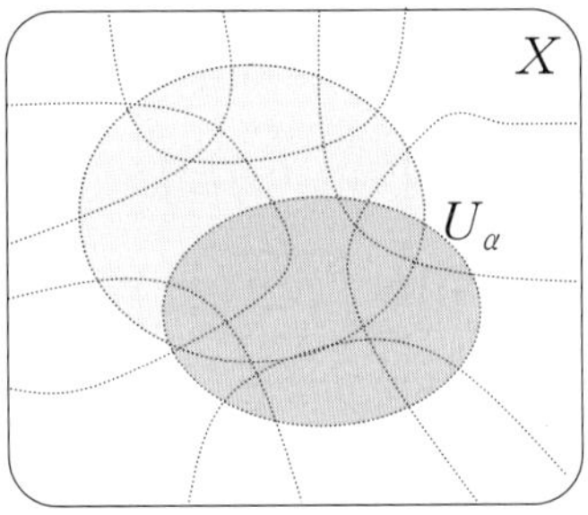

[예 14] $X=\{1, 2, 3, 4\}$이고 X의 위상이

$$\mathfrak{T}=\{X, \varnothing, \{1\}, \{2\}, \{1, 2\}, \{2, 3\}, \{1, 2, 3\}, \{2, 3, 4\}\}$$

이면 $\{\{1\}, \{2, 3\}, \{2, 3, 4\}\}$는 X의 개피복 중의 하나이다.

[예 15] $\{(x-1,\ x+1) \mid x \in R\}$은 R의 하나의 개피복이다.

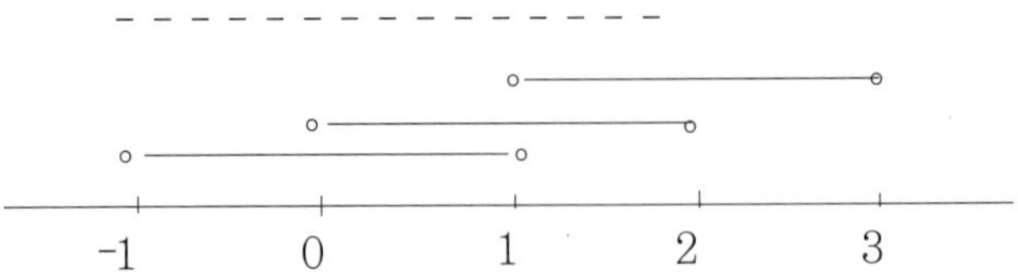

[예 16] 위상공간 X의 기저 β는 X의 한 개피복이다.

[예 17] 비가산 이산위상공간 X의 개피복 $\beta=\{\{x\} \mid x\in X\}$는 유한부분피복이나 가산부분피복을 갖지 않는다.

[예 18] X가 무한집합일 때 공간 X의 모든 개피복이 유한부분피복을 갖게 되는 예는 X가 비이산공간일 때이며 $\{X\}$가 유일한 개피복이면서 유한부분피복이다.

정의 1.19

위상공간 X의 임의의 개피복이 가산인 **부분피복**(subcovering)을 가지면 X를 **린데레프공간**(Lindelöf space)이라 한다.

정리 1.20 (린데레프 정리) 제2가산공간은 린데레프공간이다.

증명 위상공간 X가 제 2가산공간이라 하자. 그러면 X의 가산기저 $\beta=\{B_1, B_2, B_3, \cdots\}$가 존재한다. $\boldsymbol{C}=\{U_\alpha \mid \alpha\in I\}$를 X의 임의의 개피복이라 하자. β가 기저이므로 $\cup\{B_i \mid B_i\in\beta\}=X$이다. 그러므로 각 B_i에 대하여 B_i를 포함하는 개피복 원소가 존재할 경우 그 중 하나를 U_{α_i}라 하면 $\boldsymbol{D}=\{U_{\alpha_i} \mid B_i\subset U_{\alpha_i}\}$는 $\boldsymbol{C}$의 가산부분집합이며 X의 피복이 된다. 따라서 $\boldsymbol{D}=\{U_{\alpha_i}\}$가 X의 피복이 됨을 보이면 증명이 끝난다. $\boldsymbol{C}$가 X의 개피복이므로 임의의 점 $x\in X$에 대하여 $x\in U_\alpha$인 $U_\alpha\in\boldsymbol{C}$가 존재한다. 그런데 β가 가산기저이므로 $x\in B_i\subset U_\alpha$를 만족하는 $B_i\in\beta$가 존재하고 그러면 U_{α_i}가 존재해서 $B_i\subset U_{\alpha_i}$이며 $x\in U_{\alpha_i}$이다. 따라서 $X\subseteq\cup U_{\alpha_i}$이다.

다른 증명 위상공간 X가 제 2가산공간이라 하자. 그러면 X의 가산기저 $\beta=\{B_1, B_2, B_3, \cdots\}$가 존재한다. $\boldsymbol{C}=\{U_\alpha \mid \alpha\in I\}$를 X의 임의의 개피복이라 하자. β가 기저이므로 $\cup\{B_i \mid B_i\in\beta\}=X$ 이다.

그런데 임의의 $B_i \in \beta$에 대하여 $B_i \subset U_{\alpha_i}$인 가산개의 $U_{\alpha_i} \in \boldsymbol{C}$가 존재하여 $X = \cup\{B_i \mid B_i \in \beta\} \subset \cup\{U_{\alpha_i}\}$이다. 즉 $X = \cup U_{\alpha_i}$이다.

[예 19] R^n은 제2가산공간이다. 그러므로 린데로프공간이기도 하다.

위 정리의 역은 성립하지 않는다. 다음의 예에서 알아보자.

[예 20] 하한위상공간 R_l은 제1가산공간이고 가분공간이며 린데레프공간이지만 제2가산공간은 아니다.

① R_l은 제2가산공간이 아니다. R_l은 가산기저를 갖지 못하기 때문이다. 가산기저 $\beta = \{[a_n, b_n) \mid n \in \mathbb{N}\}$가 존재한다고 가정하자. 그러면 R이 비가산이므로 임의의 $n \in \mathbb{N}$에 대하여 $a_n \neq a$인 실수 $a \in R$가 존재한다. 그러면 개집합 $[a, a+1)$은 가산기저 β의 원소의 합집합으로 나타낼 수 없다. 즉 β는 기저가 되지 못한다. 따라서 제2가산공간이 아니다.

② R_l은 제1가산공간이다. 왜냐하면 점 $x \in R_l$에 대해

$\beta_x = \left\{[x, x+\dfrac{1}{n}) \mid n \in \mathbb{N}\right\}$는 x에서의 가산국소기저이기 때문이다.

즉 x를 포함하는 임의의 개집합 $U = [a, b)$에 대하여 기저원소

$[x, x+\dfrac{1}{n}] \in \beta_x$가 존재해서

$$x \in [x, x+\frac{1}{n}] \subset U$$

이기 때문이다.

③ R_l은 가분공간이다. 왜냐하면 유리수들의 집합 Q는 R_l에서 가산조밀부분집합이기 때문이다. 즉 유리수들의 집합 Q는 R_l에서 가산인 부분집합이다. 그리고 임의의 $x \in R_l$와 x를 포함하는 임의의 개집합 $U_{(x)} = [a, b)$에 대하여 $U \cap Q \neq \varnothing$이므로 $\overline{Q} = R_l$이다. 그러므로 가산인 조밀부분집합 Q가

존재하여 R_l은 가분공간이다.

④ R_l은 린데레프공간이다. 이를 증명하기 위하여 기저원소들로 이루어진 R_l의 모든 개피복에 대하여 R_l의 가산부분피복이 존재하는 것을 보이면 된다. $\mathbf{C}=\{[a_\alpha, b_\alpha) \mid \alpha \in I\}$를 R_l의 개피복이라 하자. 이 때

$$B=\bigcup\{(a_\alpha, b_\alpha) \mid \alpha \in I\}$$

를 보통위상공간 (R, μ)의 부분공간으로 보면 R이 제2가산공간이므로 B도 제2가산공간이다. 그러면 $\mathbf{D}=\{(a_\alpha, b_\alpha)\}$가 B에서의 개집합들로 구성되어 있는 B의 개피복이므로 $\mathbf{D}$의 가산부분피복

$$\{(a_{\alpha_i}, b_{\alpha_i}) \mid i=1, 2, \cdots\}$$

이 존재한다. [여기서 (a_α, b_α)가 B에서의 개집합인 이유는 (a_α, b_α)가 (R, μ)에서 개집합이므로 $B \cap (a_\alpha, b_\alpha)=(a_\alpha, b_\alpha)$이기 때문이다.] 이 때 역시

$$\mathbf{C}'=\{[a_{\alpha_i}, b_{\alpha_i}) \mid i=1, 2, \cdots\}$$

는 B를 덮는 가산피복이다. (왜냐하면 $(a_{\alpha_i}, b_{\alpha_i}) \subset [a_{\alpha_i}, b_{\alpha_i})$이고 $(a_{\alpha_i}, b_{\alpha_i})=\bigcup\{[a_{\alpha_i}, b_{\alpha_i})\}$이므로 $\mathbf{C}'$가 피복이 된다.)
이제 만일 $R-B$가 가산이라면 각 $x \in R-B$에 대하여 $x \in [a_\alpha, b_\alpha)$인 $[a_\alpha, b_\alpha)$를 $\mathbf{C}$에서 하나씩만 택하여 $\mathbf{C}'$에 더하면

$$\mathbf{C}' \cup \{[a_\alpha, b_\alpha) \mid x \in [a_\alpha, b_\alpha) \in \mathbf{C} \wedge x \in R-B,\ R-B: \text{가산}\}$$

는 $\mathbf{C}$의 가산부분피복이 되고 그렇게 되면 R_l은 린데레프공간이 된다.

그러므로 이제 $R-B$가 가산임을 보이자. $x \in R-B$이라 하면 적당한 $\alpha \in I$에 대하여 $x=a_\alpha$이다. 이 때 q_x를 구간 (a_α, b_α)에 속하는 어떤 유리수라 하자.

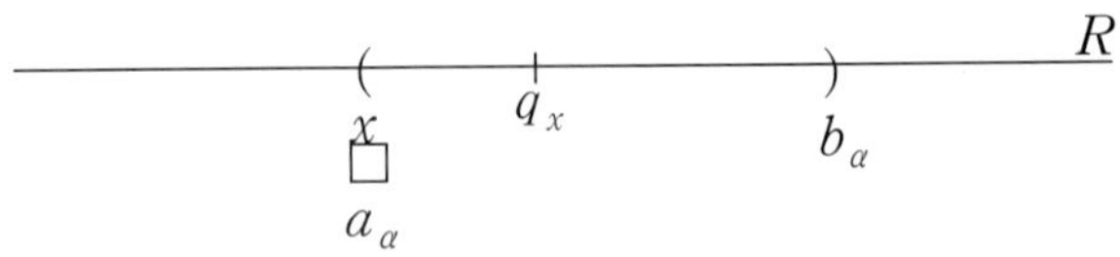

이 구간 $(a_\alpha,\ b_\alpha)$은 B에 포함되므로 $(x,\ q_x)$도 B에 포함된다. 여기서 함수 $f: R-B \to Q$를 $x \mapsto q_x$로 정의하면 f는 단사함수이다. 왜냐하면 x와 y가 $R-B$의 두 점이고 $x<y$이면 $x \neq y$이고 $f(x)=q_x$, $f(y)=q_y$이다. 그러면 $q_x < q_y$이다. 만일 $q_y \leq q_x$이면 $x<y<q_y \leq q_x$ ($\because$ $y=c_\alpha$, $q_y \in (c_\alpha,\ d_\alpha)$)이므로 $y \in (x,\ q_x) \subset B$이고 $y \in B$가 되어 모순이 된다. 그러므로 $q_x < q_y$이고 $f(x) < f(y)$이 성립하여 $f(x) \neq f(y)$이므로 f는 단사함수이다. 따라서 $R-B$는 가산이다.

[예 21] X, Y가 린데레프공간들이지만 $X \times Y$가 린데레프공간일 필요는 없다. 예를 들어 하한위상공간 R_l의 경우 R_l은 린데레프공간이지만 $R_l^{\,2}$은 린데레프공간이 아님을 알아보자. 공간 $R_l^{\,2}$은 $[a,\ b) \times [c,\ d)$모양의 집합들의 모임으로 기저를 이룬다. 이 때 $R_l^{\,2}$의 부분공간

$$L=\{x \times (-x) \mid x \in R_l\}$$

은 $R_l^{\,2}$의 폐집합이다. 이를 보이기 위해 $x \notin L$이고 $x=(x_1,\ x_2)$라 하자. 그리고 $\delta = inf\{\, |x-a| \mid a \in L\}$라 하면

$$U_{(x)}=[x_1-\frac{\delta}{4},\ x_1+\frac{\delta}{4}) \times [x_2-\frac{\delta}{4},\ x_2+\frac{\delta}{4})$$

가 존재해서 $U_{(x)} \cap L=\varnothing$이다. 그러므로 $x \notin \overline{L}$이 된다. 따라서 $\overline{L} \subset L$이다. 그러면 $R_l^{\,2}$의 개피복

$$(R_l^{\,2}-L) \cup \{[a,\ b) \times [-a,\ d) \mid a,\ b,\ d \in R\}$$

에 대하여 가산인 부분피복이 존재하지 않는다. 그리고 L이 폐집합이므로

R_l^2을 개집합 $R_l^2 - L$과 $[a, b)\times[c, d)$모양의 모든 기저원소들로 덮을 때 이들 기저원소들과 L은 한 점에서 만나고 L이 비가산이므로 이들 $[a, b)\times[c, d)$의 가산개의 부분모임으로는 L을 덮지 못하고 따라서 R_l^2도 덮을 수 없다.

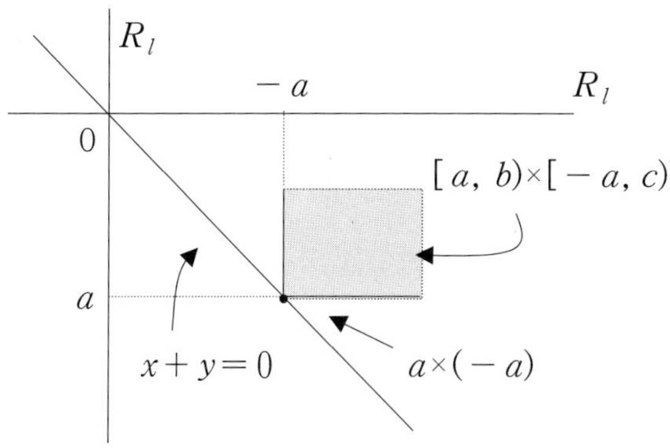

[예 22] 가분공간의 부분공간은 반드시 가분공간은 아니다. 예를 들어설명하면 R_l^2은 가분공간이지만 부분공간 L은 가분이 아니다. 유리수 좌표를 갖는 점들의 집합 $Q\times Q$는 R_l^2에서 조밀한 부분집합이다. 왜냐하면 임의의 점 $(x, y)\in R_l^2$와 임의의 개집합(기저원소) $U_{(x, y)}=[a, b)\times[c, d)$에 대하여

$$U\cap(Q\times Q)\neq\varnothing$$

이므로 $(x, y)\in\overline{Q\times Q}$가 되어 $R_l^2\subset\overline{Q\times Q}$이기 때문이다. 그리고 $Q\times Q$는 가산이므로 R_l^2은 가분공간이다. 그러나 (예 21)에서 부분공간 L은 이산위상을 가지며 비가산이므로 가산인 조밀부분집합을 갖지 못한다. 따라서 L은 가분공간이 아니다.

정리 1.21 만약 X가 거리공간이면 다음은 서로 동치이다.

(1) X는 제2가산공간이다.

(2) X는 가분공간이다.

(3) X는 린데레프 공간이다.

증명 생략

정리 1.22 X가 제2가산공간일 때 X의 모든 부분공간은 가분공간이다.

증명 $\{B_i | i=1, 2, \cdots\}$를 X의 가산기저라 하자. 각 i에 대하여 $x_i \in B_i$를 취하면 $\{x_i \mid i \in \mathbb{N}\}$는 가산집합이 된다. 또 X의 임의의 개집합 U에 대하여 $U = \cup B_i$이므로 $U \cap \{x_i\} \neq \varnothing$이다. 따라서 $\overline{\{x_i\}} = X$이므로 $\{x_i \mid i \in \mathbb{N}\}$는 X의 조밀부분집합이다.

다른증명 X가 제2가산공간이고 $A \subset X$가 부분공간이면 A는 제2가산공간이므로 A는 가분공간이다.

정리 1.23 함수 $f: X \to Y$가 연속이며 전사일 때 X가 린데레프공간이면 $f(X) = Y$도 린데레프공간이다.

증명 $\{U_\alpha\}$를 Y의 개피복이라 하자. 그러면 $\{f^{-1}(U_\alpha)\}$는 X의 개피복이다. 왜냐하면 임의의 $y \in Y$에 대하여 U_α가 존재해서 $y \in U_\alpha$이다. 그러면 $f^{-1}(y) \subset f^{-1}(U_\alpha)$이고 f가 전사이므로 임의의 $x \in X$에 대하여 $x \in f^{-1}(y)$ 이다. 따라서 $f^{-1}(U_\alpha)$가 존재해서 $x \in f^{-1}(y) \subset f^{-1}(U_\alpha)$이고 f가 연속이므로 $f^{-1}(U_\alpha)$는 X에서 개집합이기 때문이다. 그러면 X가 린데레프공간이므로 가산개의 부분피복 $\{f^{-1}(U_{\alpha_i}) \mid \alpha_i \in \mathbb{N}\}$가 존재한다. 그러면 임의의 $x \in X$에 대하여 어떤 α_i가 존재해서 $x \in f^{-1}(U_{\alpha_i})$이다. 또한 f가 전사이므로 임의의 $y \in Y$에 대하여 $x \in X$가 존재해서 $f(x) = y$이다. 그러면
$y = f(x) \in ff^{-1}(U_{\alpha_i}) = U_{\alpha_i}$이고 따라서 임의의 $y \in Y$에 대하여 U_{α_i}가 존재해서 $y \in U_{\alpha_i}$이기 때문이다. 즉 $Y \subset \cup U_{\alpha_i}$이다.

β_x를 점 $x \in X$에서의 가산인 국소기저라 하자. 그러면 β_x의 각 원소를 자연수 $\mathbb{N}$에 의한 첨수를 붙여서 $\beta_x = \{B_1, B_2, \cdots\}$와 같이 쓸 수 있다. 여기서 특히

$$B_1 \supset B_2 \supset B_3 \supset \cdots$$

와 같은 관계를 가지면 β_x를 x에서의 **축소국소기저**(nested local basis)라고 한다.

정리 1.24 제1가산공간 X의 모든 점은 가산축소국소기저를 갖는다.

증명 X가 제1가산공간이므로 각 점 $x \in X$에 대하여 x에서의 가산국소기저

$$\beta_x = \{G_1, G_2, \cdots\}$$

가 존재한다. 이 때

$$B_1 = G_1,\ B_2 = G_1 \cap G_2,\ \cdots,\ B_n = G_1 \cap G_2 \cap \cdots \cap G_n, \cdots$$

이라 하면, $B_1 \supset B_2 \supset B_3 \supset \cdots$ 이고 각 B_n은 점 x의 근방이다. 한편 x의 임의의 근방 G에 대하여 적당한 $n_0 \in \mathbb{N}$가 존재하여(즉 $B_{n_0} \in \{B_i \mid i \in \mathbb{N},\ i < j,\ B_j \subset B_i\}$) $x \in B_{n_0} \subset G$이므로 $\{B_1, B_2, \cdots\}$는 x에서의 가산축소국소기저이다.

정리 1.25 X가 제1가산공간이고 $A \subset X$이며 $x \in X$라 하자. 그러면 $x \in \overline{A}$이기 위한 필요충분조건은 A내에 수열 $\{x_n\}$이 존재하여 $x_n \to x$인 것이다.

증명 $x \in \overline{A}$이라고 하자. (정리 1.24)에 의하여 X가 제1가산공간이므로 각 점 $x \in X$에 대하여 x에서의 가산축소국소기저

$$\beta_x = \{B_n \mid n \in \mathbb{N}\}$$

가 존재한다. 각 n에 대하여 $x_n \in B_n$을 택하자. x의 임의의 근방 U에 대하여 β_x가 x에서의 국소기저이므로 적당한 $n_0 \in \mathbb{N}$에 대하여

$$x \in B_{n_0} \subset U$$

이다. 따라서 $n \geq n_0$이면 β_x가 축소기저이므로 $B_n \subset B_{n_0}$이고

$$x_n \in B_n \subset B_{n_0} \subset U$$

이므로 $x_n \in U$이다. 따라서 $x_n \to x$ 이다.

역으로 A내에 수열 $\{x_n\}$이 존재하여 $x_n \to x$라고 하자. 그러면 x의 임의의 근방 U에 대하여 적당한 자연수 n_0가 존재하여 $n \geq n_0$에 대해 $x_n \subset U$이다. 임의의 $n \in \mathbb{N}$에 대하여 $x_n \in A$이므로

$$U_{(x)} \cap A \neq \varnothing$$

이다. 따라서 $x \in \overline{A}$ 이다.

정리 1.26 X가 제1가산공간이라 하자. 그러면 함수 $f: X \to Y$가 연속이기 위한 필요충분조건은 각 점 x와 임의의 수열 $\langle x_n \rangle$에 대하여 $x_n \to x$ 일 때 $f(x_n) \to f(x)$이다.

증명 모든 거리공간은 제1가산공간이므로 5장의 (정리 3.14)의 증명을 일반화하면 된다.

($\Rightarrow$) f가 연속이고 $x_n \to x$ 라 하자. 임의의 개집합 V에 대하여 $f(x) \in V$라 하면 $f^{-1}(V)$는 개집합이고 $x \in f^{-1}(V)$이다. $x_n \to x$이므로 $n_0 \in \mathbb{N}$가 존재하여 $n > n_0$인 모든 n에 대하여 $x_n \in f^{-1}(V)$이다. 따라서 $n > n_0$인 모든 n에 대하여 $f(x_n) \in V$이므로 $f(x_n) \to f(x)$ 이다.

($\Leftarrow$) 함수 f가 연속이 아니라고 가정하자. 그러면 함수 f가 연속이 아닌 점 x가 존재하며 X가 제1가산공간이므로 점 x의 가산축소국소기저 $\beta_x = \{B_n\}$가 존재해서

$$B_1 \supset B_2 \supset \cdots \supset B_n \supset \cdots$$

이다. f가 x에서 연속이 아니므로 $f(x) \in V$인 Y의 어떤 개집합 V가 존재하여 임의의 개집합 $U(\ni x)$에 대하여 $f(U) \not\subset V$가 된다. 그러므로 가산축소기저 β_x의 모든 원소 B_n에 대해서도 $f(B_n) \not\subset V$가 되며 $B_n \not\subset f^{-1}(V)$이다. 이 때 각

n에 대하여 $a_n \in B_n$이면서 $a_n \notin f^{-1}(V)$인 수열 $\langle a_n \rangle$을 만들자. 그러면 $\beta_x = \{B_n \mid n \in \mathbb{N}\}$가 x의 축소국소기저이므로 $a_n \to x$이다. 그러나 모든 n에 대하여 $f(a_n) \notin V$이므로 $f(a_n) \nrightarrow f(x)$이다. 즉 X의 수열 $\langle a_n \rangle$은 $a_n \to x$이나 $f(a_n) \nrightarrow f(x)$이다.

위 (정리 1.26)은 X가 제1가산공간이 아닌 경우 일반적으로 성립하지 않는다. 다음 [예]에서 알아보자.

[예 23] 여가산위상공간 R과 부분공간 $Y = [0, 1] \subset R$에 대하여 $f: X \to Y$를 다음과 같이 정의하자.

$$f(x) = \begin{cases} x & x \in [0, 1] \\ 0 & x \notin [0, 1] \end{cases}$$

1) f는 점열연속이다.

왜냐하면 여가산위상공간에서는 수열 $\langle x_n \rangle$이 x로 수렴하기 위해서는 $\langle x_n \rangle = \langle x_1, x_2, \cdots, x_n, x, x, x, \cdots \rangle$의 형태이어야 한다. 그러므로 $\langle x_n \rangle \to x$이면 적당한 $n_0 \in \mathbb{N}$가 존재하여 $n > n_0$인 모든 n에 대하여 $f(x_n) = f(x)$이며 따라서 $f(x_n) \to f(x)$가 되기 때문이다.

2) f는 연속함수가 아니다.

왜냐하면 $(0, 1) \subset Y$은 Y의 개집합이지만 $f^{-1}((0, 1)) = (0, 1)$이고 $(0, 1)^c = R - (0, 1)$이 비가산집합이므로 $(0, 1)$은 X의 개집합이 아니기 때문이다.

연습문제 7.1

1. 공간 X가 가산기저를 가지면 X에서의 서로소인 개집합들의 모임은 가산이다.

2. 제1가산공간이지만 가분공간도 아니고 린데레프 공간도 아니며 제2가산공간도 아닌 공간을 알아보아라. (참고 $S_{\Omega}=\{x \mid x \in X$이고 $x<\Omega\}$)

3. 가분공간들의 가산적은 가분이다.**【문제중심 위상수학 참고】**

4. X가 여유한위상공간이면 X는 가분이다.**【문제중심 위상수학 참고】**

5. 이산위상공간 X가 가분이기 위한 필요충분조건은 X가 가산인 것이다.**【문제중심 위상수학 참고】**

6. X가 가분공간이고 Y가 위상공간일 때 함수 $f: X \to Y$가 연속이면 Y는 가분이다.**【문제중심 위상수학 참고】**

7. 린데레프공간의 모든 비가산 부분집합은 하나의 극점을 갖는다.

8. 린데레프공간 X의 폐부분집합 A는 역시 린데레프공간이다.**【문제중심 위상수학 참고】**

9. 이산위상공간 X가 린데레프공간이기 위한 필요충분조건은 X가 가산인 것이다.**【문제중심 위상수학 참고】**

10. R^n(n은 자연수)공간은 가분이다.**【문제중심 위상수학 참고】**

11. X가 제1가산공간이고 $A \subset X$이라 하자. x가 A의 극점이면 $A-\{x\}$의 점들로 이루어지는 수열이 존재해서 점 x로 수렴한다.

12. 제2가산공간이 아닌 린데레프공간의 예를 들어라.**(본문 참고)**

2. 분리공리

정의 2.1

위상공간 X에서 임의의 서로 다른 두 점 $x,\ y \in X$에 대하여 y를 포함하지 않는 x의 근방 U가 존재하거나 x를 포함하지 않는 y의 근방 V가 존재할 때 X를 T_0-**공간**(T_0-space)이라 한다.

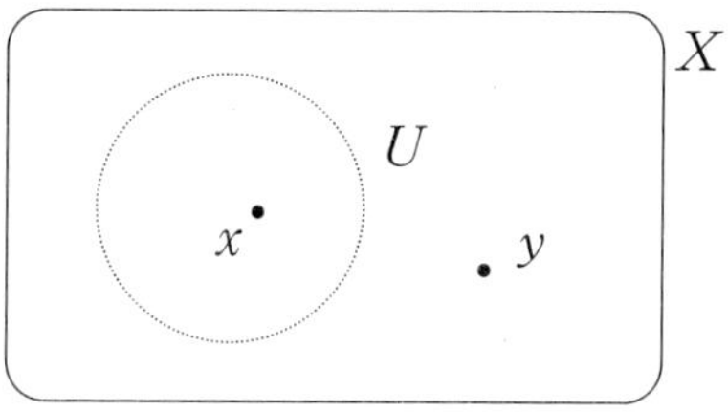

[예 1] $X=\{a, b, c\}$일 때 한 위상이 $\mathfrak{T}=\{X, \varnothing, \{a\}, \{b\}, \{a, b\}\}$이면 $(X, \mathfrak{T})$는 T_0-공간이다. 왜냐하면 X의 서로 다른 임의의 두 점을 취할 때 상대의 점을 포함하지 않는 근방으로 단집합 $\{a\}$, $\{b\}$가 적어도 하나 존재하기 때문이다.

[예 2] 보통위상공간 R은 T_0-공간이다. 그러나 비이산위상공간 X는 T_0-공간이 아니다. 왜냐하면 서로 다른 두 점에 대한 근방은 모두 X뿐이기 때문이다.

T_0-공간의 부분공간과 적공간은 또한 T_0-공간임을 알 수 있다.

정리 2.2 X가 T_0-공간이고 $A \subset X$이면 A는 T_0-공간이다.

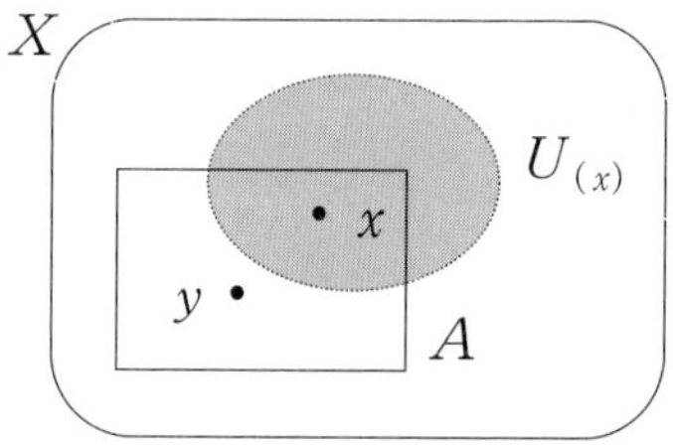

증명 임의의 $x \neq y \in A$에 대하여 $x \neq y \in X$이다. X가 T_0-공간이므로 $x \neq y$에 대하여 근방 $U_{(x)}$가 존재해서 $y \notin U_{(x)}$이든지 $V_{(y)}$가 존재해서 $x \notin V_{(y)}$이다. 그러면 A에서의 x의 근

방 $U_{(x)} \cap A$가 존재해서 $y \notin U_{(x)} \cap A$이거나 A에서의 y의 근방 $V_{(y)} \cap A$가 존재해서 $x \notin V_{(y)} \cap A$이다.

정리 2.3 임의의 T_0-공간 X_i에 대하여 $\prod X_i$는 T_0-공간이다.

증명 $\prod X_i$ 내의 서로 다른 두 점 $x \neq y$를 택하자. 그러면 어떤 공간 X_i에 $x_i \neq y_i$인 두 점 x_i, y_i가 존재한다. 각 X_i들이 T_0-공간이므로 $U_{(x_i)}$가 존재해서 $y_i \notin U_{(x_i)}$이거나 $V_{(y_i)}$가 존재해서 $x_i \notin V_{(y_i)}$이다. 그러면 x의 근방 $\pi_i^{-1}(U_{(x_i)})$가 존재해서 $y \notin \pi_i^{-1}(U_{(x_i)})$이거나 y의 근방 $\pi_i^{-1}(V_{(y_i)})$가 존재해서 $x \notin \pi_i^{-1}(V_{(y_i)})$이다.

정리 2.4 위상공간 X가 T_0-공간이기 위한 필요충분조건은 $x \neq y \in X$에 대하여 $x \notin \overline{\{y\}}$이거나 $y \notin \overline{\{x\}}$이다.

증명 $(\Rightarrow)$ X를 T_0-공간이라 하고 $x \neq y \in X$라 하자. 그러면 $x \in U$이고 $y \notin U$인 개집합 U가 존재하거나 $y \in V$이고 $x \notin V$인 개집합 V가 존재한다. $x \in U$이고 $y \notin U$인 경우 $y \in U^c$이고 U^c가 폐집합이므로 $\overline{\{y\}} \subset U^c$이다. 그러므로 $x \notin \overline{\{y\}}$이다. 또 같은 방법으로 $y \in V$이고 $x \notin V$인 경우 $x \in V^c$이고 V^c이 폐집합이므로 $\overline{\{x\}} \subset V^c$이다. 그러므로 $y \notin \overline{\{x\}}$이다.

$(\Leftarrow)$ $x \neq y \in X$에 대하여 $x \notin \overline{\{y\}}$라 하자. 그리고 $\overline{\{y\}}^c = U$라 하자. 그러면 $x \in U$이며 $y \notin U$인 개집합 U가 존재한다. 또 $y \notin \overline{\{x\}}$라 하자. $\overline{\{x\}}^c = V$라 하면 $y \in V$이고 $x \notin V$인 개집합 V가 존재하기도 한다.

정의 2.5

위상공간 X에서 임의의 서로 다른 두 점 $x, y \in X$에 대하여 $x \in U$이고 $y \notin U$이며 $y \in V$이고 $x \notin V$인 근방 U, V가 존재할 때 X를 T_1-**공간**(T_1-space or kuratowski space)이라 한다.

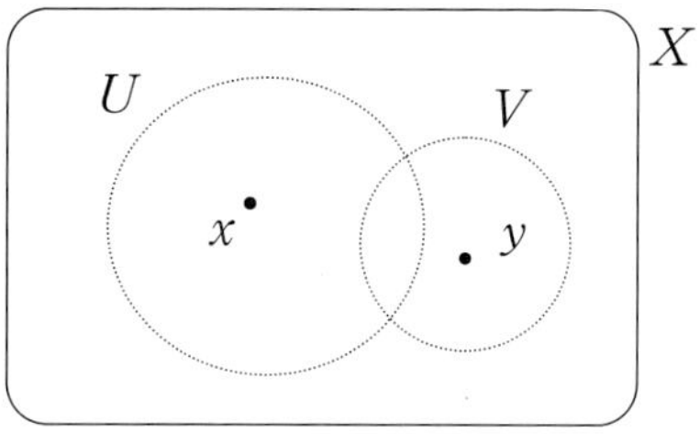

[예 3] X가 T_1-공간이면 T_0-공간이다.

[예 4] $X=\{a, b\}$이고 $\mathfrak{T}=\{X, \varnothing, \{a\}, \{b\}\}$이면 $(X, \mathfrak{T})$는 T_1-공간이다. 왜냐하면 $a \neq b$에 대하여 근방 $\{a\}, \{b\}$가 존재하여 $b \notin \{a\}$이고 $a \notin \{b\}$이기 때문이다. 나아가 이산위상공간은 T_1-공간임을 알 수 있다.

[예 5] T_0-공간이지만 T_1-공간일 필요는 없다. 예를 들면 $X=\{a, b\}$이고 $\mathfrak{T}=\{X, \varnothing, \{a\}\}$이면 $(X, \mathfrak{T})$는 T_1-공간이 아니다. 왜냐하면 b를 포함하는 근방은 X뿐인데 $a \in X$이기 때문이다. 그러나 $(X, \mathfrak{T})$는 T_0-공간이다. 또 (예 1)에서 c의 근방이 X뿐이므로 $(X, \mathfrak{T})$는 T_1-공간이 아니다.

위 (예 5)에서 X는 T_0-공간이다. 따라서 T_0-공간이지만 T_1-공간일 필요는 없다는 것을 알 수 있다.

[예 6] 여유한위상공간 X는 T_1-공간이다. 왜냐하면 여유한위상 $\mathfrak{T}_f$는

$$\mathfrak{T}_f=\{U \mid U^c: \text{유한집합이거나 } U=\varnothing\}$$

이므로 X의 서로 다른 두 원소 x, y에 대하여 $\{x\}^c$은 $\mathfrak{T}_f$의 원소로 개집합이 되고 또한 $\{y\}^c$도 $\mathfrak{T}_f$의 원소로 개집합이다. 그러나 $\{x\}^c$은 y의 근방이고 $\{y\}^c$은 x의 하나의 근방이지만 $x \notin \{x\}^c$이고 $y \notin \{y\}^c$이기 때문에 $(X, \mathfrak{T}_f)$는 T_1-공간이다.

정리 2.6 위상공간 X가 T_1-공간이기 위한 필요충분조건은 임의의 점 $x \in X$에 대하여 단집합 $\{x\}$가 폐집합인 것이다.

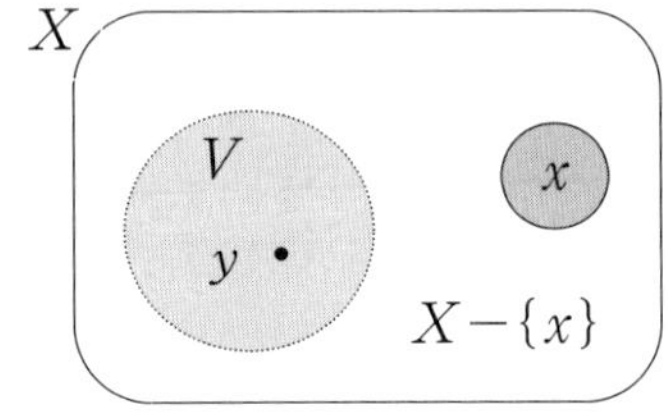

증명 X가 T_1-공간이고 $x \in X$일 때 $\{x\}^c$가 개집합임을 보이자. 만일 $y \in \{x\}^c$이면 $x \neq y$이므로 y의 근방 V가 존재하여 $x \notin V$가 된다. 즉 $y \in V \subset \{x\}^c$이므로 $\{x\}^c$는 개집합이고 따라서, $\{x\}$는 폐집합이다.

역으로 임의의 점 $x \in X$에 대하여 $\{x\}$가 폐집합이라 하자. 그러면 서로 다른 두 점 $y, z \in X$에 대하여 개집합 $\{z\}^c$와 $\{y\}^c$가 존재하여 이때 $y \in \{z\}^c$이고 $z \notin \{z\}^c$이며 또 $z \in \{y\}^c$이고 $y \notin \{y\}^c$이므로 X는 T_1-공간이다.

위 (정리 2.6)에 의하여 X가 T_1-공간일 때 유한집합 $\{x_1, x_2, \cdots, x_n\} \subset X$은 폐집합임을 알 수 있다. 왜냐하면 위상의 정의에 의하여 유한개의 폐집합들의 합집합은 폐집합이고

$$\{x_1, x_2, \cdots, x_n\} = \{x_1\} \cup \{x_2\} \cup \cdots \cup \{x_n\}$$

이기 때문이다. 따라서 위 (정리 2.6)은 다음과 같이 바꾸어 쓸 수 있다.

"위상공간 X가 T_1-공간이기 위한 필요충분조건은 X의 각 유한부분집합이 폐집합인 것이다."

여유한위상은 X상에 주어질 수 있는 T_1-위상 가운데 가장 작은 것임을 또한 알 수 있다.

정리 2.7 $\mathfrak{T}_f$를 X상의 여유한위상이라 할 때 X상의 어떤 위상 $\mathfrak{T}$가 T_1-위상이 되기 위한 필요충분조건은 $\mathfrak{T}_f \subset \mathfrak{T}$일 때이다.

증명 $\mathfrak{T}$를 X상의 T_1-위상이라 하자. 임의의 $G \in \mathfrak{T}_f$에 대하여 만일 $G = \varnothing$이면 $G \in \mathfrak{T}_f$이고 $G \neq \varnothing$이면 G^c는 유한집합이고 $(X, \mathfrak{T})$가 T_1-공간이므로 $(X, \mathfrak{T})$에서 폐집합이 된다. 따라서 $G \in \mathfrak{T}$이다.

역으로 $\mathfrak{T}_f \subset \mathfrak{T}$라 하면 모든 $x \in X$에 대하여 $\{x\}$는 $(X, \mathfrak{T}_f)$에서 폐집합이다. 그러면 $\{x\}^c \in \mathfrak{T}_f$이고 $\{x\}^c \in \mathfrak{T}$이다. 그러므로 $\{x\}$는 $(X, \mathfrak{T})$에서 폐집합이다. 따라서 $(X, \mathfrak{T})$는 T_1-공간이다.

보조정리 T_1-공간의 모든 부분공간은 역시 T_1-공간이다.

증명 X가 T_1-공간이고 A를 X의 임의의 부분공간이라 할 때 A내의 임의의 단집합 $\{x\}$는 X내에서 폐집합이 되고 따라서 $\{x\}$는 $\{x\} = \{x\} \cap A$이므로 A안에서도 폐집합이 된다.

[예 7] 모든 거리공간 X는 T_1-공간이다. 왜냐하면, 거리공간 X에서 각 $x \in X$에 대하여 단집합 $\{x\}$는 폐집합이기 때문이다.

[예 8] 임의의 T_1-공간 X_i에 대하여 $\prod X_i$는 T_1-공간이다.

T_1-공리는 위상공간에서 매우 중요한 성질로 Kuratowski나 Sierpinski와 같은 수학자들은 공간이 T_1-공리까지 성립할 때 이를 위상공간이라 부르기도 했다.

정리 2.8 T_1-공간성은 위상적 성질이다.

증명 $(X, \mathfrak{T})$가 T_1-공간이고 $f: (X, \mathfrak{T}) \to (Y, \mathfrak{T}^*)$는 위상동형사상이라 하자. 그러면 서로 다른 두 점 $y_1 \neq y_2 \in Y$에 대하여 $x_1 \neq x_2 \in X$가 존재하여 $f(x_1) = y_1$, $f(x_2) = y_2$이다. 그리고 $(X, \mathfrak{T})$가 T_1-공간이므로 개집합

U, V가 존재하여 $x_1 \in U$, $x_2 \notin U$이고 $x_1 \notin V$, $x_2 \in V$이다. 그러면 f가 개사상이므로 $f(U), f(V)$는 Y에서 개집합이고 $y_1 = f(x_1) \in f(U)$, $y_2 = f(x_2) \notin f(U)$, $y_2 = f(x_2) \in f(V)$, $y_1 = f(x_1) \notin f(V)$이다. 따라서 $(X, \mathfrak{T}^*)$는 T_1-공간이다.

정리 2.9 $(X, \mathfrak{T})$가 T_1-공간이 되기 위한 필요충분조건은 임의의 $A \subset X$에 대하여 $A = \bigcap\{U \in \mathfrak{T} \mid A \subset U\}$가 되는 것이다.

증명 $A \subset X$이므로 $A \subset \bigcap\{U \in \mathfrak{T} \mid A \subset U\}$는 성립한다. 그리고 $x \in \bigcap\{U \in \mathfrak{T} \mid A \subset U\}$라 하고 $x \notin A$라 가정하자. 즉 $x \in \bigcap\{U \in \mathfrak{T} \mid A \subset U\} = A$. 그러면 임의의 $a \in A$에 대하여 $a \neq x$이다. X가 T_1-공간이므로 개집합 U_a와 V_a가 존재하여

$$a \in U_a,\ x \notin U_a \text{이고 } x \in V_a,\ a \notin V_a$$

가 된다. 그러면 $A \subset \bigcup\{U_a \mid a \in A\}$이므로 $x \in \bigcup\{U_a \mid a \in A\}$가 되어 $a^* \in A$가 존재해서 $x \in U_{a^*}$가 되어 모순이다. 역으로 $a \neq b \in X$에 대하여

$$\{a\} \subset \bigcap\{U \in \mathfrak{T} \mid \{a\} \subset U\} \text{이고 } \{b\} \subset \bigcap\{V \in \mathfrak{T} \mid \{b\} \subset V\}$$

이므로 $\{a\} \cap \{b\} = \varnothing$가 되어 $(X, \mathfrak{T})$는 T_1-공간이다.

정의 2.10

위상공간 X에서 임의의 서로 다른 두 점 $x, y \in X$에 대하여 서로소인 x의 근방 U와 y의 근방 V가 존재할 때 X를 T_2-**공간**(Hausdorff 공간)이라 한다.

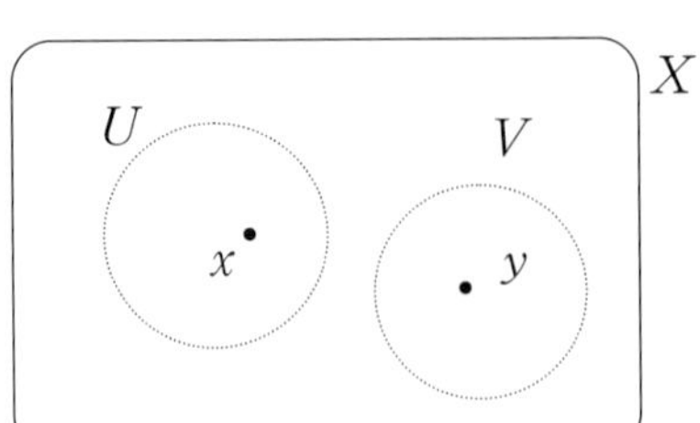

[예 9] Hausdorff 공간 (T_2-공간)은 T_1-공간이다. 그러나 역은 성립하지 않는다. (예 14 참조)

[예 10] 모든 이산위상공간 X는 T_2-공간이다. 왜냐하면, 임의의 서로 다른 두 원소 $x, y \in X$에 대하여 적어도 각각의 개집합 $\{x\}$, $\{y\}$가 존재해서 서로소이기 때문이다.

[예 11] 보통위상공간 R은 T_2-공간이다. 왜냐하면, R의 서로 다른 두 점 x, y에 대하여 서로소인 근방 $U_{(x)}$, $V_{(y)}$를 취할 수 있기 때문이다. 즉 x를 포함하는 개구간과 y를 포함하는 개구간으로 서로소인 $U_{(x)}$, $V_{(y)}$가 있다. 마찬가지로 R^n공간도 T_2-공간이다.

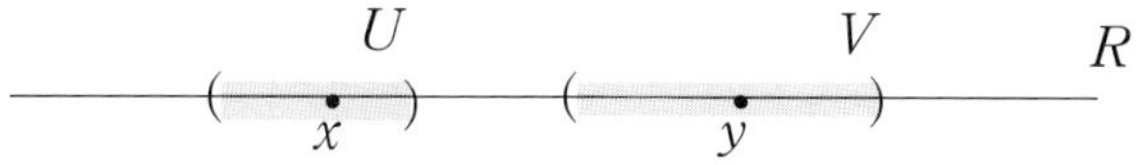

[예 12] 비이산위상공간 X는 T_2-공간이 아니다.

[예 13] Sierpinski 공간은 T_0-공간이지만 T_1-공간은 아니다((예 5) 참조). 마찬가지로 T_2-공간도 아니다.

정리 2.11 Hausdorff 공간의 성질은 위상적 성질이다.

증명 X가 Hausdorff공간이고 공간 Y에 대하여 함수 $f: X \to Y$가 위상동형대응사상이라 하자. 이 때 위상동형인 공간 Y가 역시 Hausdorff공간이 됨을 보이면 된다. Y에서의 서로 다른 두 점을 y_1, y_2라 하면 f가 전단사이므로 $f(x_1) = y_1$, $f(x_2) = y_2$가 되는 서로 다른 두 점 $x_1, x_2 \in X$가 유일하게 존재한다. 그러면 X가 Hausdorff공간이므로 서로소인 개집합 U, V가 존재해서 $x_1 \in U$, $x_2 \in V$이다. 그리고 f가 개사상이므로 $f(U)$와 $f(V)$는 Y에서 개집합이며

$$f(x_1)=y_1\in f(U),\ \ f(x_2)=y_2\in f(V)$$

이다. 또한

$$f(U)\cap f(V)=f(U\cap V)=f(\varnothing)=\varnothing$$

이다. 따라서 Y는 Hausdorff공간이다.

앞의 (예 6)에서 여유한위상공간 X는 T_1-공간이다. 그리고 이때 X가 유한집합인 경우 X는 이산위상공간이므로 T_2-공간이기도 하다. 그러나 X가 무한집합인 경우는 T_1-공간이지만 다음 예제와 같이 T_2-공간은 아니다. 따라서 X가 T_1-공간이라 하여 T_2-공간이 되는 것은 아니다.

[예제 14] 여유한위상공간 X가 무한집합인 경우 X는 T_2-공간이 아니다.

풀이 만일 X가 T_2-공간이라 하면 임의의 서로 다른 점 $x,\ y\in X$에 대하여 서로 소인 x와 y의 근방 $U,\ V$가 존재하게 된다. 그러면 $U,\ V$는 여유한위상공간 X의 개집합이므로 무한집합들이 된다. 또한 $U\cap V=\varnothing$ 이므로

$$U\subset V^c \text{ 이거나 } V\subset U^c$$

이다. 이는 유한집합 V^c와 U^c가 무한집합 U와 V를 포함하는 모순이 된다. 그러므로 $U\cap V=\varnothing$일 수는 없다. 즉 X의 서로 다른 어떤 두 점도 서로소인 근방을 갖지 못한다.

정리 2.12 모든 거리공간 X는 T_2-공간이다.

증명 두 점 $x,\ y$가 거리공간 $(X,\ d)$의 서로 다른 점이라고 하고 $d(x,\ y)=2\varepsilon$라 하자. 그러면 x를 중심으로 하는 개구체 $B_d(x,\ \varepsilon)$과 y를 중심으로 하는 개구체 $B_d(y,\ \varepsilon)$이 존재하여

$$B_d(x,\ \varepsilon)\cap B_d(y,\ \varepsilon)=\varnothing$$

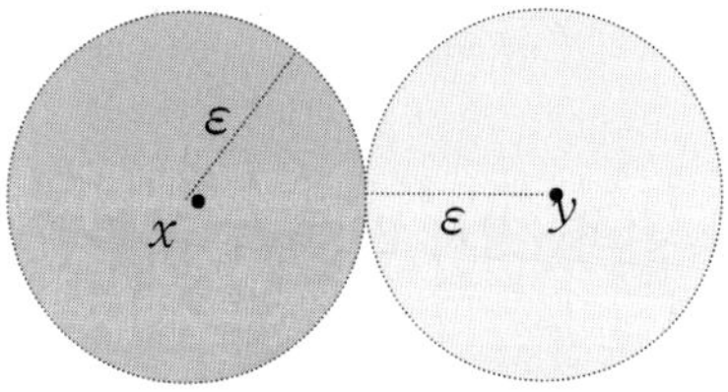

이다. 왜냐하면 만일

$$B_d(x, \varepsilon) \cap B_d(y, \varepsilon) \neq \varnothing$$

이라 하면 어떤 원소 $z \in X$가 존재하여 $z \in B_d(x, \varepsilon) \cap B_d(y, \varepsilon)$이다. 그러면

$$z \in B_d(x, \varepsilon) \text{ 이고 } z \in B_d(y, \varepsilon)$$

이며

$$d(x, z) < \varepsilon \text{ 이고 } d(y, z) < \varepsilon$$

이다. 그러면

$$d(x, y) \leq d(x, z) + d(z, y) < \varepsilon + \varepsilon = 2\varepsilon$$

이다. 그러면 $d(x, y) < 2\varepsilon$이 되어 가정에 모순이 된다. 따라서

$$B_d(x, \varepsilon) \cap B_d(y, \varepsilon) = \varnothing$$

이다.

[예 15] 여유한위상공간 R은 거리공간이 아니다. 왜냐하면 위 (정리 2.8)에 의하여 거리공간은 T_2-공간이지만 여유한위상공간 R은 T_2-공간이 아니기 때문이다.

[예 16] 보통위상공간 (R, μ), (R^2, μ)는 거리공간이므로 T_2-공간이다.

정리 2.13 X가 T_2-공간일 때 X의 유한부분집합은 모두 폐집합이다.

증명 X의 임의의 원소 x에 대하여 단집합 $\{x\}$가 폐집합임을 보이자. 만일 y가 x와 다른 X의 임의의 원소라 하면 X가 T_2-공간이므로 x와 y는 서로소인 근방 $U_{(x)}$와 $V_{(y)}$를 갖는다. 그러면 y의 근방 V에 대하여 $V \cap \{x\} = \varnothing$이고 폐포의 정의에 의하여 $y \notin \overline{\{x\}}$이다. 즉 $\overline{\{x\}}$는 x이외의 원소를 갖지 않으므로

$\overline{\{x\}}=\{x\}$이고 따라서 $\{x\}$는 폐집합이다.

위의 (정리 2.13)은 X가 T_2-공간이면 T_1-공간이므로 T_1-공간의 성질에 의하여 단집합 $\{x\}$가 폐집합이므로 위 정리는 바로 설명된다.

정리 2.14 X가 T_2-공간이고 A가 X의 부분집합이라 하자. 그러면 한 점 x가 A의 극점이기 위한 필요충분조건은 x의 모든 근방들이 무한히 많은 A의 점들을 포함하는 것이다.

증명 $x \in A'$ 이고 x의 근방 $U_{(x)}$가 존재하여 $A-\{x\}$와 유한개의 공통점을 갖는다고 하자. 즉

$$U_{(x)} \cap (A-\{x\})=\{x_1, x_2, \cdots, x_l\}$$

그러면 X가 T_2-공간이므로 $\{x_1, x_2, \cdots, x_l\}$은 폐집합이 되고 $X-\{x_1, x_2, \cdots, x_l\}$ 은 X의 개집합으로 x를 포함한다. 그러면 x의 근방 $U \cap (X-\{x_1, x_2, \cdots, x_l\})$가 존재하여

$$\begin{aligned}(U \cap (X-\{x_1, x_2, \cdots, x_l\})) \cap (A-\{x\})\\ &=[\,U \cap (A-\{x\}\,] \cap [\,X-\{x_1, x_2, \cdots, x_l\}] \\ &= \emptyset\end{aligned}$$

이다. 따라서 $x \notin A'$가 되므로 x가 A의 극점이라는 가정에 모순이다.

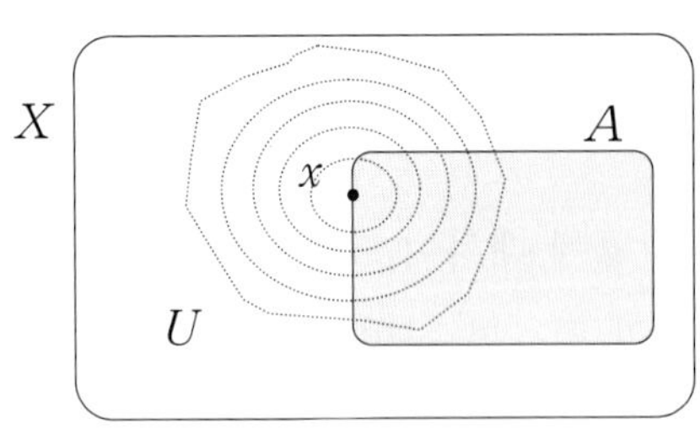

역으로 x의 모든 근방 $U_{(x)}$들이 무한히 많은 A의 점들과 만난다고 하자.

그러면 $U_{(x)}$들은 x가 아닌 A의 다른 점들과도 무한히 만나게 되어 임의의 근방 $U_{(x)}$에 대하여

$$U_{(x)} \cap (A - \{x\}) \neq \varnothing$$

이다. 따라서 $x \in A'$이다.

정리 2.15 X가 T_2-공간이 되기 위한 필요충분조건은 대각선 $\Delta = \{(x, x) | x \in X\}$가 $X \times X$에서 폐집합일 때이다.

증명 Δ^c이 개집합이 되는 것을 보이면 Δ가 폐집합이 된다. 만일 $(x, y) \in \Delta^c$이라면 $(x, y) \notin \Delta$이므로 $x \neq y$이다. 그런데 X가 T_2-공간이므로 근방 $U_{(x)}$, $V_{(y)}$가 존재하여 $U \cap V = \varnothing$이다. 그러면 $X \times X$에서 개집합 $U \times V$가 존재하여

$$(U \times V) \cap \Delta = \varnothing \qquad ①$$

이다. ①이 성립됨을 알아보기 위하여 $(U \times V) \cap \Delta \neq \varnothing$라 가정하자. 그러면 어떤 x가 존재해서 $(x, x) \in (U \times V) \cap \Delta$이다. 그러므로 $(x, x) \in U \times V$이며 $x \in U$이고 $x \in V$이다. 결국 $U \cap V \neq \varnothing$가 되어 $U \cap V = \varnothing$인 것에 모순이다. 따라서 ①이 성립하고 $(x, y) \in U \times V \subset \Delta^c$ 이므로 Δ^c는 개집합이다.

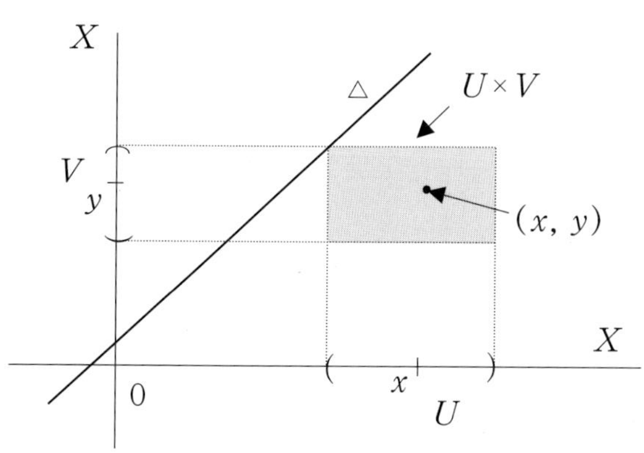

역으로 $x \neq y \in X$이라 하자. 그러면 $(x, y) \notin \Delta$이므로 $(x, y) \in \Delta^c$이다. Δ가 폐집합이므로 Δ^c는 개집합이 된다. 그러면 근방 $U \times V$가 존재해서

$$(x,\ y) \in U \times V \subset \Delta^c$$

이고 $(U \times V) \cap \Delta = \varnothing$ 이다. 따라서 $x \in U$ 이고 $y \in V$ 이며 $U \cap V = \varnothing$ 가 되어야 한다. 만일 $U \cap V \neq \varnothing$ 라고 하면 어떤 원소 x가 존재해서 $x \in U \cap V$ 이다. 그러므로 $x \in U$ 이고 $x \in V$ 가 되어 $(x,\ x) \in U \times V$ 이다. 결국 $(x,\ x) \in (U \times V) \cap \Delta \neq \varnothing$ 이므로 위에 모순이다. 따라서 $U \cap V = \varnothing$ 이며 X는 T_2-공간이다.

정리 2.16 T_2-공간의 부분공간은 T_2-공간이다.

증명 A를 T_2-공간 X의 부분공간이라 하자. $x,\ y$가 A의 서로 다른 두 점이라 하자. 그러면 $x,\ y$는 역시 X의 서로 다른 두 점이다. 그런데 X가 T_2-공간이므로 x와 y를 각각 포함하는 서로소인 근방 $U_{(x)}$, $V_{(y)}$가 존재한다. 이 때 $A \cap U$와 $A \cap V$는 각각 x와 y를 포함하는 A에서의 개집합(근방)들이다. 그리고

$$(A \cap U) \cap (A \cap V) = A \cap (U \cap V) = A \cap \varnothing = \varnothing$$

이며 따라서 A는 T_2-공간이다.

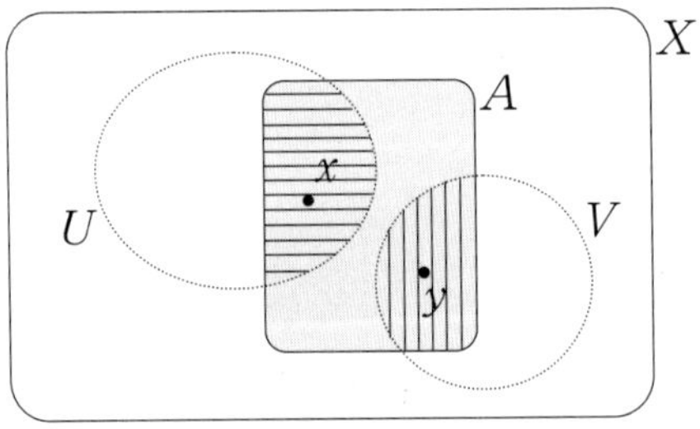

정리 2.17 X가 T_2-공간이고 Y가 임의의 공간일 때 함수 $f: X \to Y$가 전단사이고 폐사상(개사상)이면 Y도 또한 T_2-공간이다.

증명 $x,\ y$를 Y에 속하는 서로 다른 두 점이라 하면 f가 전단사이므로 X의 서로 다른 점 $a,\ b$가 존재해서 $f(a) = x$, $f(b) = y$이고

$$a=f^{-1}(x)\neq f^{-1}(y)=b$$

이다. 그러면 X가 T_2-공간이므로 서로소인 근방 $U_{(a)}$, $V_{(b)}$가 존재하여 $U\cap V=\varnothing$이다. 그리고 $a\in U$, $b\in V$이므로

$$x=f(a)\subset f(U),\ y=f(b)\subset f(V)$$

이다. 그런데 전단사이며 폐사상인 함수는 개사상이므로(4장 정리 6.11) $f(U)$와 $f(V)$는 Y에서의 개집합(근방)이 된다. 또한 f가 단사이므로

$$f(U)\cap f(V)=f(U\cap V)=f(\varnothing)=\varnothing$$

가 된다. 따라서 Y는 T_2-공간이다.

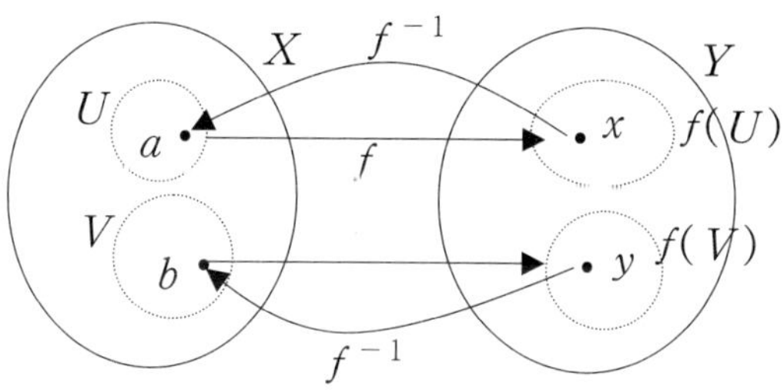

정리 2.18 각 $\alpha\in I$에 대하여 Y_α가 T_2-공간이기 위한 필요충분조건은 $\prod\{Y_\alpha \mid \alpha\in I\}$가 T_2-공간인 것이다.

증명 각 Y_α가 T_2-공간이라 하고 p와 q가 $\prod Y_\alpha$에서 서로 다른 점이라 하자. 그러면 적어도 어떤 α에 대하여 $p_\alpha\neq q_\alpha\in Y_\alpha$가 된다. 그런데 Y_α가 T_2-공간이므로 서로 다른 두 점 p_α와 q_α에 대하여 서로소인 근방 $U_{(p_\alpha)}$와 $V_{(q_\alpha)}$가 존재한다. 이 때 역사영사상에 의하여

$$\pi_\alpha^{-1}(U)\text{와 }\pi_\alpha^{-1}(V)$$

는 $\prod Y_\alpha$에서 개집합이며 서로소이다. 왜냐하면 서로소가 아니어서

$$\pi_\alpha^{-1}(U)\cap\pi_\alpha^{-1}(V)\neq\varnothing$$

이라 하면 점 $x\in\prod Y_\alpha$가 존재해서

$$x\in\pi_\alpha^{-1}(U)\cap\pi_\alpha^{-1}(V)$$

그러면 π가 전사이므로

$$\begin{aligned}\pi_\alpha(x)\in\pi_\alpha(\pi_\alpha^{-1}(U)\cap\pi_\alpha^{-1}(V))&\subset\pi_\alpha\pi_\alpha^{-1}(U)\cap\pi_\alpha\pi_\alpha^{-1}(V))\\&=U\cap V\neq\varnothing\end{aligned}$$

가 되어 모순이기 때문이다. 또

$$p\in\pi_\alpha^{-1}(U)\text{이고 }q\in\pi_\alpha^{-1}(V)$$

이므로 $\pi_\alpha^{-1}(U_{(p_\alpha)})$와 $\pi_\alpha^{-1}(V_{(q_\alpha)})$는 서로소인 근방이 된다.

역으로 $\prod Y_\alpha$가 T_2-공간이고 임의의 α에 대하여 $Y_\alpha\subset\prod Y_\alpha$가 부분공간이므로 Y_α는 T_2-공간이다.

정리 2.19 X가 T_2-공간이면 X상의 각 수렴열은 오직 하나의 극한을 갖는다.

증명 수열 $<a_1, a_2, \cdots>$이 서로 다른 두 점 a, b로 수렴한다고 하자. X가 T_2-공간이므로 두 점 a, b에 대하여 서로소인 근방 $U_{(a)}$, $V_{(b)}$가 존재한다. 또 $\langle a_n\rangle\rightarrow a$이므로 수렴의 정의에 의하여

$$n>n_0\ \Rightarrow\ a_n\in U_{(a)}$$

를 만족하는 $n_0\in\mathbb{N}$가 존재하게 된다. 즉 수열의 유한개의 항을 제외하고 모든 a_n이 $U_{(a)}$에 포함된다. 그러나 $U\cap V=\varnothing$이므로 V는 단지 U에 포함되지 않는 수열의 항만 포함하며 그것은 유한개뿐이다. 그러므로 수열 $\langle a_n\rangle$은 b에 수렴할 수 없다. 따라서 $a=b$이다.

위 (정리 2.19)의 역은 일반적으로 성립하지 않는다. 다음 (예제 17, 18)에서 알아보자.

[예제 17] 여가산공간 $(R, \mathfrak{T}_c)$에서 R내의 수렴열 $\langle x_n \rangle$은 오직 하나의 극한을 갖는다.

풀이 $\langle x_n \rangle \to p$라 하자. $A=\{x_n \mid x_n \neq p\}$라고 하면 A가 가산집합이므로 A^c는 p를 포함하는 개집합이다. 그러므로 A^c는 수열 $\langle x_n \rangle$의 유한개의 항을 제외한 모든 항을 포함하므로 A는 수열 $\langle x_n \rangle$의 유한개의 항을 포함한다. 따라서 수열 $\langle x_n \rangle$은

$$\langle x_n \rangle = \langle x_1, x_2, \cdots, x_n, p, p, p, \cdots \rangle$$

인 모양을 하고 있는 것이므로 모든 수렴하는 수열 $\langle x_n \rangle$의 극한점은 유일하게 p이다.

[예제 18] 여가산공간 $(R, \mathfrak{T}_c)$은 T_2-공간이 아니다.

풀이 $(R, \mathfrak{T}_c)$가 T_2-공간이라 하면 서로 다른 두 점 x, y에 대하여 개집합 U, V가 존재해서 $x \in U, y \in V$이며 $U \cap V = \varnothing$이다. 그러면 $U \subset V^c$이지만 비가산집합 U가 가산집합 V^c에 포함되는 모순이 생긴다. 따라서 $(R, \mathfrak{T}_c)$는 T_2-공간이 아니다.

따라서 일반적으로 수렴하는 점열이 일의적인 극한을 갖는다는 사실이 T_2-공간의 특징적인 성질이 될 수는 없지만 제1가산공간에 대해서는 이 성질이 T_2-공간의 특징적인 성질이 된다.

정리 2.20 X가 제1가산공간일 때 다음은 서로 동치이다.

(1) X는 T_2-공간이다.

(2) X의 임의의 수렴열은 오직 한 점으로 수렴한다.

증명 (1)⇒(2) (정리 2.19)에 의해 성립한다.

(2)⇒(1) X가 T_2-공간이 아니라 하자. 그러면 서로 다른 두 점 x, y가 존재하여 x와 y를 각각 포함하는 개집합 U, V가 존재하여 $U \cap V \neq \varnothing$이다. X가 제1가산공간이므로 $\{U_n \mid n \in \mathbb{N}\}$과 $\{V_n \mid n \in \mathbb{N}\}$을 각각 x와 y의 가산축소국소기저라고 하면 모든 $n \in \mathbb{N}$에 대하여 $U_n \cap V_n \neq \varnothing$이므로 수열 $\langle x_n \rangle$ $(x_n \in U_n \cap V_n,\ \ n \in \mathbb{N})$이 존재한다. 그런데 이 수열은 x와 y로 수렴한다. 따라서 X는 T_2-공간이다.

정리 2.21 X가 임의의 공간이고 Y가 T_2-공간일 때 연속함수 $f, g : X \to Y$에 대하여

(1) $\{x \mid f(x) = g(x)\}$는 X에서 폐집합이다.

(2) f가 단사이고 연속이면 X는 T_2-공간이다.

증명 (1) $\{x \mid f(x) = g(x)\}$는 $\phi(x) = (f(x), g(x))$로 정의되는 연속함수 $\phi : X \to Y \times Y$에 의한 $\triangle \subset Y \times Y$의 역상이다. 즉

$$\phi^{-1}(\triangle) = \{x \mid f(x) = g(x)\}$$

이다. 그러면 Y가 T_2-공간이므로 위 (정리 2.15)에 의하여 $\triangle$는 폐집합이다. 그리고 함수 f, g가 연속이므로 함수 $\phi : X \to Y \times Y$도 연속이다. 그러므로 그 역상 $\phi^{-1}(\triangle)$도 폐집합이다.

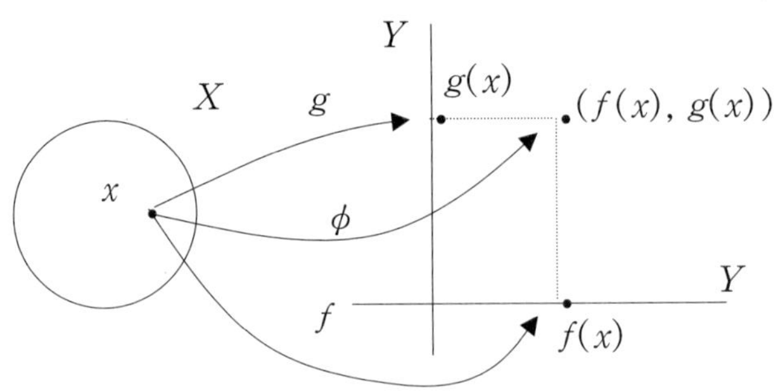

(2) 함수 $f: X \to f(X)$가 전단사이므로 역함수 $f^{-1}: f(X) \to X$도 전단사이

고 폐사상이다. 폐사상임을 보이자. 함수 $f: X \to Y$가 연속이므로 Y의 임의의 폐집합 F에 대하여 $f^{-1}(F)$는 X에서 폐집합이다. $f(X)$가 Y의 부분공간으로 $f(X)\cap F$는 $f(X)$에서 폐집합이므로

$$f^{-1}(f(X)\cap F) = f^{-1}f(X)\cap f^{-1}(F) = X\cap f^{-1}(F) = f^{-1}(F)$$

가 되어 f^{-1}는 폐사상이다. 그리고 $f(X)$는 Y의 부분공간으로 T_2-공간이다. 그러면 (정리 2.17)에 의하여 f^{-1}가 전단사이고 폐사상이므로 X도 T_2-공간이다.

정의 2.22

공간 X에 속하는 임의의 점 x와 x를 포함하지 않는 X의 폐집합 A에 대하여 x와 A를 각각 포함하고 서로소인 개집합(근방) U, V가 존재할 때 X를 정칙공간(regular space)이라 한다. 그리고 X가 정칙공간이고 T_1-공간일 때 X를 T_3-공간이라 한다.

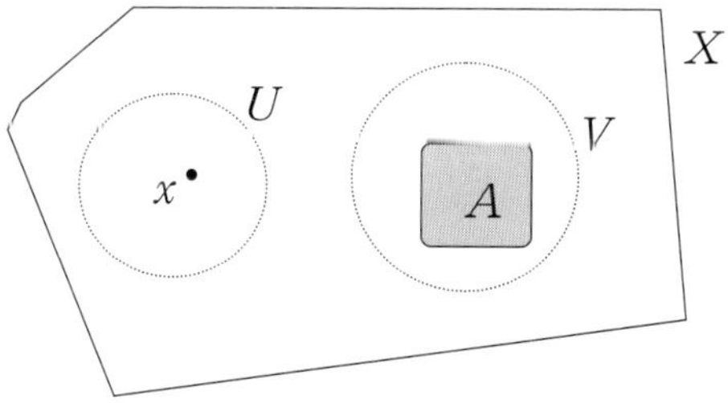

정의 2.23

공간 X의 임의의 서로소인 두 폐집합 A, B에 대하여 A와 B를 각각 포함하는 서로소인 개집합 U, V가 존재할 때 X를 **정규공간**(normal space)이라 한다. 그리고 X가 정규공간이고 T_1-공간일 때 X를 T_4-공간이라 한다.

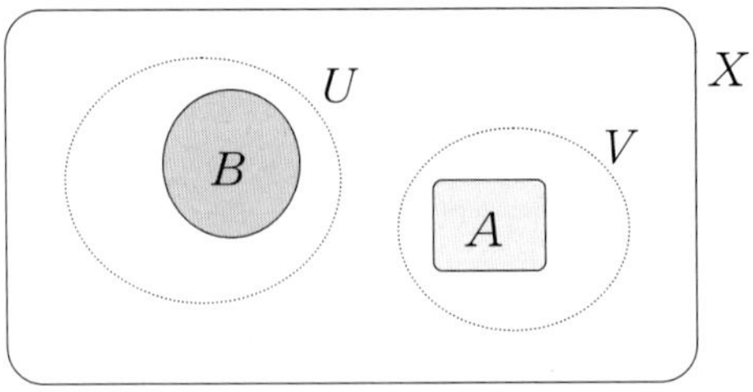

정리 2.24 T_3-공간은 T_2-공간이다. 그리고 T_4-공간은 T_3-공간이다.

증명 X를 T_3-공간이라 하고 $a, b \in X$가 서로 다른 두 점이라 하자. X가 T_1-공간이므로 단집합 $\{a\}$는 폐집합이다. 그리고 a, b가 서로 다른 점이므로 $b \notin \{a\}$이다. 따라서 X가 T_3-공간이므로 서로소인 개집합 U, V가 존재하여 $\{a\} \subset U$이고 $b \in V$가 된다. 그러므로 a, b는 서로소인 근방(개집합) U, V에 각각 속하므로 X는 T_2-공간이다.

T_4-공간의 경우도 유사하게 설명된다. F가 X의 폐집합이고 $p \notin F$라고 하자. 그러면 X가 T_1-공간이므로 $\{p\}$는 폐집합이다. X가 T_4-공간이므로 F와 $\{p\}$를 포함하는 서로소인 개집합 U, V가 존재하여 $F \subset U$이고 $\{p\} \subset V$가 된다. 그러므로 폐집합 F와 F에 속하지 않는 점 p는 각각 서로소인 근방 U, V에 속하므로 X는 T_3-공간이다.

[예 22] T_3-공간이나 T_4-공간에서 T_1-공간이라는 조건은 필수적이다. 왜냐하면 T_1-공간의 조건이 빠진 정칙공간과 정규공간은 (정리 2.24)과 같은 성질을 만족하지 못한다. 예를 들어보자.

(1) $\mathfrak{T} = \{X, \varnothing, \{a\}, \{b, c\}\}$가 $X = \{a, b, c\}$상의 한 위상이라 하면 공간 $(X, \mathfrak{T})$는 정칙공간이고 정규공간이다.

왜냐하면 X, $\varnothing$, $\{a\}$, $\{b, c\}$는 모두 개집합이지만 폐집합도 된다. 그러면 폐집합 $\{b, c\}$와 이에 포함되지 않는 점 a에 대하여 이들을 포함하며 서로소인 개집합 $\{b, c\}$, $\{a\}$가 존재하며 또 폐집합 $\{a\}$와 이에 포함되지 않는 점 b나 c에 대하여 이들을 포함하며 서로소인 개집합 $\{a\}$와

$\{b, c\}$가 존재하기 때문이다. 따라서 X는 정칙공간이다.

또한 공간 $(X, \mathfrak{T})$의 서로 소인 폐집합은 $\{a\}$와 $\{b, c\}$이며 이는 역시 개집합으로 자기 자신에 포함되므로 X는 정규공간이다. 그러나 $(X, \mathfrak{T})$는 T_1-공간도 T_2-공간도 아니다.

왜냐하면 X는 서로 다른 두 점 b, c에 대하여 이들을 각각 포함하는 서로 소인 근방이 없기 때문에 T_2-공간이 아니고 또한 단집합 $\{b\}$, $\{c\}$가 폐집합이 아니기 때문에 T_1-공간도 아니다.

(2) $\mathfrak{T} = \{X, \varnothing, \{a\}, \{b\}, \{a, b\}\}$가 $X = \{a, b, c\}$상의 한 위상이라 하면 $(X, \mathfrak{T})$는 정규공간이다. 왜냐하면 서로소인 폐집합 자체가 존재하지 않기 때문이다. 그러나 $(X, \mathfrak{T})$는 단집합 $\{a\}$, $\{b\}$가 폐집합이 아니므로 T_1-공간이 아니다. 또한 $(X, \mathfrak{T})$는 정칙공간도 아니다. 왜냐하면 폐집합 $\{c\}$와 이에 포함되지 않는 한 점 a에 대하여 서로소인 근방이 각각 존재하지 않기 때문이다.

[예 23] 이산위상공간은 정규공간이고 정칙공간이다. 왜냐하면 서로소인 두 폐집합 A, B는 그 자신이 각각 개집합으로 A, B를 포함하며 서로소이기 때문에 정규공간이다. 또 이산위상공간은 정규공간이므로 역시 정칙공간이다. 또한 이산위상공간은 T_1-공간이므로 T_4-공간이고 T_3-공간이다.

정리 2.25 X가 위상공간이라 하자.

(1) X가 정칙공간이기 위한 필요충분조건은 X에 속하는 임의의 점 x와 x의 근방 U에 대하여

$$x \in V \subset \overline{V} \subset U$$

를 만족하는 x의 근방 V가 존재하는 것이다.

(2) X가 정규공간이기 위한 필요충분조건은 X의 모든 폐집합 A와 A를 포함하는 개집합 U에 대하여

$$x \in V \subset \overline{V} \subset U$$

를 만족하는 개집합 V가 존재하는 것이다.

증명 (1) X를 정칙공간이라 하고 U를 한 점 $x \in X$의 근방이라 하자. 그러면 U^c는 폐집합이고 $x \notin U^c$이다. 이 때 X가 정칙공간이므로 x와 U^c를 포함하는 서로소인 개집합 V, W가 각각 존재한다. 그러면 $V \subset W^c$이고 W^c가 폐집합이므로 폐포의 정의에 의하여 $V \subset \overline{V} \subset W^c$이다. 그리고 $U^c \subset W$이므로 $W^c \subset (U^c)^c$이며 $W^c \subset U$가 성립해서

$$V \subset \overline{V} \subset W^c \subset U$$

이다. 역으로 F가 x를 포함하지 않는 폐집합이라 하면 $x \in F^c$이고 F^c는 개집합이므로 가정에 의하여

$$x \in V \subset \overline{V} \subset F^c$$

를 만족하는 개집합 V가 존재한다. 그러면 이때 $x \in V$이며 $\overline{V} \subset F^c$이므로 $(\overline{V})^c \supset (F^c)^c = F$가 되어 $F \subset \overline{V}^c$이다. 그리고 $V \cap (\overline{V}^c) = \varnothing$이므로 X는 정칙공간이 된다.

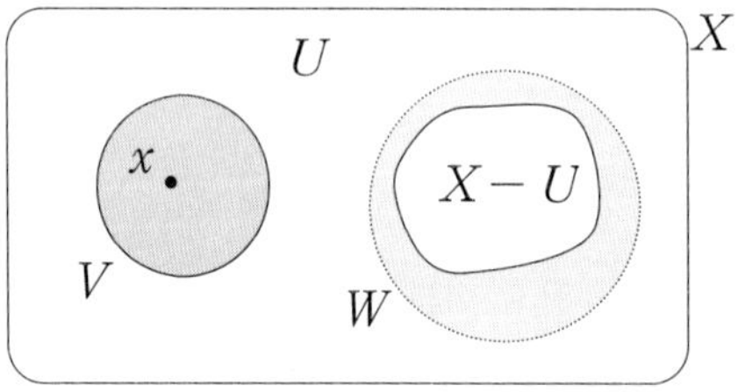

(2) (1)의 증명에서 x를 폐집합 A로 바꾸어 같은 방법으로 증명된다.

위 정리의 조건이 부분기저의 원소들에 의해서만 성립한다고 해도 그 공간은 정칙이다. G가 x를 포함하는 개집합이라면 G는 부분기저에 속하는 유한개의 원소들 $U_1, \cdots, U_n$의 교집합을 포함한다. 즉

$$\bigcap_1^n U_i \subseteq G$$

이다. 그런데 각 U_i에 대하여 $x \in V_i \subset \overline{V_i} \subset U_i$인 개집합 V_i가 존재하므로

$$x \in \bigcap_1^n V_i \subset \bigcap_1^n \overline{V_i} \subset \bigcap_1^n U_i$$

이다. 여기서 $V = \bigcap_1^n V_i$라 하면 $\overline{V} = \overline{\bigcap_1^n V_i} \subset \bigcap_1^n \overline{V_i}$이다. 그러면 $\bigcap_1^n \overline{V_i}$가 폐집합이고 $V \subset \bigcap_1^n \overline{V_i}$이므로 폐포의 정의에 의하여 $V \subset \overline{V} \subset \bigcap_1^n \overline{V_i}$가 된다. 그러면

$$x \in V \subset \overline{V} \subset \bigcap_1^n \overline{V_i} \subset \bigcap_1^n U_i \subseteq G$$

이고 따라서

$$x \in V \subset \overline{V} \subset G$$

가 성립한다.

정리 2.26 X가 정칙공간이기 위한 필요충분조건은 X에 속하는 임의의 점 x와 x를 포함하지 않는 폐집합 F에 대하여 $\overline{V} \cap F = \varnothing$를 만족하는 x의 근방 V가 존재하는 것이다.

증명 X가 정칙공간이라 하자. x와 $x \notin F$인 폐집합 F에 대하여 F^c은 x의 근방이므로 (정리 2.25(1))에 의하여 x의 근방 V가 존재하여

$$x \in V \subset \overline{V} \subset F^c$$

이다. 따라서 $\overline{V} \cap F = \varnothing$가 된다.

역으로 F가 폐집합이고 $x \notin F$라 하자. 그러면 가정에 의하여 x의 근방 V가 존재하여 $\overline{V} \cap F = \varnothing$이다. 따라서 $F \subset \overline{V}^c$이고 $\overline{V}^c$는 개집합이 되며 $V \cap \overline{V}^c = \varnothing$이므로 X는 정칙공간이다.

위 정리로부터 (정리 2.25) (1)과 (정리 2.26)은 동치임을 알 수 있다.

정리 2.27 정칙공간의 부분공간은 정칙이다.

증명 Y를 정칙공간 X의 부분공간이라 하자. B를 Y에서의 폐집합이라 하고 $x \in Y-B$라 하자. 그러면 X에서의 폐집합 F가 존재하여 $B=Y \cap F$이며 $x \notin B$이므로 $x \notin F$이다. X가 정칙공간이므로 서로소인 X에서의 개집합 U, V가 존재하여 $x \in U$, $F \subset V$이다. 그러므로 $x \in U \cap Y$이다. 또한 $B=Y \cap F$이고 $F \subset V$이므로 $B \subset V$가 되어 $B \subset V \cap Y$이다. 그리고 $U \cap Y$와 $V \cap Y$는 각각 서로소인 Y의 개집합이다. 따라서 Y는 정칙공간이다.

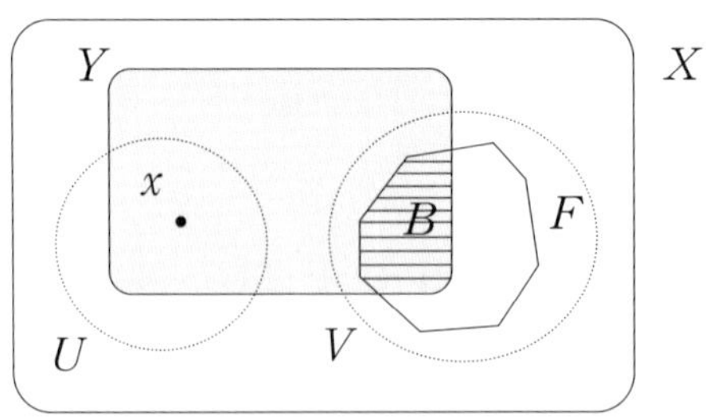

T_1-공간의 부분공간은 T_1-공간이므로 위 (정리 2.27)에 의하여 T_3-공간의 부분공간도 T_3-공간이다.

정리 2.28 $\prod\{Y_\alpha \mid \alpha \in I\}$가 정칙공간이기 위한 필요충분조건은 각 $\alpha \in I$에 대하여 Y_α가 정칙인 것이다.

증명 $\prod\{Y_\alpha \mid \alpha \in I\}$가 정칙공간이고 각 $\alpha \in I$에 대하여 $Y_\alpha \in \prod\{Y_\alpha \mid \alpha \in I\}$이므로 Y_α는 정칙이다.

역으로 각 $\alpha \in I$에 대하여 Y_α가 정칙이라 가정하자. U_α를 Y_α에서의 개집합이라 하고 $y_\alpha \in U_\alpha$라 하자. 그러면 Y_α가 정칙공간이므로

$$y_\alpha \in V_\alpha \subset \overline{V_\alpha} \subset U_\alpha$$

를 만족하는 근방 V_α가 Y_α내에 존재한다. $\pi_\alpha : \prod Y_\alpha \to Y_\alpha$를 사영함수라 하면

$$(y_\alpha) \in \pi_\alpha^{-1}(V_\alpha) \subset \pi_\alpha^{-1}(\overline{V_\alpha}) = \overline{\pi_\alpha^{-1}(V_\alpha)} \subset \pi_\alpha^{-1}(U_\alpha)$$

가 성립한다. 그런데 $\pi_\alpha^{-1}(U_\alpha)$는 적공간 $\prod\{Y_\alpha \mid \alpha \in I\}$의 부분기저원소이므로 (정리 2. 25)의 조건이 부분기저원소들에 의하여 성립해도 그 공간이 정칙이라는 앞의 사실에서 $\prod\{Y_\alpha \mid \alpha \in I\}$는 정칙공간이다.

그러나 적공간 $\prod\{Y_\alpha \mid \alpha \in I\}$가 정규공간이면 각 Y_α는 정규공간이다. 하지만 역은 성립하지 않는다.

정리 2.29 X가 정규공간이기 위한 필요충분조건은 서로소인 임의의 두 폐집합 $A, B \subset X$에 대하여

$$A \subset U \text{이고 } \overline{U} \cap B = \varnothing$$

를 만족하는 개집합 U가 존재하는 것이다.

증명 A, B가 X의 폐집합이고 $A \cap B = \varnothing$라 하면 B^c은 개집합이고 $A \subset B^c$이다. 그러므로 위 정리 (2. 25) (2)에 의하여

$$A \subset U \subset \overline{U} \subset B^c$$

를 만족하는 개집합 U가 존재한다. 따라서 $A \subset U$이고 $\overline{U} \subset B^c$이므로 $\overline{U} \cap B = \varnothing$이다.

역으로 B와 $\overline{U}$는 서로소인 폐집합이므로 가정에 의하여 개집합 V가 존재하여

$$B \subset V \text{이고 } \overline{V} \cap \overline{U} = \varnothing$$

이다. 그런데 $U \subset \overline{U}$이고 $V \subset \overline{V}$이므로 서로소인 임의의 두 폐집합 A, B에 대하여 $V \cap U = \varnothing$가 되므로 X는 정규공간이다.

위 정리로부터 정리 (2.25) (2)와 (정리 2.29)는 동치이다.

정리 2.30 X가 정규공간이기 위한 필요충분조건은 서로소인 임의의 두 폐집합 A, $B \subset X$에 대하여 개집합 U, V가 존재하여

$$A \subset U, \quad B \subset V, \quad \overline{U} \cap \overline{V} = \varnothing$$

이다.

증명 ($\Rightarrow$) A, B를 서로소인 폐집합이라 하자. 그러면 (정리 2.29)에 의해 개집합 U가 존재하여 $A \subset U$이고 $\overline{U} \cap B = \varnothing$이다. 이 때 $\overline{U}$와 B가 서로소인 폐집합으로 [정리2.29]를 다시 적용하면 $B \subset V$, $\overline{V} \cap \overline{U} = \varnothing$인 개집합 V가 존재한다.

($\Leftarrow$) 당연하다.

정리 2.31 정규공간의 부분공간은 정규공간일 필요는 없다. 또한 정규공간들의 적공간도 정규공간일 필요는 없다.

증명 이 정리의 증명은 다음 반례로 대신한다.

[예 24] 집합 $X = \{x, y, z, w\}$의 한 위상이

$$\mathfrak{T} = \{X, \varnothing, \{x\}, \{x, y\}, \{x, z\}, \{x, y, z\}\}$$

이고 $A = \{x, y, z\}$를 X의 부분집합이라 하면 공간 X는 정규공간이지만 부분공간 A는 정규공간이 아님을 알 수 있다.

[예 25] Ω가 첫번째 비가산서수(first uncountable ordinal number)일 때 $[0, \Omega] \times [0, \Omega]$는 정규공간이다. 그러나 부분공간 $[0, \Omega) \times [0, \Omega]$는 정규공간이 아니다. 따라서 정규공간의 부분공간은 정규공간일 필요는 없다.

또 $[0, \Omega)$와 $[0, \Omega]$는 정칙공간이므로 $[0, \Omega) \times [0, \Omega]$는 정칙이다. 따라서 정칙공간이 정규공간일 필요는 없다.

그리고 $[0, \Omega)$와 $[0, \Omega]$는 정규공간이지만 $[0, \Omega) \times [0, \Omega]$는 정규공간이 아니므로 정규공간의 적공간은 정규공간일 필요도 없다.

정리 2.32 정규공간의 폐부분공간은 정규공간이다.

증명 X를 정규공간이라 하고 Y를 X의 폐부분공간이라 하자. A, B를 Y에서 서로소인 폐집합이라 하면 Y가 X에서 폐집합이므로 A, B는 역시 X에서 서로소인 폐집합이 된다. 그러면 X가 정규공간이므로 서로소인 개집합 U, V가 존재해서 $A \subset U$이고 $B \subset V$이다. 그러므로 $Y \cap U$, $Y \cap V$는 Y에서 개집합이 되고 $A \in Y \cap U$, $B \in Y \cap V$이며

$$(Y \cap U) \cap (Y \cap V) = Y \cap (U \cap V) = Y \cap \varnothing = \varnothing$$

이므로 Y는 정규공간이다.

[예 26] 앞 절에서 설명한대로 하한위상공간 R_l은 린데레프공간이지만 R_l^2은 린데레프공간이 아니었다. R_l^2이 정칙공간이지만 정규공간이 아니고 R_l이 정규공간이지만 R_l^2이 정규공간이 아님을 알아보자. R_l의 기저원소 $[a, b)$, $a < b$는 개집합이고 동시에 폐집합이기도 하다.

왜냐하면 $[a, b)^c = (-\infty, a) \cup [b. \infty)$이고 $(-\infty, a)$와 $[b. \infty)$가 개집합이기 때문이다. R_l이 정칙공간임을 보이자. C를 폐집합이라 하고 $a \notin C$라 하자. 그러면 기저원소 $[a, b)$가 존재해서 $a \in [a, b) \subset C^c$이다. 즉 $a \in [a, b)$이고 $C \subset [a, b)^c$이며 $[a, b)$와 $[a, b)^c$는 a와 C를 각각 포함하는 서로소인 개집합들이다. 그러므로 R_l은 정칙공간이고 (정리 2.28)에 의하여 R_l^2은 역시 정칙공간이다. 그리고 R_l은 T_1-공간이므로 R_l^2도 T_1-공간이되어 R_l^2은 T_3-공간이 된다. 또한 R_l은 T_3-공간이고 린데레프공간이므로 (연습문제 8)에 의하여 정규공간이다. 그러나 R_l^2은 정규공간이 아니다.

정리 2.33 모든 거리공간은 T_4-공간이다.

증명 모든 거리공간은 T_2-공간이므로 T_1-공간이다. 정규공간임을 보이자. (X, d)를 거리공간이라 하고 A와 B를 X의 서로소인 폐집합이라 하면 임

의의 원소 $a \in A$에 대하여

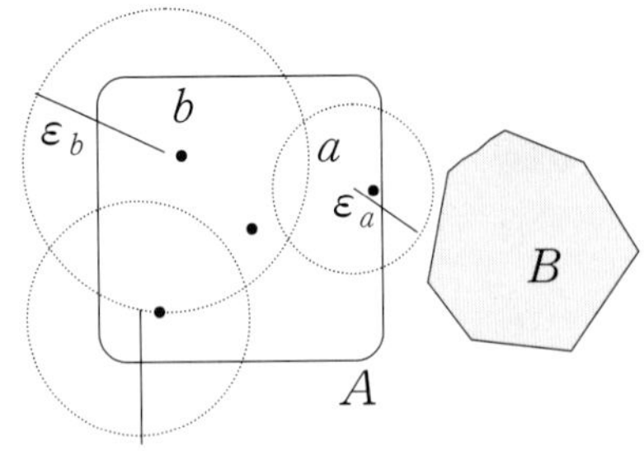

$$B(a, \varepsilon_a) \cap B = \varnothing$$

를 만족하는 ε_a가 존재한다.

같은 방법으로 임의의 원소 $b \in B$에 대하여

$$B(b, \varepsilon_b) \cap A = \varnothing$$

를 만족하는 ε_b가 존재한다. U, V를 각각 다음과 같이 정의하면

$$U = \bigcup_{a \in A} B\left(a, \frac{\varepsilon_a}{2}\right), \quad V = \bigcup_{b \in B} B\left(b, \frac{\varepsilon_b}{2}\right)$$

U와 V는 각각 A와 B를 포함하는 개집합이다. 이 때 U, V가 서로소임을 보이면 된다. 만일 $z \in U \cap V$라 하면 적당한 $a \in A$, $b \in B$에 대하여

$$z \in B\left(a, \frac{\varepsilon_a}{2}\right) \cap B\left(b, \frac{\varepsilon_b}{2}\right)$$

이고 $d(a, b) < (\varepsilon_a + \varepsilon_b)/2$이다.

이 때 $\varepsilon_a \leq \varepsilon_b$이면 $d(a, b) < \varepsilon_b$이고 그러면 $a \in B(b, \varepsilon_b)$가 되어 모순이며 또한 $\varepsilon_b \leq \varepsilon_a$이면 $d(a, b) < \varepsilon_a$이고 $b \in B(a, \varepsilon_a)$이 되어 모순이다. 따라서 $U \cap V = \varnothing$이다.

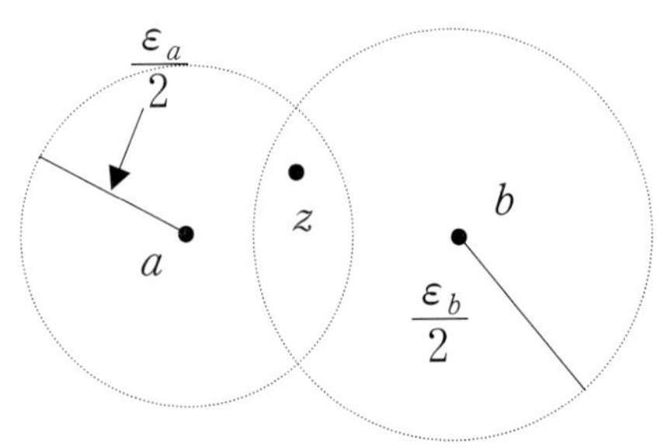

[예 27] R^n공간은 T_4-공간이다.

왜냐하면 (R^n, u)가 거리화 가능공간이고 (정리 2. 33)에 의하여 거리공간은 T_4-공간이기 때문이다. 또한 T_4-공간은 T_3-공간이므로 공간 R^n은 역시 T_3-공간이다.

이제 앞의 정리들로부터 다음을 알 수 있다.

거리공간 $\Rightarrow$ T_4-공간 $\Rightarrow$ T_3-공간 $\Rightarrow$ T_2-공간 $\Rightarrow$ T_1-공간 $\Rightarrow$ T_0-공간

정리 2.34 X가 정규공간이고 임의의 T_1-공간 Y에 대하여 함수 $f: X \to Y$가 연속이고 전사인 폐사상이면 Y도 정규공간이다.

증명 A, B를 Y에서의 서로소인 폐집합이라 하자. 그러면 $f^{-1}(A)$와 $f^{-1}(B)$는 서로 만나지 않는 X에서의 폐집합이므로 X의 정규성에 의하여 서로 만나지 않는 X에서의 개집합 U, V가 존재하여

$$f^{-1}(A) \subset U \text{ 이고 } f^{-1}(B) \subset V$$

이다. f가 폐사상이므로 개집합 $U_A \supset A$와 $V_B \supset B$가 존재하여

$$f^{-1}(U_A) \subset U \text{ 이고 } f^{-1}(V_B) \subset V$$

이다. 여기서 개집합 $U_A \supset A$가 존재함을 보이자. 함수 f가 전사이고 $f^{-1}(A) \subset U$이므로 $A = ff^{-1}(A) \subset f(A)$ 이다.
또한 f가 전사이므로 $f(X-U) = f(X) - f(U)$ 이다. 그러므로

$$\begin{aligned} U_A &= Y - f(X-U) \subset Y - (f(X) - f(U)) \\ &= Y - (Y - f(U)) = f(U) \supset A \end{aligned}$$

이다. f가 폐사상이므로 $f(X-U)$는 폐집합이 되고 U_A는 개집합이다. 그리고 $f^{-1}(U_A) \subset U$임을 보이자. $U_A = Y - f(X-U)$일 때

$$\begin{aligned} f^{-1}(U_A) &= f^{-1}(Y - f(X-U)) = f^{-1}(Y) - f^{-1}f(X-U) \\ &\subseteq X - (X-U) = U \text{이다.} \quad (\because A \subset ff^{-1}(A)) \end{aligned}$$

그런데

$$f^{-1}(U_A) \cap f^{-1}(V_B) = f^{-1}(U_A \cap V_B) \subset U \cap V = \varnothing$$

이고 함수 f가 전사이므로 $ff^{-1}(U_A \cap U_B) = U_A \cap U_B$이고 $f^{-1}(U_A \cap U_B) = \varnothing$ 이므로 $U_A \cap U_B = f(\varnothing) = \varnothing$이다. 따라서 Y는 정규공간이다.

정리 2.35 정칙공간성은 위상적성질이다.

증명 X가 정칙공간이고 $f: X \to Y$가 위상사상일 때 Y가 정칙공간임을 보이자. $y \in Y$이고 $y \notin F$인 Y에서의 폐집합 F에 대하여 f가 연속이므로 $f^{-1}(F)$는 X에서 폐집합이고 $x \notin f^{-1}(F)$이다. 그리고 f가 전사이므로 $x \in X$가 존재해서 $f(x) = y$ 이다. 또한 X가 정칙공간이므로 서로소인 개집합 U, V가 존재하여 $x \in U$이고 $f^{-1}(F) \subset V$이다. 그러면 f가 개사상이므로 $f(U)$와 $f(V)$는 Y에서 개집합이고

$$y = f(x) \in f(U),\quad f(f^{-1}(F)) = F \subset F(V)$$

이며

$$f(U) \cap f(V) = f(U \cap V) = f(\varnothing) = \varnothing$$

이므로 Y는 정칙공간이다.

정리 2.36 정규공간성은 위상적성질이다.

증명 X가 정규공간이고 $f: X \to Y$가 위상사상일 때 Y가 정규공간임을 보이자. A, B를 Y에서 서로소인 폐집합이라고 하면 f가 연속이므로 $f^{-1}(A)$, $f^{-1}(B)$는 X에서 폐집합이고 서로소이다. 그러면 개집합 U, V가 존재하여

$$f^{-1}(A) \subset U,\quad f^{-1}(B) \subset V$$

이다. 그리고 f가 개사상이므로 $f(U)$와 $f(V)$는 개집합이고 f가 전사이므로

$$ff^{-1}(A) = A \subset f(U),\quad ff^{-1}(B) = B \subset f(V)$$

이다. 또

$$f(U)\cap f(V)=f(U\cap V)=f(\varnothing)=\varnothing$$

이므로 Y는 정규공간이다.

정규공간보다 조건이 더 강한 공간이 있다.

정의 2.37

공간 X에서 분리된 집합($\overline{A}\cap B=A\cap\overline{B}=\varnothing$를 만족하는 집합)의 쌍 A, B에 대하여 서로소인 근방 U, V가 각각 존재해서 $A\subset U$이고 $B\subset V$이면 X를 **완전정규공간**(completely normal space)이라고 한다.

완전정규공간의 예로서 모든 거리공간(보통위상공간 R, R^2등), 하한위상공간 R_l, $[0, \Omega)$, $[0, \Omega]$등을 들 수 있다.

연습문제 7.2

1. Sierpinski공간은 T_1-공간이 아니다.【문제중심 위상수학 참고】

2. 하한위상공간 R_l은 T_2-공간이다.【문제중심 위상수학 참고】

3. X가 제1가산공간일 때 X가 T_2-공간이 되기 위한 필요충분조건은 각 수렴열이 오직 하나의 극한을 갖는 것이다.【문제중심 위상수학 참고】

4. T_2-공간 X의 유한부분집합 A는 극점을 갖지 않는다. 결국 A는 폐집합이다.

5. X가 정칙공간이면 X의 임의의 서로 다른 두 점 x, y에 대하여 $\overline{U} \cap V = \varnothing$를 만족하는 근방 U, V가 각각 존재한다.

6. X가 정규공간이면 X의 임의의 서로소인 폐집합 A, B에 대하여 $\overline{U} \cap \overline{V} = \varnothing$를 만족하는 근방 U, V가 각각 존재한다.【문제중심 위상수학 참고】

7. 모든 순서위상공간은 정칙이다.

8. 모든 린데레프이고 정칙인 공간은 정규공간이다.(참고문헌 3 참조)

   * 제2가산공간은 린데레프공간이므로 위 (문제 8)에 의하여 모든 제2가산이고 정칙인 공간은 정규공간이다.

9. T_1-공간 X의 부분공간은 역시 T_1-공간이다.【문제중심 위상수학 참고】

10. 임의의 $\alpha \in A$에 대하여 Y_α가 T_2-공간일 때 슬라이스 $S(y_\circ : \beta)$는 $\prod Y_\alpha$에서 폐집합이다.

11. 집합 X에 $\mathfrak{T}' \subset \mathfrak{T}$인 두 위상 $\mathfrak{T}'$와 $\mathfrak{T}$가 주어져서 만든 두 위상공간 중 어느 하나가 정칙, 정규공간이면 나머지도 정칙, 정규공간이 되는가를 알아보라.

12. 함수 $f: X \to Y$가 연속이고 Y가 T_2-공간이라 할 때

$$\{(x_1, x_2) \in X \times X \mid f(x_1) = f(x_2)\}$$

는 $X \times X$의 폐부분집합이다.**[문제중심 위상수학 참고]**

13. Y가 T_2-공간일 때 임의의 공간 X에 대하여 연속함수 $f: X \to Y$의 그래프는 $X \times Y$에서 폐집합이다.

14. X가 정칙이고 $p: X \to X/R$가 폐사상이면 $R \subset X \times X$이 폐집합이다.

15. X가 정칙이고 $p: X \to X/R$가 폐사상인 동시에 개사상이면 X/R은 T_2-공간이다.

16. X가 정칙이고 $A \subset X$가 폐집합이면 X/A는 T_2-공간이다.

17. X가 T_2-공간이고 각 $x \in X$에 대하여 폐포가 정칙인 x의 근방 V가 존재하면 X는 정칙이다.

18. X가 정칙이고 $f: X \to Y$가 연속이고 개사상인 동시에 폐사상이면 Y는 T_2-공간이다.

19. 제2가산공간이 아니지만 가분인 T_2-공간의 예를 들어라.

20. 완전정규공간은 모두 정규공간이다.

21. 거리공간은 모두 완전정규공간이다.

22. X가 완전정규공간(completely normal space)이기 위한 필요충분조건은 X의 모든 부분공간이 정규공간이다.

23. T_2-공간이지만 정칙이 아닌 공간의 예를 들어라.

3. Urysohn의 보조정리

정규공간이 갖는 특별한 성질로서 앞에서 언급한 정리들 외에 유명한 Urysohn의 보조정리가 있다. 상수함수 이외의 실수치 연속함수(continuous real-valued function)를 임의의 위상공간에 정의할 수 있는 것은 아니다. 그러나 정규공간상에는 이러한 함수를 정의할 수 있다는 것이다. 이것이 Urysohn의 보조정리이다. 이 보조정리는 여러가지 중요한 정리들을 증명하는데 결정적으로 이용된다. 그런 정리들 중에 하나가 해석학에서 널리 사용되는 Tietze 정리이다.

정리 3.1 (Urysohn의 보조정리) X가 정규공간이라 하자. 그리고 A, B가 서로소인 X에서의 임의의 폐집합일 때 모든 $x \in A$에 대하여 $f(x)=0$이고 모든 $x \in B$에 대하여 $f(x)=1$인 연속함수

$$f : X \to [0,1]$$

가 존재한다. $([0,1] \subset R)$

증명 몇 단계로 나누어서 증명하자.

1. P를 구간 $[0,1]$에 속하는 모든 유리수들의 집합이라 하자. P의 각 원소 p에 대하여 X에서의 개집합 U_p를 정의하여

$$p < q \text{ 이면 } U_p \subset U_q$$

가 되도록 한다. 그러므로 집합들 $U_p(p \in P)$의 포함관계에 의한 순서는 수직선에서의 순서에 의해 그들의 첨자들의 순서가 정해지는 것과 같은 방법으로 정해진다. P가 가산집합이므로 P의 원소를 적당한 방법에 의하여 무한수열로 나열하고 집합들 $U_p(p \in P)$를 정의하기 위하여 수학적 귀납법을 사용하자. 편의상 그 수열의 처음 두 원소를 0과 1로 하자.

이제 집합들 $U_p(p \in P)$를 다음과 같이 정의하자. 먼저 $U_1 = X - B$로 정하자. 다음에 A가 개집합 U_1에 포함되는 폐집합이고 X가 정규공간이므로

적당한 개집합 U_0에 대하여

$$A \subset U_0 \text{이고 } \overline{U_0} \subset U_1$$

이다.

일반적으로 P_n을 그 수열의 n번째까지의 유리수들의 집합이라 하자. 그리고 P_n에 속하는 모든 유리수 p에 대하여 조건

$$p < q \Rightarrow \overline{U_p} \subset U_q \qquad (*)$$

를 만족하는 U_p가 정의된다고 가정하자. r이 P_n수열 다음에 오는 유리수라 할 때 위 조건을 만족하는 U_r을 정의하면 된다.

$$P_{n+1} = P_n \cup \{r\}$$

이라 하면 P_{n+1}은 $[0,1]$의 유한 부분집합이고 수직선위의 보통순서관계 "$<$"에 의한 단순순서를 갖는다. 유한단순순서집합(finite simple ordered set)에서 최소원소와 최대원소를 제외한 모든 원소는 직전자(immediate predecessor)와 직후자(immediate successor)를 갖는다. 단순순서집합 P_{n+1}의 최소원소(smallest element)는 0이고 최대원소(largest element)는 1이며 r은 0도 1도 아니다. 따라서 r은 P_{n+1}에서 직전자 p와 직후자 q를 갖는다. 귀납법의 정의에 의하여 U_p와 U_q는 이미 정의되며 $\overline{U_p} \subset U_q$이다. 그리고 X가 정규공간이므로

$$\overline{U_p} \subset U_r \text{ 그리고 } \overline{U_r} \subset U_q$$

를 만족하는 X의 개집합 U_r을 찾을 수 있다. 이 때 P_{n+1}의 임의의 두 원소에 대하여 $(*)$가 성립됨을 보이자. 만일 두 원소가 모두 P_n에 속해 있다면 귀납법의 가정에 의하여 $(*)$가 성립한다. 만일 두 원소 중 하나가 r이고 다른 하나는 P_n에 속하는 s라 하면 p가 r의 직전자이므로 $s \leq p < r$이거나 q가 r의 직후자이므로 $r < q \leq s$이다. $s \leq p$일 경우

$$\overline{U_s} \subset \overline{U_p} \subset U_r$$

이거나 $s \geq q$일 경우

$$\overline{U_r} \subset U_q \subset U_s$$

이므로 P_n의 임의의 두 원소에 대하여 (*)가 성립한다. 따라서 귀납법에 의하여 P에 속하는 모든 p에 대하여 U_p가 정의된다.

지금까지의 내용을 그림으로 설명하자. P를 무한수열로 나열한 것은

$$P = \left\{1, 0, \frac{1}{2}, \frac{1}{3}, \frac{2}{3}, \frac{1}{4}, \frac{3}{4}, \frac{1}{5}, \frac{2}{5}, \frac{3}{5}, \cdots\right\}$$

이다. U_0와 U_1을 정의한 뒤

$$\overline{U_0} \subset U_{1/2}\text{이고 } \overline{U_{1/2}} \subset U_1$$

이 되도록 $U_{1/2}$을 정의한다. 그리고 U_0와 $U_{1/2}$사이에 $U_{1/3}$이 $U_{1/2}$과 U_1 사이에 $U_{2/3}$가 정의 되어진다. 이렇게 계속해서 9번째는 그림에서 알 수 있듯이 $U_{1/3}$과 $U_{1/2}$사이에 개집합 $U_{2/5}$가 정의될 것이다.

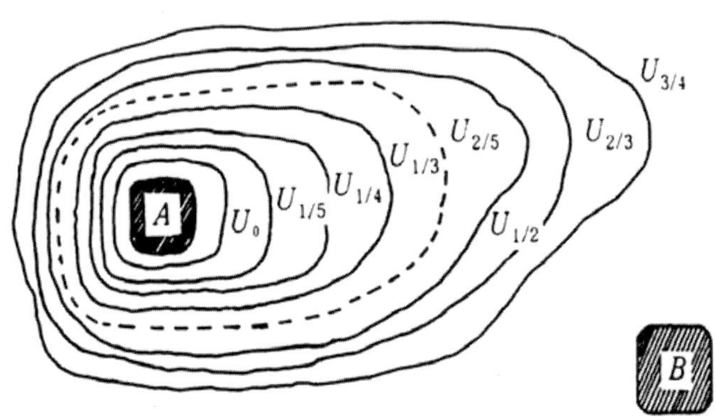

그림 3.1

2. 구간 [0, 1]의 각 유리수 p에 대하여 위에서 U_p를 정의하였다. 이 정의를

$$p<0\text{이면 } U_p=\varnothing$$
$$p>1\text{이면 } U_p=X$$

와 같이 정의하여 R에서 모든 유리수로 확장한다. 그러면 $\overline{X}=X$이고 $\overline{\varnothing}=\varnothing$이며 $\varnothing \subset X$이므로 임의의 유리수 p, q에 대하여 $p<q$이면 $\overline{U_p}\subset U_q$가 된다.

3. X에 속하는 임의의 원소 x에 대하여 $x\in U_p$인 모든 p들의 집합을 $Q(x)$라 하자. 즉

$$Q(x)=\{p \mid x\in U_p\}$$

라 하자. $p<0$이면 x는 $U_p(=\varnothing)$에 속하지 않으므로 0보다 작은 p는 $Q(x)$에 속하지 않는다. 그러나 $p>1$이면 x는 X에 속하고 모든 x가 U_p에 속하므로 ($U_p=X$) 1보다 큰 모든 p는 $Q(x)$에 속하게 된다. 그러므로 $Q(x)$는 아래로 유계이며 이의 최대하계(greatest lower bound)는 구간 $[0, 1]$의 점이 된다.

4. 함수 $f:X\to[0, 1]$을

$$f(x)=\inf Q(x)=\inf\{p \mid x\in U_p\}$$

로 정의하고 이 함수 f가 우리가 밝히려는 함수임을 보이자.

만일 $x\in A$이면 모든 $p\geq 0$에 대하여 $x\in U_p$이다. 그러므로 $Q(x)$는 0과 모든 양의 유리수를 포함하는 집합이 되어

$$f(x)=\inf Q(x)=0$$

이다. 같은 방법으로 만일 $x\in B$이면 1보다 작거나 같은 모든 p에 대하여 $x\notin U_p$이다. 그러므로 1보다 큰 p에 대하여 $x\in U_p$이므로 $Q(x)$는 1보다 큰 유리수들의 집합이 되어

$$f(x)=\inf Q(x)=1$$

이다.

다음에 f가 연속임을 보이자. 그러면 증명이 끝나게 된다. f가 연속임을 보이기 위하여 다음 사실을 먼저 증명하자.

$$(1)\quad x\in\overline{U_r}\Rightarrow f(x)\le r$$

$$(2)\quad x\notin U_r\Rightarrow f(x)\ge r$$

[(1)의 증명] : 만일 $x\in\overline{U_r}$이면 모든 $s>r$에 대하여 $x\in U_s$이다. 그러므로 $Q(x)$는 r보다 큰 모든 유리수들을 포함한다. 따라서

$$f(x)=\inf Q(x)\le r$$

이다.

[(2)의 증명] : 만일 $x\notin U_r$이면 어떤 $s<r$에 대해서도 $x\notin U_s$이다. 그러므로 $Q(x)$는 r보다 작은 어떤 유리수도 포함하지 않는다. 따라서

$$f(x)=\inf Q(x)\ge r$$

이다.

이제 f가 연속임을 보이자. X의 임의의 점 x_0와 $f(x_0)$를 포함하는 R에서의 임의의 개구간 (c, d)에 대하여

$$f(U)\subset(c, d)$$

를 만족하는 근방 $U_{(x_0)}$가 존재하는 것을 보이면 된다.

$$c<p<f(x_0)<q<d$$

를 만족하는 유리수 p와 q를 선택하자. 그러면 개집합

$$U=U_q-\overline{U_p}$$

가 x_0를 포함한다. 왜냐하면 (2)에 의하여 $x_0\notin U_q$이면 $f(x_0)\ge q$인데 $f(x_0)<q$이므로 $x_0\in U_q$이고 (1)에 의하여 $x\in\overline{U_p}$이면 $f(x)\le p$인데

$p<f(x_0)$이므로 $x_0 \notin \overline{U_p}$이기 때문이다. 또 $f(U) \subset (c, d)$임을 보이자. $x \in U$이라 하면 $x \in U_q \subset \overline{U_q}$이므로 (1)에 의하여 $f(x) \leq q$ 이고 $x \notin \overline{U_p}$이므로 $x \notin U_p$이고 (2)에 의하여 $f(x) \geq p$이다. 그러므로

$$f(x) \subset [p, q] \subset (c, d)$$

이다.

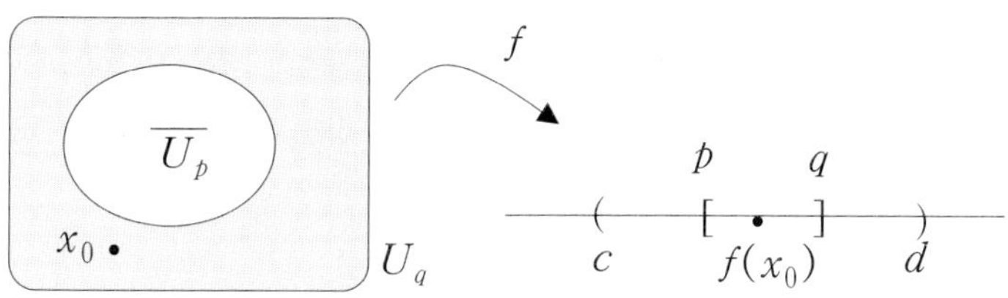

정의 3.2

A, B를 위상공간 X의 부분집합이라 하고 $f(A)=\{0\}$과 $f(B)=\{1\}$을 만족하는 연속함수 $f:X \to [0, 1]$가 존재한다면 A와 B를 **연속함수로 분리시킬 수 있다**고 한다.

Urysohn의 보조정리는 " X에서의 서로소인 폐집합들의 모든 쌍이 서로소인 개집합들에 의해 분리될 수 있다면 그러한 각 쌍은 연속함수에 의해 분리될 수 있다"는 것을 의미하고 있다. 그리고 Urysohn의 보조정리에 대한 역은 자명하다.

X가 T_1-공간이고 A, B는 서로소인 폐집합이라 할 때 $f(A)=0$, $f(B)=1$을 만족하는 연속함수 $f: X \to [0, 1]$가 존재하면 $f^{-1}([0, 1/2)]$과 $f^{-1}((1/2, 1])$은 서로소인 개집합이고 각각 A와 B를 포함하게 되므로 X는 정규공간이 된다.

따라서 Urysohn의 보조정리는 공간 X의 서로소인 두 폐집합이 서로소인 두 개집합으로 분리될(정규공간일) 필요충분조건이 두 폐집합을 연속함수로 분리시킬 수 있는 것임을 말한다. 이 사실로부터 의문이 제기되는데 정칙공간에서 Urysohn의 보조정리를 적용할 수 없을 까 하는 것이다. 즉 서로소인 점과 폐집합을 서로소인 개집합으로 분리시킬 수 있을 때(정칙공간일 때) 점과 폐집합을 연속함수로 분리시킬 수

있는지에 대하여 알아보자. 일견 Urysohn의 보조정리의 증명 과정을 그대로 적용하면 가능할 것 같기도 하다. 한 점 a와 a를 포함하지 않는 폐집합 B에 대해서 $U_1 = X - B$라 하고 U_0를 $\overline{U_0} \subset U_1$을 만족하는 a의 근방이라 하자. 그러나 정칙공간이므로 이와같은 U_0를 찾을 수 없다. p를 무한수열집합 P에서 0과 1 다음에 이어지는 유리수라 가정하자. 그러면

$$\overline{U_0} \subset U_p \text{이고 } \overline{U_p} \subset U_1$$

을 만족하는 개집합 U_p를 찾아야 하는데 이와 같은 U_p를 정칙공간에서는 정의할 수 없다. 이 때문에 Urysohn의 보조정리의 증명과정을 정칙공간에 그대로 적용시킬 수 없다.

한 점과 폐집합을 연속함수로 분리시킬 수 있다는 것은 실제로 서로소인 개집합으로 이들을 분리할 수 있는 것보다 강한 조건이다. 이에 새로운 분리공리(separation axiom)를 정의하자.

정의 3.3

T_1-공간 X에서 X의 각 점 a와 a를 포함하지 않는 각 폐집합 B에 대하여

$$f(a) = 0 \text{이고 } f(B) = \{1\}$$

을 만족하는 연속함수 $f : X \to [0, 1]$가 존재하면 공간 X를 **완전정칙공간** (completely regular space) 또는 **Tychonoff 공간**이라 한다.

완전정칙 공간에 대해서는 다음에 더 이야기하자.

Urysohn의 보조정리에서 정의된 함수 f에 대하여 다시 알아보자. 이 함수는 $x \in A$에 대하여 $f(x) = 0$이고 $x \in B$에 대하여 $f(x) = 1$을 만족하지만 이것은 오직 A의 점만을 0으로 보내고 B의 점만을 1로 보낸다고 하는 것은 아니다. 즉 A와 B에 속하지 않는 점들도 f에 의하여 0이나 1로 보내질 수도 있다.

여기서 Urysohn의 보조정리를 적용할 수 있는 정리로서 매우 중요한 Tietze의 확장정리를 살펴보자. 이 정리는 정규공간 X의 폐집합에서 정의된 실연속함수 f를

전공간 X에서의 연속함수 $F: X \to R$로 확장시킬 수 있음을 밝히고 있다.

정리 3.4 (**Tietze의 확장정리**) X가 정규공간이고 A가 X의 폐집합일 때

(a) 임의의 연속함수 $f: A \to [a, b]$는 연속함수 $F: X \to [a, b]$로 확장된다. ($[a, b]$: R의 폐구간)

(b) 임의의 연속함수 $f: A \to R$는 연속함수 $F: X \to R$로 확장된다.

증명 생략

완전정칙공간은 Uryshon에 의하여 처음 소개되었으며 기본이 되는 성질은 Tychonoff에 의하여 연구되었다.

[예 1] 정규공간의 각 부분공간은 완전정칙이다. 왜냐하면 X가 정규공간이고 A가 X의 부분공간이라면 폐집합 $E \subset A$와 한 점 $x \notin E$에 대하여

$$E = A \cap F \text{이고 } x \notin F$$

인 X에서의 폐집합 F가 존재한다. 따라서 X의 두 폐집합 $\{x\}$와 F에 대하여 Uryshon의 보조정리를 적용하면

$$f(x) = 0 \text{이고 } f(F) = 1$$

을 만족하는 연속함수 $f: X \to [0, 1]$가 존재한다. 그러면
$f|_A = g: A \to [0, 1]$도 연속이고 $g(x) = 0$이며 $g(E) = 1$이다.

[예 2] 완전정칙공간 X는 정칙이다. 왜냐하면 한 점 $x \in X$와 x의 근방 U가 주어졌을 때 U^c는 폐집합이고 $x \notin U^c$이다. X가 완전정칙공간이므로 연속함수 $f: X \to [0, 1]$가 존재하여 $f(x) = 0$이고 $f(U^c) = 1$이다. 여기서 x의 근방으로 $V = \left\{ y \in X \mid f(y) < \frac{1}{2} \right\}$를 취하면

$$x \in V \subset \overline{V} \subset U$$

를 만족한다. 따라서 X는 정칙공간이다.

위 (예 1)과 (예 2)에 의하여 정규공간 (T_4-공간)은 완전정칙이고 완전정칙인 공간은 정칙(T_3-공간)이다. 따라서 완전정칙공간을 $T_{3\frac{1}{2}}$-공간이라고도 한다.

정리 3.5 완전정칙공간의 각 부분공간은 역시 완전정칙공간이다.

증명 X를 완전정칙공간이라고 하고 Y를 X의 부분공간이라 하자. 한 점 $x \in Y$에 대하여 V가 x를 포함하는 Y에서의 근방(개집합)이라 하자. 그러면 $V = Y \cap U$가 되는 X에서의 개집합 U가 존재한다. $x \in U$이므로 $x \notin U^c$이고 U^c는 X에서의 폐집합이다. X가 완전정칙공간이므로 연속함수 $f : X \to [0,1]$이 존재하여 $f(x) = 0$이고 $f(U^c) = 1$이다. 이때에 $f|_Y = g : Y \to [0,1]$이라고 하면 $g(x) = 0$이고 $g(Y - V) = 1$이 된다.

정리 3.6 적공간 $\prod\{X_\alpha \mid \alpha \in I\}$가 완전정칙이 되기 위한 필요충분조건은 각 X_α가 완전정칙인 것이다.

증명 $\prod_\alpha X_\alpha$가 완전정칙이라 하자. 각 X_α는 $\prod_\alpha X_\alpha$의 어떤 슬라이스(slice) S와 위상동형이다. 그런데 S는 $\prod_\alpha X_\alpha$의 부분공간이므로 완전정칙이다. 따라서 S와 위상동형인 X_α도 완전정칙이다.

역으로 $x = \{x_0\}$라 하고

$$\pi_{\alpha_1}^{-1}(U_{\alpha_1}) \cap \pi_{\alpha_2}^{-1}(U_{\alpha_2}) \cap \cdots \cap \pi_{\alpha_n}^{-1}(U_{\alpha_n}) \cap X_{\alpha_{n+1}} \cap X_{\alpha_{n+2}} \cap \cdots \qquad ①$$

을 x의 임의의 근방이라 하자. 각 $i = 1, 2, \cdots, n$에 대해 $U_{\alpha_i}{}^c$는 X_{α_i}의 폐집합이고 $x_{\alpha_i} \notin U_{\alpha_i}{}^c$이므로 연속함수 $f_i : X_{\alpha_i} \to [0,1]$가 존재하여 $f_i(x_{\alpha_i}) = 0$이고 $f_i(U_{\alpha_i}{}^c) = 1$이다. 함수 $g : \prod_\alpha X_\alpha \to [0,1]$를

$$g(x) = \max\{(f_i \circ \pi_{\alpha_i})(x) \mid i = 1, 2, \cdots, n\}$$

에 의하여 정의하면 이것은 연속이다. 그리고 $g(x)=0$이고 $g(①^c)=1$이다. 따라서 $\prod_\alpha X_\alpha$는 완전정칙이다.

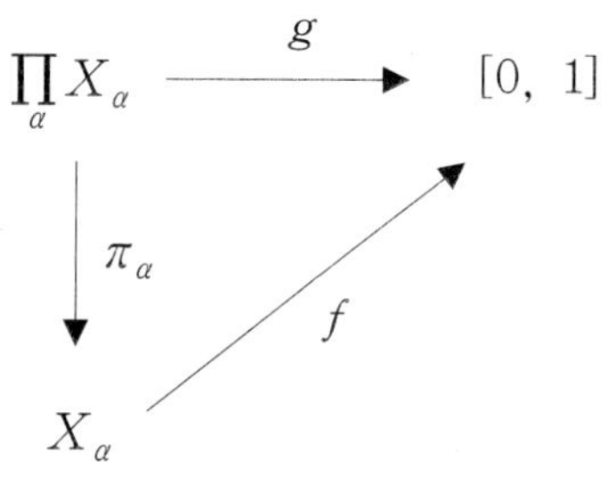

연습문제 7.3

1. 완전정칙은 위상적 성질이다.

2. R_l^2은 정규공간이 아니지만 완전정칙이다.

3. Tietze의 확장정리는 Urysohn의 보조정리의 개념을 포함한다.

4. Urysohn의 보조정리의 역을 증명하여라. 즉 임의의 서로소인 X의 두 폐집합 A, B에 대하여 $f(A)=\{0\}$, $f(B)=\{1\}$인 연속함수 $f: X\to[0, 1]$가 존재하면 X는 정규공간이다.

Chapter 08

콤펙트 공간

1. 콤펙트성

콤펙트의 개념은 위상수학이나 해석학에서 매우 중요한 역할을 한다. 콤펙트성은 유계인 폐구간 $[a, b]$를 위상공간에 일반화한 위상적 성질이다. 즉 Euclid 공간에서 유계인 폐집합의 개념을 위상공간에 일반화한 것이 콤펙트 개념이다. 이 장에서 주요 결과중의 하나는 " R^n의 부분집합 A가 콤펙트이기 위한 필요충분조건은 A가 유계인 폐집합인 것이다."이다. 그리고 유계성은 거리개념을 품고 있기 때문에 그 자신은 위상적 개념이 아니다. 그러므로 유계성의 개념을 개피복(open covering)의 기능으로 수정한다.

정의 1.1

위상공간 X의 부분집합들의 모임을 C라 하자 이 때 C내의 모든 원소들의 합집합이 X가 되면 이 C를 X의 피복(covering)이라 한다. 만일 X의 피복 C의 원소가 모두 개집합으로 이루어졌다면 C를 X의 **개피복**(open covering)이라 한다. 또한 B가 C의 부분모임으로 역시 X의 피복이면 B를 C의 **부분피복**(subcovering)이라 한다.

[예 1] $X=\{1,2,3\}$이고 $\mathcal{T}=\{X, \varnothing, \{1\}, \{2\}, \{1,2\}, \{2,3\}\}$가 X의 위상이면 $\boldsymbol{C}=\{\{1\}, \{1,2\}, \{2,3\}\}$은 공간 X의 한 피복이고 특히 $\boldsymbol{C}$가 개집합으로 이루어졌으므로 개피복이다. 이때 $\boldsymbol{B}=\{\{1,2\}, \{2,3\}\}$은 $\boldsymbol{C}$의 부분피복이다.

[예 2] (Heine-Borel Theorem) 유계인 폐구간 $A=[a, b]$의 모든 개피복은 유한개의 원소를 갖는 부분피복(finite subcovering)을 갖는다.

정의 1.2

위상공간 X의 임의의 개피복이 유한개로 이루어진 부분 피복을 가질 때 이 공간 X를 **콤펙트공간**(compact space)이라 한다.

보조정의 1.2

공간 X의 부분공간 A가 콤펙트이기 위한 필요충분조건은 X에서의 개집합들에 의한 A의 모든 개피복이 유한부분피복을 갖는 것이다.

[예 3] 실수공간 R에서 임의의 유계인 폐구간 $[a, b]$는 (예 2)에 의하여 콤펙트이다.

[예 4] 실수공간 R은 콤펙트 공간이 아니다. 왜냐하면 R의 개피복들 중에서

$$\boldsymbol{C}=\{(n, n+2) \mid n \in Z\}$$

와 같은 개피복은 유한부분피복을 갖지 않기 때문이다. 그리고 임의의 $n \geq 2$에 대하여 R^n도 콤펙트공간이 아니다.

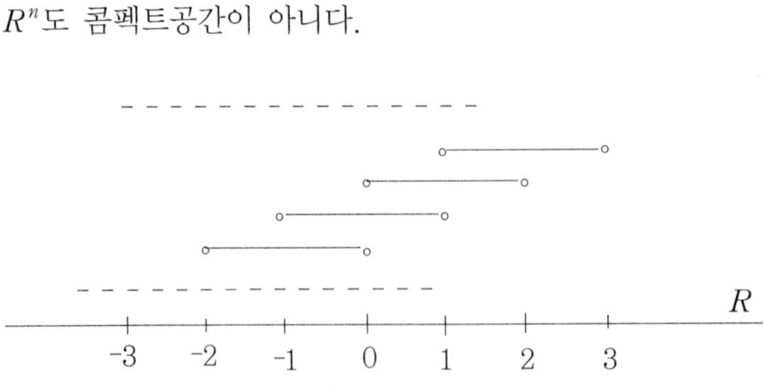

[예 5] 유한개의 원소들로 이루어진 모든 유한공간은 콤펙트공간이다. 왜냐하면 모든 개피복 그 자체가 유한피복이기 때문이다. 예를 들어 하나의 점 x로 이루어진 위상공간 $\{x\}$는 콤펙트이다.

정리 1.3 임의의 위상공간 X의 유한부분집합 A는 콤펙트이다.

증명 $A=\{x_1, x_2, x_3, \cdots, x_n\}$이고 $C=\{U_\alpha \mid U_\alpha : \text{개집합}\}$를 A의 개피복이라 하자. 그러면 임의의 $x_i \in A$에 대하여 $x_i \in U_{\alpha_i}$인 $U_{\alpha_i} \in C$를 하나씩 택하여 모은 $D=\left\{U_{\alpha_i} \mid U_{\alpha_i} \in C\right\}$는 A를 덮는 개피복 C의 유한부분피복이 된다. 따라서 A는 콤펙트이다.

[예 6] R에서 구간 $(0, 1]$은 콤펙트공간이 아니다.

왜냐하면 $C=\left\{(\frac{1}{n}, 1] \mid n=2, 3, \cdots\right\}$는 $(0, 1]$의 개피복이지만 유한부분피복을 갖지 않기 때문이다.

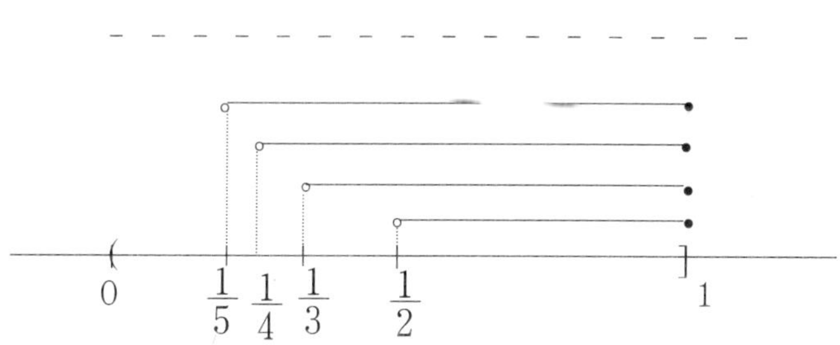

또한 구간 $(0, 1)$도 콤펙트공간이 아니다. 왜냐하면 $C=\left\{(\frac{1}{n}, 1) \mid n=2, 3, \cdots\right\}$은 $(0, 1)$의 개피복이지만 유한부분피복을 갖지 않기 때문이다. 그러나 (예 2)에 의하여 $[0, 1]$은 콤펙트공간이다. 이의 일반적인 증명은 뒤에서 하기로 하자.

[예 7] $\varnothing$은 콤펙트이다. 또한 집합 $A=\{1, 2, 3, 4, 5\}$도 콤펙트이다. 왜냐하면 모두가 유한집합이기 때문이다.

[예 8] 집합 $(0, 3)$은 콤펙트가 아니다. 왜냐하면

$$C=\left\{(\frac{1}{n}, 3-\frac{1}{n}) \mid n\in\mathbb{N}\right\}\text{는} \quad \bigcup_{n\in\mathbb{N}}\left\{(\frac{1}{n}, 3-\frac{1}{n}) \mid n\in\mathbb{N}\right\}=(0,\ 3)$$

이므로 $(0, 3)$의 개피복이지만 유한부분피복을 갖지 않기 때문이다.

[예 9] R의 부분공간 $X=\{0\}\cup\{1/n \mid n\in Z_+\}$는 콤펙트이다. 왜냐하면 $\boldsymbol{C}$를 X의 임의의 개피복이라 하면 0을 포함하는 $\boldsymbol{C}$의 원소 U가 존재한다. 그런데 U는 X의 원소 중 유한개를 제외한 나머지 모두를 포함하게 되므로 U에 속하지 않는 X의 각 점 $\frac{1}{i}$에 대하여 $\frac{1}{i}$을 포함하는 $\boldsymbol{C}$의 한 원소를 택하자. 즉, $\frac{1}{i}\in U_i\in \boldsymbol{C}$인 U_i를 $\boldsymbol{C}$에서 택하면

$$X\subset U\cup U_1\cup U_2\cup\cdots\cup U_m$$

이 된다. 따라서 $\{U, U_1, U_2, \cdots, U_m\}$은 $\boldsymbol{C}$의 유한부분피복이 되어 X는 콤펙트이다.

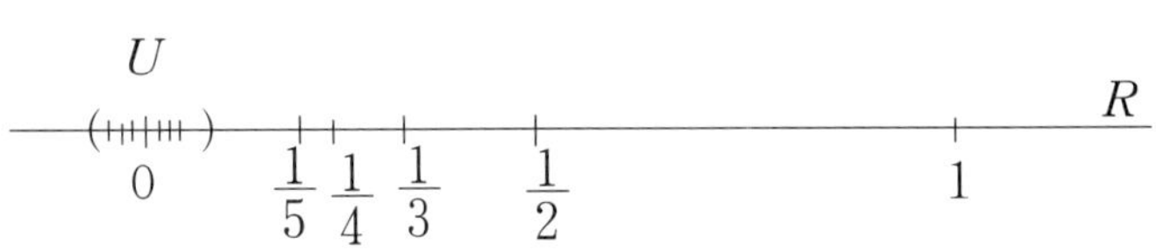

정리 1.4 이산위상공간 X가 콤펙트이기 위한 필요충분조건은 X가 유한집합일 때이다.

증명 $\boldsymbol{C}=\{U_\alpha \mid \alpha\in I\}$가 X의 개피복이고 각 U_α는 단집합이라 하자(X가 이산위상공간이므로 각 U_α를 단집합으로 취할 수 있다.). 그러면 X가 콤펙트이므로 $\boldsymbol{C}$의 유한부분피복 $\{U_{\alpha_i} \mid i=1, 2, \cdots, n\}$가 존재한다. 각 U_{α_i}가 단집합이므로 X는 유한이다.

역으로 X가 유한인 공간이라 하자. 그러면 X의 모든 개피복은 그 자체가 유한부분피복이다.

그러나 비이산위상공간 X는 콤펙트이다. 왜냐하면 X에서의 개집합은 X와 $\varnothing$ 뿐이므로 X의 개피복은 X자신이거나 $\{X, \varnothing\}$로서 이들은 유한개피복이다.

[예 10] 무한이산위상공간 X는 콤펙트가 아니다. 왜냐하면 $\{\{x\} \mid x \in X\}$는 단집합 $\{x\}$가 개집합이므로 X의 한 개피복이 되지만 이의 유한부분피복을 갖지 못하기 때문이다. 또한 (정리 1.4)에 의해서도 명백하다. 한편 단집합 공간 $\{x\}$는 개집합으로 $\{x\}$는 자기 자신의 개집합 $\{x\}$에 의하여 피복되기 때문에 콤펙트이다.

[예 11] 여유한위상공간 X는 콤펙트이다. 왜냐하면 $\boldsymbol{C} = \{U_\alpha \mid \alpha \in I\}$를 X의 임의의 개피복이라 하자. 그러면 임의의 $U_\alpha \in \boldsymbol{C}$에 대하여 U_α는 개집합이고 X가 여유한위상공간이므로 $U_\alpha{}^c$은 유한집합이다. $U_\alpha{}^c = \{x_1, x_2, \cdots, x_n\}$이라 하자. 그러면 각 $i = 1, 2, \cdots, n$에 대하여 $x_i \in U_{\alpha_i}$인 U_{α_i}를 $\boldsymbol{C}$에서 택하면 $\boldsymbol{C}' = \{U_{\alpha_i} \mid i = 1, 2, , \cdots, n\} \cup U_\alpha$는 $\boldsymbol{C}$의 유한부분피복이 되기 때문이다.

정리 1.5 여가산공간 $(\mathbb{N}, \mathfrak{T}_c)$는 콤펙트공간이 아니다.

증명 여가산공간 $(\mathbb{N}, \mathfrak{T}_c)$는 이산공간이다. 왜냐하면 임의의 $n \in \mathbb{N}$에 대하여 $\{n\}^c = \mathbb{N} - \{n\}$이 가산이므로 $\{n\}$은 개집합이기 때문이다. 따라서 무한 이산공간은 콤펙트가 아니므로 무한집합 $\mathbb{N}$은 콤펙트공간이 아니다.

정리 1.6 Y가 위상공간 $(X, \mathfrak{T})$의 콤펙트 부분집합이기위한 필요충분조건은 $(Y, \mathfrak{T}_Y)$가 콤펙트공간이다.

증명 Y가 $(X, \mathfrak{T})$의 콤펙트 부분집합이고 $\{U_i \mid i \in I\}$가 $(Y, \mathfrak{T}_Y)$에서 Y의 임의의 개피복이면 $U_i = V_i \cap Y$인 개집합 $V_i \in \mathfrak{T}$가 존재한다. Y가 X의 콤펙트 부분집합이므로 $\{V_i \mid i = 1, 2, \cdots, n\}$가 존재해서 $Y \subset \bigcup_{i=1}^{n}\{V_i\}$이다. 따라서 $Y = \bigcup_{i=1}^{n}\{U_i\}$이므로 $(Y, \mathfrak{T}_Y)$는 콤펙트이다. 역으로 $(X, \mathfrak{T})$에 대한 Y의

임의의 개피복 $\{V_i \mid i\in I\}$에 대하여 $Y\subset\bigcup_i\{V_i \mid i\in I\}$이다. 그러므로 $Y=\bigcup_i\{V_i\cap Y \mid i\in I\}$이며 $\{V_i\cap Y \mid i\in I\}$의 유한부분피복 $\{V_i\cap Y \mid i=1,2,\cdots,n\}$가 존재한다. 따라서 $\{V_i \mid i=1,2,\cdots,n\}$는 $\{V_i \mid i\in I\}$의 유한부분피복이다.

정리 1.7 β를 위상공간 $(X, \mathfrak{T})$의 기저라 하자. 그러면 X가 콤팩트이기 위한 필요충분조건은 β의 기저원소로 이루어진 모든 개피복이 유한 부분피복을 갖는 것이다.

증명 $\{U_\alpha \mid \alpha\in I\}$를 X의 개피복이라 하자. β가 기저이므로 각 U_α에 대하여 $x\in U_\alpha$일 때 $B_\alpha\in\beta$가 존재하여 $x\in B_\alpha\subset U_\alpha$가 된다. 이 때 이러한 $B_\alpha\in\beta$들을 모아 $\beta'=\{B_\alpha\}$라 하면 이는 X를 피복하게 되고 B_α는 어떤 U_α에 속하게 된다. 그러면 가정에 의하여 β'는 개피복이므로 유한부분피복 $\{B_{\alpha_i} \mid i=1,2,\cdots,n\}$가 존재한다. 그런데 각 i에 대하여 U_{α_i}가 존재해서 $B_{\alpha_i}\subset U_{\alpha_i}$이므로 $\{U_{\alpha_i} \mid i=1,2,\cdots,n\}$는 X의 유한피복이 된다. 그러므로 X는 콤팩트이다. 역의 증명은 자명하다.

위 사실은 부분기저에 대해서도 성립한다.

정리 1.8 Y가 X의 부분공간일 때 Y가 콤팩트공간이기 위한 필요충분조건은 X에서의 개집합들에 의한 Y의 모든 피복이 유한부분피복을 갖는 것이다.

증명 Y가 콤팩트공간이라 하자. $\mathbf{C}=\{U_\alpha \mid \alpha\in I\}$가 X에서의 개집합들에 의한 Y의 피복이라 하면 $\{U_\alpha\cap Y \mid \alpha\in I\}$는 Y에서의 개집합들에 의한 Y의 피복이다. Y가 콤팩트이므로 Y의 유한부분피복

$$\{U_{\alpha_1}\cap Y,\ U_{\alpha_2}\cap Y,\ \cdots,\ U_{\alpha_n}\cap Y\}$$

이 존재한다. 따라서 $\{U_{\alpha_1}, U_{\alpha_2}, \cdots, U_{\alpha_n}\}$은 $\mathbf{C}$의 유한부분피복이다.

역으로, $C' = \{U_\alpha'\}$를 Y에서의 개집합들에 의한 Y의 개피복이라 하자. 그러면 각 $\alpha \in I$에 대하여 X에서의 개집합 U_α가 존재하여

$$U_\alpha' = U_\alpha \cap Y$$

이다. 이때 $C = \{U_\alpha \mid \alpha \in I\}$는 X에서의 개집합들에 의한 Y의 피복이 되며 가정에 의하여 C의 유한부분피복 $\{U_{\alpha_1}, U_{\alpha_2}, \cdots, U_{\alpha_n}\}$을 가지게 된다. 그러므로

$$\{U_{\alpha_1} \cap Y, \cdots, U_{\alpha_n} \cap Y\} = \{U_{\alpha_1}', \cdots, U_{\alpha_n}'\}$$

는 Y를 덮는 C'의 유한부분피복이다.

정리 1.9 콤펙트공간의 폐부분집합은 콤펙트이다.

증명 Y를 콤펙트공간 X의 폐부분집합이라 하자. 그리고 C를 X에서의 개집합들에 의한 Y의 피복이라 하자. 그러면 $X - Y$는 개집합이고

$$B = C \cup (X - Y)$$

는 X의 개피복이 된다. 그런데 X가 콤펙트이므로 B는 유한부분피복으로

$$B' = \{U_i \in C \mid i = 1, 2, \cdots, n\} \cup (X - Y)$$

이거나

$$B'' = \{U_i \in C \mid i = 1, 2, \cdots, n\}$$

를 갖는다. 만일 B'의 경우 $X - Y$를 제외한 나머지는 C의 유한부분피복이 되고 B''의 경우 B'' 자체가 C의 유한부분피복이 되어 Y는 콤펙트공간이 된다.

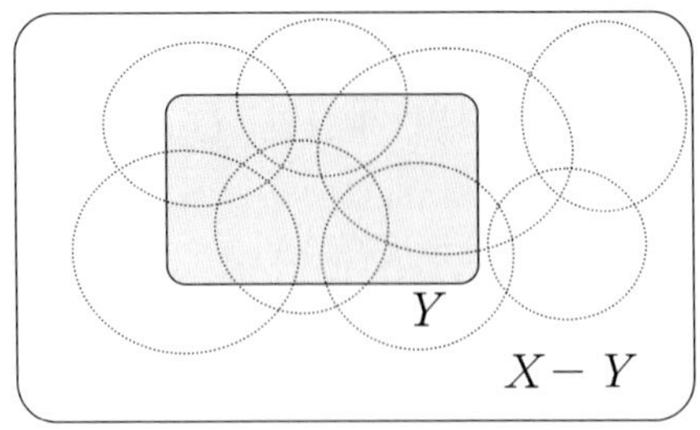

위 정리에서 만일 폐부분집합이 아니면 콤펙트가 아니다. 예를 들면 [0, 1]은 콤펙트이지만 [0, 1]의 부분집합인 (0, 1)은 콤펙트가 아닌 것이다.

정리 1.10 T_2-공간의 임의의 콤펙트인 부분집합은 폐집합이다.

증명 Y를 T_2-공간 X의 콤펙트인 부분집합이라 하자. $X-Y$가 개집합임을 보이면 Y가 폐집합이 된다. x_0를 $X-Y$의 한 점이라 하자. 그러면 Y의 각 점 y에 대하여 $x_0 \neq y$이고 X가 T_2-공간이므로 서로소인 x_0의 근방 $U_{(x_0)}$와 y의 근방 $V_{(y)}$가 존재한다. 그러면 $\{V_{(y)} \mid y \in Y\}$는 X에서의 개집합에 의한 Y의 피복이 된다.

Y가 콤펙트이므로 유한부분피복 $\{V_1, \cdots, V_n\} \subset \{V_{(y)} \mid y \in Y\}$이 존재한다. 이 때 각 V_i에 대응하여 $V_i \cap U_i = \varnothing$가 되는 x_0의 근방 U_i를 취하면

$$V = V_1 \cup V_2 \cdots \cup V_n$$

는 개집합이며 Y를 포함하므로 Y의 근방이 된다. 또

$$U = U_1 \cap U_2 \cap \cdots \cap U_n$$

은 개집합이며 x_0를 포함하므로 x_0의 근방이 되고 U와 V는 서로소이다. 그러면 $Y \subset V$이므로 $U \cap Y = \varnothing$이고 따라서

$$x_0 \in U \subset X - Y$$

가 되어 $X-Y$는 개집합이다.

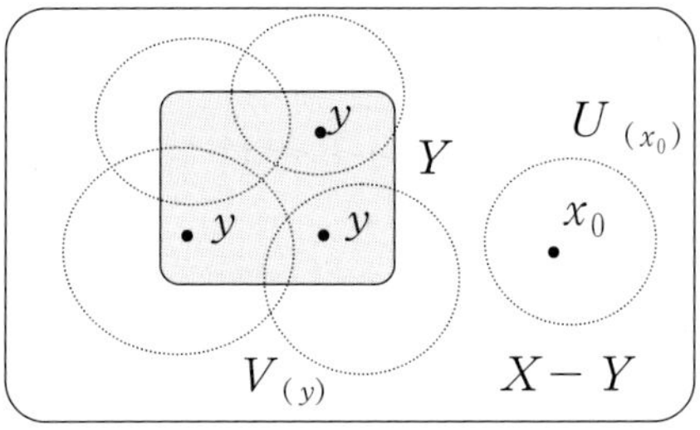

위 정리의 증명 과정에서 다음의 사실을 알 수 있다. 즉 만일 X가 컴펙트이고 T_2-공간일 때 Y가 X의 폐부분집합이라면 (정리 1.9)에 의하여 Y는 콤펙트가 된다. 이 때 위 증명 과정에 의하여 Y에 속하지 않는 점 x_0에 대하여 서로소인 x_0의 근방 U와 Y의 근방 V가 존재해서 X는 정칙공간이 됨을 알 수 있다. 다시 말해서 Y가 T_2-공간 X의 콤펙트인 부분집합이고 $x \notin Y$이면 x를 포함하는 개집합 U와 Y를 포함하는 개집합 V가 존재해서 $U \cap V = \emptyset$이다.

또한 (정리 1.10)에 의하여 $(a, b]$와 (a, b)는 T_2-공산 R에시 폐집합이 아니므로 콤펙트공간이 아니다. 한편 위 (정리 1.9)과 (정리 1.10)에 의하여 자연적으로 다음이 싱립힌다.

「X가 컴펙트이고 T_2-공간이라하자. 그러면 X의 부분집합 Y가 콤펙트이기위한 필요충분조건은 Y가 폐집합인 것이다.」

정리 1.11 콤펙트공간이고 T_2-공간이면 T_4-공간이다.

증명 X가 콤펙트이고 T_2-공간이라 하자. 그러면 (정리 1.10) 아래에서 설명한 대로 X는 정칙공간이 됨을 알 수 있었다. 그리고 X가 T_2-공간이므로 T_1-공간임은 자명하다. X가 T_4-공간인 것을 보이기 위하여 (정리 1.10)을 이용하자. A, B를 서로소인 X의 폐집합이라 하자. A에 속하는 각 점 $a \in A$에 대하여 서로소인 a를 포함하는 근방 $U_{(a)}$와 B를 포함하는 근방 $V_{(a)}$가 존재한다. 그러면 $C = \{U_{(a)} \mid a \in A\}$는 A의 피복이 되고 A가 콤펙트이므로

$\boldsymbol{C}$의 유한부분피복 $\{U_{(a)_i} \mid i=1, \cdots, n\}$가 존재한다. 이 때

$$U=U_{(a)_1} \cup \cdots \cup U_{(a)_n} \text{과} \quad V=V_{(a)_1} \cap \cdots \cap V_{(a)_n}$$

은 A와 B를 포함하는 서로소인 근방이 된다.

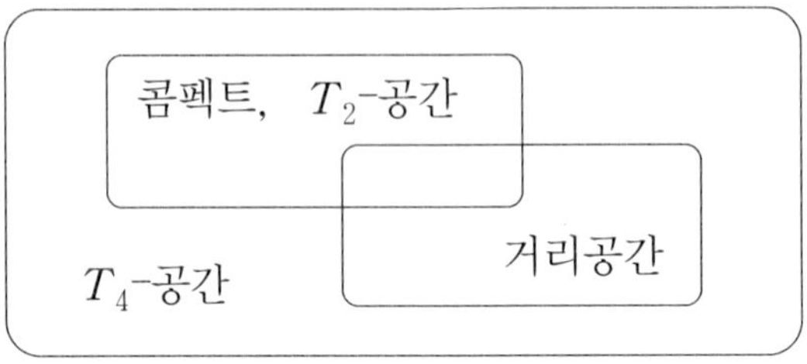

정리 1.12 콤펙트공간의 연속인 상은 콤펙트이다.

증명 X가 콤펙트공간이고 Y가 위상공간이며 함수 $f: X \to Y$를 연속함수라 하자. 그리고 $\boldsymbol{C}=\{U \subset Y\}$를 Y에서의 개집합들에 의한 $f(X)$의 피복이라 하면 f가 연속이므로 $f^{-1}(U)$가 X에서 개집합이고

$$X=f^{-1}(f(X)) \subseteq f^{-1}(\bigcup U_\alpha)=\bigcup_\alpha f^{-1}(U_\alpha)$$

이므로 $\{f^{-1}(U) \mid U \in \boldsymbol{C}\}$는 X의 개피복이 된다. 그리고 X가 콤펙트이므로 X의 유한부분피복 $\{f^{-1}(U_i) \mid i=1, \cdots, n\}$이 존재한다. 그러면 임의의 $x \in X$에 대하여 적당한 $f^{-1}(U_i)$가 존재해서 $x \in f^{-1}(U_i)$이고 $f(x) \in U_i$이다. (즉 임의의 $x \in X$에 대하여 $f(x) \in U_i$인 U_i가 존재한다.) 따라서 $f(X) \subseteq \bigcup_1^n U_i$이므로 $\{U_i \mid i=1, \cdots, n\}$는 $f(X)$의 유한부분피복이 된다.

위 정리에 의하여 콤펙트공간의 연속사상에 의한 상은 또한 콤펙트이므로 콤펙트성은 위상동형사상에 의하여 보존되는 성질임을 알 수 있다. 따라서 콤펙트성은 위상적 성질이다.

정리 1.13 X가 콤펙트이고 Y가 T_2-공간일 때 함수 $f: X \to Y$가 연속이면 f는 폐사상이다.

증명 A를 X의 폐집합이라하자. 그러면 X가 콤펙트이므로 A는 콤펙트이고 (정리 1.12)에 의하여 f가 연속이므로 $f(A)$도 콤펙트이다. 그런데 Y가 T_2-공간이므로 (정리 1.10)에 의하여 $f(A)$는 폐집합이 된다. 따라서 f는 폐사상이다.

정리 1.14 X가 콤펙트이고 Y가 T_2-공간일 때 함수 $f: X \to Y$가 전단사이고 연속이면 f는 위상동형사상이다.

증명 위 (정리 1.13)에 의하여 함수 $f: X \to Y$가 연속이면 함수 f가 폐사상이므로 f는 위상동형사상이다.

위 (정리 1.14)의 증명에서 (정리 1,13)에 의하여 함수 f가 폐사상인 것을 이용하는 대신, (정리 1.13)에 의하여 역함수 f^{-1}가 연속임을 보여도 된다. X의 임의의 폐집합 A에 대하여 f가 폐사상이므로 $(f^{-1})^{-1}(A) = f(A)$는 폐집합이다. 따라서 f^{-1}에 대하여 폐집합 A의 역상이 폐집합이므로 f^{-1}는 연속이다.

정리 1.15 정칙공간 X의 콤펙트 부분집합 Y와 $Y \subset U$인 개집합 U에 대하여 개집합 V가 존재해서 $Y \subset V \subset \overline{V} \subset U$이다.

증명 각 $y \in Y$에 대하여 $y \in U$이고 공간 X가 정칙이므로 개집합 V_y가 존재해서 $y \subset V_y \subset \overline{V_y} \subset U$이다. 그러면 $\{V_y \mid y \in Y\}$는 Y의 개피복이므로 유한부분피복 $\{V_{y_1}, V_{y_2}, \cdots, V_{y_n}\}$이 존재한다. 이제 $V = \bigcup_{k=1}^{n} V_{y_k}$라고 하면

$$Y \subset V \subset \overline{V} \subset \overline{\bigcup_{k=1}^{n} V_{y_k}} = \bigcup_{k=1}^{n} \overline{V_{y_k}} \subset U$$

이다.

정리 1.16 보통위상공간 R의 부분집합 A가 콤펙트일 필요충분조건은 A가 유계이고 폐집합이다.

증명 ($\Rightarrow$) 보통위상공간 R은 T_2-공간이고 A가 콤펙트이므로 A는 폐집합이다.

$$\mathbf{C}=\{(-n,\ n)\mid n\in\mathbb{N}\}$$

를 R의 개피복이라 하면 이는 역시 A의 개피복이다. 그런데 A가 콤펙트이므로 유한부분피복

$$\mathbf{C}'=\{(-n_i,\ n_i)\mid i=1,2,\cdots,k\}$$

이 존재한다. 그러면 $m=\max\{n_i\mid i=1,2,\cdots,k\}$라 하면 $A\subset\cup\mathbf{C}'=(-m,\ m)$이므로 A는 유계이다.

($\Leftarrow$) A를 유계인 폐집합이라 하자. 그러면 자연수 m이 존재하여 $A\subset(-m,\ m)$이고 $[-m,\ m]$은 콤펙트이다. A가 R의 폐부분집합이므로 $A=A\cap[-m,\ m]$은 콤펙트공간 $[-m,\ m]$의 폐집합이다. 따라서 A는 콤펙트이다.

정리 1.17 콤펙트공간 X에서 보통위상공간 R로 가는 연속함수 $f: X\to R$은 최대값과 최소값을 가진다.

증명 X가 콤펙트공간이고 f가 연속이므로 $f(X)$는 콤펙트이다. 그리고 $A=f(X)$라고 하면 A가 최대원소와 최소원소를 가짐을 보이자. A가 최대원소와 최소원소를 갖지 않는다고 가정하자. $\mathbf{C}=\{(-\infty,\ a)\mid a\in A\}$라고 두자. 그러면 각 $x\in A$에 대하여 $x<y$인 $y\in A$가 존재하고 $x\in(-\infty, y)$이므로 $\mathbf{C}$는 A의 개피복이다. A가 콤펙트이므로 $\mathbf{C}$의 유한부분피복

$$\mathbf{C}'=\{(-\infty,\ a_1),(-\infty,\ a_2),\cdots,(-\infty,\ a_n)\}$$

가 존재한다. $a_0=\max\{a_1,\ a_2,\cdots,\ a_n\}$이라고 두면 $a_0\in A$이다. 그러나

$$\cup\mathbf{C}'=\bigcup_{i=1}^{n}(-\infty,\ a_i)=(-\infty,\ a_0)\not\ni a_0$$

이므로 모순이다. 그러므로 A는 최대원소를 가지며 A가 최소원소를 갖는다는 것은 같은 방법으로 증명한다.

정리 1.18 콤펙트 공간 $(X, \mathfrak{T})$에서 T_2-공간 $(Y, \mathfrak{T}')$로 가는 단사이고 연속인 함수 f가 존재하면 $(X, \mathfrak{T})$와 $(f(X), \mathfrak{T}'_{f(X)})$는 위상동형이다.

증명 $f : X \to f(X)$는 전사함수이므로 전단사이고 연속이다. 그러므로 역함수 $f^{-1} : f(X) \to X$가 존재한다. f^{-1}가 연속임을 보이자. A를 콤펙트 공간 X에서 폐집합이라 하면 A는 콤펙트이다. 그리고 f가 연속함수이므로 $f(A)$도 콤펙트이다. 또한 Y가 T_2-공간이므로 이의 부분공간인 $f(X)$도 T_2-공간이다. 그러면 $f(A)$가 T_2-공간 $f(X)$의 콤펙트인 부분집합이므로 폐집합이 되며 $(f^{-1})^{-1}(A) = f(A)$이므로 f^{-1}는 연속함수이다.

정리 1.19 **(A. Tychonoff)** $\{X_\alpha \mid \alpha \in I\}$가 공간들의 임의의 모임일 때 $\prod X_\alpha$가 콤펙트가 되기 위한 필요충분조건은 각 X_α가 콤펙트인 것이다.

증명 이 정리는 콤펙트에 관한 이론 중에서 가장 유용한 정리이며 위상수학에서 가장 중요한 정리라 할 수 있다. 그러나 이의 증명은 생략한다.

정리 1.20 가산기지를 갖는 정칙공간은 정규공간이다.

증명 X가 가산기저 β를 갖는 정칙공간이고 A, C를 서로소인 X의 폐집합이라 하자. A의 각 점 x는 $U \cap C = \varnothing$를 만족하는 x의 근방 U를 갖는다. X가 정칙공간이므로

$$x \in V \subset \overline{V} \subset U$$

를 만족하는 x의 근방 V가 존재하며 β가 X의 기저이므로 x를 포함하고 V에 포함되는 β의 원소가 존재한다. A의 각 원소 x에 대하여 이와 같은 기저원소를 택하면 이 기저원소의 폐포가 C와 만나지 않는 개집합들에 의한 A의 가산피복을 구성할 수 있다. A의 이 개피복은 가산이므로 자연수로 첨수를 줄 수 있어 $\{U_n \mid n \in \mathbb{N}\}$으로 표시된다.

같은 방법으로 $\overline{V_n} \cap A = \varnothing$인 C의 개피복인 가산집합 $\{V_n \mid n \in \mathbb{N}\}$을 택하

자. 그러면

$$U = \bigcup U_n \text{과} \quad V = \bigcup V_n$$

는 각각 A와 C를 포함하는 개집합이지만 서로소일 필요는 없다. 그러므로 서로소인 근방을 찾기 위하여 다음과 같은 방법을 사용하자.

$$U_n' = U_n - \bigcup_1^n \overline{V_i} \text{와} \quad V_n' = V_n - \bigcup_1^n \overline{U_i}$$

를 정의하면 개집합과 폐집합의 차집합으로 U_n'와 V_n'는 개집합이다. 그리고 A의 각 원소 x는 적당한 n에 대하여 U_n에 속하고 x는 모든 i에 대하여 $\overline{V_i}$에 속하지 않기 때문에 $\{U_n'\}$는 A의 피복이다. 같은 방법으로 $\{V_n'\}$는 C의 피복이다. 끝으로

$$U' = \bigcup_1^n U_n' \text{와} \quad V' = \bigcup_1^n V_n'$$

는 서로소이다. 왜냐하면 만일 $x \in U' \cap V'$이면 적당한 j, k에 대하여 $x \in U_j' \cap V_k'$이다. 이 때 $j \leq k$라고 가정하면 U_j'의 정의에 의하여 $x \in U_j$이고 또한 V_k'의 정의에 의하여 $x \notin \overline{U_j}$이다. 그러므로 모순이 된다. $j \geq k$인 경우도 같은 모순이 생긴다. 따라서 U'와 V'는 서로소이다.

[예 15] 칸터 집합 C는 콤펙트이다. 왜냐하면 $A_n = \{0, 2\}$는 유한인 공간이므로 콤팩트이고 (정리 1.12)에 의해 $\prod A_n$도 콤펙트이다. 그리고 $C \cong \prod A_n$이기 때문이다. 또한 유한위상공간들의 임의의 적공간은 콤펙트이다.

정의 1.21

X의 부분집합들의 모임을 $\boldsymbol{C}$라 하자. $\boldsymbol{C}$의 각 유한부분모임 $\{C_i \mid i=1,\cdots,n\} \subset \boldsymbol{C}$에 대하여 $\bigcap_1^n C_i \neq \varnothing$이면 $\boldsymbol{C}$는 **유한교집합성질**(finite intersection property)을 갖는다고 한다.

[예 16] $\boldsymbol{C}=\left\{(0,1),(0,\frac{1}{2}),\cdots,(0,\frac{1}{n}),\cdots\right\}$이라 하자. 임의의 유한부분집합 $\{(0,a_1),\cdots,(0,a_n)\} \subset \boldsymbol{C}$에 대하여

$$(0,a_1)\cap\cdots\cap(0,a_n)=(0,a)\neq\varnothing \text{ (단, } a=\min\{a_1,\cdots,a_n\})$$

이다. 따라서 $\boldsymbol{C}$는 유한교집합 성질을 만족한다. 그러나

$$\bigcap \boldsymbol{C}=\bigcap_1^\infty (0,a_n)=\varnothing$$

이다.

콤펙트의 성질을 폐집합에 관하여 표현하면 다음과 같다.

정리 1.22 위상공간 X가 콤펙트이기 위한 필요충분조건은 유한교집합성질을 만족하는 X의 폐부분집합들의 각 모임 $\boldsymbol{C}=\{C_\alpha \mid \alpha\in I\}$에 대하여 $\bigcap\{C_\alpha \mid \alpha\in I\}\neq\varnothing$인 것이다.

증명 X를 콤펙트라 하고 $\bigcap\{C_\alpha \mid \alpha\in I\}=\varnothing$이라고 가정하자. 그러면

$$X=X-\bigcap\{C_\alpha \mid \alpha\in I\}=\bigcup\{X-C_\alpha \mid \alpha\in I\}$$

이고 C_α가 폐집합이므로 $\boldsymbol{B}=\{X-C_\alpha \mid \alpha\in I\}$는 X의 개피복이다. 그런데 X가 콤펙트이므로 X의 유한부분피복

$$\boldsymbol{B}'=\{X-C_{\alpha_i} \mid i=1,2,\cdots,n\}$$

가 존재한다. 그러면

$$X = \bigcup_i \{X - C_{\alpha_i} \mid i = 1, \cdots, n\} = X - \bigcap_i \{C_{\alpha_i} \mid i = 1, \cdots, n\}$$

이므로 $\bigcap_i \{C_{\alpha_i} \mid i = 1, \cdots, n\} = \emptyset$이 된다. 이것은 X의 폐부분집합들의 모임이 유한교집합성질을 갖는다는 데 모순이다. 따라서 $\bigcap\{C_\alpha \mid \alpha \in I\} \neq \emptyset$이다.

역으로 X가 콤팩트공간이 아니라고 가정하자. 그러면 유한부분피복을 갖지 않는 적당한 X의 개피복 $\{U_\alpha \mid \alpha \in I\}$가 존재한다. 이 때 $\{X - U_\alpha \mid \alpha \in I\}$는 X의 폐집합들의 모임으로 유한교집합성질을 갖는다. (즉 $\bigcup_1^n \{U_{\alpha_i}\} \neq X$이므로 $\bigcap_1^n \{X - U_{\alpha_i}\} = X - \bigcup_1^n \{U_{\alpha_i}\} \neq \emptyset$ 이다.)

그러므로 가정에 의하여

$$\emptyset \neq \bigcap\{X - U_\alpha \mid \alpha \in I\} = X - \bigcup\{U_\alpha \mid \alpha \in I\}$$

가 되어야 하는데 이것은 $\{U_\alpha \mid \alpha \in I\}$가 X의 피복이라는데 모순이다. 따라서 $\bigcap\{X - U_\alpha \mid \alpha \in I\} = \emptyset$이다.

정리 1.23 위상공간 X가 콤팩트가 되기 위한 필요충분조건은 $\bigcap\{C_\alpha \mid \alpha \in I\} = \emptyset$를 만족하는 X의 폐부분집합들의 각 모임 $\{C_\alpha \mid \alpha \in I\}$에 대하여 $\bigcap_1^n \{C_{\alpha_i} \mid i = 1, \cdots, n\} = \emptyset$를 만족하는 유한부분집합모임 $\{C_{\alpha_1}, \cdots, C_{\alpha_n}\}$이 존재하는 것이다.

증명 이 정리는 (정리 1.22)와 동치이므로 생략한다.

paracompact의 개념은 콤팩트성을 가장 유용하게 일반화한 것 중의 하나이다. 특히 대수위상이나 미분기하에서의 응용에 유용하다.

정의 1.24

위상공간 X의 개피복 $\{U_i \mid i \in I\}$가 **국소유한**(locally finite)이라는 것은 X의 각 점이 단지 유한개의 U_i와 만나는 근방을 가지는 것을 말한다.

또한 $\boldsymbol{C}$와 $\boldsymbol{B}$가 X의 피복일 때 임의의 $U \in \boldsymbol{C}$에 대하여 $U \subset V$인 $V \in \boldsymbol{B}$가 존재할 때 $\boldsymbol{C}$를 $\boldsymbol{B}$의 **세분**(refinement)이라 한다.

정의 1.25

X가 T_2-공간이고 X의 각 개피복이 X를 피복하는 국소유한인 개세분 (locally finite open refinement)을 가질 때 X를 **paracompact**라고 한다.

유한개피복은 국소유한이므로 콤팩트공간의 임의의 개피복은 국소 유한인 개세분을 갖는다. 따라서 콤팩트 T_2-공간은 paracompact이다. 또한 모든 거리공간은 paracompact이다. 그러므로 R은 콤팩트는 아니지만 거리공간이므로 paracompact이다.

[예 17] 임의의 이산공간은 콤펙트가 아니다. (다만 유한인 이산위상공간은 콤펙트이다.) 그러나 임의의 이산공간은 paracompact이다. 왜냐하면 임의의 이산공간 X는 T_2-공간이며 임의의 개피복 $\mathbf{B}$에 대하여 $\mathbf{C}=\{\{x\} \mid x\in X\}$는 국소유한이고 개세분이기 때문이다. 즉 X의 각 점이 단 하나의 단집합과 만나므로 국소유한이고 임의의 $\{x\}\in \mathbf{C}$에 대하여 $\{x\}\subset V$인 $V\in \mathbf{B}$가 존재하므로 개세분이다.

[예 18] 이산공간 X가 콤펙트가 되기 위한 필요충분조건은 X가 유한집합인 것이다. 그러므로 비가산인 이산공간은 paracompact이지만 콤펙트공간은 아니다.

한편 paracompact공간의 부분공간은 반드시 paracompact는 아니다.

정리 1.26 paracompact공간의 폐부분집합은 paracompact이다.

증명 A를 paracompact공간 X의 폐부분집합이라 하자. $\{U_i \mid i\in I\}$를 부분공간 A의 임의의 개피복이라고 하면 각 U_i는 A내에서 개집합이므로 각 $i\in I$에 대하여 X에서의 개집합 V_i가 존재하여 $U_i=A\cap V_i$이다. 이 경우 $\{V_i \mid i\in I\}\cup(X-A)$는 X의 개피복이 되며 X가 paracompact이기 때문에 국소유한인 개세분 $\{W_j \mid j\in J\}$를 갖는다. 그러면 임의의 $W_j\in\{W_j \mid j\in J\}$에 대하여 개집합 V_i가 존재해서 $W_j\subset V_i$이고 임의의 $A\cap W_j$에 대하여

$A\cap V_i = U_i$ 가 존재해서 $(A\cap W_j)\subset(A\cap V_i) = U_i$이다.

그러므로 $\{A\cap W_j \mid j\in J\}$는 $\{U_i \mid i\in I\}$의 개세분이며 또한 국소유한이므로 A는 paracompact이다.

정리 1.27 paracompact공간은 T_3-공간이다.

증명 X를 paracompact공간이라고 하자. X가 T_2-공간이므로 역시 T_1-공간이다. 임의의 폐집합 $F\subset X$와 $X-F$의 한 점 x에 대하여 서로소인 개집합 U, V가 존재하여 $F\subset U$이고 $x\in V$임을 보이자.

폐집합 F에 대하여 $x\in X-F$일 때 X가 T_2-공간이므로 각 $y\in F$에 대하여 서로소인 개집합 U_y와 V_y가 존재하여 $x\in U_y$이고 $y\in V_y$가 된다. 이때 $\{V_y \mid y\in F\}\cup\{X-F\}$는 X의 개피복이고 X가 paracompact이므로 이 개피복은 국소유한인 개세분 $\{W_j \mid j\in J\}$를 갖는다.

$$V=\cup\{W_j \mid W_j\cap F\neq\varnothing\}$$

라고 하면 V는 F를 포함하는 개집합이다. 또한 개피복 $\{W_j \mid j\in J\}$는 국소유한이므로 x는 단지 유한개의 W_j와 만나는 근방 U'를 갖는다. 유한개의 W_j를 $W_{j_1}, \cdots, W_{j_n}$으로 나타낼 때 적당한 $W_{j_i}(i=1, \cdots, n)$가 F와 만나면 그것은 적당한 V_{y_i}의 부분집합이 된다.

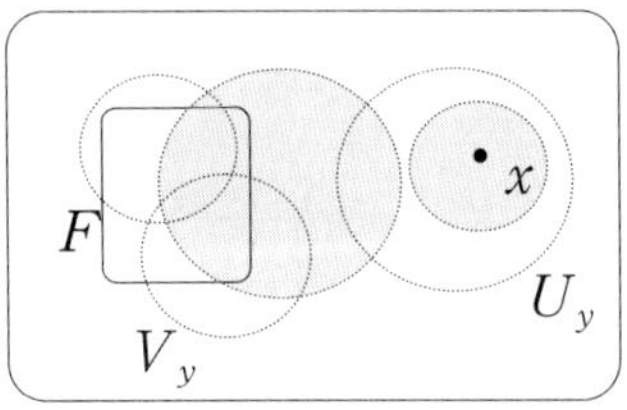

$$U=U'\cap(U_{y_1}\cap\cdots\cap U_{y_n})$$

이라 하면 $x\in U$이고 $U\cap V=\varnothing$이다. 따라서 X는 T_3-공간이다.

정리 1.28 paracompact공간 X는 T_4-공간이다.

증명 X는 T_2-공간이므로 T_1-공간이다. 따라서 X내의 서로소인 폐부분집합 F와 F'에 대하여 서로소인 개집합 U와 V가 존재하여 $F \subset U$이고 $F' \subset V$임을 보이자.

F와 F'를 X의 폐부분집합이고 서로소라고 하자. 그러면 (정리 1.27)에 의하여 각 $x \in F$에 대하여 서로소인 개집합 U_x와 V_x가 존재하여 $x \in U_x$이고 $F' \subset V_x$이다. 이 때 $\{U_x \mid x \in F\} \cup \{X - F\}$는 X의 개피복이므로 paracompact의 정의에 의하여 국소유한인 개세분 $\{W_j \mid j \in J\}$를 갖는다.

$$U = \cup \{ W_j \mid W_j \cap F \neq \emptyset \}$$

라 하면 U는 F를 포함하는 개집합이다. 각 $y \in F'$에 대하여 단지 유한개의 W_j와 만나게 되는 근방 H_y를 택할 수 있는데 이 때 이 유한개의 W_j를 $W_{j_{1(y)}}, \quad , W_{j_{n(y)}}$라고 하자. F와 만나는 각 W_{j_i}는 적당한 $U_{i(x)}$의 부분집합이 된다.

$$G_y = H_y \cap (V_{1(x)} \cap \cdots \cap V_{n(x)})$$

으로 두면 G_y는 y를 포함하는 개집합이며 U와 서로 만나지 않는다. 이 때 $V = \cup \{G_y \mid y \in F'\}$라고 하면 V는 F'를 포함하는 개집합으로 U와는 만나지 않는다. 따라서 X는 T_4-공간이다.

정리 1.29 두 paracompact공간의 적이 반드시 paracompact는 아니다.

증명 생략

연습문제 8.1

1. 공간 X의 유한개의 콤팩트부분집합들의 합집합은 콤팩트이다.

2. A와 B가 콤팩트이면 $A \cup B$도 콤팩트이다.【문제중심 위상수학 참고】

3. X가 T_2-공간일 때 X의 서로소인 콤팩트부분공간 A, B는 서로소인 근방을 갖는다.

4. $\mathfrak{T}$와 $\mathfrak{T}'$를 집합 X위의 두 위상이라 하고 $\mathfrak{T} \supset \mathfrak{T}'$라 하자. 이때 공간 $(X, \mathfrak{T})$가 콤팩트이면 $(X, \mathfrak{T}')$는 콤팩트인가? 또 $(X, \mathfrak{T}')$가 콤팩트라면 $(X, \mathfrak{T})$는 콤팩트인가?

5. $(X, \mathfrak{T})$와 $(X, \mathfrak{T}')$가 콤팩트이고 T_2-공간이면 $\mathfrak{T} = \mathfrak{T}'$이거나 두 위상이 비교가능하지 않음을 보여라.

6. 단위원 S^1은 콤팩트이다.

7. $\varnothing$는 콤팩트이다.【문제중심 위상수학 참고】

8. 여유한위상공간 R은 콤팩트이다.【문제중심 위상수학 참고】

9. 여가산위상을 갖는 R은 콤팩트가 아니다.【문제중심 위상수학 참고】

10. 하한위상공간 R은 콤팩트가 아니다.【문제중심 위상수학 참고】

11. 콤팩트집합의 폐포는 콤팩트가 아닐 수도 있다. 예를 들어보아라. 그러나 정칙공간 내에서는 콤팩트집합의 폐포는 콤팩트이다.

12. 집합 X가 콤펙트이고 Y가 폐집합일 때 $X \cap Y$는 콤펙트이다.

【문제중심 위상수학 참고】

13. 다음의 각각을 예를 들어라.

(1) 콤펙트인 개부분공간

(2) 콤펙트가 아닌 폐부분공간

(3) 폐집합이 아닌 콤펙트부분공간

(4) 교집합을 해서 콤펙트가 안되는 두 콤펙트부분집합

14. 위상공간 $(X, \mathfrak{T})$에서 C가 콤펙트인 부분집합이고 F가 폐집합일 때 $C \cap F$는 콤펙트이다.**【문제중심 위상수학 참고】**

15. Y가 콤펙트이면 사영함수 $\pi_1 : X \times Y \to X$는 폐사상이다.

16. X가 T_2-공간일 때 X의 서로소인 콤펙트부분공간 A, B는 서로소인 근방을 갖는다.**【문제중심 위상수학 참고】**

17. 공간 X의 유한개의 콤펙트부분집합들의 합집합은 콤펙트이다.

【문제중심 위상수학 참고】

18. $\{(1, 4), (2, 5), (3, 6), \cdots\}$은 유한교집합성질을 갖지 않는다.

【문제중심 위상수학 참고】

19. 함수 $f : X \to Y$에서 Y가 콤펙트이고 T_2 − 공간일 때 f가 연속이기 위한 필요충분조건은 그래프 $G_f = \{(x, f(x)) \mid x \in X\}$가 $X \times Y$에서 폐집합인 것이다.

20. 만일 X가 T_2-공간이면 임의개의 콤펙트부분공간들의 교집합은 콤펙트이다.

21. 콤펙트인 정칙공간은 정규이다.

22. 거리공간 X가 콤팩트이기 위한 필요충분조건은 X가 완비이고 전유계인 것이다.

23. A를 완비공간 X의 부분집합이라 할 때 A가 콤팩트이기 위한 필요충분조건은 A가 폐집합이고 전유계인 것이다.

24. R^n공간과 R^n공간의 부분공간은 paracompact이다.

25. paracompact공간 X의 각 개집합이 paracompact이면 X의 모든 부분공간은 paracompact이다.

2. 가산콤택트, 점열콤택트

일반적으로 가산콤펙트와 점열콤펙트는 콤펙트와 동치가 아니다. 그러나 특별한 경우 즉 거리공간에서 이들은 콤펙트와 동치이다.

정의 2.1

위상공간 X의 모든 가산개피복이 유한부분피복을 가지면 X를 **가산콤펙트** (countably compact)라 한다.

[예 1] 모든 콤펙트공간은 가산콤펙트이다. 왜냐하면 X가 콤펙트공간이면 X의 임의의 개피복이 유한부분피복을 가지므로 X의 가산개피복에 대해서도 유한부분피복을 갖게 되기 때문이다. 그러나 역은 성립하지 않는다. 예를 들면 S_Ω는 콤펙트가 아니다. 왜냐하면 $\overline{S_\Omega}$의 폐부분집합이 아니기 때문이다. 그러나 S_Ω는 가산콤펙트이다.

[예 2] R에서 유계인 폐구간 $A=[0,1]$은 콤펙트이므로 가산콤펙트이다.

[예 3] 보통위상공간 R은 가산콤펙트가 아니다.
왜냐하면 $C=\{(n-1,\ n+1) \mid n\in\mathbb{Z}\}$는 R의 가산개피복이지만 C는 유한부분피복을 갖지 못하기 때문이다.

[예 4] 하한위상공간 R_l도 가산콤펙트가 아니다.
왜냐하면 $C=\{[n-1,\ n) \mid n\in\mathbb{Z}\}$이나 $C'=\{[-n,\ n) \mid n\in\mathbb{N}\}$ 등은 R_l의 가산개피복이지만 유한부분피복을 갖지 못하기 때문이다.

정의 2.2

X가 위상공간일 때 X내의 모든 점열(sequence)이 X의 한 점으로 수렴하는 부분열(subsequence)을 가지면 X를 **점열콤펙트**(sequentially compact)라 한다.

[예 5] A를 공간 X의 유한부분집합이라 하면 A에서의 점열 $\langle a_1, a_2, \cdots \rangle$은 A의 한 원소가 무한 번 되풀이하여서 나타날 수밖에 없다. 이 원소를 a_0라 하면 $\langle a_0, a_0, \cdots \rangle$는 점열 $\langle a_n \rangle = \langle a_1, a_2, \cdots \rangle$의 부분열로 $a_0 \in A$에 수렴한다. 따라서 A는 점열콤펙트이다.

[예 6] 보통위상공간 R에서의 개구간 $A=(0, 1)$은 점열콤펙트가 아니다. 예를 들면 점열 $\langle a_n \rangle = \langle \frac{1}{2}, \frac{1}{3}, \frac{1}{4}, \cdots \rangle$은 0에 수렴하고 따라서 각 부분열도 0에 수렴하지만 0은 A에 속하지 않는다.

[예 7] 여유한위상공간 $(R, \mathfrak{T}_f)$는 점열콤펙트이다.

정리 2.3 다음의 성질들은 서로 동치이다.

(1) X는 가산컴펙트이다.

(2) X의 모든 가산인 무한부분집합은 적어도 하나의 집적점(cluster point)을 갖는다.

(3) X에서의 각 점열이 극점(limit point)을 갖는다.

증명 (1)⇒(2) : $A=\{a_i \mid i \in \mathbb{N}\}$를 X의 가산무한 부분집합이라하고 A가 집적점을 갖지 않는다고 하자. 그러면 A는 X의 폐이산부분공간이며 A의 각 점은 폐집합이다. 그러므로 각 점 $a_i \in A$에 대하여 $U_i \cap A = \{a_i\}$를 만족하는 a_i의 근방 U_i가 존재한다. 따라서 $\{U_i \mid i \in \mathbb{N}\} \cup A^c$는 X의 한 가산개피복이 된다. 그러나 이것은 유한부분피복을 갖지 못하므로 X는 가산콤펙트가 아니다.

(2) ⇒(3) : $\langle a_i \mid i \in \mathbb{N} \rangle$을 X에서의 한 점열이라 하자. 그러면 점열 $\langle a_i \mid i \in \mathbb{N} \rangle$은 두 가지 경우로 생각할 수 있다. 하나는 적당한 i_0에 대하여 $i, j \geq i_0$인 i, j항에서 $a_i = a_j = a_{i_0}$가 되는 경우 즉,

$$\langle a_1, a_2, \cdots, a_{i_0}, \cdots, a_i, \cdots, a_j, \cdots \rangle$$
$$= \langle a_1, a_2, \cdots, a_{i_0 - 1}, a_{i_0}, a_{i_0}, a_{i_0}, \cdots \rangle$$

로서 $\langle a_i \rangle$는 a_{i_0}로 수렴한다. 그러므로 a_{i_0}는 극점이다.
또 하나는 부분점열을 취해서 모든 $i \geq 1$에 대하여 $i \neq j$이면 $a_i \neq a_j$가 되게 하면 이 부분점열 집합은 가산무한집합이 된다. 따라서 (2)에 의하여 극점을 갖는다.

(3) ⇒(1) : X가 가산콤펙트공간이 아니라고 하면 유한 부분피복을 갖지 않는 X의 가산개피복 $\{U_i \mid i \in \mathbb{N}\}$가 존재한다. 그러므로 각 $n \in \mathbb{N}$에 대하여 어떤 원소 $a_n \in X - \bigcup_{1}^{n} U_i$을 찾을 수 있다. 이때 이와 같은 a_n들로 이루어진 점열 $\langle a_n \rangle$을 얻는데 이 $\langle a_n \rangle$은 극점을 갖지 못한다. 왜냐하면 각 원소 $a \in X$는 피복 $\{U_i \mid i \in \mathbb{N}\}$중의 어떤 원소 U_j에 속하고 그리고 $k \geq j+1$에 대하여 $x_k \notin U_j$이기 때문이다.

위 (정리 2.3)의 (2)의 성질을 갖는 공간을 **극점콤펙트**(limit point compact)라고도 한다. 이 성질은 어떤 면에서 콤펙트성질보다 더 자연습럽고 직관적이다. 위상 이론이 정립될 초기에는 이 성질을 갖는 공간을 콤펙트공간이라고 하기도 하였다. 그 뒤 콤펙트공간이 확실히 정의되면서 이 성질은 이름을 정하지 못하고 여러 가지로 불렸는데 그 중 하나가 “Bolzano-Weierstrass property”이다.

[예 8] 콤펙트공간은 가산콤펙트이므로 위 (정리 2.3)에 의해 콤펙트공간은 “Bolzano-Weierstrass property”를 갖는다. 따라서 $[a, b] \subset R$는 콤펙트이므로 “Bolzano-Weierstrass property”를 갖는다. 그러나 개구간 (a, b)는 a또는 b로 수렴하는 무한수열이 (a, b)내에 극점을 갖지않기 때문에“Bolzano-Weierstrass property”를 갖지 않는다.

[예 9] 수직선 R은 "Bolzano-Weierstrass property"를 갖지 않는다. 왜냐하면 정수집합 $\mathbb{Z}\subset R$가 극점을 갖지 않기 때문이다.

한편 위 (정리 2.3)에 의하여 (정리 2.3)의 성질 (2)를 가산콤펙트공간의 정의로 할 수 있다. 따라서 이것을 이용하여 (예 1)에서 언급한 S_Ω가 가산콤펙트임을 알아보자.

[예 10] S_Ω는 가산콤펙트이다. 왜냐하면 A를 S_Ω의 무한부분집합이라 하고 A의 부분집합 B가 가산인 무한집합이라 하자. 그러면 B가 가산이므로 B는 S_Ω에서 상계를 갖는다. 이 때 B는 구간 $[a_0, b]\subset S_\Omega$의 부분집합이 된다 ($a_0 : S_\Omega$의 최소원소). S_Ω가 상한성질(least upper bound property)을 가지므로 구간 $[a_0, b]$는 콤펙트이다. 그러므로 B는 $[a_0, b]$에서 극점 x를 갖는다. 이 점 x는 역시 A의 극점이다. 따라서 S_Ω는 가산콤펙트이다.

[예 11] $X=(0,1)$에서 가산무한집합 $A=\left\{\frac{1}{2}, \frac{1}{3}, \frac{1}{4}, \cdots\right\}$은 단 하나의 극점 0을 갖는데 $0\not\in X$이므로 X는 가산콤펙트가 아니다.

정리 2.4 모든 점열콤펙트공간 X는 가산콤펙트이다.

증명 A를 X의 임의의 가산인 무한부분집합이라 하면 A에는 상이한 항들로 이루어지는 한 점열 $\langle a_1, a_2, \cdots \rangle$가 존재한다. 가정에서 점열 $\langle a_n \rangle$은 한 점 $p\in X$에 수렴하는 한 부분열 $\langle a_{i_1}, a_{i_2}, \cdots \rangle$을 포함한다. 그러면 p의 각 개근방은 $\langle a_{i_n} \rangle$의 무한개의 항을 포함하게 되고 p의 각 개근방은 A의 무한개의 점을 포함하게 되므로 p는 A의 극점이다.

[예 12] 점열콤펙트공간의 부분공간이 점열콤펙트공간인 것은 아니다. 예를 들면 보통위상공간 R에서 $[0, 1]$은 점열콤펙트이지만 $(0, 1)$은 점열콤펙트가 아니다.

정리 2.5 점열콤펙트공간 X의 폐부분집합 A는 점열콤펙트이다.

증명 $\langle a_i \rangle$을 부분집합 A의 원소로 이루어진 수열이라 하자. 그러면 X가 점열콤펙트이므로 점 p로 수렴하는 부분수열 $\langle a_m \rangle$이 존재한다. 그러므로 $p \in A$임을 보이자. $p \notin A$라 하자. 그러면 $p \in A^c$이고 그리고 A^c가 개집합이므로 부분수열 $\langle a_m \rangle$에 대하여 $n_0 \in \mathbb{N}$가 존재해서 $n \geq n_0$이면 $a_n \in A^c$이다. 즉 유한개를 제외한 나머지 항들을 A^c가 포함한다. 이는 모든 항 a_m이 A의 원소인 것에 모순이다. 따라서 A는 점열콤펙트이다.

[예 13] 가산콤펙트공간의 부분공간이 가산콤펙트공간인 것은 아니다. 예를 들면 보통위상공간 R에서 $[0, 1]$은 콤펙트이므로 가산콤펙트이지만 $(0, 1)$은 가산콤펙트가 아니다.

정리 2.6 가산콤펙트공간의 폐부분공간은 가산콤펙트이다.

증명 X를 가산콤펙트공간이라 하고 F를 X의 폐부분공간이라 하자. 만일 $\{U_i\}$를 F의 가산개피복이라 하면 $V_i \cap F = U_i$를 만족하는 X에서의 개집합 V_i가 존재한다. 그러번 $\{V_i\} \cup (X-F)$는 X의 가산개피복이 되고 X가 가산콤펙트이므로 유한부분피복

$$\{V_i \mid i=1, \cdots, n\} \cup (X-F)$$

를 갖는다.

그러므로 $\{V_i \mid i=1, \cdots, n\}$는 X에서의 개집합들로 이루어진 F의 유한개피복이다. 각 $i=1, \cdots, n$에 대하여 $V_i \cap F = U_i$인 $\{U_i \mid i=1, \cdots, n\}$는 F의 유한피복이다.

[예 14] 가산콤펙트이면서 콤펙트도 아니고 점열콤펙트도 아닌 공간이 있다. $\mathbb{N}$을 자연수 전체의 집합이라 하고

$$\beta = \{\{1, 2\}, \{3, 4\}, \{5, 6\}, \cdots\}$$

이라고 하면 β는 $\mathbb{N}$상의 어떤 위상에 대한 기저 (basis)를 이룬다. 그런데 β자신은 $\mathbb{N}$의 개피복이 되지만 유한부분피복을 갖지 못하므로 $(\mathbb{N}, \mathfrak{T})$는 콤펙트가 아니다. 또 점열 $< 1, 2, 3, \cdots >$은 수렴하는 부분열을 갖지 못하므로 $(\mathbb{N}, \mathfrak{T})$는 점열콤펙트가 아니다. 그러나 A가 $\mathbb{N}$의 임의의 무한부분집합이고 $x \in A$일 때 만일 n이 기수이면 $n+1$의 임의의 근방 U는 $\{n, n+1\}$을 포함해야 하므로

$$A \cap (U - \{n+1\}) \supset A \cap (\{n, n+1\} - \{n+1\}) = \{n\}$$

이 되어 $n+1$은 A의 극점이 된다. 또 만일 n이 우수이면 같은 방법으로 $n-1$이 A의 극점이 된다. 어떤 경우에도 A는 극점을 가지므로 $(\mathbb{N}, \mathfrak{T})$는 가산콤펙트이다.

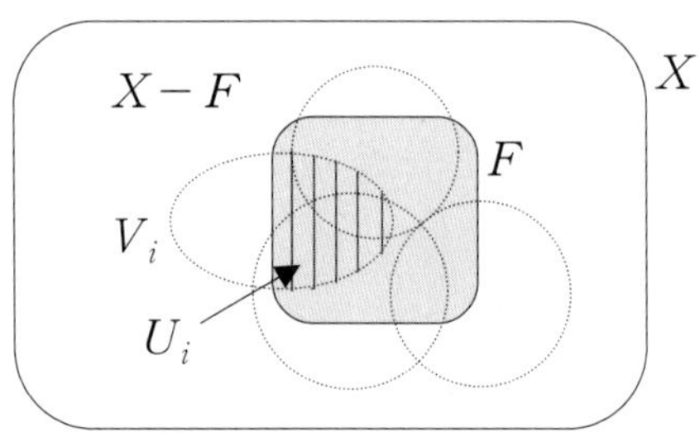

콤펙트와 가산콤펙트 · 점열콤펙트 사이에는 일반적으로 다음과 같은 관계가 성립한다. 그러나 역은 성립하지 않는다.

콤펙트 $\Rightarrow$ 가산콤펙트 $\Leftarrow$ 점열콤펙트

정리 2.7 X가 린데레프공간이면 X가 콤펙트인 것과 가산콤펙트인 것은 서로 동치이다.

증명 콤펙트이면 가산콤펙트이므로 역인 가산콤펙트이면 콤펙트가 되는 것을 보이자. C가 린데레프공간 X의 한 개피복이라 하자. 그러면 C는 X에서 가

산인 부분피복 C'를 갖는다. 그리고 X가 가산콤펙트이므로 C'는 유한부분피복 C''를 갖게된다. 이때 그러면 C''는 바로 C의 유한부분피복이 되므로 X는 컴펙트이다.

[예 15] R^n이 제2가산공간이므로 역시 린데로프공간이다. 그러므로 R^n은 콤펙트이기도 하고 가산콤펙트이기도 하다.

정리 2.8 가산콤펙트공간의 연속인 상은 가산콤펙트이다.

증명 X를 가산콤펙트공간이라 하고 Y를 임의의 공간이라 하자. 그리고 함수 $f: X \to Y$가 연속이고 전사이며 $\{U_i\}$를 Y의 가산개피복이라 하자. 그러면 f가 연속이므로 $f^{-1}(U_i)$는 X에서 개집합이다. 그러므로 $\{f^{-1}(U_i)\}$는 X의 가산개피복이고 X가 가산콤펙트이므로 유한부분피복 $\{f^{-1}(U_i) \mid i=1,\cdots,n\}$가 존재하다. 그리고 f가 전사이므로 $ff^{-1}(U_i)=U_i$이고 따라서 $\{(U_i) \mid i=1,\cdots,n\}$는 Y를 피복하게 되어 Y는 가산콤펙트이다.

위 (정리 2.8)은 가산콤펙트공간 대신 점열콤펙트공간일 때에도 그대로 성립한다.

정리 2.9 X가 거리공간이라 하자. 그러면 다음은 서로 동치이다.

(1) X는 콤펙트이다.

(2) X는 가산콤펙트이다.

(3) X는 점열콤펙트이다.

증명 (1)$\Rightarrow$(2) : (예 1)에 의하여 설명된다.

(2)$\Rightarrow$(3) : $\{x_n\}$을 X에서의 가산점열이라하자. 그러면 X가 가산콤펙트이므로 $\{x_n\}$은 집적점 $x \in X$를 갖는다. 그러므로 x로 수렴하는 $\{x_n\}$의 부분점열 $\{x_{n_k}\}$가 존재한다.

(3)$\Rightarrow$(2) : (정리 2.4) 이용

(3)$\Rightarrow$(1) : 연습문제 3에 의하여 X는 가분이고 가분인 거리공간은 제2가산

공간이며 제2가산공간은 린데레프이므로 (연습문제 2)에 의하여 (1)이 성립한다.

※ (정리 2.9)의 별해

(1) ⇔ (2) : (정리 2.7) 이용

(2) ⇔ (3) : 거리공간은 제1가산 공간이므로 (연습문제 1)에 의해 성립한다.

위 (정리 2.9)는 제2가산공간이면 제1가산공간이고 린데레프이므로 X가 제2가산공간일 때에도 성립한다.

정의 2.10

연결이고 국소연결이며 콤팩트인 거리공간을 **피아노공간** 또는 **피아노연속체** (Peano space 또는 Peano continuum)라고 부른다.

[예 16] R에서의 유계인 폐구간, R^2에서 폐집합인 정방형, 폐집합인 원판, R^3에서 폐집합인 입방체, 폐집합인 볼들, … 등은 피아노공간이다.

피아노공간 X에 대한 특별한 사실은 전사인 연속함수 $f: I \to X$가 존재한다는 것이다. 이러한 함수는 19세기 말 이탈리아 수학자 G. Peano에 의하여 단위정방형에 대하여 처음으로 발견되었으며 이를 "space-filling curve"라고 불렀다. T_2-공간의 성질과 연속함수에서 단위폐구간의 상이 피아노공간을 특징지운다. 즉 위상공간 X가 피아노공간이 되기 위한 필요충분조건은 X가 T_2-공간이고 전사인 연속함수 $f: I \to X$가 존재한다는 것이다.

연습문제 8.2

1. 보통위상공간 R과 하한위상공간 R_l은 모두 가산콤펙트가 아니다.

【문제중심 위상수학 참고】

2. X가 제1가산공간일 때 X가 가산콤펙트이기 위한 필요충분조건은 X가 점열콤펙트가 되는 것이다.

3. X가 린데레프공간이고 점열콤펙트이면 X는 콤펙트이다.**【문제중심 위상수학 참고】**

4. X가 린데레프공간이고 가산콤펙트이면 X는 콤펙트이다.**【문제중심 위상수학 참고】**

5. 점열콤펙트인 거리공간은 가분이다.

6. 가산콤팩트성과 점열콤팩트성은 모두 위상적 성질이다.**【문제중심 위상수학 참고】**

7. 콤펙트공간과 가산콤팩트 공간의 적공간은 가산콤펙트공간이다.

8. 각 $X_i\,(i=1,2,\cdots)$가 점열콤펙트일 때 $\prod_{i=1}^{n} X_i$도 점열 콤펙트이다.

9. 가산콤펙트이고 제1가산공간이면 정칙공간이다.

10. 두 가산콤펙트공간의 카테션적은 가산콤펙트일 필요는 없다.

11. X가 가산콤펙트일 때 X가 거리화가능공간이기 위한 필요충분조건은 X가 제2가산공간이 되는 것이다.

12. X가 Hausdorff공간일 때 X가 가산콤펙트일 필요충분조건은 X가 Bolzano-Weierstrass property를 갖는 것이다.

13. 콤펙트가 아닌 가산콤펙트공간의 예를 들어라.**【문제중심 위상수학 참고】**

3. 국소콤펙트, 콤펙트화

콤펙트공간은 효율성이 많으나 대다수의 중요한 공간이 콤펙트가 아니다. 콤펙트의 성질과 유사하면서 콤펙트공간을 한층 일반화한 것이 국소콤펙트인데 해석학이나 기하학에서 많이 접할 수 있는 공간이기도 하다. 이공간은 국소적으로 콤펙트인 성질을 갖는다.

그리고 이 절에서는 이 공간에 이 공간 밖의 한 점을 추가하여 콤펙트공간이 되도록 하는 콤펙트화에 대하여 알아보자.

정의 3.1

공간 X가 점 $x \in X$에서 **국소콤펙트**(locally compact)라 하는 것은 x의 한 근방 U를 포함하는 X의 콤펙트인 부분집합 C가 존재할 때이다. 또 공간 X가 X의 각 점에서 국소콤펙트이면 X를 **국소콤펙트공간**(locally compact space)이라 한다.

위 정의를 달리 표현하면 다음과 같다.

공간 X의 점 x에 대하여 $\overline{U}$가 콤펙트가 되는 x의 근방 U가 존재하면 X는 x에서 국소콤펙트라고 한다.

[예 1] 콤펙트공간은 국소콤펙트이다.

왜냐하면 콤펙트공간 X자신은 각 점 $x \in X$의 하나의 근방이 되며 X자신이 또한 X의 콤펙트인 부분집합이므로 X는 국소콤펙트이다. 다시 말해 콤펙트공간 X의 임의의 점 x는 $x \in X \subset X$이므로 X자신이 콤펙트근방이 되기 때문이다. 그러나 역은 성립하지 않는다.

다른 설명 X가 콤펙트공간이면 각 점 $p \in X$에 대하여 X자신이 p를 포함하는 개집합이고 $\overline{X}=X$ 이므로 $\overline{X}$가 콤펙트가 되어 X는 국소콤펙트공간이다.

[예 2] 보통위상공간 R은 콤펙트가 아니다. 그러나 국소콤펙트이다. 왜냐하면 각 점 $x \in R$에 대하여

$$x \in (x-\varepsilon,\ x+\varepsilon) \subset [x-\varepsilon,\ x+\varepsilon]$$

인 x의 콤펙트근방 $[x-\varepsilon, x+\varepsilon]$이 존재하기 때문이다. 마찬가지로 개구간과 반개구간도 국소콤펙트이다.

[예 3] 공간 R^n은 국소콤펙트이다. 왜냐하면 R^n공간의 각 점 x에 대하여 x의 콤펙트근방 $[a_1, b_1] \times [a_2, b_2] \times \ldots \times [a_n, b_n]$이 존재해서

$$x \in (a_1, b_1) \times (a_2, b_2) \times \cdots \times (a_n, b_n) \subset [a_1, b_1] \times [a_2, b_2] \times \cdots \times [a_n, b_n]$$

이기 때문이다. 이때 $(a_1, b_1) \times (a_2, b_2) \times \cdots \times (a_n, b_n)$는 기저원소로 개집합이다.

[예 4] 공간 R^ω는 국소콤펙트가 아니다. 왜냐하면 기저원소

$$A = (a_1, b_1) \times (a_2, b_2) \times \cdots \times (a_n, b_n) \times R \times \cdots \times R \times \cdots$$

는 어떤 콤펙트공간에도 포함되지 않기 때문이다. 즉

$$\overline{A} = [a_1, b_1] \times [a_2, b_2] \times \cdots \times [a_n, b_n] \times R \times \cdots \times R \times \cdots$$

가 콤펙트가 되어야하는 데 콤펙트가 아니기 때문이다.

정리 3.2 모든 이산위상공간은 국소콤펙트이다.

증명 X를 이산위상공간이라 할 때 X에 속하는 각 점 x에 대하여 단집합 $\{x\}$는 개집합이고 콤펙트이다. 그러므로 x의 콤펙트근방 $\{x\}$가 존재해서 $x \in \{x\} \subset \{x\}$이기 때문에 X는 국소콤펙트이다.

한편, 모든 비이산공간은 콤펙트이므로 역시 국소콤펙트이다.

정리 3.3 X를 T_2-공간이라 하자. X가 점 x에서 국소콤펙트공간이되기 위한 필요충분조건은 x의 임의의 근방 U에 대하여 $\overline{V}$가 콤펙트이고 $\overline{V}\subset U$인 x의 근방 V가 존재하는 것이다. (즉, $x\in V\subset\overline{V}\subset U$)

증명 $\overline{V}$는 x의 근방 V를 포함하는 콤펙트집합이 되므로 X는 점 x에서 국소콤펙트공간이다.

역으로 X가 점 x에서 국소콤펙트공간이라고 가정하자. 그러면 집합 C를 x의 적당한 근방을 포함하는 콤펙트집합이라 할 수 있다. U를 x의 임의의 근방이라 하고 $A=C-U$라 하자. 이때 A는 C에서 폐집합이므로 A는 콤펙트이다. (정리 1.10)의 아래에서 설명한 대로 $x\notin A$이므로 서로소인 개집합 W, W'가 존재하여

$$x\in W \text{ 이고 } A\subset W'$$

이다. $V=W\cap(\text{int}\,(C))$라 하자. 그러면 V는 x의 근방이 된다. 또 X가 T_2-공간이므로 C는 X의 폐집합이다. 그러므로 $\overline{V}\subset C$이고 C가 콤펙트이므로 $\overline{V}$도 또한 콤펙트이다. V가 W에 포함되므로 $W\cap W'=\varnothing$에 의하여 $\overline{V}\cap A=\varnothing$가 된다. 그러므로 $\overline{V}\subset C-A$이고 따라서 $\overline{V}\subset U$이다.

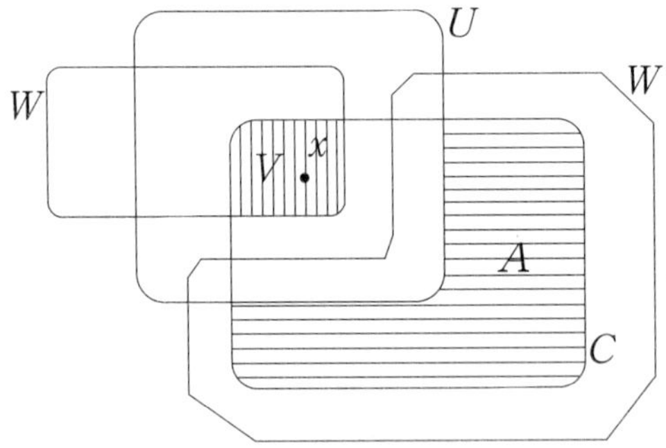

X의 모든 점에서 (정리 3.3)이 성립할 때 X는 국소콤펙트가 된다. 위 (정리 3.3)은 다시 다음과 같이 쓸 수 있다.

"X가 국소콤펙트공간이 되기 위한 필요충분조건은 X의 각 점이 콤펙트인

근방들로 이루어진 **근방기저**(neighborhood basis)를 갖는 것이다."

(정리 3.2)는 (정리 3.3)에 의하여 더욱 간단히 설명된다. 즉 각 단집합 $\{x\}$가 콤펙트이고 개집합이므로 $\{x\}$는 x의 콤펙트인 근방이 되기 때문이다.

한편 국소콤펙트공간의 부분공간이 국소콤펙트공간이 되는 것은 아니다.

[예제 5] 보통위상공간 R은 국소콤펙트이지만 이의 부분공간 Q는 국소콤펙트가 아니다.

풀이 부분공간 Q가 국소콤펙트공간이라 가정하자. 그러면 각 $r \in Q$에 대하여 콤펙트근방 U_r이 존재하는데 개구간 (a, b)가 존재하여 $r \in (a, b) \cap Q \subset U_r$이다. 여기서 무리수 p를 (a, b)에서 택하고 각 $x \in U_r$에 대하여 $p < x$ 이면 $V_x = (x, \infty)$, $x < p$ 이면 $V_x = (-\infty, x)$라고 하면 $C = \{V_x \cap U_r \mid x \in U_r\}$은 콤펙트 U_r의 개피복이나 유한부분피복을 갖지 않는다. 이것은 U_r이 콤펙트라는 사실에 모순이므로 Q는 국소콤펙트공간이 아니다.

정리 3.4 국소콤펙트공간의 개부분집합은 국소콤펙트이다.

증명 X를 국소콤펙트공간이라 하고 Y를 X의 개부분집합이라 하자. 만일 U가 Y에 속한는 한 점 x의 근방이라 하면 U는 Y에서 개집합이고 또한 X에서도 개집합이다. 그러므로 X에 속하는 점 x에 대하여 X가 국소콤펙트이므로 콤펙트인 근방 V가 존재하여 $x \in V \subset U$가 된다. 그러면 V는 Y에서의 점 x에 대하여서도 콤펙트인 근방이 되어 Y는 국소콤펙트이다.

정리 3.5 국소콤펙트공간 X의 폐부분집합 F는 국소콤펙트이다.

증명 F가 폐집합이고 $x \in F$라 하자. X가 국소콤펙트공간이므로 x의 콤펙트근방 U가 존재한다. 그러면 $F \cap U$는 U에서 폐집합이고 콤펙트이다. 또 U가 x의 콤펙트근방이므로 $x \in V \subset U$인 X에서의 개집합 V가 존재한다. 따라서 $F \cap V$는 부분공간 F에서 개집합이고 $x \in F \cap V \subset F \cap U$이므로 $F \cap U$는 부분공간 F에서 x의 콤펙트근방이다.

따라서 (정리 3.4, 3.5)에 의해 국소콤펙트공간의 개부분집합이나 폐부분집합은 국소콤펙트이다.

정리 3.6 위상공간 X가 국소콤펙트이고 T_2-공간이면 X의 개부분 집합이나 폐부분집합은 국소콤펙트이고 T_2-공간이다.

증명 Y를 X의 폐부분집합이라 하자. 각 $y \in Y$에 대하여 C를 X에서 x의 근방 U를 포함하는 X의 콤펙트인 부분집합이라 하자. 그러면 $C \cap Y$는 C의 폐부분집합이고 콤펙트이다. 그리고 $C \cap Y$는 Y에서 y의 근방 $U \cap Y$를 포함한다. 따라서 y의 근방 $U \cap Y$를 포함하는 콤펙트인 부분집합 $C \cap Y$가 존재하므로 Y는 국소콤펙트공간이다. 또 Y를 X의 개부분집합이라 하자. 각 $y \in Y$에 대하여 (정리 3.3)을 이용하면 Y가 X의 개부분집합이므로 $\overline{V}$가 콤펙트이며 $\overline{V} \subset Y$인 X에서의 y의 근방 V가 존재한다. 그러면 $C = \overline{V}$는 y의 근방 V를 포함하는 Y내의 콤펙트인 부분집합이다. 그러므로 Y는 국소콤펙트공간이다.

위 정리는 T_2-공간의 성질이 이용되지 않고 증명되었다. 그러므로 위 정리는 간단히 다음과 같이 말할 수 있다. 즉

"국소콤펙트 공간의 개부분집합이나 폐부분집합은 국소콤펙트이다."

정리 3.7 국소콤펙트공간의 연속이고 전사인 개사상에 의한 상은 국소콤펙트이다.

증명 X를 국소콤펙트공간, Y를 임의의 공간이라 하고 함수 $f: X \to Y$가 연속이고 전사인 개사상이라 하자. 그러면 Y의 각 점 y에 대하여 $f(x) = y$가 되는 x가 X내에 존재한다. 이때 U가 y를 포함하는 Y내의 개집합이라 할 때 $f^{-1}(U)$는 x를 포함하는 X의 개집합이 된다. X가 국소콤펙트공간이므로 (정리 3.3)에 의하여 $\overline{V}$가 콤펙트이고 $\overline{V} \subset f^{-1}(U)$가 되는 V가 존재한다. 그런데 f가 개사상이므로 $f(V)$는 Y에서 개집합이고

$$f(x) = y \in f(V) \subset f(\overline{V}) \subset U$$

가 된다. 또 콤펙트공간의 연속인 상은 콤펙트이므로 $f(\overline{V})$가 콤펙트이고 $\overline{f(V)}=f(\overline{V})$이다. 따라서 Y는 국소콤펙트이다.

다른 증명 임의의 $y\in Y$에 대하여 f가 전사이므로 $f(x)=y$ 인 $x\in X$가 존재하며 X가 국소콤펙트공간이므로 X에서의 개집합 U와 콤펙트인 C가 존재하여 $x\in U\subset C$ 이다. 그러면 $f(x)=y\in f(U)\subset f(C)$이고 f가 연속이므로 $f(C)$는 콤펙트이고 f가 개사상이므로 $f(U)$는 Y에서 개집합이다. 따라서 Y는 국소콤펙트이다.

정리 3.8 국소콤펙트공간들의 유한개의 적공간은 국소콤펙트이다.

증명 $\{X_i \mid i=1, \cdots, n\}$를 국소콤펙트공간들의 유한개의 모임이라 하자. $X=\prod_1^n X_i$이고 x가 X의 한 점이라 하면 $x=(x_1, x_2, \cdots, x_n)$이다. 여기서 각 x_i들은 X_i에 속하는 점이다. 그러면 각 X_i가 국소콤펙트공간이므로 X_i에서의 점 x_i에 대한 콤펙트인 근방 U_i가 존재한다. 따라서 Tychonoff의 (정리 1.19)에 의하여 $U=\prod_1^n U_i$는 적공간 X에서 x의 콤펙트인 근방이 된다.

정리 3.9 $\{X_\alpha \mid \alpha\in I\}$를 위상공간들의 모임이라 할 때 적공간 $X=\prod\{X_\alpha \mid \alpha\in I\}$가 국소콤펙트이기 위한 필요충분조건은 각 X_α가 국소콤펙트공간이 되는 것이다. 특히 이중 유한개의 X_α를 제외한 모든 X_α는 콤펙트이다.

증명 $X=\prod\{X_\alpha \mid \alpha\in I\}$를 국소콤펙트공간이라고 하자. 각 $\alpha\in I$에 대하여 사영사상 $\pi_\alpha : \prod\{X_\alpha \mid \alpha\in I\}\to X_\alpha$는 전사이고 연속인 개사상이므로 (정리 3.7)에 의하여 각 X_α는 국소콤펙트이다. 적공간 $\prod\{X_\alpha \mid \alpha\in I\}$가 국소콤펙트이므로 $\prod\{X_\alpha \mid \alpha\in I\}$의 한 점 x에 대한 근방 U를 포함하는 콤펙트인 집합 V가 존재한다. 그러면 V는

$$\pi_{\alpha_1}{}^{-1}(U_{\alpha_1})\cap\cdots\cap\ \pi_{\alpha_n}{}^{-1}(U_{\alpha_n})$$

형태의 기저근방을 갖는다. 여기서 $\alpha \neq \alpha_1, \cdots, \alpha_n$이면 $\pi_\alpha(V) = X_\alpha$이므로 (정리 3.7)에 의하여 $\alpha \neq \alpha_1, \cdots, \alpha_n$에 대하여 X_α는 콤펙트이다.

역으로 $\prod\{X_\alpha \mid \alpha \in I\}$에 속하는 한 점 $x = (x_\alpha)$에 대하여 x의 한 기저근방을

$$U = U_{\alpha_1} \times \cdots \times U_{\alpha_n} \times \prod_{\alpha \in S} X_\alpha$$

라 하자($\{\alpha_1, \cdots, \alpha_n\}$은 각 X_α가 콤펙트가 아닌 첨자들의 집합이다). 그러면 모든 X_α가 국소콤펙트공간이므로 $\alpha = \alpha_1, \alpha_2, \cdots, \alpha_n$일 때 U_α들이 각각 X_α들의 개집합이므로 (정리 3.6)에 의하여 U_α들은 국소콤펙트공간이다. 따라서 $\alpha = \alpha_1, \alpha_2, \cdots, \alpha_n$일 때 각 x_α에 대하여 x_α의 적당한 근방 U_α를 포함하는 콤펙트집합 V_α들이 존재하므로 $V = V_{\alpha_1} \times \cdots \times V_{\alpha_n} \times \prod_{\alpha \in S} X_\alpha$는 x의 근방 $U_{\alpha_1} \times \cdots \times U_{\alpha_n} \times \prod_{\alpha \in S} X_\alpha$를 포함하는 콤펙트집합이 된다. 따라서 적공간 $\prod\{X_\alpha \mid \alpha \in I\}$는 국소콤펙트이다.

콤펙트가 아닌 위상공간 X에 대하여 한 점 또는 몇 개의 점을 추가하여 확장된 집합을 Y라 하자, 이때 Y에 적당한 위상을 정의하여 콤펙트인 공간을 만들고 X를 부분공간으로 포함하도록 할 수 있다. 이와 같이 새로 만든 공간 Y를 X의 **콤펙트화**(compactification)라 한다.

정의 3.10

X를 국소콤펙트인 T_2-공간이라 하자. 공간 X밖의 한 점을 X에 첨가하여 집합 $Y = X \cup \{\infty\}$(편의상 X밖의 한 점을 ∞라 하자.)를 만들고 아래 (1)과 (2)의 형태의 모든 집합들의 모임을 Y에서의 한 위상 $\mathfrak{T}$로 정할 때 위상공간 $(Y, \mathfrak{T})$를 공간 X의 **한점콤펙트화**(one-point compactification)라 부른다.

(1) X에서의 개집합들
(2) V가 X의 콤펙트인 (폐)부분집합일 때 $Y - V$들

위에서 도입한 Y에서의 개집합들의 모임을 $\mathfrak{T}$라 할 때 $\mathfrak{T}$가 Y에서의 한 위상이

됨을 보이자.

(1) $\varnothing$는 X의 개집합이므로 $\varnothing \in \mathfrak{T}$이다. 또 $\varnothing$는 X의 콤펙트인 부분집합이므로 $Y-\varnothing = Y \in \mathfrak{T}$이다.

(2) $\mathfrak{T}$내의 두 개의 개집합의 교집합이 $\mathfrak{T}$에 속함을 보이자.

① U_1, U_2가 X에서 개집합이면 X가 위상공간이므로 $U_1 \cap U_2$는 X에서의 개집합이 되어 $U_1 \cap U_2 \in \mathfrak{T}$이다.

② V_1, V_2가 X의 콤펙트부분집합일 때 $Y-V_1$과 $Y-V_2$는 $\mathfrak{T}$의 원소가 되며

$$(Y-V_1) \cap (Y-V_2) = Y-(V_1 \cup V_2)$$

이다. 콤펙트공간의 유한개의 합집합은 콤펙트이므로 $V_1 \cup V_2$가 콤펙트가 되므로 $Y-(V_1 \cup V_2)$는 $\mathfrak{T}$에 속하게 되어 $(Y-V_1) \cap (Y-V_2)$도 $\mathfrak{T}$에 속한다.

③ U_1이 X에서의 개집합이고 V_1이 X에서 콤펙트부분집합일때

$$U_1 \cap (Y-V_1) = U_1 \cap (X-V_1)$$

이다. 여기서 V_1이 X에서 콤펙트이므로 폐집합이고 $X-V_1$은 X에서의 개집합이 된다. 그러므로 ①의 경우와 같다.

(3) 마찬가지로 개집합의 임의의 합집합이 개집합임을 보이자.

① 모든 U_α들이 X에서의 개집합일 때 $U = \cup U_\alpha$는 X에서의 개집합이므로 $U \in \mathfrak{T}$이다.

② $\cup(Y-V_\beta) = Y-(\cap V_\beta) = Y-V$이고 $V = \cap V_\beta$는 X의 콤펙트인 부분집합이므로 $Y-V \in \mathfrak{T}$가 되어 $\cup(Y-V_\beta) \in \mathfrak{T}$이다.

③ $(\cup U_\alpha) \cup (\cup(Y-V_\beta)) = U \cup (Y-V) = Y-(V-U)$이고 $V-U$가 V의 폐집합이므로 콤펙트가 되어 ②의 경우와 같다.

정리 3.11 X가 국소콤펙트이면서 T_2-공간이지만 콤펙트공간이 아니라 하고 Y를 X의 한점콤펙트화라고 하자. 그러면

(1) X는 Y의 부분공간이다.

(2) $\overline{X}=Y$

(3) Y는 콤펙트, T_2-공간이다.

(4) $Y-X$는 단집합(한점집합)이다.

증명 (1) Y의 개집합은 X에서의 개집합 U이거나 V가 X에서 콤펙트일 때 $Y-V$이다. 그런데

$$U\cap X=U \text{이고 } (Y-V)\cap X=X-V$$

이면 U와 $X-V$가 X에서 개집합이므로 Y의 어떠한 개집합도 X와의 교집합이 X에서의 개집합이다. 또 X에서의 어떠한 개집합도 정의 (1)에 의하여 Y에서의 개집합이다. 그러므로 X는 Y의 부분공간이다.

(2) X가 콤펙트가 아니므로 점 ∞를 포함하는 각 개집합 $Y-V$는 X와 만난다. 즉 $(Y-V)\cap X\neq\varnothing$이므로 ∞는 X의 극점이다. 그러므로 $\overline{X}=Y$이다.

(3) $\mathcal{C}$를 Y의 임의의 개피복이라 하자. 정의의 (1)의 형태의 어떠한 개집합도 점 ∞를 포함하지 않으므로 Y의 개피복 $\mathcal{C}$는 정의의 (2)의 형태의 개집합 $Y-V$를 포함하여야 한다. $Y-V$와 다른 $\mathcal{C}$의 모든 원소들(개집합)과 X와의 교집합들은 X에서의 개집합이 되는데 그러한 개집합들로 이루어진 개집합들의 모임은 V를 포함한다. V가 X에서 콤펙트인 집합이므로 유한부분피복이 존재한다. 이 유한부분피복에 대응하는 $\mathcal{C}$의 유한개의 원소들과 $Y-V$는 Y의 한 개피복이 된다. 그러므로 $\mathcal{C}$는 유한부분피복을 갖게 되므로 Y는 콤펙트공간이다. 또 Y가 T_2-공간임을 보이기 위하여 x와 y를 Y의 서로 다른 두점이라 하자, x와 y가 모두 X내에 있으면 X가 T_2-공간이므로 x와 y는 서로소인 근방을 갖는다. 한편 $x\in X$이고 $y=\infty$이면 X가 국소콤펙트공간이므로 x의 적당한 근방 U를 포함하는 X에서의 콤팩트 부분집합 V가

존재한다. 그러면 U와 $Y-V$는 Y에서 각각 x와 ∞를 포함하는 서로소인 근방이 되므로 Y는 T_2-공간이다.

[예 6] 실수공간 R의 한점콤펙트화는 단위원과 위상동형이다. 왜냐하면 R과 개구간 $(0, 1)$이 위상동형이므로 $(0, 1)$의 한점콤펙트화는 단위원과 위상동형이다. 마찬가지로 R^2의 한점콤펙트화는 구 S^2와 위상동형이다. 구체적으로 설명하면 S^2를 $(0, 0, 1)$을 중심으로 하고 반지름 1인 구면이라 하자. 이 때 점 $\infty=(0, 0, 2)\in S^2$와 임의의 점 $p\in R^2$를 맺는 직선의 S^2와의 교점을 p'라 하면 사상 $f: R^2\to S^2$를 $f(p)=p'$에 의하여 정의할 수 있다. 그러면 f는 R^2에서 $S^2-\{\infty\}\subset S^2$위로의 위상동형사상이다. (증명생략) 이 때 R^2은 콤펙트가 아니고 S^2는 콤펙트이므로 S^2는 R^2의 콤펙트화이다.

이와 같은 예를 일반화한 것이 한점콤펙트화(또는 Alexandroff 콤펙트화)라고 할 수 있다.

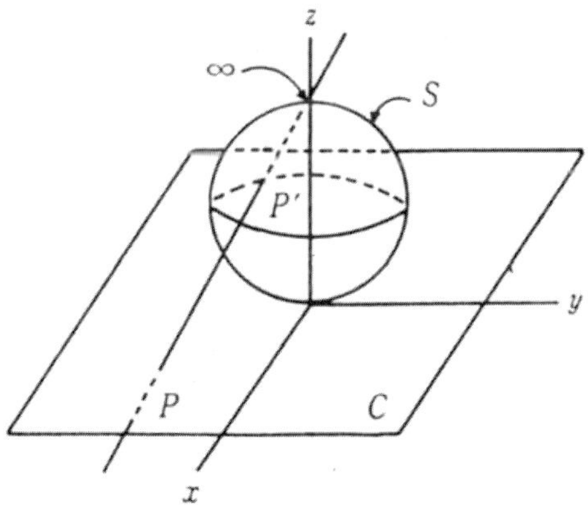

그림 3.2

정리 3.12 X가 $Y=X\cup\{\infty\}$의 조밀한 부분집합이기위한 필요충분조건은 X가 콤펙트가 아닌 것이다.

증명 만일 X가 콤펙트이면 $Y-X=\{\infty\}$는 Y에서 개집합이다. 또한 만일 X가 Y에서 조밀하지 않으면 $\{\infty\}$는 개집합이어야 한다.

연습문제 8.3

1. 유리수들의 집합 Q는 국소콤펙트가 아니다.**【문제중심 위상수학 참고】**

2. 개구간 (a, b)와 반개구간 $[a, b)$는 국소콤펙트이다.

3. R^w 공간은 국소콤펙트가 아니다.

4. 여유한위상공간 R은 국소콤펙트인가 ?

5. 국소콤펙트공간 X의 폐부분집합 F는 국소콤펙트이다.**【문제중심 위상수학 참고】**

6. 국소콤펙트이고 T_2-공간인 X는 완전정칙공간이다. 따라서 정칙공간이기도 하다.

7. 국소콤펙트이고 T_2-공간인 X는 정규공간일 필요는 없다.**【문제중심 위상수학 참고】**

8. X를 국소콤펙트공간이라하자. 함수 $f: X \to Y$가 연속이라면 공간 $f(X)$는 필히 국소컴펙트가 되는가 알아보아라. 또한 f가 연속이고 개사상이면 어떠한가?

9. 국소콤펙트 성질은 위상적 성질이다.

10. $[0, \Omega)$는 유일한 콤펙트화를 갖는다.

11. N 의 한점콤펙트화는 R의 부분공간 $\{0\} \cup \left\{ \frac{1}{n} \mid n=1, 2, 3, \cdots \right\}$과 위상동형이다.

12. S_Ω의 한점콤펙트화는 $\overline{S_\Omega}$와 위상동형이다.

13. X가 T_2-공간이고 Y가 X에서 조밀한 국소콤펙트인 부분공간이면 Y는 개집합이다.

14. 공간 X가 콤펙트이기 위한 필요충분조건은 ∞가 $Y = X \cup \{\infty\}$의 고립점인 것이다.

15. 공간 X가 한점 컴펙트화의 조밀부분집합이기 위한 필요충분조건은 X가 콤펙트가 아닌 것이다.

Chapter 09

함수공간

X와 Y가 위상공간일 때 모든함수 $f: X \to Y$들의 집합을 Y^X라 하고 연속함수 $f: X \to Y$들의 집합을 $C(X, Y)$이라 하자.

이 때 집합 Y^X와 $C(X, Y)$에 위상을 도입하는 방법은 여러 가지가 있지만 각각 점개위상(point-open topology)과 콤팩트개위상 (compact-open topology)에 대하여 알아보자. 이 때 이러한 위상들이 주어진 집합 Y^X와 $C(X, Y)$를 함수공간 (function space)이라고 한다.

1. 점개위상과 콤팩트개위상

정의 1.1

집합 X의한 점 x와 공간 Y에서의 개집합 U가 주어졌을 때

$$S(x, U) = \{f \mid f \in Y^X \text{이고 } f(x) \in U\}$$

들의 집합 $\{S(x, U)\}$는 Y^X상의 위상에 대한 한 부분기저가 된다. 이때 생성되는 Y^X상의 위상을 **점개위상**(point-open topology)이라 한다.

위 점개위상에 대한 기저원소는 부분기저원소 $S(x, U)$들의 유한교집합이다.

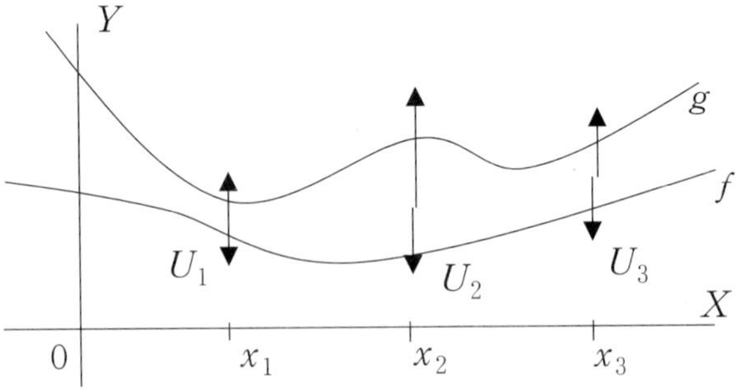

그러므로 함수 f에 대한 기저원소는 유한개의 점 x_i들에서 f에 가까이 있는 모든 함수 g들로 이루어진다.

Y^X상에서의 점개위상은 새로운 것이 아니고 바로 적위상(product topology)이다. 왜냐하면 집합 X를 첨자집합 J로 바꾸어서 $\alpha \in J$에 대하여

$$S(\alpha, U) = \{x : J \to Y \mid x(\alpha) \in U\}$$

라 하면 $S(\alpha, U)$는 바로 Y^J의 부분집합 $\pi_\alpha^{-1}(U)$로서 적위상에 대한 부분기저원소가 되기 때문이다.

정의 1.2

점개위상을 갖는 위상공간 Y^X에서의 점열을 $\langle f_n \rangle$이라 하자. 함수 $f \in Y^X$가 존재해서 각 $x \in X$에 대하여 Y에서의 점열 $\langle f_n(x) \rangle$가 $f(x) \in Y$에 수렴하면 점열 $\langle f_n \rangle$은 f에 **점별수렴**(pointwise convergence)한다고 한다.

점별수렴과 점개위상은 다음과 같은 관계가 있다.

정리 1.3 점개위상에서 함수들의 점열 $\langle f_n \rangle$이 함수 f로 수렴하기 위한 필요충분조건은 각 점 $x \in X$에 대하여 Y의 점들의 점열 $\langle f_n(x) \rangle$가 점 $f(x)$로 수렴하는 것이다.

증명 $\langle f_n \rangle$이 점개위상에서 수렴한다고 하자. $x \in X$이고 U가 $f(x)$의 근방이면 집합 $S(x, U)$는 f의 근방이다. 그러므로 모든 $n \geq n_0$에 대하여 $f_n \in S(x, U)$인 정수 n_0가 존재한다. 따라서 모든 $n \geq n_0$에 대하여 $f_n(x) \in U$이다.

역으로 각 x에 대하여 $\langle f_n(x) \rangle$가 $f(x)$로 수렴한다고 하자. 점개위상에서 점열 $< f_n >$이 f로 수렴하는 것을 보이기 위하여 다음을 설명하면 된다. 즉 만일 $S(x, U)$가 f에 관한 임의의 부분기저원소라 하면 $S(x, U)$는 충분히 큰 n에 대하여 모든 f_n을 포함하는 것을 보이자. 그러나 $\langle f_n(x) \rangle$가 $f(x)$로 수렴하고 $f(x) \in U$이므로 모든 $n \geq n_0$에 대하여 $f_n(x) \in U$인 정수 n_0가 존재한다. 따라서 $n \geq n_0$에 대하여 $f_n \in S(x, U)$이다.

정리 1.4 점개위상을 갖는 Y^X상의 점열 $\langle f_n \rangle$이 $f \in Y^X$에 수렴하기 위한 필요충분조건은 $\langle f_n \rangle$이 f에 점별수렴하는 것이다.

증명 앞에서 점개위상을 갖는 Y^X를 적위상을 갖는 적공간으로 볼수 있다고 하였다. 그러면 적위상의 성질에 의하여 점열 $\langle f_n \rangle$이 $f \in Y^X$에 수렴하기 위한 필요충분조건은 각 사영함수 π_x에 대하여 $\langle \pi_x(f_n) \rangle$이 $\pi_x(f)$로 수렴하는 것이다. 즉 $\langle f_n(x) \rangle$가 $f(x)$에 수렴하는 것이다.

위 정리로부터 Y^X상의 점개위상을 **점별수렴위상**(topology of poinntwise convergence)이고도 부른다.

[예 1] $I = [0, 1]$일 때 공간 R^I에서 $f_n(x) = x^n$으로 정의되는 연속함수들의 점열 $\langle f_n \rangle$은 점개위상에서

$$g(x) = \begin{cases} 0 & (0 \leq x < 1) \\ 1 & (x = 1) \end{cases}$$

로 정의되는 함수 g로 점별수렴한다.

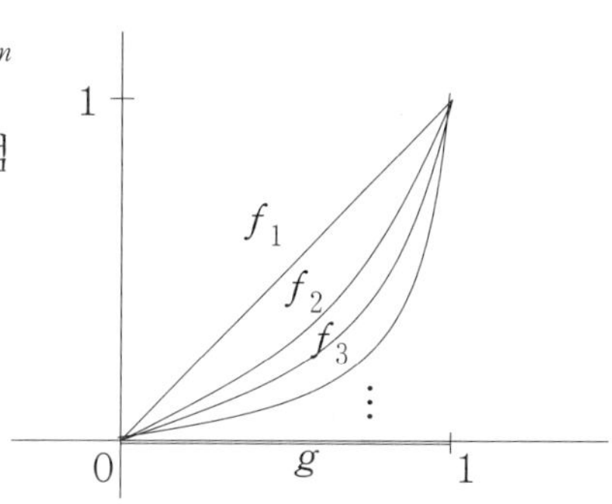

위 (예 1)은 연속함수들의 부분공간 $C(I, R)$이 점개위상공간 R^I에서 폐집합이 아님을 보이고 있다. 또한 각 f_n이 연속이지만 g는 연속이 아니다.

정의 1.5

X가 임의의 집합이고 (Y, d)가 거리공간일 때 $\langle f_n \rangle$이 Y^X에서의 점열이라 하자. 한 함수 $f \in Y^X$가 존재하여 각 $\varepsilon > 0$에 대하여 $n_0 = n_0(\varepsilon) \in \mathbb{N}$가 존재하여 $n \geq n_0$이면 모든 $x \in X$에 대하여

$$d(f_n(x), f(x)) < \varepsilon$$

임을 만족할 경우 $\langle f_n \rangle$은 f에 **평등수렴**(uniform convergence) 또는 **일양수렴**한다고 한다.

위 정의에서 n_0는 점 x에 관계없이 ε에 의하여 결정되는 것이다. 따라서 $\langle f_n \rangle$이 평등수렴하면 $\langle f_n \rangle$은 점별수렴한다.

정리 1.6 $< f_n >$이 위상공간 X로부터 거리공간 (Y, d)로의 연속인 함수들의 점열이라 하고 $< f_n >$이 함수 $f: X \to Y$에 평등수렴하면 f는 연속이다 (즉, $f_n \in C(X, Y)$, $(n = 1, 2, \cdots)$가 $f \in Y^X$에 평등수렴하면 $f \in C(X, Y)$이다).

증명 $x_0 \in X$와 $\varepsilon > 0$에 대하면 x_0의 근방 $U \subset X$가 존재하여

$$x \in U \text{ 이면 } d(f(x), f(x_0)) < \varepsilon$$

이 성립하면 f는 x_0에서 연속이다. $\langle f_n \rangle$이 f에 평등수렴하므로 임의의 $x \in X$에 대하여

$$d(f_m(x), f(x)) < \frac{1}{3}\varepsilon$$

을 만족하는 $m \in \mathbb{N}$이 존재한다. 따라서 거리함수의 정의에 의하여

$$\begin{aligned} &d(f(x), f(x_0)) \\ &< d(f(x), f_m(x)) + d(f_m(x), f_m(x_0)) + d(f_m(x_0), f(x_0)) \\ &< d(f_m(x), f_m(x_0)) + \frac{2}{3}\varepsilon \end{aligned}$$

이다. 그런데 f_m이 연속이므로 x_0의 근방 $U \subset X$가 존재하여

$$x \in U \text{ 이면 } d(f_m(x), f_m(x_0)) < \frac{1}{3}\varepsilon$$

이 된다. 따라서 $x \in U$ 이면 $d(f(x), f(x_0)) < \varepsilon$ 이다.

위 (예 1)에서 정의된 점열 $\langle f_n \rangle$이 f로 점별수렴하지만 f가 연속이 아니므로 $\langle f_n \rangle$은 f로 평등수렴하지 않는다.

[예 2] R^R에서 함수 f_n이

$$f_n(x) = \begin{cases} 1 - \frac{1}{n}|x| & (|x| < n) \\ 0 & (|x| \geq n) \end{cases}$$

에 의하여 정의되었다면 점열 $\langle f_n \rangle$은 상수함수 $g(x) = 1$에 점별수렴한다. 그러나 $\langle f_n \rangle$은 g에 평등수렴하지 않는다. 왜냐하면 $\varepsilon = \frac{1}{2}$이라 하자, 각 $n \in \mathbb{N}$에 대하여 $f_n(x_0) = 0$가 되는 점 $x_0 \in R$가 존재한다. 따라서 $|f_n(x_0) - g(x_0)| = 1 > \varepsilon$이다.

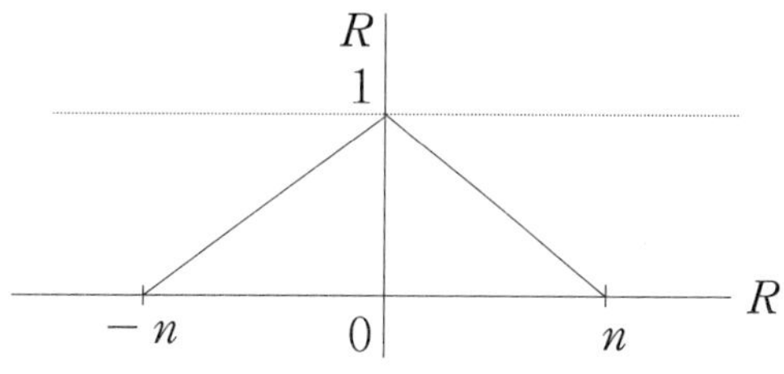

X와 Y가 위상공간일 때 모든 연속함수 $f: X \to Y$의 집합 $C(X, Y)$에 콤팩

트개위상이라는 것을 도입하자.

정의 1.7

X, Y가 위상공간이라 하자. 만일 C가 X의 콤팩트부분집합이고 U가 Y의 개부분집합이라면

$$S(C, U)=\{f \mid f\in \boldsymbol{C}(X, Y)\text{이고 } f(C)\subset U\}$$

는 $\boldsymbol{C}(X, Y)$상의 한 위상에 대한 부분기저원소이다. 이 때 생성되는 위상을 **콤팩트개위상**(compact-open topology)이라 한다.

$\boldsymbol{C}(X, Y)$상의 점개위상을 정의하는 부분기저원소는 (정의 1.1)에 의하여 $x\in X$와 개집합 $U\subset Y$에 대하여 $\{f\in \boldsymbol{C}(X, Y) \mid f(x)\in U\}$인 형태의 것이다. 그런데 X의 단집합은 콤팩트이므로 $\boldsymbol{C}(X, Y)$상의 콤팩트개위상의 부분기저는 $\boldsymbol{C}(X, Y)$상의 점개위상의 부분기저를 포함한다. 따라서 $\boldsymbol{C}(X, Y)$상의 점개위상은 $\boldsymbol{C}(X, Y)$상의 콤팩트개위상보다 약한 위상이다(즉 포함된다).

정리 1.8 X가 국소콤팩트이며 T_2-공간이고 $\boldsymbol{C}(X, Y)$가 콤팩트개위상을 갖는다면 $e(x, f)=f(x)$로 정의되는 함수

$$e: X\times \boldsymbol{C}(X, Y) \to Y$$

는 연속이다(e를 **계치함수**(evaluation map)라 한다).

증명 (x, f)를 $X\times \boldsymbol{C}(X, Y)$의 한 점이고 $e(x, f)=f(x)$를 포함하는 Y에서의 개집합을 V라 하자. 그러면 (x, f)를 포함하는 개집합 W가 존재하여 $e(W)\subset V$가 됨을 보이면 된다. 먼저 f가 연속이고 X가 국소콤팩트이고 T_2-공간이므로 $\overline{U}$가 콤팩트이고

$$f(\overline{U})\subset V$$

를 만족하는 개집합 $U(x)$를 취할 수 있다. 그러면 $X\times \boldsymbol{C}(X, Y)$에서 개집합

$U \times S(\overline{U}, V)$를 생각할 수 있는데 이는 (x, f)를 포함하는 개집합이다(이것은 위의 W에 해당한다). 그리고 만일 $(x', f') \in U \times S(\overline{U}, V)$이라면 $e(x', f') = f'(x')$는 원하는 대로 V에 속한다.

정리 1.9 X를 위상공간, (Y, d)를 거리공간이라 하자. $C(X, Y)$에서의 함수열 $\langle f_n \rangle$이 콤팩트개위상에 대하여 $f \in C(X, Y)$에 수렴하기 위한 필요충분조건은 $\langle f_n \rangle$이 콤팩트집합 상에서 f로 평등수렴하는 것이다.

증명 생략

위 정리로부터 콤팩트개위상을 **콤펙트수렴위상**(topology of compact convergence)이라고 한다.

연습문제 9.1

1. X가 이산공간이면 콤팩트개위상을 갖는 Y^X는 적공간 $\prod Y_x$ $(Y_x = Y)$와 위상동형이다.

2. Y^X가 콤팩트개위상을 갖는 경우 Y가 T_2-공간이기 위한 필요충분조건은 Y^X가 T_2-공간이다.

3. X, Z가 T_2-공간이고 Y가 국소콤팩트이면 $T: Y^X \times Z^Y \to Z^X$는 연속이다.

4. (정리 1.9)를 증명하여라.

참고문헌

1. Agoston,Max K., *Algebraic Topology*, Marcel Dekker, New york and Basel, 1976.

2. Croom,F.H., *Basic Concepts of Algebraic Topology*, Springer-Verlag, New york, 1978.

3. Croom,F.H., *Principles of Topology*, Saunders College Publishing, Orlando, 1989.

4. Dugundji,J., *Topology*, Allyn and Bacon, Boston, 1966.

5. Husain,T., *Topology and Maps*, Plenum Press, New York, 1977.

6. Lipschutz,S., *General Topology*, McGraw-Hill, 1965.

7. Mayer,J., *Algebraic Topology*, Prentice-Hall, New Jersey, 1972.

8. Munkres,J.R., *Topology A First Course*, Prentice-Hall, New Jersey, 1975.

9. Pervin,W.J., *Foundations of General Topology*, Academic Press, New York, 1965.

10. You-Feng Lin, *Set Theory*, Houghton Mifflin Company, 1974.

11. 문제중심 위상수학, 노영순, 교우사, 2009

12. 알기쉬운 집합론, 노영순, 교우사, 2010

부 록

1. 위상공간들 사이의 상호관계

여러 가지 위상공간들 사이의 상호 관계를 그림으로 나타내면 아래와 같다.

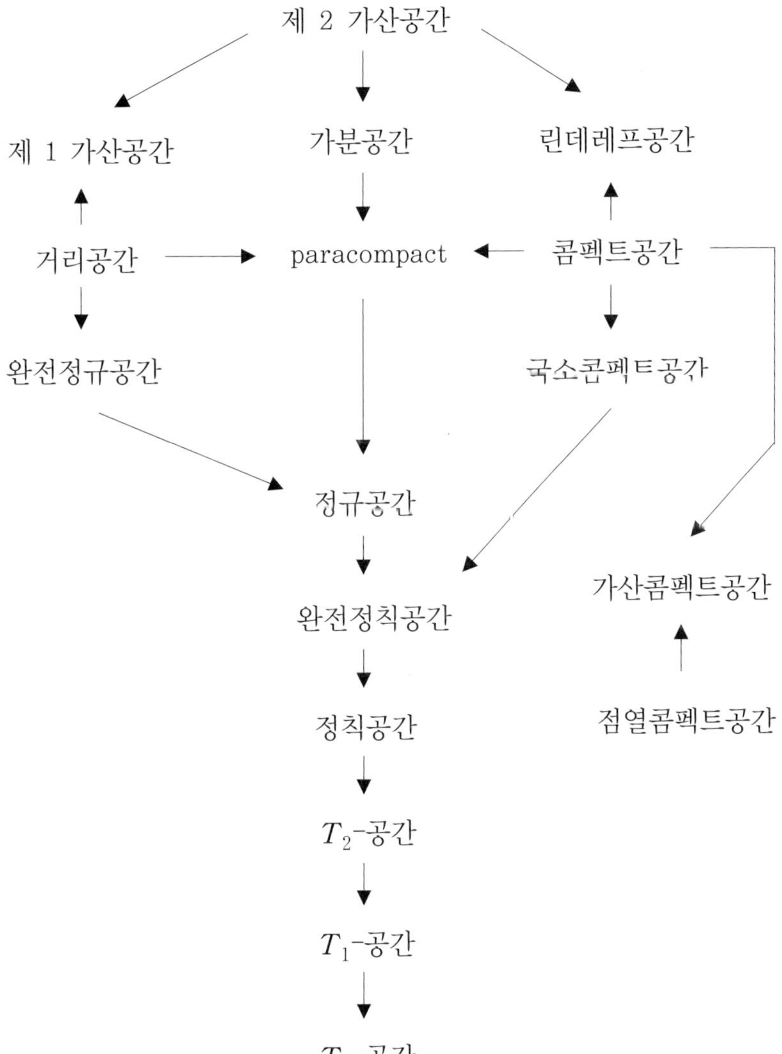

2. Y가 공간 X의 부분공간일 때 다음이 성립한다.

위상공간 X가 아래와 같이 각각의 공간일 때 부분공간 Y도 X와 같은 성질의 공간이다.

X	Y
(1) T_0 − 공간	T_0 − 공간
(2) T_1 − 공간	T_1 − 공간
(3) T_2 − 공간	T_2 − 공간
(4) 정칙공간	정칙공간
(5) 완전정칙공간	완전정칙공간
(6) 제2가산공간	제2가산공간
(7) 제1가산공간	제1가산공간
(8) 거리공간	거리공간
(9) 정규공간(Y : 폐집합)	정규공간
(10) 린데레프공간(Y : 폐집합)	린데레프공간
(11) 콤펙트공간(Y : 폐집합)	콤펙트공간
(12) paracompact공간(Y : 폐집합)	paracompact공간
(13) 가산콤펙트공간(Y : 폐집합)	가산콤펙트공간
(14) 점열콤펙트공간(Y : 폐집합)	점열콤펙트공간
(15) 가분공간(Y : 개집합)	가분공간
(16) 국소콤펙트공간(Y : 폐집합, 개집합)	국소콤펙트공간

3. 각 위상공간 X_α와 이들의 적공간 $X=\prod_\alpha X_\alpha$ 사이에 다음이 성립한다.

X_α		$X=\prod_\alpha X_\alpha$
(1) T_0 −공간	$\Leftrightarrow$	T_0 −공간
(2) T_1 −공간	$\Leftrightarrow$	T_1 −공간
(3) T_2 −공간	$\Leftrightarrow$	T_2 −공간
(4) 정칙공간	$\Leftrightarrow$	정칙공간
(5) 완전정칙공간	$\Leftrightarrow$	완전정칙공간
(6) 콤펙트공간	$\Leftrightarrow$	콤펙트공간
(7) (호상)연결공간	$\Leftrightarrow$	(호상)연결공간
(8) 가분공간	$\Leftrightarrow$	가분공간
(9) 정규공간	$\Leftarrow$	정규공간
(10) 제2가산공간	$\Leftarrow$	제2가산공간
(11) 제1가산공간	$\Leftarrow$	제1가산공간
(12) 거리공간	$\Leftarrow$	거리공간
(13) paracompact공간	$\Leftarrow$	paracompact공간
(14) 린데레프공간	$\Leftarrow$	린데레프공간
(15) 가산콤펙트공간	$\Leftarrow$	가산콤펙트공간
(16) 국소콤페트공간	$\Leftarrow$	국소콤펙트공간

(10), (11), (12)는 가산개의 적일 경우 ($\Rightarrow$)이 성립한다. 그리고 (16)은 유한개의 적일 경우 ($\Rightarrow$)이 성립한다.

연습문제 풀이

[연습문제 3.1]

1. 수직선 R에서의 개집합들은 다음과 같다.

(풀이) ① R ($\because$ R의 모든 원소가 R의 내점이므로)

② $\varnothing$($\because$내점이 아닌 점이 없기 때문에)

③ $\forall a, b \in R$에 대하여 개구간 (a, b) ((a, b)내의 모든 점이 내점이므로)

④ $\forall a, b \in R$에 대하여 개구간 $(-\infty, a), (b, \infty)$

⑤ $\forall a_i, b_i \in R$에 대하여 $\bigcup_{i=1} \{(a_i, b_i) \mid i \in I\}$

2. 평면 R^2에서의 개집합들은 다음과 같다.

(풀이) ① R^2($\because$ R^2의 모든 원소가 R^2의 내점이므로) ② $\varnothing$

③ $\forall p_i \in R^2$, $\forall \varepsilon > 0$ 에 대하여 개원판 $B(p_i, \varepsilon) = \{q_i \mid d(p_i, q_i) < \varepsilon\}$

④ $\bigcup_{i=1} \{B(p_i, \varepsilon) \mid \forall p_i \in R^2, \forall \varepsilon > 0\}$

※. 공간 R^3에서의 개집합들은 다음과 같다.

① R^3($\because$ R^3의 모든 원소가 R^3의 내점이므로) ② $\varnothing$

③ $\forall p_i \in R^3$, $\forall \varepsilon > 0$ 에 대하여 개구체 $B(p_i, \varepsilon) = \{q_i \mid d(p_i, q_i) < \varepsilon\}$

④ $\bigcup_{i=1} \{B(p_i, \varepsilon) \mid \forall p_i \in R^3, \forall \varepsilon > 0\}$

3. 반개구간 $A = (a, b] \subset R$에서 $A \subset A'$ 임을 알아보아라.

(풀이) $\forall x \in A$, $\forall U_{(x)}$: 개구간. st $U_{(x)} \cap (A - \{x\}) \neq \varnothing$ 이므로 $x \in A'$ 이고 그러므로 $A \subset A'$ 이다. 실제로 점 $a \in R$에 대하여 $\forall U_{(a)}$, $U_{(a)} \cap (A - \{a\}) \neq \varnothing$ 이므로 $a \in R$ 는 A의 극점이다. 그러므로 $A' = [a, b]$ 이며 $A = (a, b] \subset [a, b] = A'$ 가 되어 $A \subset A'$ 이다.

4. 임의의 부분집합 $A \subseteq R$의 도집합 A' 가 폐집합인 것을 보여라.

(풀이) R 의 부분집합으로 $(a, b), (a, b], [a, b), [a, b]$와 같은 네 가지 형태를 생각

할 수 있다. 나아가 이들 모양의 구간들을 임의로 합집합 한 것도 부분집합이다. 그러나 이들의 도집합은 모두 $[a, b]$가 된다. 또 위 4가지 경우를 임의로 합집합한 것을 부분집합으로 할 경우에도 이들의 도집합은 모두 폐구간들의 합집합이 된다. 따라서 R의 부분집합의 도집합은 폐집합이다.

(별해) $\overline{A}=A\cup A'$ 이다. 그리고 $\overline{A}$는 폐집합이다. 이때 $A\subset A'$이면 A는 폐집합이다. 그리고 $A'\subset A$이면 $\overline{A}=A\cup A'$ 이고 $A=\overline{A}$ 이므로 A는 폐집합이다.

5. 유계인 실수들의 무한 집합을 적어도 한 극점을 갖는다.

(풀이) $\langle a_n \rangle$ 을 유계인 실수열이라고 하면, 모든 양의 정수 n에 대하여 $a_n \in [c, d]$인 폐구간 $[c_1, d_1]$가 존재한다. 이 때, 두 폐구간 $[c_1, \frac{c_1+d_1}{2}]$, $[\frac{c_1+d_1}{2}, d_1]$을 생각하면, 다시 둘 중 하나는 무한히 많은 수의 a_n을 포함하여야만 한다. 그것을 $[c_1, d_1]$이라고 한다. 또 같은 방법으로 $[c_1, \frac{c_1+d_1}{2}]$, $[\frac{c_1+d_1}{2}, d_1]$을 생각하면 다시 둘 중 하나는 무한히 많은 수의 a_n을 포함하여야만 한다. 그것을 $[c_2, d_2]$라고 하자. 이러한 방법을 계속 시행하면, $k=1, 2, \cdots$에 대해

$$[c_1, d_1]\supset[c_2, d_2]\supset[c_3, d_3]\supset\cdots, \qquad d_k-c_k=\frac{d-c}{2^k}$$

이고, 무한히 많은 양의 정수 n에 대해서 각 구간 $[c_k, d_k]$는 a_n을 포함하는 폐구간 $[c_1, d_1], [c_2, d_2], [c_3, d_3], \cdots$ 을 얻을 수 있다.

$a_{n_1}\in[c_1, d_1]$이 되도록 양의 정수 n_1을 택하면, $[c_2, d_2]$가 무한히 많은 n에 대해서 a_n을 포함하고 있기 때문에, 양의 정수 $n_2 > n_1$이 존재하여 $a_{n_2}\in[c_2, d_2]$을 만족한다. 이와 같은 방법으로 계속하면, $k=1, 2, \cdots$ 에 대해서 $a_{n_k}\in[c_k, d_k]$이고, $n_1 < n_2 < n_3 < \cdots$ 을 만족하는 $a_{n_1}, a_{n_2}, a_{n_3}\cdots$ 을 얻을 수 있다. 즉, $\langle a_n \rangle$ 의 부분수열 $\langle a_{n_k} \rangle$가 존재한다. 이제, $\langle a_{n_k} \rangle$가 수렴함을 보이자. 수열 $\langle c_k \rangle$는 단조이고, 유계이다. 따라서 수렴하며, $L=\lim_{k\to\infty} c_k$라고 하자.

또 같이하여 $M=\lim_{k\to\infty} d_k$이라 하면,

$$M-N=\lim_{k\to\infty} d_k-\lim_{k\to\infty} c_k=\lim_{k\to\infty}(d_k-c_k)=\lim_{k\to\infty}\frac{d-c}{2^k}=0$$

이다. 그러므로, $L=M$이다. $c_k\leq a_n\leq d_k$이므로, $\langle a_{n_k} \rangle$는 $L=M$에 수렴한다.

(별해) 유계(bounded)인 집합을 S라 하자. S가 유계이므로 $S\subset[-M, M]$인 M이

존재한다. 여기서 $[-M, M]=I$라 놓고, I를 이등분하여 $[-M, 0], [0, M]$을 만들면 이중에 적어도 한 구간은 무한집합이다. 이 무한집합을 $I_1=[0, M]$이라 하자. 다시 $I_1=[0, M]$을 이등분하여 $[0, \frac{M}{2}], [\frac{M}{2}, M]$을 만들면, 이중 적어도 한 구간은 무한집합이다. 이 무한집합을 $I_2=[0, \frac{M}{2}]$라 하자. 같은 방법으로 $I_3, I_4, \cdots, I_n, \cdots$을 만들면 이들은 모두 무한집합이며 $I \supset I_1 \supset I_2 \supset I_3 \supset \cdots \supset I_n \supset \cdots$인 포함관계가 있다. 이때 $n \to \infty$일 때 $I_n \to 0$이므로 구간축소법의 정리에 의하여 모든 구간에 공통점이 있다. 즉, $\lim_{n\to\infty} I_n = p$(유일점) $\forall n,\ p \in I_n$ 이제 p가 S의 집적점임을 보이자. $\forall \varepsilon$에 대하여 충분히 큰 n을 취하면 p의 ε-근방인 I_n이 존재한다. I_n은 무한집합이므로 p의 ε-근방내에는 S의 점이 무한히 존재하여 점 p는 S의 집적점이다.

(별해) 집합 S가 유계이므로 적당한 폐구간 $I_1=[a_1, b_1]$이 존재하여 $S \subset I_1$이 성립한다. 여기서 $c=\frac{(a_1+b_1)}{2}$이라고 하면 폐구간 $[a_1, c]$ 또는 $[c, b_1]$중의 어느 하나는 반드시 S의 무한히 많은 점들을 포함한다. 왜냐하면, 둘 모두다 S의 유한개의 점들을 포함한다면 구간 I_1은 결국 S의 유한개의 점들만을 포함하게 되므로 S가 유한집합이 되어 모순이다. 그러므로 S의 무한히 많은 점들을 포함하는 그 폐구간을 $I_2=[a_2, b_2]$라고 하자. 다시 구간 I_2를 2등분하여 얻은 두 폐구간 $[a_2, \frac{a_2+b_2}{2}]$와 $[\frac{a_2+b_2}{2}, b_2]$중에서 S의 무한히 많은 점들을 포함하는 구간을 $I_3=[a_3, b_3]$라고 놓자. 이와 같은 과정을 반복하여 모든 $n \in N$에 대하여 $I_n \supset I_{n+1}$이고 $b_n - a_n = \frac{b_1-a_1}{2^{n-1}}$인 관계를 만족하는 폐구간열 $\langle I_n=[a_n, b_n] \rangle$을 얻을 수 있다. 이 폐구간열 $\langle I_n \rangle$에 대하여 점 $\alpha \in \bigcap_{n=1}^{\infty} I_n$이 존재한다. 이제, 이 점 α가 S의 집적점임을 보이자. 이를 보이기 위하여 α의 임의의 ε-근방 $N(\alpha, \varepsilon)$에 대하여 충분히 큰 자연수 M을 택하면 $b_M - a_M = \frac{b_1-a_1}{2^{M-1}} < \varepsilon$이 된다. 그런데 $\alpha \in I_M$이므로 $\alpha-\varepsilon < a^M \le \alpha < \alpha+\varepsilon$ 이 성립한다. 따라서 $I_M \subset N(\alpha, \varepsilon)$이 된다. 또한 I_M은 S의 무한히 많은 점들을 포함하므로 $N(\alpha, \varepsilon)$은 특히 $x \ne \alpha$인 점 $x \in S$가 존재한다. 그러므로 점 α는 S의 집적점이다.

[연습문제 3.2]

1. R에서의 코오시 수열 $\langle a_n \rangle$은 유계이다.

(풀이) $\{a_n\}$이 코오시 수열이라고 하자. $\langle$ *Bolzano − Weierstross*정리 $\rangle$를 이용하자. 코오시수열의 정의에서 $\varepsilon = 1$이라고 하면 이에 대응하는 양의정수 $k \in N$가 존재하여 $m, n \geq k$인 $m, n \in N$에 대하여 $|a_m - a_n| < 1$이 성립한다. 그러므로, $n \geq k$인 모든 $n \in N$에 대하여 $|a_n| \leq |a_n - a_k| + |a_k| < 1 + |a_k|$이다. 여기서 $M = \max\{|a_1|, |a_2|, \cdots, |a_{k-1}|, 1 + |a_k|\}$로 놓으면 모든 $n \in N$에 대하여 $|a_n| < M$이므로 $\langle a_n \rangle$은 유계이다.

(별해) 코오시 수열 $\langle a_n \rangle$; 임의의 $\varepsilon > 0$에 대하여 $n_0 \in N$ 가 존재하여

$$n, m > n_0 \Rightarrow |a_m - a_n| < \varepsilon \quad , \quad n, m > n_0 \Rightarrow |a_m - a_n| < \varepsilon$$

이므로, 한 ε_0에 대하여 n_0가 있어

$$n > n_0 \Rightarrow |a_{n_0+1} - a_n| < \varepsilon_0, \quad \text{즉} \quad n > n_0 \Rightarrow a_{n_0+1} - \varepsilon_0 < a_n < a_{n_0+1} + \varepsilon_0$$

$n > n_0$인 모든 n에 대해서 a_n들은 유계이다. 그리고 $a_1, a_2, \cdots, a_{n_0}$을 합하여도 유계이다. 그러므로 코오시수열 $\langle a_n \rangle$은 유계이다.

2. 자연수 집합 N은 완비이고, 무리수 집합 Q^c는 완비가 아니다.

(풀이) ① 자연수 전체의 집합 N은 완비이다. 왜냐하면, N에서의 코오시 수열 $\langle a_n | n \in N \rangle$은 $\langle a_1, a_2, \cdots, a_n, b, b, b, \cdots \rangle$와 같은 형태로 $b \in N$에 수렴하기 때문이다.

② 무리수 전체의 집합 Q^c은 완비가 아니다. 왜냐하면, Q^c에서의 수열 $\langle \frac{1}{\sqrt{2}}, \frac{1}{\sqrt{3}}, \frac{1}{\sqrt{4}}, \cdots \rangle$은 $0 \notin Q^c$로 수렴하지 않기 때문이다.

($\langle \sqrt{5}, \sqrt{5\sqrt{5}}, \sqrt{5\sqrt{5\sqrt{5}}}, \sqrt{5\sqrt{5\sqrt{5\sqrt{5}}}}, \cdots \rangle$ 은 $5 \notin Q^c$로 수렴하기 때문이다.)

3. R에서의 모든 유계인 수열 $\langle a_n \rangle$은 수렴하는 부분수열을 포함한다.

(풀이) $\langle a_n \rangle$을 유계인 실수열이라고 하면, 모든 양의 정수 n에 대하여 $a_n \in [c, d]$인 폐구간 $[c_1, d_1]$가 존재한다. 이 때, 두 폐구간 $[c_1, \frac{c_1 + d_1}{2}]$, $[\frac{c_1 + d_1}{2}, d_1]$을 생각하면, 다시 둘 중 하나는 무한히 많은 수의 a_n을 포함하여야만 한다. 그것을 $[c_1, d_1]$이라고 한다. 또 같은 방법으로 $[c_1, \frac{c_1 + d_1}{2}]$,

$[\frac{c_1+d_1}{2}, d_1]$ 을 생각하면, 다시 둘 중 하나는 무한히 많은 수의 a_n을 포함하여야만 한다. 그것을 $[c_2, d_2]$라고 하자. 이러한 방법을 계속 시행하면 $k=1, 2, \cdots$ 에 대해

$$[c_1, d_1] \supset [c_2, d_2] \supset [c_3, d_3] \supset \cdots, \quad d_k - c_k = \frac{d-c}{2^k}$$

이고 무한히 많은 양의 정수 n에 대해서 각 구간 $[c_k, d_k]$는 a_n을 포함하는 폐구간 $[c_1, d_1], [c_2, d_2], [c_3, d_3], \cdots$ 을 얻을 수 있다.

$a_{n_1} \in [c_1, d_1]$이 되도록 양의 정수 n_1을 택하면, $[c_2, d_2]$가 무한히 많은 n에 대해서 a_n을 포함하고 있기 때문에, 양의 정수 $n_2 > n_1$이 존재하여 $a_{n_2} \in [c_2, d_2]$을 만족한다. 이와 같은 방법으로 계속하면, $k=1, 2, \cdots$ 에 대해서 $a_{n_k} \in [c_k, d_k]$이고 $n_1 < n_2 < n_3 < \cdots$ 을 만족하는 $a_{n_1}, a_{n_2}, a_{n_3} \cdots$ 을 얻을 수 있다. 즉, $\langle a_n \rangle$ 의 부분수열 $\langle a_{n_k} \rangle$ 가 존재한다. 이제, $\langle a_{n_k} \rangle$ 가 수렴함을 보이자. 수열 $\langle c_k \rangle$ 는 단조이고 유계이다. 따라서 수렴하며 $L = \lim_{k\to\infty} c_k$라고 하자. 또 같이하여 $M = \lim_{k\to\infty} d_k$이라 하면, $M - N = \lim_{k\to\infty} d_k - \lim_{k\to\infty} c_k = \lim_{k\to\infty}(d_k - c_k) = \lim_{k\to\infty} \frac{d-c}{2^k} = 0$ 이다. 그러므로, $L = M$이다. $c_k \leqq a_n \leqq d_k$이므로, $\langle a_{n_k} \rangle$ 는 $L = M$에 수렴한다.

(별해) $\{a_n\}$이 유한이므로 점열 $\langle a_n \rangle$ 에서는 $\{a_n\}$의 원 중에 적어도 하나는 무한번 나타난다. 그 원을 가령 b라 하면 $\langle b, b, b, \cdots \rangle$ 는 $\langle a_n \rangle$ 의 부분열이며 수렴한다.

(별해) 수열 $\langle x_n \rangle$ 이 유계라고 하자. 먼저 $\langle x_n \rangle$ 의 치역 $\{x_n\}$이 유한집합이 되는 경우를 생각하자. 그러면 $\langle x_n \rangle$ 에는 서로 다른 수가 유한개 밖에 없으므로 이들 중 적어도 어느 한 수는 무한번 반복해서 나타나야 한다. 이러한 수를 x라고 하면 $x_{n_1} = x_{n_2} = \cdots = x$ 인 $n_1 < n_2 < \cdots < n_k < \cdots$ 가 존재하게 되므로 $\langle x_{n_k} \rangle$는 $\langle x_n \rangle$ 의 부분수열이 되며 명백히 x에 수렴한다. 다음으로 $\langle x_n \rangle$ 의 치역 $\{x_n\}$이 무한집합일 경우는 Bolzano-Weierstrass의 정리 (유계인 임의의 무한집합은 반드시 적어도 하나의 집적점을 가진다.)에 의하여 집합 $\{x_n\}$의 집적점 $x \in R$가 존재한다. 이제 x에 수렴하는 $\langle x_n \rangle$ 의 부분수열 $\langle x_{n_k} \rangle$가 존재함을 보이자. x가 $\{x_n\}$의 집적점이므로 $0 < |x_n - x| < 1$ 을 만족하는 x_{n_1}을 $\{x_n\}$에서 택할 수 있다. 같은 이유에서 $n_2 > n_1$ 이면서 $0 < |x_{n_2} - x| < \frac{1}{2}$ 인 x_{n_1}을 $\{x_n\}$에서 택한다. 이와 같은 과정을 반복하여 모든 $k \in N$에 대하여 $n_k > n_{k-1}$ 이고 $0 < |x_{n_k} - x| < \frac{1}{k}$ 을 만족시키는 x_{n_k}를

$\{x_n\}$에서 택할 수 있다. 따라서 $\langle x_{n_k} \rangle$는 $\langle x_n \rangle$의 부분수열이되며 명백히 x에 수렴한다.

4. $\langle a_n \rangle$ 이 코오시 수열일 때, 만일 $\langle a_n \rangle$의 부분수열 $\langle a_{i_n} \rangle$ 이 한 점 b로 수렴하면 $\langle a_n \rangle$ 도 b로 수렴한다.

(풀이) 수열 $\langle a_n \rangle$ 이 코오시 수열이므로 임의의 $\varepsilon > 0$에 대하여 양의정수 $k \in N$가 존재하여 '모든 $m, n \geq k$에 대해서 $|a_m - a_n| < \frac{\varepsilon}{2}$ 이고 양의 정수 k'가 존재하여 모든 $k \geq k'$에 대하여 $|a_{i_n} - b| < \frac{\varepsilon}{2}$ 을 만족한다. 여기서, $k \geq k'$ 이고 $i_n \geq k$인 양의 정수 k를 택하자. 그러면 $n \geq k$이면 $|a_n - b| \leq |a_n - a_{i_n}| + |a_{i_n} - b| < \frac{\varepsilon}{2} + \frac{\varepsilon}{2} = \varepsilon$ 이다. 즉 $\langle a_n \rangle$ 도 b로 수렴한다.

(별해) $\langle a_n \rangle$ 이 코오시수열이므로 유계이다.(∵증명은 문제 1) 그리고 유계인 수열은 수렴하는 부분수열을 포함하고(∵증명은 문제 3), 수렴하는 수열은 집적점이 유일하게 한 개 존재하게 된다. 따라서 $\langle a_n \rangle$ 의 부분수열 $\langle a_{i_n} \rangle$ 이 한 점 b로 수렴하게 된다(∵증명은 아래)는 말은 수열 $\langle a_n \rangle$ 도 b로 수렴하게 된다는 것이다. $\langle a_n \rangle$ 의 부분수열 $\langle a_{i_n} \rangle$ 이 한 점 b로 수렴하면, 임의의 $\varepsilon > 0$에 대하여,

$\exists n_0 \in N \;\; s.t \;\; n > n_0 \Rightarrow |a_{i_n} - b| < \frac{\varepsilon}{2}$ 이 성립한다. 따라서

$$\exists n_0 \in N \;\; s.t \;\; n, m > n_0 \Rightarrow |a_{i_n} - a_{i_m}| = |a_{i_n} - b + b - a_{i_m}|$$

$$= |a_{i_n} - b| + |b - a_{i_m}| < \frac{\varepsilon}{2} + \frac{\varepsilon}{2} = \varepsilon$$

즉, 부분수열 $\langle a_{i_n} \rangle$ 은 수렴하므로 코오시수열이다.

5. 수열 < 1,-3, 5,-7, 9,-1, 13,-15,…>에 대하여 수열 <-3,-7,-11,-15,…>이 분수열이 됨을 보여라.

(풀이) 수열 < 1,-3, 5,-7, 9,-1, 13,-15,…>은

$$a_n = \begin{cases} 2n-1 & (n=2k-1, k \in N) \\ -(2n-1) & (n=2k, k \in N) \end{cases}$$

에 의하여 정의된 것이라고 하면,

(< 1,-3, 5,-7, 9,-1, 13,-15,…>= $\langle (-1)^{n+1}(2n-1) \rangle$)

수열 $\langle -3, -7, -11, -15, \cdots \rangle$ 은 $\begin{matrix} 1 \to 2 \to a_2 = -3 \\ 2 \to 4 \to a_4 = -7 \\ 3 \to 6 \to a_6 = -11 \end{matrix}$ 에 의하여 정의된다. 따

라서, $\langle -3, -7, -11, -15, \cdots \rangle$ 은 $\langle 1, -3, 5, -7, 9, -11, 13, -15, \cdots \rangle$ 의 부분수열이 된다.

(별해) 부분수열 : 점열 $\langle a_1, a_2, a_3, \cdots \rangle$ 에 대하여, $\langle k_n \mid n \in N \rangle$ 이 관계 $k_1 < k_2 < k_3 < \cdots$를 가진 자연수로 된 수열일 때, $\langle a_{k_1}, a_{k_2}, a_{k_3}, \cdots \rangle$ 을 점열 $\langle a_n \rangle$ 의 부분점열 또는 부분수열이라함. 그러므로 부분수열임

[연습문제 3.3]

1. $f: R \to R$가 연속함수이고 각 유리수 $q \in Q$에 대하여 $f(q) = 0$이라 하면 모든 실수 $x \in R$에 대하여 $f(x) = 0$ 이다

(풀이) $f(x_1) \neq 0$ 인 $x_1 \in R$이 존재한다고 하자.

$$x_1 \in f^{-1}(\{0\}^c) \ , \ x_1 \in f^{-1}((-\infty, 0) \cup (0, \infty))$$

$(-\infty, 0) \cup (0, \infty)$: 개집합 $\Rightarrow f^{-1}((-\infty, 0) \cup (0, \infty))$: 개집합이다.

$x_1 \in R$ 에 대하여 $f^{-1}((-\infty, 0) \cup (0, \infty)) \cap (Q - \{x_1\}) \neq \emptyset$) 이며, $x_1 \notin Q$이므로 $f^{-1}((-\infty, 0) \cup (0, \infty)) \cap Q \neq \emptyset$ 이다. 따라서 $a \in f^{-1}((-\infty, 0) \cup (0, \infty)) \cap Q$ 을 만족하는 a가 존재한다. 그러므로 $a \in Q$가 되어 이것은 가정에 모순이 된다.

(별해) $f(p) \neq 0$ 인 실수 $p \in R$가 있다고 하자.즉 $\exists p \in R \ s.t. \ f(p) = a, \ |a| > 0$라 하자. $\frac{1}{2}|a| = \varepsilon$이라 놓으면, f는 연속이므로

$$\exists \delta > 0 \ s.t. \ |x - p| < \delta \Rightarrow |f(q) - f(p)| < \varepsilon = \frac{1}{2}|a|$$

그런데 $\exists q \in Q \quad s.t.$

$$q \in \{x \mid |x - p| < \delta\} \Rightarrow |f(q) - f(p)| = |f(p)| = |a| < \varepsilon = \frac{1}{2}|a|$$

이것은 모순이다.

[연습문제 4.1]

1. $X = \{a, b, c\}$일 때 X상의 위상을 모두 말하라.

(풀이) $\mathfrak{I}_1 = \{X, \emptyset\}$

$\mathfrak{I}_2 = \{X, \emptyset, \{a\}, \{b\}, \{c\}, \{a, b\}, \{b, c\}, \{a, c\}\} = P(X)$

$\mathfrak{T}_3 = \{X, \emptyset, \{a\}\}$ $\mathfrak{T}_4 = \{X, \emptyset, \{b\}\}$ $\mathfrak{T}_5 = \{X, \emptyset, \{c\}\}$

$\mathfrak{T}_6 = \{X, \emptyset, \{a, b\}\}$ $\mathfrak{T}_7 = \{X, \emptyset, \{a, c\}\}$ $\mathfrak{T}_8 = \{X, \emptyset, \{b, c\}\}$

$\mathfrak{T}_9 = \{X, \emptyset, \{a\}, \{a, b\}\}$ $\mathfrak{T}_{10} = \{X, \emptyset, \{a\}, \{a, c\}\}$ $\mathfrak{T}_{11} = \{X, \emptyset, \{a\}, \{b, c\}\}$

$\mathfrak{T}_{12} = \{X, \emptyset, \{b\}, \{a, b\}\}$ $\mathfrak{T}_{13} = \{X, \emptyset, \{b\}, \{a, c\}\}$ $\mathfrak{T}_{14} = \{X, \emptyset, \{b\}, \{b, c\}\}$

$\mathfrak{T}_{15} = \{X, \emptyset, \{c\}, \{a, b\}\}$ $\mathfrak{T}_{16} = \{X, \emptyset, \{c\}, \{a, c\}\}$ $\mathfrak{T}_{17} = \{X, \emptyset, \{c\}, \{b, c\}\}$

$\mathfrak{T}_{18} = \{X, \emptyset, \{a\}, \{b\}, \{a, b\}\}$ $\mathfrak{T}_{19} = \{X, \emptyset, \{a\}, \{c\}, \{a, c\}\}$

$\mathfrak{T}_{20} = \{X, \emptyset, \{b\}, \{c\}, \{b, c\}\}$

$\mathfrak{T}_{21} = \{X, \emptyset, \{a\}, \{a, b\}, \{a, c\}\}$ $\mathfrak{T}_{22} = \{X, \emptyset, \{b\}, \{a, b\}, \{b, c\}\}$

$\mathfrak{T}_{23} = \{X, \emptyset, \{c\}, \{a, c\}, \{b, c\}\}$

$\mathfrak{T}_{24} = \{X, \emptyset, \{a\}, \{b\}, \{a, b\}, \{a, c\}\}$ $\mathfrak{T}_{25} = \{X, \emptyset, \{a\}, \{b\}, \{a, b\}, \{b, c\}\}$

$\mathfrak{T}_{26} = \{X, \emptyset, \{a\}, \{c\}, \{a, c\}, \{a, b\}\}$ $\mathfrak{T}_{27} = \{X, \emptyset, \{a\}, \{c\}, \{a, c\}, \{b, c\}\}$

$\mathfrak{T}_{28} = \{X, \emptyset, \{b\}, \{c\}, \{b, c\}, \{a, c\}\}$ $\mathfrak{T}_{29} = \{X, \emptyset, \{b\}, \{c\}, \{b, c\}, \{a, b\}\}$

[연습문제 4.2]

1. $X = \{a, b, c, d, e\}$이고 $S = \{\{a, b, c\}, \{c, d\}, \{d, e\}\}$일 때 S에 의하여 생성되는 X의 위상을 구하여라.

   (풀이) S내의 집합들을 유한개 교집합 한 집합족을 β라고 하며 다시 β내의 집합들을 각각 합집합하면 X상의 한 위상 $\mathfrak{T}$가 된다. 이때 β를 위상 $\mathfrak{T}$의 기저라고 한다.

   $$\beta = \{X, \emptyset, \{a, b, c\}, \{c, d\}, \{d, e\}, \{c\}, \{d\}\}$$

   $$\mathfrak{T} = \{X, \emptyset, \{a, b, c\}, \{c, d\}, \{d, e\}, \{c\}, \{d\}, \{a, b, c, d\}, \{c, d, e\}\}$$

2. D를 $X = \{a, b, c, d, e\}$의 이산위상이라 하자. D에 대하여 한 원소만을 갖는 집합을 전혀 포함하지 않는 부분기저 S를 찾아라.

   (풀이) 이산위상에 대한 기저는 적어도 X내의 모든 원소로 이루어지는 단집합을 포함하여야 하므로 부분기저의 부분기저구성원들을 교집합해서 X내의 각 원소를 단집합으로 포함해야 한다. 그러므로 하나의 부분기저로 다음을 들 수 있다.

   $$S_1 = \{\{a, b\}, \{b, c\}, \{c, d\}, \{d, e\}, \{a, e\}\}$$

   $$S_2 = \{\{a, b, c\}, \{b, c, d\}, \{c, d, e\}, \{a, d, e\}, \{a, b, e\}\}$$

등이며 위 S_1, $S_2\cdots$에 각각 X의 부분집합을 추가해도 부분기저이다.

3. 만일 $\boldsymbol{S}$가 X상에서의 두 위상 $\mathfrak{T}$와 $\mathfrak{T}'$에 대한 부분기저이면 $\mathfrak{T}=\mathfrak{T}'$임을 보여라.

(풀이) $G\in\mathfrak{T}$라면 $G=\bigcup_i\{B_i \mid B_i=S_{i_1}\cap S_{i_2}\cap\cdots\cap S_{i_n}\}$, $S_{i_k}\in\boldsymbol{S}$. 그런데 $\boldsymbol{S}$는 $\mathfrak{T}'$에 대한 부분기저이기도 하므로 $\boldsymbol{S}\subset\mathfrak{T}'$이다. 따라서 각 $S_{i_k}\in\mathfrak{T}'$이다.

$G=\bigcup_i\{B_i \mid B_i=S_{i_1}\cap S_{i_2}\cap\cdots\cap S_{i_n} \mid S_{i_k}\in S'\}$이므로 $G\in\mathfrak{T}'$이고 따라서 $\mathfrak{T}\subset\mathfrak{T}'$이다. 마찬가지로 $\mathfrak{T}'\subset\mathfrak{T}$이다.

(별해) $U\in\mathfrak{T}$이고 β를 $\mathfrak{T}$의 기저라 하자. 그러면 어떤 $B\in\beta$들이 존재해서 $U=\cup\{B \mid B\in\beta\}$이다. 그리고 $\boldsymbol{S}$가 $\mathfrak{T}$의 부분기저이므로 $B=\bigcap_1^n\{S_i \mid S_i\in\boldsymbol{S}\}$이다. 또한 $\boldsymbol{S}$가 $\mathfrak{T}'$의 부분기저이므로 $\mathfrak{T}'$의 기저 β'에 대하여 $B=\bigcap_1^n S_i\in\beta'$. 그러면 이러한 $B\in\beta'$에 대하여 $\cup\{B \mid B\in\beta'\}=U\in\mathfrak{T}'$이다. 그러므로 $\mathfrak{T}\subset\mathfrak{T}'$이다. 같은 방법으로 $\mathfrak{T}\supset\mathfrak{T}'$이므로 $\mathfrak{T}=\mathfrak{T}'$이다.

4. 이산위상공간 X에서 모든 점 $p\in X$는 유한국소기저를 갖는다.

(풀이) X가 이산위상 공간이므로 모든 점 $p\in X$에 대하여 단집합 $\{p\}$는 개집합이다. 임의의 $p\in X$에 대하여 $\beta_p=\{\{p\}\}$는 유한국소기저이다. 왜냐하면 임의의 개집합 $U_{(p)}$에 대하여 $\{p\}\in\{\{p\}\}$가 존재해서 $p\in\{p\}\subset U_{(p)}$이기 때문이다.

5. $a, b\in Q$이고, $a<b$일 때 폐구간 $[a, b]$ 들의 모임은 실수 R에서의 위상에 대한 기저가 아님을 보여라.

(풀이) $B_1, B_2\in\beta$라 하자.

$$B_1=[a, b],\ \ B_2=[b, c],\ \ a<b<c\in Q\ ,\ \ B_1\cap B_2=b$$

임의의 $x\in B_1\cap B_2$에 대해 $x\in B_3\subset B_1\cap B_2$ 을 만족하는 B_3가 존재하지 않는다. 즉

$$B_3=\{b\}\notin\beta\quad(\because\ \beta\text{가 폐구간들의 모임이므로})$$

따라서 $[a, b]$들의 모임은 실수 R에서 기저가 되지 않는다.

6. X상에서의 위상 $\mathfrak{T}$가 유한이기 위한 필요충분조건은 $\mathfrak{T}$가 유한 기저를 갖는 것이다.

(풀이) ($\Rightarrow$) $\mathfrak{T}$의 기저를 β라 하자 그러면 $\beta\subset\mathfrak{T}$이므로 따라서 $\mathfrak{T}$가 유한이면 β : 유한

(별해) $\mathfrak{T}$가 무한기저를 갖는다고 하자. 그러면 무한기저 $\beta=\{B_i \mid i=1, 2, \cdots\}$에 의해 생성되는 위상 $\mathfrak{T}$는 무한개의 개집합을 구성원으로 갖게 되므로 가정에 모순.

(⇐) β가 $\mathfrak{T}$의 유한기저라 하자 β가 n개의 원소를 갖는다면 $\mathfrak{T}$의 원소의 개수는 $\le nC_0 + nC_1 + \cdots + nC_n = 2^n$ ∴ 유한이다.

7. 집합 X상의 이산위상 D에 대한 가장 작은 부분기저 S를 결정하여라.

(풀이) D의 기저는 여러 가지가 있을 수 있다. 또한 각각의 기저는 동일한 위상 D를 생성한다. D의 기저 중에서 가장 작은 기저를 생각해보면 기저의 원소가 가장 작은 것이 가장 작은 기저라고 생각 할 수 있다. 가장 작은 기저는 단집합을 원소로 갖는 집합이다. $s=\{\{x\} \mid x\in X\}$. 만약 X의 원소가 n개이라면 가장 작은 기저는 n개의 원소를 갖는다.(만약 기저의 원소수가 n보다 크다면 이는 초소기저가 아니다.) 부분기저는 정의에 따라 유한 교집합하여 기저를 생산한다. 즉 n개의 원소를 갖는 기저를 만들기 위해서는 적어도 최소 n개의 원소를 가져야 한다. 즉 가장 작은 부분기저는 n개의 원소를 갖는다. 따라서 단집합의 집합이 가장 작은 부분 기저인 것이다. (만약 기저의 원소수가 n보다 크다면 이는 최소기저가 아니다. 또한 최소한 n보다 많은 개수의 원소를 갖는 부분기저가 필요하다는 뜻이다.)

9. X상의 위상 $\mathfrak{T}$에 대하여 S가 부분기저라고 하면 $S-\{X, \varnothing\}$는 또한 $\mathfrak{T}$에 대한 부분기저임을 보여라.

(풀이) S가 부분기저이면 $S\subset\mathfrak{T}$ 이다. 부분기저 S에는 $X, \varnothing$가 포함되어 있을 수도 있고 그렇지 않을 수도 있다. $X, \varnothing$가 포함되어 있지 않을 경우 S내에 포함된 부분기저원소에 대하여 $\bigcap_i\{s_i \mid i\in\varnothing\}=X$ 이고 $\bigcup_i\{S_i \mid i\in\varnothing\}=\varnothing$ 이므로 $S-\{X, \varnothing\}$도 부분기저이다.

10. 만일 점 x가 유한국소기저 β_x를 가지면 x는 또한 정확히 하나의 집합을 포함하는 국소기저를 갖는다.

(풀이) 점 x가 유한국소기저 $\beta_x=\{B_1, B_2, \cdots, B_n\}$를 갖는다면 국소기저의 정의에 의해 $\forall B_i\in\beta_x$에 대하여 $x\in B_i$이다. 따라서 $x\in\bigcap_{i=1}^{n}B_i$이고 $\bigcap_{i=1}^{n}B_i=\{x\}$이다. 임의의 개집합 $U_{(x)}$에 대하여 $B_x\in\beta_x$가 존재해서 $x\in B_x\subset U_{(x)}$이므로 이때 $B_x=\{x\}$이면 모든 개집합 $U_{(x)}$에 대해 위 조건이 항시 성립한다. 따라서 $\beta_x=\{\{x\}\}$는 하나의 집합을 포함하는 국소기저이다.

11. X가 위상공간이고 $A\subset X$이다. 임의의 $x\in A$에 대하여 $x\in U\subset A$를 만족하는 개집합 U가 존재한다고 하자. 그러면 A는 X에서 개집합이다.

(풀이) 임의의 $x\in A$에 대하여 $x\in U\subset A$를 만족하는 개집합 U가 존재 하므로 $A=\cup\{U \mid U:X$ 에서 개집합$\}$이다. 그러므로 A는 개집합들의 합집합으로 개집합이다.
(별해) U가 X에서 개집합이므로 X에서 개집합 U_x가 존재해서 $x\in U_x\subset U$이다. 따라서 $x\in U_x\subset U\subset A$이므로 $x\in U_x\subset A$이다. 그러므로 A는 X에서 개집합이다.

12. $\mathfrak{T}_c$를 U^c가 가산(countable)이거나 X자신인 X의 모든 부분집합들의 모임이라면 $\mathfrak{T}_c$는 X상에서의 한 위상이 됨을 보여라. ($\mathfrak{T}_c=\{U \mid U^c$: 가산 이거나 $X\}$)
(풀이) $\mathfrak{T}_c$는 X상에서의 한 위상이 됨을 보이자.
① $\emptyset^c=X$이므로 $\emptyset\in\mathfrak{T}_c$이고 $X^c=\emptyset$이고 $\emptyset$가 유한이므로 $X\in\mathfrak{T}_c$
② 만일 $\{U_a\}$가 $\mathfrak{T}_c$의 원소들의 모임이라면 $U_a\in\mathfrak{T}_c$이므로 $U_a{}^c$는 가산집합이다. 드모르간의 법칙에 의해 $(\cup U_a)^c=\cap(U_a{}^c)$이고 가산집합의 교집합은 가산이므로 $(\cup U_a)^c$가 가산집합이다. 따라서 $\cup U_a\in\mathfrak{T}_c$
③ $U_1, U_2, \cdots, U_n$이 $\mathfrak{T}_c$의 원소라 하면 $\bigcap_{i=1}^{n} U_i\in\mathfrak{T}_c$임을 보이자.
임의의 $U_i\subset\mathfrak{T}_c$에 대하여 $U_i{}^c$은 가산집합이고 $\bigcup_1^n(U_i{}^c)$도 가산집합이다. 드모르간의 법칙에 의해 $(\bigcap_{i=1}^{n} U_i)^c=\bigcup_1^n(U_i{}^c)$이므로 $(\bigcap_{i=1}^{n} U_i)^c$ 가 가산집합이 되어 $\bigcap_{i=1}^{n} U_i\in\mathfrak{T}_c$이다.

13. $X=\{a, b, c\}$이고 $\mathfrak{T}_1=\{X, \emptyset, \{a\}, \{a, b\}\}$ $\mathfrak{T}_2=\{X, \emptyset, \{a\}, \{b, c\}\}$가 X 상의 위상이라 하자. 이 때 $\mathfrak{T}_1$과 $\mathfrak{T}_2$를 모두 포함하는 가장 작은 위상을 찾아라. 또 $\mathfrak{T}_1$과 $\mathfrak{T}_2$ 각각에 포함되는 가장 큰 위상을 찾아라.
(풀이) 가장 작은 위상 : $\mathfrak{T}=\{X, \emptyset, \{a\}, \{b\}, \{a, b\}, \{b, c\}\}$,
가장 큰 위상 : $\mathfrak{T}=\{X, \emptyset, \{a\}\}$

15. R에서 보통위상을 구체적으로 설명하여라.
(풀이) 실공간 R에서 각 개구간 (a, b)들의 모임은 보통위상에 대한 기저를 이루며 이들의 각 합집합은 보통위상의 멤버가 된다. 또 두 무한 개구간 (a, ∞)와 $(-\infty, b)$의 교집합은 $(a, b)=(a, \infty)\cap(-\infty, b)$이므로 개구간 (a, ∞), $(-\infty, b)$는 보통위상의 부분기저의 멤버가 된다. 따라서 $(a, b), (-\infty, b), (a, \infty)$ 형태의 개구간들은 모두 보통위상에서 개집합이다.

[연습문제 4.4]

1. 비이산위상 공간 X에서 X의 부분집합 A에 대하여

$$A' = \begin{cases} ① \ \varnothing & A = \varnothing \text{일때} \\ ② \ X - \{p\} & A = \{p\}\text{일때} \\ ③ \ X & A\text{가 2개 이상의 원소를 갖는 경우} \end{cases}$$

임을 설명하여라.

(풀이) ① $A = \varnothing$: X가 비이산위상공간이므로 개집합은 X자신 뿐이다. 그러므로 모든 $x \in X$에 대해 $x \in A'$이기 위해서 $\forall U_x, U_x \cap (A - \{x\}) \neq \varnothing$이다. 그런데 $X \cap \varnothing = \varnothing$가 되므로 모든 $x \in X$에 대해 $x \notin A'$이다. 따라서 $A' = \varnothing$

② $A = \{p\}$: $x \neq p$인 경우 $\forall U_x, U_x \cap (A - \{x\}) = X \cap (\{p\} - \{x\}) = X \cap \{p\} \neq \varnothing$

그러므로 모든 $x \in X$에 대해 $A' = X - \{p\}$ $x = p$ 인 경우

$\forall U_x, U_x \cap (A - \{x\}) = X \cap (\{p\} - \{x\}) = X \cap \varnothing = \varnothing$이므로 $A' = \varnothing$

③ A가2개이상의원소를갖는경우 :

$\forall U_x, U_x \cap (A - \{x\}) = X \cap (A - \{x\}) \neq \varnothing$ 그러므로 $A' = X$

2. 다음을 증명하여라.

(1) $\overline{\varnothing} = \varnothing$: $(\supseteq)$ $\overline{\varnothing} = \varnothing' \cup \varnothing$이므로 $\therefore \varnothing \subseteq \overline{\varnothing}$

(별해) $x \in \varnothing \Rightarrow x \in \overline{\varnothing}$에서 $x \in \varnothing$가 거짓이므로 참인 명제 $\therefore \varnothing \subseteq \overline{\varnothing}$

$(\subseteq)$ $x \in \overline{\varnothing} \Rightarrow x \in \varnothing$에서 $x \in \overline{\varnothing}$가 거짓임을 보이자.

$x \in \overline{\varnothing} \Leftrightarrow {}^{\forall} u_x$, $\varnothing \cap u_x \neq \varnothing$(정리4.9)이므로 $\varnothing \cap u_x \neq \varnothing$가 거짓이므로 $x \in \overline{\varnothing}$ 도 거짓이다 $\therefore \overline{\varnothing} \subset \varnothing$

(2) $\overline{\overline{A}} = A$

① A가 폐집합일 때, $\overline{A} = A$ 이 때, $\overline{A}$도 폐집합이므로 $\overline{\overline{A}} = \overline{A}$

② A가 개집합일 때, $A \subseteq \overline{A}$이고 $\overline{A} \subseteq \overline{\overline{A}}$이므로 $A \subseteq \overline{\overline{A}}$이다.

그러나 $\overline{\overline{A}} \subseteq A$는 성립하지 않는다. 왜냐하면 유리수 집합 Q에 대하여 $\overline{Q} = Q \cup Q' = Q \cup R = R$이다. 따라서 $\overline{\overline{Q}} = \overline{R} = R$ $\therefore \overline{\overline{Q}} = R \not\subseteq Q$

(3) $Fr(A) = Fr(A^c)$

(풀이) $A \subset X$ 일 때, $Fr(A) = X - \{Int(A) \cup Ext(A)\}$이다.

이 때, $Ext(A) = Int(A^c)$, $Int(A) = Int((A^c)^c) = Ext(A^c)$이므로,

$Fr(A)=X-\{Ext(A^c)\bigcup(Int(A^c)\}=Fr(A^c)$ $\therefore Fr(A)=Fr(A^c)$

(4) $\overline{A}-Fr(A)=Int(A)$

(풀이) $\overline{A}-Fr(A)=[Int(A)\cup Fr(A)]\cap Fr(A)^c$

$=[Int(A)\cap Fr(A)^c]\cup[Fr(A)\cap Fr(A)^c]$

$=[Int(A)\cap Fr(A)^c]\cup\varnothing \;=Int(A)\cap Fr(A)^c \;=Int(A)$

(5) $Int(A)=\overline{A^c}^c$

(풀이) $X=Int(A^c)\cup Fr(A^c)\cup Ext(A^c)$ $(\overline{A})^c=Ext(A)$

$\overline{A^c}^c=X-\overline{A^c}=Ext(A^c)=Int(A)$ $\therefore Int(A)=\overline{A^c}^c$

(6) $(A\cup B)'=A'\cup B'$

(풀이) ① $A\subseteq A\cup B \;\wedge\; B\subseteq A\cup B$

$\Rightarrow A'\subseteq(A\cup B)'\wedge B'\subseteq(A\cup B)'$(정리 4.7) $\Rightarrow A'\cup B'\subseteq(A\cup B)'$

② $x\in(A\cup B)'\Rightarrow \forall \sqcap x$ $s.t.$ $\sqcap x\cap((A\cup B)-\{x\})\neq\varnothing$

$[(A\cup B)-\{x\}=(A\cup B)\cap\{x\}^c=(A\cap\{x\}^c)\cup(B\cap\{x\}^c)$

$=(A-\{x\})\cup(B-\{x\})$ 이므로]

$\Rightarrow \forall \sqcap x$ $s.t.$ $\sqcap x\cap((A-\{x\})\cup(B-\{x\}))\neq\varnothing$

$\Rightarrow (\sqcap x\cap(A-\{x\}))\cup(\sqcap x\cap(B-\{x\}))\neq\varnothing$

$\not\Rightarrow \sqcap x\cap(A-\{x\})\neq\varnothing \vee \sqcap x\cap(B-\{x\})\neq\varnothing$

$\Rightarrow x\in A'\vee x\in B'\Rightarrow x\in A'\cup B'$ $\therefore (A\cup B)'\nsubseteq A'\cup B'$

$\therefore (A\cup B)'\neq A'\cup B'$

(7) $(A\cap B)'=A'\cap B'$

(풀이) 반례를 들어보자. 집합 A를 유리수의 집합 Q, 집합 B를 무리수의 집합 Q^c이라고 하자. $(A\cap B)'=(Q\cap Q^c)'=\varnothing'=\varnothing$ 이고

$A'\cap B'=Q'\cap(Q^c)'=R\cap R=R$이므로 $\therefore (A\cap B)'\neq A'\cap B'$

(별해) $x\in(A\cap B)'$이면 $^\forall U_x$, 에 대하여 $U_x\cap[(A\cap B)-\{x\}]\neq\varnothing$

$\Rightarrow U_x\cap[(A\cap B)\cap\{x\}^c]\neq\varnothing \Rightarrow U_x\cap[(A\cap\{x\}^c)\cap(B\cap\{x\}^c)]\neq\varnothing$

$\Rightarrow [U_x\cap(A\cap\{x\}^c)]\cap[U_x\cap(B\cap\{x\}^c)]\neq\varnothing$

$\Rightarrow [U_x\cap(A-\{x\})]\cap[U_x\cap(B-\{x\})]\neq\varnothing$

$\Rightarrow U_x\cap(A-\{x\})\neq\varnothing$ 이고 $U_x\cap(B-\{x\})\neq\varnothing \Rightarrow x\in A'$ 이고 $x\in B'$

$\Rightarrow x\in A'\cap B'$ $\therefore (A\cap B)'\subseteq A'\cap B'$

(별해) $x\in(A\cap B)'$이면 $^{\forall}U_x$, 에 대하여 $U_x\cap[(A\cap B)-\{x\}]\neq\varnothing$이다.

$A\cap B\subseteq A$, B 이므로 $U_x\cap[A-\{x\}]\neq\varnothing$이고 $U_x\cap[B-\{x\}]\neq\varnothing$

그러므로 $x\in A'$ 이고 $x\in B'$ 이고 따라서 $x\in A'\cap B'$이다.

(별해) $A\cap B\subseteq A$, $A\cap B\subseteq B$이므로 $(A\cap B)'\subseteq A'$, 이고 $(A\cap B)'\subseteq B'$

그러므로 $(A\cap B)'\subseteq A'\cap B'$

(8) $(\overline{A\cap B})\subset\overline{A}\cap\overline{B}$

(풀이) $x\in(\overline{A\cap B})\Leftrightarrow{}^{\forall}U_x$, $U_x\cap(A\cap B)\neq\varnothing$.

$$\Leftrightarrow{}^{\forall}U_x,\ (U_x\cap A)\cap(U_x\cap B)\neq\varnothing$$

$\Rightarrow{}^{\forall}U_x$, $U_x\cap A\neq\varnothing\wedge U_x\cap B\neq\varnothing$ $\Rightarrow x\in\overline{A}$ and $x\in\overline{B}$.

(별해) $A\subset\overline{A}$이고 $B\subset\overline{B}$이므로 $A\cap B\subset\overline{A}\cap\overline{B}$이고 $\overline{A}\cap\overline{B}$는 폐집합이므로 폐포의 정의에 의하여 $\overline{A\cap B}\subset\overline{A}\cap\overline{B}$이다. 그리고 $\overline{A\cap B}\neq\overline{A}\cap\overline{B}$ 임을 보이기 위해 반례를 사용하자. 실수 R의 부분 집합 $A=[0,1)$, $B=(1,2]$에 대하여 $\overline{A}=[0,1]$, $\overline{B}=[1,2]$이므로 $\overline{A}\cap\overline{B}=\{1\}$이지만 $\overline{A\cap B}=\varnothing$이다. 따라서 $\overline{A\cap B}\neq\overline{A}\cap\overline{B}$

(별해) $A\cap B\subset A$ 이고 $A\cap B\subset B$ 이므로 $\overline{A\cap B}\subset\overline{A}$이고 $\overline{A\cap B}\subset\overline{B}$이다. 따라서 $\overline{A\cap B}\subset\overline{A}\cap\overline{B}$ 이다.

(9) $\overline{A-B}=\overline{A}-\overline{B}$

(반례) $A=Q$, $B=R-Q$라 할 때, $\overline{A}=R$, $\overline{B}=R$ 즉 $\overline{A}-\overline{B}=\varnothing$

$A-B=Q(=A)$이므로, $\overline{A-B}=\overline{A}=R$ 이 되어 $\therefore\ \overline{A-B}\neq\overline{A}-\overline{B}$

$(\subset)$ $x\in\overline{A-B}\Leftrightarrow{}^{\forall}U_x\ U_x\cap(A-B)\neq\varnothing\ \Leftrightarrow{}^{\forall}U_x,\ U_{x\cap}(A\cap B^c)\neq\varnothing$

$\Leftrightarrow{}^{\forall}U_x,(U_x\cap A)\cap(U_x\cap B^c)\neq\varnothing\Rightarrow{}^{\forall}U_x,\ U_x\cap A\neq\varnothing\wedge U_x\cap B^c\neq\varnothing$

$$\Leftrightarrow x\in\overline{A}\wedge x\in\overline{B^c}\quad\Leftrightarrow x\in\overline{A}\cap\overline{B^c}\quad\Rightarrow x\in\overline{A}-\overline{B}$$

(10) $Int(Int(A))=Int(A)$

(풀이) $x\in Int(Int(A))\Leftrightarrow U_x,\ x\in U_x\subset Int(A)\ \Leftrightarrow U_x,\ x\in U_x\subset Int(A)\subset A$

$$\Leftrightarrow U_x,\ x\in U_x\subset A\ \Leftrightarrow x\in Int(A)$$

(별해) ① $Int(A)$: 개집합이므로 $Int(Int(A))=Int(A)$

3. (1) 위상공간 $(X,\mathfrak{T})$의 폐집합을 말하여라.

(풀이) $\varnothing$, X, $\{b,c,d,e\}$, $\{c,d,e\}$, $\{c,d\}$, $\{b,e\}$, $\{e\}$

(2) $\overline{A}, \overline{B}$ 를 구하여라.

(풀이) A를 포함하는 폐집합들의 교집합으로 $\overline{A}$는 $\{a, b, c, d, e\} \cap \{b, c, d, e\} \cap \{c, d, e\} = \{c, d, e\}$ 이다. 또한 B를 포함하는 폐집합은 X 뿐이므로 $\overline{B}$는 X 이다.

(3) A', B' 를 구하여라. : $A' = \{c, d\}$, $B' = \{b, c, d, e\}$

(풀이) $a \notin A'$:

a의 근방은 $X, \{a\}, \{a, b\}, \{a, b, e\}, \{a, c, d\}, \{a, b, c, d\}$ 이지만 a의 근방 $\{a\}$에 대하여 $\{a\} \cap (A - \{a\}) = \varnothing$ 이므로 a는 A의 극점이 아니다.

$b \notin A'$: b의 근방은 $X, \{a, b\}, \{a, b, e\}, \{a, b, c, d\}$ 이지만 b의 근방 $\{a, b\}$에 대하여 $\{a, b\} \cap (A - \{b\}) = \varnothing$ 이므로 b는 A의 극점이 아니다.

$c \in A'$: c의 근방은 $X, \{a, c, d\}, \{a, b, c, d\}$ 이고 c의 근방 모두에 대하여 $X \cap (A - \{c\}) \neq \varnothing$, $\{a, c, d\} \cap (A - \{c\}) \neq \varnothing$, $\{a, b, c, d\} \cap (A - \{c\}) \neq \varnothing$ 이므로 c는 A의 극점이다.

$d \in A'$: d의 근방은 $X, \{a, c, d\}, \{a, b, c, d\}$ 이고 d의 근방 모두에 대하여 $X \cap (A - \{d\}) \neq \varnothing$, $\{a, c, d\} \cap (A - \{d\}) \neq \varnothing$ $\{a, b, c, d\} \cap (A - \{d\}) \neq \varnothing$ 이므로 d는 A의 극점이다.

$e \notin A'$: e의 근방은 $X, \{a, b, e\}$ 이지만 e의 근방 $\{a, b, e\}$ 에 대하여 $\{a, b, c\} \cap (A - \{e\}) = \varnothing$ 이므로 e는 A의 극점이 아니다. 같은 방법으로 $B' = \{b, c, d, e\}$ 이다.

(4) A와 B 는 조밀한 집합인가를 말하여라.

(풀이) ① $B = \{a\}$, $\overline{A} = \{c, d, e\}$이므로 $B \not\subset \overline{A}$이다. 그러므로 A는 B에서 조밀하지 않다.

② $A = \{c, d, e\}$, $\overline{B} = X$이므로 $A \subset \overline{B}$이다. ∴ B는 A에서 조밀

(별해) $\overline{A} = \{c, d, e\}$이므로 A는 조밀하지 않다. $\overline{B} = X$ 이므로 B는 조밀하다.

(5) Int(A), Int(B)를 구하여라.

(풀이) Int(A)는 A에 포함되는 가장 큰 개집합이므로 $\varnothing$이 된다. Int(B)도 이와 마찬가지로 Int(B)= B={a}가 된다.

(6) Ext(A)=Int(A^c)=Int({a,b})={a,b}, Ext(B)=Int(B^c)=Int({b,c,d,e})= $\varnothing$

(7) Fr(A)= $\{c, d, e\}$, Fr(B)= $\{b, c, d, e\}$

(8) 점 $e \in X$의 근방 : X, $\{a, b, e\}$

4. 위 3번 문제의 (1)~(8)을 이용하여 아래의 결과가 성립함을 확인하여라.

(1) $\overline{A} = Int(A) \cup Fr(A)$:

(풀이) $\overline{A} = \{c, d, e\}$, $Int(A) = \varnothing$, $Fr(A) = \{c, d, e\}$이므로 성립

(3) $\overline{A} = A \cup A'$:

(풀이) $\overline{A} = \{c, d, e\}$, $A = \{c, d, e\}$이고 $A' = \{c, d\}$이므로 성립

(4) $\overline{A \cup B} = \overline{A} \cup \overline{B}$:

(풀이) $A = \{c, d, e\}$, $B = \{a\}$이므로 $A \cup B = \{a, b, c, d, e\}$이다. $A \cup B$를 포함하는 폐집합은 $X = \{a, b, c, d, e\}$뿐이므로, $\overline{A \cup B} = X$ 이다. 또한 $\overline{A} = \{c, d, e,\}$, $\overline{B} = X$ 이므로, $\overline{A} \cup \overline{B} = X$이다.

(별해) $\overline{A \cup B} = (A \cup B) \cup (A \cup B)' = (A \cup B) \cup (A' \cup B')$

$= (A \cup A') \cup (B \cup B') = \overline{A} \cup \overline{B}$

(5) Fr(A)=Fr(X-A) : Int(A)=$\varnothing$, Ext(A)={a, b}이므로

Fr(X-A)=X-(Int(X-A)$\cup$Ext(X-A))=X-Ext(A)$\cup$Int(A)=X-({a,b}$\cup\varnothing$)={c, d, e}

Fr(A)={c, d, e}

5. (1) $\overline{A \cap B} \subset \overline{A} \cap \overline{B}$ 임을 예를 들어 설명하여라.

예) 보통위상공간에서 A를 유리수전체의 집합, B를 무리수 전체의 집합이라 하면 $\overline{A \cap B} = \varnothing$ 이고 $\overline{A} \cap \overline{B} = R$ 이므로 성립한다.

(2) $Int(A) \cap Int(B) = Int\ (A \cap B)$ 임을 예를 들어 설명하여라.

예) 보통위상을 갖는 R상에서 A=(0, 5], B=[2, 7)일 때 Int(A)=(0, 5), Int(B)=(2, 7)이므로 Int(A$\cap$B)=Int([2, 5])=(2, 5), Int(A)$\cap$Int(B)=(2, 5)이다.

(3) $Int(A) \cup Int(B) \subset Int(A \cup B)$임을 예를 들어 설명하여라.

예) A=Q, B=R-Q 일 때 A$\cup$B=R이고 Int(A)=$\varnothing$, Int(B)=$\varnothing$, Int(A)$\cup$Int(B)=$\varnothing$, Int(A$\cup$B)=Int(R)=R,

6. $Fr(A) = \overline{A} \cap \overline{(X - A)}$ 임을 증명하여라.

(증명) $\overline{A} \cap \overline{(X - A)} = [\text{Int}\ (A) \cup Fr(A)] \cap [\text{Int}\ (X - A) \cup Fr(X - A)]$

$= [\text{Int}\ (A) \cup Fr(A)] \cap [\text{Int}\ (A^c) \cup Fr(A^c)]$

$= [\mathrm{Int}\ (A) \cup Fr(A)] \cap [\mathrm{Int}\ (A^c) \cup Fr(A)]\ (\because Fr(A) = Fr(A^c))$

$= [\mathrm{Int}\ (A) \cap \mathrm{Int}\ (A^c)] \cup Fr(A) = \varnothing \cup Fr(A) = Fr(A)$

(별해) $\mathrm{Fr(A)=X\text{-}(Int(A)} \cup \mathrm{Ext(A))=X} \cap\ (Int(A) \cup Ext(A))^c$

$= X \cap (Int(A)^c \cap Ext(A)^c) = (X \cap (Int(A)^c) \cap (X \cap Ext(A)^c)$

$= (X - (Int(A)) \cap (X - Ext(A)) = (Fr(A) \cup Ext(A)) \cap (Fr(A) \cup Int(A))$

$= (Fr(A^c) \cup Int(A^c)) \cap (Fr(A) \cup Int(A))$

$= \overline{A^c} \cap \overline{A} = \overline{A} \cap \overline{A^c} = \overline{A} \cap \overline{X - A}$

7. "$Fr(A) = \varnothing \Leftrightarrow A$: 개집합이고 폐집합" 임을 증명하시오.

(증명) ($\Leftarrow$) A가 개집합이고 폐집합이면 A^c도 개집합이다. 그러면

$$Fr(A) = X - (Int(A) \cup Ext(A)) = X - (Int(A) \cup Int(A^c))$$
$$= X - (A \cup A^c) = X - X = \varnothing$$

($\Rightarrow$) $Fr(A) = \varnothing \Leftrightarrow (Int(A) \cup Ext(A)) = X \Leftrightarrow (Int(A) \cup Int(A^c)) = X$

또한 $X = A \cup A^c$ 이므로 $Int(A) = A$이고 $Int(A^c) = A^c$이다. 따라서 A와 A^c은 개집합이며 A는 개집합이고 폐십합이나.

8. 다음을 구하여라.

(1) $\overline{Q}$;

① 이산위상 : 임의의 $a \in R$에 대하여 단집합 $\{a\}$는 개집합이다. 그러므로 $a \in Q$이면 임의의 근방 U_a에 대하여 $U_a \cap Q \neq \varnothing$ 이다. 따라서 $a \in \overline{Q}$이므로 $Q \subset \overline{Q}$이다. 그러나 $a \in R - Q$의 경우 근방 $U_a = \{a\}$가 존재해서 $U_a \cap Q = \varnothing$ 이므로 $a \notin \overline{Q}$이다. 즉 $R - Q \not\subset \overline{Q}$ 이고 따라서 $Q = \overline{Q}$이다.

② 비이산위상 : 원소를 포함하는 개집합이 R뿐이므로 모든 $a \in R$에 대하여 근방 $U_a = R$에 대해 $R \cap Q \neq \varnothing$ 이므로 $a \in \overline{Q}$이다. 따라서 $R \subset \overline{Q}$이고 $\overline{Q} = R$이다.

(2) Q' ;

① 이산위상 : 임의의 $a \in R$에 대하여 a를 포함하는 모든 부분집합이 개집합이지만 특히 $U_a = \{a\}$가 존재해서 $\{a\} \cap (Q - \{a\}) = \varnothing$ 이므로 $Q' = \varnothing$ 이다.

② 비이산위상 : 원소를 포함하는 개집합이 R뿐이므로 모든 $a \in R$에 대하여 근방 $U_a = R$이다. 그러므로 모든 $a \in R$에 대하여 $R \cap (Q - \{a\}) \neq \varnothing$ 이므로 $a \in Q'$ 이

다. 따라서 $Q' = R$이다.

(3) $Int(Q)$;

① 이산위상 : 임의의 $x \in Q$에 대하여 근방 $U_x = \{x\}$가 존재해서 $x \in U_x \subset Q$이므로 $x \in Int(Q)$이다. 그러므로 $Q \subset Int(Q)$이고 따라서 $Int(Q) = Q$이다.

② 비이산위상 : 모든 $x \in R$에 대한 근방은 $U_x = R$뿐 이다. 그러므로 임의의 $x \in Q$에 대하여 $x \in U_x \subset Q$이 되는 근방 U_x는 존재하지 않으므로 $x \notin Int(Q)$이다. 따라서 $Int(Q) = \varnothing$이다.

(4) $Fr(Q)$;

① 이산위상 : R상의 모든 부분집합이 개집합이므로 $Int(Q) = Q$이고

$Ext(Q) = Int(Q^c) = Q^c$이다. 따라서

$$Fr(Q) = R - (Int(Q) \cup Ext(Q)) = R - (Q \cup Q^c) = R - R = \varnothing$$

② 비이산위상 : R자신 만이 개집합이므로 Q와 Q^c에 포함되는 가장 큰 개집합은 없다. 그러므로 $Ext(Q) = Int(Q^c) = \varnothing$이고 $Int(Q) = \varnothing$이다. 따라서

$Fr(Q) = R - (Int(Q) \cup Ext(Q)) = R - (\varnothing \cup \varnothing) = R$ 이다.

9. A가 X의 부분집합일 때 다음의 각 경우를 증명하여라.

(1) $Ext(\varnothing) = Int(\varnothing^c) = Int(X) = X$ ($\because$ X: 개집합)

(2) $Ext(A) = A^c$;

① A: 폐집합(A^c: 개집합)인 경우 $Ext(A) = Int(A^c) = A^c$

② A: 폐집합이 아닐 때 정의에 의해 $Ext(A) = Int(A^c) \subset A^c$이지만 $Ext(A) \not\supset A^c$이다. 왜냐하면 반례로 $A = Q^c$이라 하면 $A^c = Q$이다. 그러면

$Ext(A) = Int(A^c) = Int(Q) = \varnothing$ 이고 $A^c = Q$이다. 따라서 $Ext(A) \not\supset A^c$이다.

(3) $Int(A) = A - F_r(A)$;

$$\begin{aligned} A - F_r(A) &= A - [X - (Int(A) \cup Ext(A))] = A - (Int(A) \cup Ext(A))^c \\ &= A \cap (Int(A) \cup Ext(A)) = (A \cap Int(A)) \cup (A \cap Ext(A)) \\ &= Int(A) \cup \varnothing = Int(A) \end{aligned}$$

(4) $F_r(A) = (Int(A) \cup Int(A^c))^c$;

증명) $(Int(A) \cup Int(A^c))^c = (Int(A) \cup Ext(A))^c$

$= X - (\mathrm{Int}(A) \cup \mathrm{Ext}(A)) = \mathrm{F_r}(A)$

(5) A : 폐집합 $\Leftrightarrow$ $\mathrm{F_r}(A) \subseteq A$;

① ($\Rightarrow$) A : 폐집합 $\Rightarrow \overline{A} = A \Rightarrow Int(A) \cup F_r(A) = A \Rightarrow F_r(A) \subseteq A$

② ($\Leftarrow$) $F_r(A) \subseteq A \Rightarrow$ $\mathrm{Int}(A) \subseteq A$이고 $\mathrm{F_r}(A) \subseteq A$이므로

$\mathrm{Int}(A) \cup \mathrm{F_r}(A) \subseteq A \Rightarrow \overline{A} \subseteq A$, (and $A \subseteq \overline{A}$) $\Rightarrow A = \overline{A} \Rightarrow A$: 폐집합

(6) $Int(A) \cap F_r(A) = Int(A) \cap [X - (Int(A) \cup Ext(A)]$

$= Int(A) \cap [(Int(A) \cup Ext(A)]^c = Int(A) \cap \{(Int(A))^c \cap (Ext(A))^c\}$

$= \{Int(A) \cap (Int(A))^c\} \cap (Ext(A))^c = \varnothing \cap (Ext(A))^c = \varnothing$

(7) $Fr(\varnothing) = \varnothing$, $Fr(Fr(A)) \subset Fr(A)$

* $Int(\varnothing) = \varnothing$, $Ext(\varnothing) = X$이므로 $Fr(\varnothing) = X - (Int(\varnothing) \cup Ext(\varnothing))$

$= X - (\varnothing \cup X) = X - X = \varnothing$

* $Fr(Fr(A)) = \{(Int(Fr(A)) \cup Ext(Fr(A))\}^c = (Int(Fr(A))^c \cap (Ext(Fr(A))^c$

$\subset (Ext(Fr(A))^c = (Int(A) \cup Ext(A))^c = Fr(A)$

[$\because Ext(Fr(A)) = (Int(Fr(A)^c) = Int(Int(A) \cup Ext(A)) = Int(A) \cup Ext(A)$]

(8) $Int(X) = X$, $Int(A - B) \subset Int(A) - Int(B)$

* X상의 모든 위상에 대해 X자신은 개집합이므로 $Int(X) = X$성립함.

* $Int(A - B) = Int(A \cap B^c) = (Int(A)) \cap (Int(B^c)) = (Int(A) \cap Ext(B))$

$\subset Int(A) \cap [Ext(B) \cup Fr(B)] = Int(A) - [Ext(B) \cup Fr(B)]^c$

$= Int(A) - Int(B)$

(별해) $\mathrm{Int}(B) \subset B \Rightarrow B^c \subset (Int(B))^c \Rightarrow Int(B^c) \subset B^c \subset (Int(B))^c$ 이므로

$\mathrm{Int}(A-B) = \mathrm{Int}(A \cap B^c) = \mathrm{Int}(A) \cap \mathrm{Int}(B^c) \subset \mathrm{Int}(A) \cap (\mathrm{Int}(B))^c = \mathrm{Int}(A) - \mathrm{Int}(B)$

(9) $A \subset X$, $(A')' = A'$

반례) A= $\left\{1, \frac{1}{2}, \frac{1}{3}, \ldots\ldots\right\}$ 이 실수 R의 부분집합일 때 A'= {0}이다. 그런데

(A')'= $\varnothing$ 이므로 (A')' $\neq$ A' 이다.

(10) $\overline{A} = A \cup Fr(A)$

($\subseteq$) $\overline{A} = Int(A) \cup Fr(A) \subset A \cup Fr(A)$, ($\supseteq$) $A \cup Fr(A) \subset \overline{A} \cup Fr(A) = \overline{A}$

(별해) $\overline{A} = (Ext(A))^c = (\mathrm{int}(A^c))^c = (A^c - Fr(A^c))^c = (A^c - Fr(A))^c$

$= (A^c \cap (Fr(A))^c)^c = A \cup \mathrm{Fr}(A)$

10. (예) X=R, A=(0, 2), B=[1, 3)이라 하자.

Fr(A∪B)=X-(Int(A∪B)∪Ext(A∪B))={0,3}

Fr(A)=X-(Int(A)∪Ext(A))={0,2}, Fr(B)=X-(Int(B)∪Ext(B))={1,3}

이므로 Fr(A∪B)={0,3}, Fr(A)∪Fr(B)={0,1,2,3}가 되어 "="는 불성립

11. 보통위상을 갖는 R^2에서 $A=\{(x,y) \mid x, y:$ 유리수, $x^2+y^2<1\}$이라 할때 다음을 구하여라.

(1) Fr(A), Fr($\overline{A}$), $\overline{Fr(A)}$

① Fr(A)= R^2 :

$A^c=\{(x,y) \mid x, y:$ 실수, $x^2+y^2 \geq 1\} \cup \{(x,y) \mid x, y:$ 무리수, $x^2+y^2<1\}$

이고 Int(A)=∅ ($\because \nexists U_{(x)}\ s.t.\ x \in U_{(x)} \subset A$),

Ext(A)=Int(A^c)= $\{(x,y) \mid x, y:$ 실수, $x^2+y^2>1\}$이므로

Fr(A)= $R^2-($ Int(A)∪Ext(A))= $\{(x,y) \mid x, y:$ 실수, $x^2+y^2 \leq 1\}$

② Fr($\overline{A}$) :

$\overline{A}=\{(x,y) \mid x, y:$ 실수, $x^2+y^2 \leq 1\}$이므로

Int($\overline{A}$)={(x, y) | x, y: 실수, $x^2+y^2<1$}

Ext($\overline{A}$)={(x, y) | x, y: 실수, $x^2+y^2>1$ }이다. 따라서

Fr($\overline{A}$)= $R^2-($ Int($\overline{A}$)∪Ext($\overline{A}$))={(x, y) | x,y: 실수, $x^2+y^2=1$}

③ $\overline{Fr(A)}$:

Fr(A)={(x, y) | x, y : 실수, $x^2+y^2 \leq 1$}이므로 Fr(A)는 폐집합이다.

그러므로 $\overline{Fr(A)}$ = Fr(A) ={(x, y) | x, y: 실수, $x^2+y^2 \leq 1$ }

(2) $Fr(A^c)=Fr(A)$

$A^c=\{(x,y) \mid x, y:$ 실수, $x^2+y^2 \geq 1\} \cup \{(x,y) \mid x, y:$ 무리수, $x^2+y^2<1\}$

Int (A^c) =Ext(A) $=\{(x,y) \mid x, y:$ 실수, $x^2+y^2>1\}$

Ext (A^c) =Int (A)=∅ 이므로 $Fr(A^c)=R^2-($Int (A^c)∪$Ext(A^c)$)

$=\{(x,y) \mid x, y:$ 실수, $x^2+y^2 \leq 1\}$ 이다. 그리고

Fr(A) ={(x, y) | x, y: 실수, $x^2+y^2 \leq 1$ }이므로 성립한다.

● $Fr(A^c)=R^2-($Int (A^c)∪ Ext (A^c))

$=R^2-($Ext(A)∪Int(A)$)=R^2-($Int(A)∪Ext(A)$)=Fr(A)$

(3) $Int(A)$, $Int(\overline{A})$, $\overline{Int(A)}$ 를 구하여라

(a) Int(A)는 A에 속하는 개원판들의 합집합인데 A내의 어떤 개원판도 무리수가 포함되므로 개원판이 존재하지 않는다. 따라서 Int(A)=∅.

(b) Int($\overline{A}$)는 $\overline{A}$ ={(x, y)| x, y는 실수, $x^2+y^2 \le 1$}의 내부이다. 즉 $\overline{A}$에 포함되는 가장 큰 개집합이다. 그러므로 Int($\overline{A}$)={(x, y)| x, y는 실수, $x^2+y^2<1$}이다.

(c) Int(A)=∅이므로 가 공집합이므로 $\overline{Int(A)}=\overline{\varnothing}=\varnothing$이다.

12. 다음 각 경우의 Int(A), Ext(A), Fr(A), $\overline{\text{A}}$, A′를 구하라.

(1) 여유한위상공간 $(R, \mathfrak{I}_f)$에서 부분집합 $A=[0,1]$:

집합 A가 여유한위상공간 R에서 개집합도 폐집합도 아니다. 왜냐하면 " A^c : 유한집합 ⇔ A : 개집합 ⇔ A^c : 폐집합"이다. 그런데 A^c이 유한집합이 아니므로 A는 개집합이 아니고 A가 유한이면 A^c이 개집합이고 A가 폐집합인데 A가 유한이 아니므로 폐집합도 아니다. 따라서

① Int(A)=∅ : 왜냐하면 A는 물론 A에 포함되는 어떠한 부분집합 U도 U^c이 유한집합이 아니므로 개집합이 아니기 때문이다. 즉 A에 포함되는 개집합이 없다.

② Ext(A)=Int(A^c)=∅ : 마찬가지로 A^c에 포함되는 개집합이 없다.

③ Fr(A)= R-(Int(A)∪Ext(A))= R

④ $\overline{\text{A}}$= R : A를 포함하는 폐집합은 R뿐이며 그 외에 A를 포함하는 집합은 모두 유한집합이 아니므로 폐집합이 아니기 때문이다.

⑤ A'= R : A가 무한집합이고 R의 모든 원소 x 에 대한 x의 모든 근방 U_x는 R의 원소 중 유한개를 제외한 모든 원소를 포함한다. 즉 U_x는 x를 포함하는 무한집합이다. 그러므로 U_x∩A≠∅(공통원소가 무한히 많음)이고 또한 U_x∩(A-{x})≠∅이다. 따라서 $\overline{A}=R$이고 $A'=R$이다.

(2) 이산위상공간 $X=\{a, b\}$에서 $A=\{a\}$:

① Int(A)=A　　② Ext(A)=Int(A^c)=Int({b})= A^c

③ Fr(A)=X-(Int(A)∪Ext(A))=X-(A∪ A^c)=∅　④ $\overline{\text{A}}$=A　⑤ A'=∅

(3) 보통위상공간 R^2에서 $A=\{x=(x_1, x_2)\in R^2,\ x_2>0\}$

① Int(A)=A　　② Ext(A)=Int(A^c)= $\{x=(x_1, x_2)\in R^2,\ x_2<0\}$

③ Fr(A)=X-(Int(A)∪Ext(A))= $\{x=(x_1,\ x_2)\in R^2,\ x_2=0\}$

④ $\overline{A}$= $\{x=(x_1,\ x_2)\in R^2,\ x_2\geq 0\}$ ⑤ A'= $\{x=(x_1,\ x_2)\in R^2,\ x_2\geq 0\}$

13. 비이산공간에서는 공집합이 아닌 부분집합은 조밀부분집합이다.

(풀이) 모든 부분집합 A⊂X에 대하여 A≠∅라 하자. 그러면 비이산공간에서의 폐집합은 X 뿐이므로 $\overline{A}=\bigcap_i\{F_i \mid F_i$: 폐집합, $A\subset F_i\}=X$

[연습문제 4.5]

1. $Y=[0,1)\cup\{2\}\subset R$이고 R이 보통위상 U를 가질 때 Y에서의 부분공간 위상 U_Y를 구하여라.

(풀이) $U_Y=\{Y,\ \varnothing,\{(a,\ b)\mid 0<a<b<1\},\ [0,\ 1),\{[0,\ c)\mid 0<c<1\},\{(d,\ 1)\mid 0<d<1\},$
$\{(e,\ 1)\cup\{2\}\mid 0<e<1\},\ \{2\}\}$

2. $\Im=\{X,\ \varnothing,\{a\},\ \{a,b\},\{a,c,d\},\{a,b,c,d\},\{a,b,e\}\}$가 $X=\{a.\ b.\ c,d,e\}$의 위상이고 $Y=\{a,b,c\}$가 X의 부분집합이면 Y상의 부분공간위상 $\Im_Y$를 구하여라.

(풀이) $\Im_Y=\{Y,\ \varnothing,\{a\},\{a,\ c\},\{a,\ e\}\}$

3. (X,$\Im$)가 위상공간이고 A⊂Y⊂X이며 A가 X에서 개집합이면 A는 Y상의 부분공간위상 $\Im_Y$에서도 개집합이다.

(풀이) $\Im_Y=\{G\cap Y \mid G\in\Im\}$이다. 그런데 $A\subset Y$이고 $A\in\Im$이므로 $A\cap Y=A\in\Im_Y$ 이다. 따라서 A는 $\Im_Y$에서 개집합이다.

4. Y가 X의 부분공간이라 할 때 A가 Y의 폐집합이고 Y가 X의 폐집합이면 A는 X의 폐집합이다.

(풀이) A가 Y에서 폐집합이므로 폐집합 $K\subset X$가 존재해서 $A=Y\cap K$이다. 이때 Y가 X에서 폐집합이므로 $Y\cap K=A$도 X에서 폐집합이다.

5. Y가 X의 부분공간이고 A가 Y의 부분집합일 때 Y의 부분공간으로서의 A의 부분공간 위상은 X의 부분공간으로서의 A의 부분공간 위상과 같다.

(풀이) $\Im=\{U\subset X\}$: X상의 위상, $\Im_Y=\{U\cap Y \mid U\in\Im\}$: Y의 부분공간위상,

$\Im_{Y_A}=\{A\cap U\cap Y \mid U\cap Y\in\Im_Y\}$: Y의 부분공간으로서의 A의 부분공간위상,

$\mathfrak{I}_A = \{A \cap U \mid U \in \mathfrak{I}\}$: X의 부분공간으로서의 A의 부분공간위상 이라 할때 $A \subset Y$이므로 $A \cap U \cap Y = A \cap U$이다. 따라서 $\mathfrak{I}_{Y_A}$와 $\mathfrak{I}_A$의 원소는 서로 같다. 즉 $\mathfrak{I}_{Y_A} = \mathfrak{I}_A$이다.

6. 보통위상 μ를 갖는 위상공간 R에서 부분집합 $\mathbb{Z}=\{\cdots,-2, -1, 0, 1, 2, \cdots\}$상의 부분공간위상 μ_Z를 구하여라.

(풀이) 보통위상의 기저는 $\beta=\{(a, b) \mid a, b \in R\}$이므로 이 들의 원소들의 합집합이 보통위상 μ의 원소이며 개집합이다. 임의의 개집합 $A \in \mu$에 대하여 $A \cap \mathbb{Z}$가 부분공간위상 μ_Z의 원소이다. 따라서

① $A = R$인 경우 : $A \cap \mathbb{Z} = \mathbb{Z}$ ② $A = \varnothing$ 인 경우 : $A \cap \mathbb{Z} = \varnothing$

③ 임의의 $x \in \mathbb{Z}$에 대하여 $A = (x + \frac{1}{3}, x + \frac{2}{3})$인 경우 $A \cap \mathbb{Z} = \varnothing$

④ 임의의 $x \in \mathbb{Z}$에 대하여 $A = (x - \frac{1}{3}, x + \frac{2}{3})$인 경우 $A \cap \mathbb{Z} = \{x\}$

⑤ 임의의 $x \in \mathbb{Z}$에 대하여 $A = (x - \frac{1}{3}, x + n + \frac{2}{3})$, $n \in \mathbb{N}$ 인 경우

$$A \cap \mathbb{Z} = \{x, x+1, x+2, \cdots, x+n \mid n \in \mathbb{N}\}$$

⑥ 개집합 A가 서로 소인 2개 이상의 개구간의 합집합일 때 위와 같은 각 경우를 조사해서 $A \cap \mathbb{Z}$를 찾는다.

$\therefore$ μ_Z는 $\mathbb{Z}$의 멱집합으로 이산위상이 된다

7. 문제 6에서 $\{ x \mid -2 \le x \le 2 , x \in \mathbb{Z} \}$는 $\mathbb{Z}$에서 개집합이며 또한 폐집합이 됨을 증명하여라.

(풀이) 문제 6의 풀이 ④에 의해 임의의 $x \in \mathbb{Z}$에 대해 단집합 $\{x\}$는 개집합이다. 그러므로 $\{ -2, -1, 0, 1, 2 \}$는 단집합들의 합집합으로 개집합이다. 그리고

$$\{ -2, -1, 0, 1, 2 \}^c = \{ -\infty, \cdots, -3 \} \cup \{3, 4, \cdots, \infty\}$$

이며 $\{ -\infty, \cdots, -3 \}$와 $\{3, 4, \cdots, \infty\}$이 각각 개집합이고 이들의 합집합인 $\{ -2, -1, 0, 1, 2 \}^c$도 개집합이므로 $\{ -2, -1, 0, 1, 2 \}$는 폐집합이다.

8. 위상공간 X, Y, Z에 대하여 X가 Y의 부분공간이고 Y가 Z의 부분공간이면 X는 Z의 부분공간이다.

(풀이) $X \subset Y \subset Z$에서 $\mathfrak{I}_{YX}$를 Y의 부분공간으로서의 X의 위상이라 하고 $\mathfrak{I}_X$를 Z의 부분공간으로서의 X의 위상이라 할 때 $\mathfrak{I}_{YX} = \mathfrak{I}_X$를 보이자. $W \in \mathfrak{I}_{YX}$ 라면

$V \in \Im_Y$가 존재해서 $W = X \cap V$이다. 그리고 $U \in \Im$가 존재해서 $V = Y \cap U$이다. 따라서 $X \subset Y$이므로 $W = X \cap V = X \cap Y \cap U = X \cap U$이다. $W \in \Im_X$이다. 역으로 $W \in \Im_X$라면 $\exists U \in \Im$ $s.t.$ $W = X \cap U$이다. 그런데 $Y \cap U \in \Im_Y$이므로 $X \cap (Y \cap U) = X \cap U = W \in \Im_{YX}$

9. 위상공간 X의 부분공간을 Y라하고 B와 C를 X의 부분집합이라 하자
   1) 부분공간 Y에서의 $\overline{B \cap Y}$는 $\overline{B} \cap Y$와 같지 않다.
      (예) $\Im = \{X, \varnothing, \{a\}, \{a, b\}, \{a, c, d\}, \{a, b, c, d\}, \{a, b, e\}\}$가 $X = \{a. b. c, d, e\}$의 위상이고 $Y = \{a, b, c\}$가 X의 부분공간, $B = \{a, b\}$, $C = \{a, c, d\}$집합이면 $\overline{B \cap Y} = X$이고 $\overline{B} \cap Y = X \cap Y = Y$이다.
   2) 부분공간 Y에서의 $\text{Int}\,(C \cap Y)$와 $\text{Int}\,(C) \cap Y$는 같지 않다.
      (예) $\text{Int}\,(C \cap Y) = Int(\{a, c\}) = \{a\}$, $\text{Int}\,(C) \cap Y = \{a, c, d\} \cap \{a, b, c\} = \{a, c\}$

[연습문제 4.6]

1. X가 임의의 위상공간이고 Y가 비이산위상공간이라 할 때 임의의 함수 $f: X \to Y$는 연속이다.
   (풀이) X의 위상을 $\Im$라하고 비이산위상공간 Y의 위상을 $\Im'$라 하면 $\Im' = \{Y, \varnothing\}$이다. 따라서 $f^{-1}(Y) = X \in \Im$, $f^{-1}(\varnothing) = \varnothing \in \Im$

2. 함수 $f: (X, \Im) \to (Y, \Im')$가 연속일 때
   (1) $\Im_1$이 $\Im$보다 강한 X상의 위상이면 $f: (X, \Im_1) \to (Y, \Im')$는 연속이다.
   왜냐하면 $\Im \subset \Im_1$이므로 $\forall U \in \Im', f^{-1}(U) \in \Im \subset \Im_1$이기 때문이다.
   (2) $\Im_1'$가 $\Im'$보다 약한 Y상의 위상이면 $f: (X, \Im) \to (Y, \Im_1')$는 연속이다.
   왜냐하면 $\Im_1' \subset \Im'$ 이므로 $\forall U \in \Im_1'$에 대하여 $U \in \Im'$이고 f가 연속이므로 $f^{-1}(U) \in \Im$이다. 결국 $\forall U \in \Im_1'$, $f^{-1}(U) \in \Im$이다.

3. $X = \{a. b. c, d\}$의 위상이 $\Im = \{X, \varnothing, \{a\}, \{b\}, \{a, b\}, \{b, c, d\}\}$이다.
   함수 $f: X \to X$가 아래 그림과 같이 정의되었을 때 다음을 설명하여라.
   (1) f는 c에서 연속이 아니다.
   $f(c) = b$이므로 $f(c) \subset V \in \Im$인 V는 $\{b\}, \{a, b\}, \{b, c, d\}, X$이다. 그러면

$f^{-1}(\{b\})=f^{-1}(\{a, b\})=\{a, c\}\notin \Im$ 이고 $f^{-1}(\{b, c, d\})=f^{-1}(X)=X\in \Im$ 인데 $f^{-1}(\{b\})$ 와 $f^{-1}(\{a, b\})$는 X에서 개집합이 아니다.

(2) f는 d에서 연속이다.

$f(d)=c$ 이므로 $f(d)\subset V\in \Im$ 인 V는 $\{b, c, d\}, X$ 이다. 그런데 $f^{-1}(\{b, c, d\})$ $=f^{-1}(X)=X\in \Im$ 이므로 $f^{-1}(\{b, c, d\})$와 $f^{-1}(X)$는 개집합이다.

4. $f(x)=x^2$ 에 의하여 정의된 실함수 $f: R\to R$은 개사상이 아님을 밝혀라.

(풀이) $A=(-1, 1)$은 개집합이다. 그런데 $f(A)=[0, 1)$는 개집합이 아니므로 f는 개사상이 아니다.

5. 연속이고 전단사인 함수 f : R→R은 개사상이다.

(풀이) A를 R의 임의의 개집합이라하자. f가 연속 이므로 $f^{-1}(A)$는 개집합이다. 그리고 f가 전사이므로 $f(f^{-1}(A))=A$는 개집합이다. 따라서 임의의 개집합 $f^{-1}(A)$에 대하여 $f(f^{-1}(A))$가 개집합이므로 f는 개사상이다.

6. (4) 개사상이 아니고 연속, 폐사상인 함수를 찾아라.

(풀이) $\forall x\in R \quad f(x)=1$ 이라 하자

① $\forall U\in \Im$, $1\in U$: $f^{-1}(U)=R\in \Im$, $\quad 1\notin U$: $f^{-1}(U)=\varnothing\in \Im$

② $\forall A\subset R$ 폐집합, $f(A)=1$: 폐집합

③ $(-1, 1)\subset R$ 개집합 , $f(-1, 1)=1$: 폐집합 ∴ 개사상이 아니다

(6) 한 점에서 연속인 함수 $f: R\to R$ 을 찾아라.

(풀이) $f(x)=\begin{cases} x & (x\in Q) \\ 0 & (x\in Q^c) \end{cases}$

① $x=0$ 에서 연속이다.

$V_{(f(0))}\in \Im$에 대하여 $U_{(0)}$가 존재하여 $f(U_{(0)})\subset V_{(f(0))}$ 이다.

② $x\neq 0$일때 연속이 아니다.

$x\in Q$: U_x에는 Q^c도 포함되어 있어서 $f(U_x)=\{0, x\}$, $V_{(f(x))}=\{x\}$, $\{0, x\}$인데 $V_{(f(x))}=\{x\}$일 경우에는 $f(U_{(x)})\subset V_{(f(x))}$이 성립.

$x\in Q^c$: U_x에는 Q도 포함되어 있어서 $f(U_x)=\{0, x\}$ $V_{(f(x))}=\{x\}$, $\{0, x\}$ 인데 $V_{(f(x))}=\{0\}$일 경우에는 $f(U_{(x)})\subset V_{(f(x))}$이 성립하지 않는다.

7. β가 위상공간 X의 기저이다 함수 $f: X\to Y$에서 모든 B∈β에 대하여 f(B)가 개집합

이면 f는 개사상이다.

(풀이) G를 X의 임의의 개집합이라 하자. 그러면 기저의 정의에 의하여 $G=\cup B_i\,(B_i\in\beta)$이고 이때 $f(G)=f(\cup B_i)=\cup f(B_i)$이다. 가정에서 각 $f(B_i)$는 개집합이므로 그 합도 개집합이고 따라서 $f(G)$도 개집합이다.

8. 함수 $f:X\rightarrow Y$가 연속이라 하자. 만일 $\mathbb{Z}$가 $f(x)$를 포함하는 Y의 부분공간이면 f의 치역을 축소해서 얻어지는 함수 $g:X\rightarrow \mathbb{Z}$는 연속이다.

(풀이) $\mathbb{Z}$가 $f(X)$를 포함하는 Y의 부분공간이라하자. 연속함수 $h:Z\rightarrow Y$를 생각하자. 그러면 $f=g\circ h:X\rightarrow Y$라 하고 G를 Y의 임의의 개집합이라하면 $f^{-1}(G)=(g\circ h)^{-1}(G)=h^{-1}\circ g^{-1}(G)=h^{-1}[g^{-1}(G)]$이며 이때 f가 연속이므로 $h^{-1}[g^{-1}(G)]$는 X에서 개집합이다. 그리고 h가 연속이므로 $g^{-1}(G)$도 X에서 개집합이 되어 g는 연속이다.

(별해) $V\subset\mathbb{Z}$가 개집합이라면 개집합 $U\subset Y$가 존재해서 $V=U\cap Z$이다.

$$g^{-1}(V)=g^{-1}(U\cap Z)=g^{-1}(U)\cap g^{-1}(Z)=f^{-1}(U)\cap X\ =f^{-1}(U)$$

f가 연속이므로 $U\subset Y$가 개집합일 때 $f^{-1}(U)\subset X$는 개집합이다. 따라서 $g^{-1}(V)\subset X$는 개집합이다. 즉 $g:X\rightarrow Z$는 연속이다.

9. 함수 $f:X\rightarrow Y$가 연속이라 하자. Z가 Y를 부분공간으로 갖으면 f의 치역을 확장해서 얻어지는 함수 $h:X\rightarrow Z$는 연속이다.

(풀이) $V\subset Z$가 개집합이라 하면 Y에서의 개집합 U가 존재해서 $U=V\cap Y$ 이다. f가 연속이므로 $h^{-1}(V\cap Y)=h^{-1}(U)=f^{-1}(U)$는 X에서 개집합이다.

$h^{-1}(V\cap Y)=h^{-1}(V)\cap h^{-1}(Y`)=h^{-1}(V)\cap f^{-1}(Y)\ =h^{-1}\ (V)\cap X\ =h^{-1}\ (V)$

그러면 $h^{-1}(V\cap Y)$가 개집합이므로 $h^{-1}\ (V)\subset X$는 개집합이고 따라서 $h:X\rightarrow Z$는 연속이다.

(별해) Z가 Y를 부분공간으로 갖으면 f의 치역을 확장한다는 의미는 연속인 함수 $g:Y\rightarrow Z$를 생각할 수 있어서, $h=g\circ f:X\rightarrow Y$로 놓을 수 있다. G를 Z의 임의의 개집합이라 하면, $(g\circ f)^{-1}(G)=f^{-1}\circ g^{-1}(G)=f^{-1}[g^{-1}(G)]$. g가 연속이므로 $g^{-1}(G)$는 개집합이고 또 f가 연속이므로 $f^{-1}[g^{-1}(G)]$도 개집합이다. 따라서 $h=g\circ f$는 연속이다.

10. 만일 $X=\{U_\alpha\mid U_\alpha$: 개집합$\}$이고 모든 α에 대하여 $f\mid U_\alpha$가 연속이면 함수

$f: X \to Y$ 는 연속이다.

(풀이) U가 Y에서 개집합이면 $f^{-1}(U)=\bigcup_{\alpha}(f^{-1}(U)\cap U_{\alpha})$이다. $f|U_{\alpha}$가 연속이므로 $(f|U_{\alpha})^{-1}(U)=f^{-1}(U)\cap U_{\alpha}$는 X에서 개집합이다. 따라서 $f^{-1}(U)=\bigcup_{\alpha}((f|_{U_{\alpha}})^{-1}(U))$는 X에서 개집합이다. $\therefore$ f는 연속이다.

(별해) $U_{\alpha}(\subset X)$가 상대위상 $T_{U_{\alpha}}$을 가진 부분공간임을 알 수 있어, 이것을 이용 연속인 포함사상 $i=U_{\alpha}\to X$ ($\because$ $T_{U_{\alpha}}$는 이 포함사상 i가 연속이기 위한 U_{α}상의 가장 약한 위상임)생각할 수 있는데, 그러면 $f|_{U_{\alpha}}$를 $f|_{U_{\alpha}}=f\circ i$로 표현 할 수 있는데, 여기서 $f|_{U_{\alpha}}$가 연속이고 i가 연속이므로 f도 연속이다.

12. 함수 $f: X\to Y$와 $g: Y\to Z$ 에 대하여

(1) f, g가 개사상이면 $g\circ f$도 개사상이다.

(풀이) $g\circ f: X\to Z$라 하자. 그러면 f, g가 개사상이므로

$U\subset X$:개집합 $\Rightarrow f(U)\subset Y$: 개집합 $\Rightarrow g(f(U))\subset Z$: 개집합

$\Rightarrow (g\circ f)(U)\subset Z$: 개집합 $\therefore$ $g\circ f$: 개사상

(2) $g\circ f$ 가 개사상(폐사상)이고 f가 연속이며 전사이면 g는 개사상(폐사상)이다.

(풀이) U가 Y에서 개집합이면 f가 연속이므로 $f^{-1}(U)(\subset X)$는 개집합이다. $g\circ f$가 개사상이므로 $(g\circ f)(f^{-1}(U)),(\subset Z)$는 개집합이다. 또한 f가 전사이므로 $f(f^{-1}(U))=U$이고 따라서 $(g\circ f)(f^{-1}(U))=g(f(f^{-1}(U)))=g(U)$이다.

$\therefore$ g : 개사상

폐사상을 보이기 위해서는 개집합을 폐집합으로 개사상을 폐사상으로 바꾸어 같은 방법으로 한다.

(3) $g\circ f$ 가 개사상(폐사상)이고 g가 연속이며 단사이면 f는 개사상(폐사상)이다.

(풀이) $\forall U\subset X$ $(open) \Rightarrow (g\circ f)(U)\subset Z$ $(open)$ ($\because$ $g\circ f$: $open\ map$)

$\Rightarrow g^{-1}((g\circ f)(U))\subset Y$ $(open)$ ($\because$ g : 연속) $\Rightarrow (g^{-1}\circ g)f(U)\subset Y$ $(open)$

$\Rightarrow f(U)\subset Y$ ($\because$ g가 단사) $\therefore$ f : $open\ map$

폐사상일 때에도 같은 방법으로 한다.

(별해) U를 X에서 개집합(폐집합)이라 하자. 그러면 g ∘ f 가 개사상(폐사상)이므로 (g ∘ f)(U)는 Z에서 개집합(폐집합)이다. g가 단사이면 $g^{-1}(g(U))=U$가 성립하므

로 $g^{-1}(g \circ f)(U) = g^{-1}(g(f(U)) = f(U)$. 또한 g가 연속이므로 개집합(폐집합) $(g \circ f)(U)$의 역 상인 $g^{-1}(g \circ f)(U)$는 개집합(폐집합)이 되고 그러므로 f(U)는 개집합(폐집합)이다. 따라서 f는 개사상(폐사상)이다.

(참고) 1. f: 전사 $\Rightarrow$ $f(f^{-1}(U)) = U$

(풀이) $(\subset)$ $f(f^{-1}(U)) \subset U$: $\forall y \in f(f^{-1}(U))$ $\exists x \in f^{-1}(U)$ $y = f(x)$

그러면 $x \in f^{-1}(U)$이므로 $y = f(x) \in U$ $\therefore$ $f(f^{-1}(U)) \subset U$

$(\supset)$ $\forall y \in U \Rightarrow f^{-1}(y) \in f^{-1}(U) \Rightarrow y \in f(f^{-1}(U))$ $\therefore$ $f(f^{-1}(U)) \supset U$

12. g가 단사이면 $g^{-1}(g(U)) = U$

(풀이) $(\subset)$ $\forall x \in g^{-1}(f(U))$, $f(x) \in f(U) \Rightarrow \exists x' \in U : f(x) = f(x')$

f가 단사이므로 $x = x'$ $\therefore$ $x \in U$

$(\supset)$ $\forall x \in U \Rightarrow f(x) \in f(U) \Rightarrow x \in f^{-1}(f(U))$ $\therefore$ $U \supset f^{-1}(f(U))$

13. $f: X \to Y$가 폐사상이라 하자. 만일 $A \subset X$가 폐집합이면 $f|_A: A \to f(A)$는 폐사상이다.

(풀이) F를 A에서 폐집합이라 하자. 그러면 A가 X에서 폐집합이므로 F는 X에서 폐집합이다. f가 폐사상이므로 $f(F)$는 Y에서 폐집합이다. 그리고 $F \subset A$이므로 $f(F) \subset f(A)$이다. 또한 $F \subset A \subset X$이므로 정의역의 범위를 X에서 A로 축소시켜 주어도 $f(F)$가 $f(A)$에서 폐집합이라는데 문제가 없다. 따라서 $f|_A$는 폐사상이다.

14. $\chi_A : [0,1] \to 2$가 $[0, \frac{1}{2}]$의 특성함수라 하자. 그러면 χ_A는 전사이고 개사상 폐사상이지만 연속은 아니다(여기서 2={0,1}임.).

(풀이) 위 특성함수를 다시 나타내면 $\chi_A(x) = \begin{cases} 1 & x \in [0, \frac{1}{2}] \\ 0 & x \in (\frac{1}{2}, 1] \end{cases}$ 이다. 그리고

$[0, 1]$상의 위상을 $\mathfrak{I}$라 하고 $2 = \{0, 1\}$상의 위상은 $\mathfrak{I}_2 = \{X, \phi, \{0\}, \{1\}\}$라 하자.

$\Rightarrow X, \phi, \{0\}, \{1\}$: 개집합이고 폐집합이다.

1) χ_A : 전사 (명백하다.)

2) 개사상 : [0, 1]상의 임의의 개집합 U에 대하여 $\chi_A(U) = 2, \varnothing, \{0\}, \{1\}$이므로 개사상이다.

3) 폐사상 : [0, 1]상의 임의의 폐집합 F에 대하여 $\chi_A(F) = 2, \varnothing, \{0\}, \{1\}$이므로

폐사상이다.

4) 연속이 아니다. : $\{1\}$이 개집합이지만 $\chi_A^{-1}(\{1\})=[0, \frac{1}{2}]$: 폐집합이므로 연속이 아니다.

[연습문제 4.7]

1. 폐구간 $A=[a, b]$와 $I=[0,1]$은 위상적으로 동형임을 보여라.

(풀이) $a\neq b$라 하고 $f(x)=(b-a)x+a$에 의하여 정의된 함수 $f: A\rightarrow I$는 전단사이며 $f^{-1}(x)=\frac{1}{b-a}(x-a)$이므로 f, f^{-1}은 모두 연속이다. 따라서 f는 위상동형사상이므로 $[a, b]$와 $[0, 1]$은 위상동형이다.

[연습문제 4.8]

1. $X=\{a, b, c\}$상의 위상을 $\mathfrak{J}=\{X, \varnothing, \{a\}, \{a, b\}\}$라 하고 $Y=\{1, 2, 3\}$상에서의 위상을 $\mathfrak{J}'=\{Y, \varnothing, \{1\}, \{1, 2\}\}$라 할 때 $X\times Y$상의 적위상에 대한 기저와 부분기저를 구하여라.

(풀이) $S_1=\{\pi_1^{-1}(U) \mid U\in\mathfrak{J}\}$이고 $S_2=\{\pi_2^{-1}(U) \mid U\in\mathfrak{J}'\}$이므로

$S_1=\{\pi_1^{-1}(X), \pi_1^{-1}(\varnothing), \pi_1^{-1}(\{a\}), \pi_1^{-1}(\{a, b\})\}=\{X\times Y, \varnothing, \{a\}\times Y, \{a, b\}\times Y\}$

이고

$S_2=\{\pi_2^{-1}(Y), \pi_2^{-1}(\varnothing), \pi_2^{-1}(\{1\}), \pi_2^{-1}(\{1, 2\})\}$

$=\{X\times Y, \varnothing, X\times\{1\}, X\times\{1, 2\}\}$이다. 그러므로 부분기저는

$S=S_1\cup S_2=\{X\times Y, \varnothing, \{a\}\times Y, \{a, b\}\times Y, X\times\{1\}, X\times\{1, 2\}\}$이며

기저는 $\beta=\{X\times Y, \varnothing, \{a\}\times Y, \{a, b\}\times Y, X\times\{1\}, X\times\{1, 2\},$
$\{a\}\times\{1\}, \{a\}\times\{1, 2\}, \{a, b\}\times\{1\}, \{a, b\}\times\{1, 2\}\}$이다.

3. $\prod_\alpha X_\alpha$에서 어떤 α_0에 대하여 $X_{\alpha_0}=\varnothing$이면 $\prod X_\alpha=\varnothing$이다.

(풀이) $\prod X_\alpha\neq\varnothing$라 하자. 그러면 $\prod_\alpha X_\alpha$에 원소가 존재해서 $(x_\alpha)\in\prod_\alpha X_\alpha$라 하면 모

든 α에 대하여 $x_\alpha \in X_\alpha$이다.

4. 사영사상 $\pi_1 : X_1 \times X_2 \to X_1$은 폐사상이 아님을 반례를 들어 설명하여라.

(풀이) 4장 6절 [예8] 참조

5. 적공간 $X \times Y$에서 임의의 $y \in Y$에 대하여 부분공간 $X \times \{y\}$는 X와 위상동형이다.

(풀이) 함수 $f: X \times \{y\} \to X$를 $f(x, y) = x$로 정의하면 f는 전단사이고

① $U \subset X$를 개집합이라 하면 $f^{-1}(U) = U \times \{y\} \subset X \times \{y\}$: 개집합이다.
그러면 f는 연속이다.

② $V \subset X \times \{y\}$가 개집합이라 하면 개집합 $U \subset X$가 존재해서 $V = U \times \{y\}$이고 $f(V) = f(U \times \{y\}) = U \subset X$이 개집합이다. 그러므로 f^{-1}는 연속이다. 따라서 $X \cong X \times \{y\}$

6. *Cantor*집합 C는 R의 폐부분집합이다.

(풀이) C_m은 2^m개의 폐구간의 합으로 폐집합이며 $C = \cap\{C_m \mid m \in N\}$이므로 폐집합들의 교가 되어 역시 폐집합이다.

7. *Cantor*집합 C는 비가산이다.

(풀이) C는 항이 0과 2로 되는 점렬 $\langle a_1, a_2, \cdots \rangle$ ($a_i = 0$또는2)전체의 집합과 대등이며, 이러한 점렬 전체의 집합의 기수는 $2^{\aleph_0} = c$이다.

(별해) $A_n = \{0, 2\}$인 이산공간이고 $\prod_n A_n \cong C$이다.

$\#(\prod_n A_n) = 2^{\aleph_0} = c \geq \aleph_0$ 이므로 C는 비가산이다.

8. 1) 정리 8.11

(풀이) 다음과 같은 사영함수(progection map)을 도입하자.

$$\pi_\alpha : \prod X_\alpha \to X_\alpha \ , \ \pi_\beta : \prod Y_\beta \to Y_\beta$$

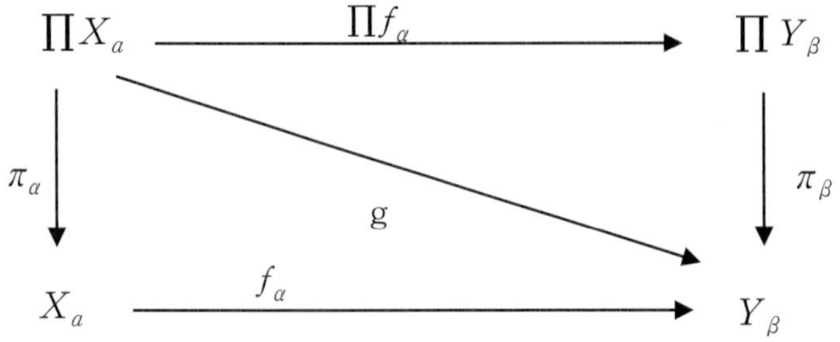

π_α, f_α는 연속이므로 합성함수의 성질에 의하여 $g: \prod X_\alpha \to \prod Y_\beta$, $g = f_\alpha \circ \pi_\alpha$ 도 연속이다. 또한 g가 연속함수이므로 Y_β에서의 임의의 개집합 U_β에 대해 $g_1(U_\beta)$는 $\prod X_\alpha$에서 개집합이다. 그런데 $g = \pi_\beta \circ \prod X_\alpha$에서 $g^{-1} = \prod f_\alpha^{-1} \circ \pi_\beta^{-1}$ 이므로 $g^{-1}(U_\beta) = \prod f_\alpha^{-1}(\pi_\beta^{-1}(U_\beta))$에서 우변도 $\prod X_\alpha$ 에서 개집합이다. 그런데 우변에서 $\pi_\beta^{-1}(U_\beta)$ 는 $\prod Y_\beta$의 부분기저원소(subbasis element)이다. 결국 공역 $\prod Y_\beta$에 속하는 임의의 부분기저원소의 $\prod f_\alpha$에 의한 역상(inverse image)이 $\prod X_\alpha$에서 개집합이라는 뜻이므로 연속함수의 정의에 의하여 $\prod f_\alpha: \prod X_\alpha \to \prod Y_\beta$ 는 연속이다.

(별해) $\langle V_\alpha \rangle$ 를 $\prod Y_\alpha$ 의 부분기저의 임의의 원(개집합)이라 하면

$(\prod f_\alpha)^{-1}[\langle V_\alpha \rangle] = \langle f_\alpha^{-1}(V_\alpha) \rangle$는 f_α가 연속이므로 개집합이다. 따라서 부분기저의 각 원(개집합)의 역상이 개집합이 되면 그 사상은 연속이 되는 것에 의하여 $\prod f_\alpha$는 연속이다.

2) 정리 8.12 : $\{X_\alpha \mid \alpha \in A\}$ 와 $\{Y_\beta \mid \beta \in B\}$ 가 위상공간들의 두 모임이라 하자. 그리고 $\phi: A \to B$ 가 전단사일 때 각 α에 대하여 $X_\alpha \cong Y_{\phi(\alpha)}$ 이면 $\Pi X_\alpha \cong \Pi Y_\beta$이다.

(풀이) ϕ가 전단사이므로 연속이다. 따라서 정리 11(문제8)에 의하여 $\prod X_\alpha \cong \prod Y_\beta$의 사상 $\prod \phi_{(\alpha)}$도 연속이다. 그리고 ϕ가 개사상이고 전사이므로 $\prod \phi_{(\alpha)}$도 개사상이다.

(별해) 두 집합이 위상동형임을 보이려면 세 가지 조건이 성립함을 보여야 한다. 첫 번째, ΠX_α 에서 ΠY_β로 가는 전단사함수가 존재 함을 보인다.

$f_\alpha: X_\alpha \to Y_\phi(\alpha)$ 여기서 $\phi(\alpha) = \beta$라고 놓아도 증명의 일반성을 해치지 않는다. $f_\alpha: X_\alpha \to Y_\beta$ 라고 하면 X_α와 Y_β가 위상동형이므로 f_α는 전단사이고 연속이며 f_α^{-1} 도 연속이다.

$$\Pi f_\alpha: \Pi X_\alpha \to \Pi Y_\beta \quad, \Pi f_\alpha(\{x_\alpha\}) = \{f_\alpha(x_\alpha)\}$$

즉, Πf_α는 $(x_1, x_2, \cdots, x_\alpha, \cdots)$을 $(f_1(x_1), f_2(x_2), \cdots, f_\alpha(x_\alpha), \cdots)$로 보내주는 함수이다.

i) $\forall (x_1, x_2, \cdots, x_\alpha, \cdots)$, $(x_1', x_2', \cdots, x_\alpha', \cdots) \in \Pi X_\alpha$,

$(x_1, x_2, \cdots, x_\alpha, \cdots) \neq (x_1', x_2', \cdots, x_\alpha', \cdots)$

$\Rightarrow \exists x_\alpha, x_\alpha \in X_\alpha,\ \ x_\alpha \neq x_\alpha'$이고 f_α가 단사이므로 $f_\alpha(x_\alpha) \neq f_\alpha(x_\alpha')$

$\Rightarrow (f_1(x_1), f_2(x_2), \cdots, f_\alpha(x_\alpha), \cdots) \neq (f_1(x_1'), f_2(x_2'), \cdots, f_\alpha(x_\alpha'), \cdots)$

따라서 Πf_α 는 단사이다.

ii) f_α가 전사이므로 $\forall y_\beta \in Y_\beta$, $\exists x_\alpha \in X_\alpha$ s.t. $f_\alpha(x_\alpha) = y_\beta$이다.
$\forall (y_1, y_2, \cdots, y_\beta, \cdots) \in \Pi Y_\beta$, $\exists (x_1, x_2, \cdots, x_\alpha, \cdots) \in \Pi X_\alpha$ s.t
$(f_1(x_1), f_2(x_2), \cdots, f_\alpha(x_\alpha), \cdots) = (y_1, y_2, \cdots, y_\beta, \cdots)$ $\therefore \Pi f_\alpha$ 는 전사이다.
따라서 i), ii)의해 $\Pi f_\alpha : \Pi X_\alpha \to \Pi Y_\beta$ 는 전단사이다.

두 번째, $\Pi f_\alpha : \Pi X_\alpha \to \Pi Y_\beta$ 가 연속임을 보인다. 다음과 같은 사영함수(projection map)을 도입하자.

$$\pi_\alpha : \Pi X_\alpha \to X\alpha, \quad \pi_\beta : \Pi Y_\beta \to Y_\beta$$

π_α와 f_α 는 연속이므로 합성함수의 성질에 의하여 $g : \Pi X_\alpha \to \Pi Y_\beta$, $g = f_\alpha \circ \pi_\alpha$ 도 연속이다. g가 연속함수이므로 Y_β 에서의 임의의 개집합 U_β 에 대해 $g^{-1}(U_\beta)$는 ΠX_α 에서 개집합이다. 그런데 $g = \pi_\beta \circ \Pi f_\alpha$ 에서 $g^{-1} = \Pi f_\alpha{}^{-1} \circ \pi_\beta{}^{-1}$ 이므로 $g^{-1}(U_\beta) = \Pi f_\alpha^{-1}(\pi_\beta^{-1}(U_\beta))$ 에서 우변도 ΠX_α에서 개집합이다. 그러므로 $\pi_\beta^{-1}(U_\beta)$는 ΠY_β 의 부분기저원소이다. 결국 공역 ΠY_β에 속하는 임의의 부분기저원소의 Πf_α에 의한 역상이 ΠX_α에서 개집합이라는 뜻이므로 연속함수의 정의에 의하여 $\Pi f_\alpha : \Pi X_\alpha \to \Pi Y_\beta$ 는 연속이다.

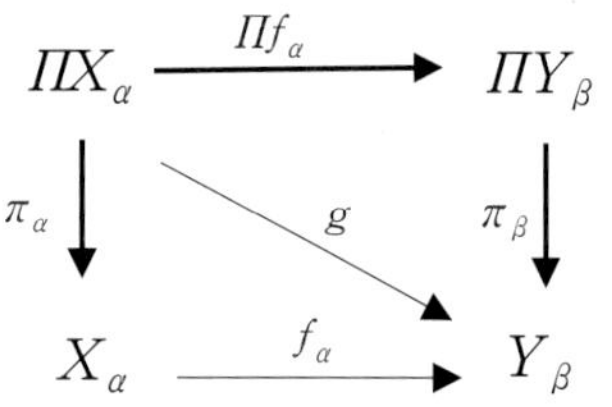

세 번째, $\Pi f_\alpha{}^{-1} : \Pi Y_\beta \to \Pi X_\alpha$도 연속임을 보인다. $f_\alpha : X_\alpha \to Y_{\phi(\alpha)}$가 위상동형사상이므로 그 역함수인 $f_\alpha{}^{-1}$도 연속이고 π_β도 연속이므로 합성함수의 연속에 관한 정리에 의하여 $h : \Pi Y_\beta \to X_\alpha$, $h = f_\alpha{}^{-1} \circ \pi_\beta$ 도 연속이다. 따라서 X_α에서의 임의의 개집합을 U_α 라고 하면, $h^{-1}(U_\alpha)$도 ΠY_β 에서 개집합이다. 그런데 함수 h는 π_α와 $\Pi f_\alpha{}^{-1}$의 합성함수이기도 하므로 $h = \pi_\alpha \circ \Pi f_\alpha{}^{-1}$, $h^{-1} = (\Pi f_\alpha^{-1})^{-1} \circ \pi_\alpha^{-1}$이다. 여기서 $h^{-1}(U_x) = (\Pi f_\alpha^{-1})^{-1}(\pi_\alpha^{-1}(U_\alpha))$이므로 우변이 ΠY_β에서 개집합이다. 그런데 $\pi_\alpha^{-1}(U_\alpha)$은 ΠX_α에서의 부분기저원소이므로 ΠX_α에서

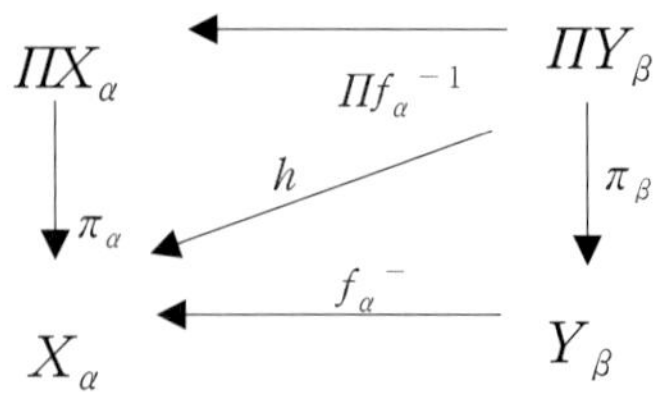

의 임의의 부분기저원소의 함수 Πf_α^{-1}에 의한 역상이 ΠY_β에서 개집합이라는 뜻이 되어 연속함수에 관한 정리에 의하여 함수 $\Pi f_\alpha^{-1} : \Pi Y_\beta \to \Pi X_\alpha$는 연속이다. 결론적으로 위의 세 가지 과정에 의하여 $\Pi X_\alpha \cong \Pi Y_\beta$ 이다.

3) 정리 8.15 : $\prod_n A_n \cong C$

(풀이) 함수 $f : \prod_n A_n \to C$를 $f(\{a_i\}) = \sum_{i=1}^{\infty} \frac{a_i}{3^i}$로 정의하면

1) f : Well-defined : $(a_1, a_2, a_3, \cdots) = (b_1, b_2, b_3, \cdots)$

$$\Rightarrow \frac{a_1}{3} + \frac{a_2}{3^2} + \frac{a_3}{3^3} + \cdots = \frac{b_1}{3} + \frac{b_2}{3^2} + \frac{b_3}{3^3} + \cdots$$

$\Rightarrow f(\{a_i\}) = f(\{b_i\})$

2) f : 전단사

① f : 단사

$\{a_i\} = (a_1, a_2, a_3, \cdots) \in \prod_n A_n$, $\{b_i\} = (b_1, b_2, b_3, \cdots) \in \prod_n A_n$

일때 $\{a_i\} \neq \{b_i\}$. Put $n = \mathrm{Max}_{a_m \neq b_m} m$

$\Rightarrow$ Say $f(\{a_i\}) > f(\{b_i\})$. $f(\{a_i\}) - f(\{b_i\}) = \sum_{i=m}^{\infty} \frac{a_i - b_i}{3^i}$

$$= \frac{2}{3^n} + 0 \frac{\frac{2}{3^{n+1}}}{1-\frac{1}{3}} - \frac{2}{3^n} - \frac{1}{3^n} = \frac{1}{3^n} > 0$$

$\therefore f(\{a_i\}) \neq f(\{b_i\})$

② f : 전사

$\forall y \in C$ and $y = \sum_{i=1}^{\infty} \frac{a_i}{3^i}$ $\exists ! \{a_i\} \in \prod_n A_n$: $f(\{a_i\}) = y$

3) f : 연속

Let $p = (a_1, a_2, a_3, \cdots) \in \prod_n A_n$ and $\varepsilon > 0$ be given.

($\exists B \ni p$: $x \in B$ $\Rightarrow |f(x) - f(p)| < \varepsilon$을 보이면 충분하다)

Put $B = \{a_1\} \times \{a_2\} \times \cdots \times \{a_n\} \times \cdots \times A_{n+1} \times A_{n+2} \times \cdots$

그리고 B는 X에서 개부분집합이다.

Put $x = (a_1, a_2, \cdots, a_n, b_{n+1}, b_{n+2}, \cdots) \in B$

$$|f(x)-f(p)| = \left| \sum_{i=n+1}^{\infty} \frac{b_i - a_i}{3^i} \right| \le \sum_{i=n+1}^{\infty} \left| \frac{b_i - a_i}{3^i} \right|$$

$$= \sum_{i=n+1}^{\infty} \left(\frac{1}{3}\right)^i | b_i - a_i | = \sum_{i=n+1}^{\infty} \left(\frac{2}{3}\right)^i < \varepsilon$$

4) $f^{-1} : C \to \prod_n A_n$: 연속

그러면 $\left| \sum_{i=1}^{\infty} \frac{a_i}{3^i} - \sum_{i=1}^{\infty} \frac{b_i}{3^i} \right| = \left| \sum_{i=n+1}^{\infty} \frac{b_i - a_i}{3^i} \right|$

$$\le \sum_{i=n+1}^{\infty} \left| \frac{b_i - a_i}{3^i} \right| = \sum_{i=n+1}^{\infty} \left(\frac{1}{3}\right)^i | b_i - a_i | = \sum_{i=n+1}^{\infty} \left(\frac{2}{3}\right)^i < \delta$$

찾아보기

(ㅁ)

(ㅂ)

(ㅅ)

(ㅇ)

(ㅋ)

(ㅌ)

(ㅍ)

(ㅎ)

(B)

(C)

(N)

(P)

(S)

(T)

(기타)

노영순 (盧永淳)

공주고등학교 졸업
공주사범대학 수학교육과 졸업
고려대학교 대학원 (이학석사)
중앙대학교 대학원 (이학박사)
현 : 공주대학교 사범대학 수학교육과 교수

[제2판]
위상수학 기본

2003년 3월 3일 초 판 발행
2011년 3월 2일 제2판 발행

저 자 / 노영순
발행자 / 오판근
발행처 / 교우사

주 소 / 서울 동대문구 제기2동 148-19
전 화 / 925-2861(代), 편집부 / 925-2825
팩 스 / 925-2860

E-mail / kyowoo@kyowoo.co.kr
http://www.kyowoo.co.kr

등록 / 1994. 3. 24 제6-0256호

ISBN 978-89-8172-887-8 (93410)

값 26,000 원